卓越工程师
教育培养计划配套教材

材料成型工艺设计
实例教程

宋仁伯　编著

北　京
冶金工业出版社
2018

内 容 提 要

本书根据"卓越工程师教育培养计划"的教学要求和专业特点,建立了材料成型工艺设计案例库,体现了材料成型理论及工艺的实际应用。全书共 8 章,主要内容包括材料成型工艺设计概述、铸造工艺设计、模锻工艺设计、冲压工艺设计、拉拔工艺设计、轧制工艺设计、焊接工艺设计、材料成型工艺的计算机模拟与设计;侧重于典型产品成型工艺参数设计及控制的原则和方法的讲解;同时介绍材料成型工艺、技术及设备的种类、手段和构成。

本书可作为"卓越工程师教育培养计划"中材料科学与工程专业(材料成型及控制工程方向)或相关专业的教材,也可供从事金属材料研究、生产和使用的科研人员和工程技术人员参考。

图书在版编目(CIP)数据

材料成型工艺设计实例教程/宋仁伯编著 . —北京:
冶金工业出版社,2017.7 (2018.6 重印)
卓越工程师教育培养计划配套教材
ISBN 978-7-5024-7508-6

Ⅰ.①材…　Ⅱ.①宋…　Ⅲ.①工程材料—成型—工艺
—教材　Ⅳ.①TB3

中国版本图书馆 CIP 数据核字(2017)第 101837 号

出 版 人　谭学余
地　　　址　北京市东城区嵩祝院北巷 39 号　邮编　100009　电话　(010)64027926
网　　　址　www.cnmip.com.cn　电子信箱　yjcbs@cnmip.com.cn
责任编辑　曾　媛　谢冠伦　美术编辑　吕欣童　版式设计　孙跃红
责任校对　王永欣　责任印制　牛晓波
ISBN 978-7-5024-7508-6
冶金工业出版社出版发行;各地新华书店经销;固安华明印业有限公司印刷
2017 年 7 月第 1 版,2018 年 6 月第 2 次印刷
169mm×239mm;20.5 印张;448 千字;318 页
49.00 元

冶金工业出版社　投稿电话　(010)64027932　投稿信箱　tougao@cnmip.com.cn
冶金工业出版社营销中心　电话　(010)64044283　传真　(010)64027893
冶金书店　地址　北京市东四西大街 46 号(100010)　电话　(010)65289081(兼传真)
冶金工业出版社天猫旗舰店　yjgycbs.tmall.com
(本书如有印装质量问题,本社营销中心负责退换)

前　言

　　"卓越工程师教育培养计划"的本科教学要求是："厚学科基础、宽专业领域、重创新实践、强工程训练、懂经营管理"，有别于普通本科的要求。其中材料科学与工程专业（材料成型及控制工程方向）本科学生的培养，更强调专业知识的实践性、应用性和技术性，对于实际的工程技术和应用能力的要求更加迫切。与此相应，就需要编写符合材料科学与工程专业"卓越工程师"人才特点，符合"卓越工程师教育培养计划"课程设置，突出高级应用技术型人才培养特色，具有灵活性、实践性和前瞻性的特色教材。

　　《材料成型工艺设计》是材料成型及控制工程专业方向的实践教学类必修的专业课程之一，这一实践教学环节是为提高应用型技术人才的专业学生应具备的工程设计能力（即动手能力、计算能力、画图能力、计算机应用能力、分析及解决问题能力）而设置的，在本科教学培养体系中具有举足轻重的作用。本教材针对现有专业教材内容陈旧和偏少，与材料成型工艺实践结合不足的现状，结合材料科学与工程专业"卓越工程师教育培养计划"的教学要求和专业特点，突出应用性和针对性，以培养学生在材料成型工艺领域分析和解决问题能力及工程实践和设计能力。

　　本教材以"必需、够用"为度，以培养和提升学生的工程设计能力为主旨，将作者十几年的材料成型工艺设计经验总结而成，系统、全面地介绍了典型产品成型工艺设计的基本知识及设计全过程。其中，材料成型工艺设计案例库可以为授课教师提供关于材料成型工艺及技术应用等丰富的教学内容，同时又可以为学生进行设计时提供充足的资源，扩展和补充学生的课外知识。

　　本教材有利于培养学生自主学习兴趣，开拓学生个性潜力，激励学生实践创新。在编写过程中，本教材引入一些材料成型工艺研究成果，注重产品组织结构—尺寸形状—工艺—性能—应用一体化案例式内容，让学生了解和熟悉材料成型工艺过程、设备构成、各工序工艺参数制订的原则和依据、力能参数的计算与设备能力的校核，以及经济技术指标评估等，使学生能够运用材料成型的基本理论、组织性能控制技术及材料成型的新工艺、新技术等。

本教材由北京科技大学宋仁伯教授主编。其中，宋仁伯编写了第1章、第5章和第6章，张鸿编写了第2章，张永军编写了第3章和第4章，赵兴科编写了第7章，朱国明编写了第8章。全书由北京科技大学刘雅政教授、孙建林教授、赵志毅教授和辽宁科技大学李胜利教授审定。

本教材的编写与出版得到了北京科技大学教材建设经费资助和冶金工业出版社的大力支持，在此一并深表谢意。

由于作者水平所限，书中不妥之处，诚请广大读者批评指正。

编 者

2016 年 12 月

目　录

3 模锻工艺设计 ······································· 34

4 冲压工艺设计 ······································· 50

8 材料成型工艺的计算机模拟与设计 ……… 269

 # 1 材料成型工艺设计概述

【本章概要】

本章主要介绍材料成型工艺设计中的基本问题、主要方法和当前进展。在基本问题中重点介绍材料成型工艺设计的任务、原则和要求；主要方法包括经验设计、半理论半经验设计和现代设计等方法；最后介绍了传统设计方法与计算机、现代设计理念结合的最新进展。

【关 键 词】

材料成型，工艺设计，任务，原则，要求，经验法，半理论半经验法，现代设计方法，CAD/CAM，进展

【章节重点】

本章应重点理解材料成型工艺设计的任务、原则和要求；在此基础上掌握材料成型工艺设计的主要方法，并能够在实际工艺设计中灵活应用；最后了解当前设计领域里材料成型工艺设计的最新成果和未来的发展趋势。

金属材料与人们的日常生活息息相关，是现代文明各个领域不可缺少的物质基础。但任何材料在使用前都要经过加工成型，使其具有一定的形状和尺寸，并成为具备一定使用性能的零件、部件及构件，再以特定方式组合、装配而构成各种装置、设备、仪器、设施、器件或用具，从而服务于各行各业。

金属材料成型工艺主要包括液态金属铸造成型工艺、固态金属塑性成型工艺和金属材料连接成型工艺等（简称铸造、塑性成型和焊接），是机械制造的重要组成部分，是现代化工业技术的基础。

众所周知，工艺设计是直接指导现场生产操作的重要技术文件。在产品从原材料投入到加工成成品的整个过程中，工艺设计起着非常重要的作用，可以说，离开了工艺设计产品就无法加工。工艺设计质量的优劣不仅影响到产品的加工质量、工人的工作效率和企业的经济效益，同时，它也是反映我们工艺设计人员工作能力和技术水平高低的最好凭证。

1.1 材料成型工艺设计基本问题

1.1.1 材料成型工艺设计的任务

在机械制造过程中，由于加工过程十分复杂，加工工序繁多，不仅有金属铸造成型、锻压成型、焊接成型，还有模压成型和挤压成型等工艺过程，其间还要穿插不同的整体强化和改性处理等工序。因此，合理选择成型方法并安排好工艺路线，是保证产品质量并达到技术经济指标要求的重要依据。

通常将设计成品和半成品的制造工艺规程称为毛坯成型工艺设计。例如，锻造毛坯成型工艺设计是根据零件尺寸结构特点、技术要求和生产批量等条件确定锻造成型工艺、制订成型工艺规程、编写工艺卡片等。这些技术文件是指导和组织生产、规定操作规范、控制和检查产品质量的重要依据。

再如，编制铸造工艺方案是进行铸造工艺设计的重要一环，其目的是使整个铸造工艺过程都实行科学的操作，合理地控制铸件的成型，从而获得高质量、低成本的合格铸件。其首要步骤是根据零件的结构特点、技术要求和生产批量等条件确定其铸造工艺，绘制铸造工艺图和铸型图等。

对于大批量生产或特殊重要的铸件还需详细进行工艺设计，并绘出铸件图作为模样设计制造及铸件验收的依据。对于单件或中、小批量生产的砂型铸造零件，铸造工艺设计比较简单，通常只需绘制出铸造工艺图，然后依据绘制的铸造工艺图，结合所选定的造型方法，便可绘制出模样图及铸型图等。

对于冲压件工艺设计同模锻件工艺设计一样，不仅需考虑坯料的变形过程，还要考虑约束坯料变形的各种模具的设计等，因此不仅需拟定其冲压工艺过程，更多的工作还需设计各工序所需的冲压模具。但本教材主要偏重于冲压件变形工艺设计，并根据冲压件形状、尺寸及每道工序中材料所允许的变形程度而确定。

对于各种压力容器和石油液化气瓶的制造工艺，一般采用冲压和焊接的工艺设计，其上、下封头均需先拉深成型，再焊接组装。但因开口端变形大，冷变形强化严重，加上板材纤维组织的影响，在残余应力作用下很容易发生裂纹。通常为防止裂纹产生，拉深后应进行再结晶退火；为减少焊接缺陷，焊件接缝附近必须严格清除铁锈油污。同时为去除焊接残余应力并改善焊接接头的组织与性能，瓶体焊后还应进行整体正火处理，至少要进行去应力退火。

因此，材料成型工艺设计的核心任务就是根据产品要求制订合理的工艺制度，计算正确的工艺参数，从而制造出满足要求的产品。这一过程是繁琐而复杂的，需要设计工作者秉承认真负责的工作态度，利用各类辅助设计工具，准确高效地完成设计任务。

1.1.2 材料成型工艺设计的原则

材料成型工艺设计时要具体问题具体分析，一般是在满足产品使用性能要求的情况下，同时考虑材料的工艺性及总体的经济性，并要充分重视、保障环境不被污染，符合可持续发展要求，积极采用生态材料和绿色制造工艺。

材料成型工艺设计主要遵循以下原则。

1.1.2.1 使用性原则

材料的使用性是指机械零件或构件在正常工作情况下材料应具备的性能。满足材料的使用要求是保证产品完成规定功能的必要条件，是材料成型工艺设计应主要考虑的问题。

材料的使用要求体现在对其形状、尺寸、加工精度、表面粗糙度等外部质量，以及对其化学成分、组织结构、力学性能、物理性能和化学性能等内部质量的要求上。例如，对小零件，从棒料切削加工而言可能是经济的，而大尺寸零件往往采用热加工成型；反过来，对利用各种方法成型的零件一般也有尺寸的限制，如采用熔模铸造和粉末冶金，一般仅限于几千克、十几千克的零件。

1.1.2.2 工艺性原则

材料的工艺性是指材料适应某种加工的性能。有些材料如果仅从产品的使用性能要求来看是完全合适的，但无法加工制造或加工制造很困难，成本很高，这些都属于工艺性不好。因此工艺性的好坏，对产品成型的难易程度、生产效率、生产成本等方面起着十分重要的作用。

材料的工艺性能要求与产品制造的加工工艺路线密切相关，具体的工艺性能要求是结合制造方法和工艺路线提出来的。材料工艺性能主要包括热处理工艺性、铸造工艺性、锻造工艺性、焊接工艺性、切削加工工艺性和装配工艺性等。

1.1.2.3 经济性原则

经济性原则一般指应使产品的生产和使用的总成本降至最低，经济效益最高。总成本包括材料价格、成品率、加工费用、加工过程中材料的利用率、回收率、寿命以及材料的货源、供应、保管等综合因素。

1.1.3 材料成型工艺设计的要求

在材料成型工艺设计各环节的完成过程中，设计工作者最好具备以下能力：

(1) 运用所学知识对材料成型工艺技术问题进行综合、分析、归纳和论证的能力；

(2) 对材料成型工艺技术问题进行设计和计算的能力；

(3) 编写技术报告和设计说明书，利用工程图纸表达设计思想和绘制工程技术图纸的能力；

(4) 查找和阅读国内外技术资料的能力；

(5) 良好的组织管理能力、较强的交流沟通、环境适应和团队合作的能力。

1.2 材料成型工艺设计的主要方法

材料成型工艺设计有很多种方法（图1-1），如计算法、经验法、比较法、图解法等。有时可能用其中的一种方法来确定某个参数，有时可能用其中的两种方法，甚至有时为了确定一个参数，多种方法同时使用。

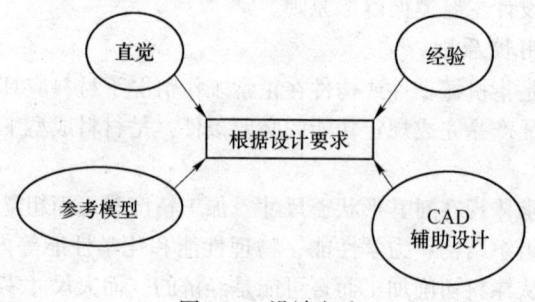

图1-1 设计方法

1.2.1 经验设计

随着生产的发展，产品逐渐复杂起来，对产品的需求量也开始增大，单个手工艺人的经验或其头脑中自己的构思已难以满足这些要求。到了17世纪，数学和力学得到了很大发展并建立了密切联系，人们开始运用经验公式来解决设计中的一些问题，并开始按图纸进行制造，如早在1670年就出现了有关大海船的设计图纸。图纸的出现，既可使具有丰富经验的手工艺人通过图纸将其经验或构思记录下来，传于他人，便于用图纸对产品进行分析、改进和提高，推动设计工作向前发展；还可满足更多的人同时参加同一产品的生产活动，满足社会对产品的需求及生产率的要求。因此利用图纸进行设计，使人类设计活动由自发设计阶段发展到经验设计阶段。

工艺设计是一项针对性、经验性非常强的工作，工艺知识本身具有经验性、模糊性、不确定性，工艺设计中的毛坯选择、加工方法选择、机床选择、夹具选择、刀量具选择、确定切削用量等工作都与企业资源、工艺经验和工艺习惯等紧密相关，一个实用的工艺设计必须包含企业前期积累的工艺经验。

但从总体上看，由于实际情况的复杂性，在成型工艺设计计算中所用的数学公式仍是一些经验公式，对一些不确定的因素，只能用依靠经验确定的系数来考虑。这时，设计过程仍是建立在经验与技巧能力的积累之上。人们依赖通过实践积累起来的丰富经验，作为设计计算和类比的主要依据；将现成产品作为参考，经过多次设计试制的反复、循环，再最后定型投入生产。它虽然较自发设计前进了一步，但周期仍长，质量也不易保证。

1.2.2 半理论半经验设计

20世纪初以来，由于试验技术与测试手段的迅速发展和应用，人们把对产品采用局部试验、模拟试验等作为设计辅助手段。通过中间试验取得较可靠的数据，选择较合适的结构，从而缩短了试制周期，提高了设计可靠性。这个阶段称为半理论半经验设计阶段，又称中间试验辅助设计阶段。

这个阶段的突出进展体现在三个方面:第一,加强设计基础理论和各种专业知识设计机理的研究,如材料应力应变、摩擦磨损理论、零件失效与寿命的研究等,从而为设计提供了大量信息,例如包含大量设计数据的图标(图册)和设计手册等。第二,加强关键零件的设计研究,特别是加强了关键零部件的模拟试验,大大提高了设计速度和成功率。第三,加强"三化",即零件标准化、部件通用化、产品系列化的研究。

半理论半经验阶段由于加强了设计理论和方法的研究,与经验设计阶段相比,大大减少了设计的盲目性,有效地提高了设计效率,降低了设计成本。至今这种设计方法仍被广泛沿用。

1.2.3　现代设计法

现代设计法(图1-2)是传统设计活动的延伸和发展,是一门新兴的多元交叉学科,是以设计产品为目标的一个知识群体的总称。目前,现代设计并没有明确的定义,20世纪60年代以后设计领域出现的一系列新兴理论和方法统称为现代设计。目前现代设计所指的新兴理论和方法主要是指设计方法学、优化设计、可靠性设计、有限元法、动态设计、计算机辅助设计、人工神经元计算方法、工程遗传算法、智能工程、价值工程、并行工程、模块化设计、相似形设计、人机工程等。

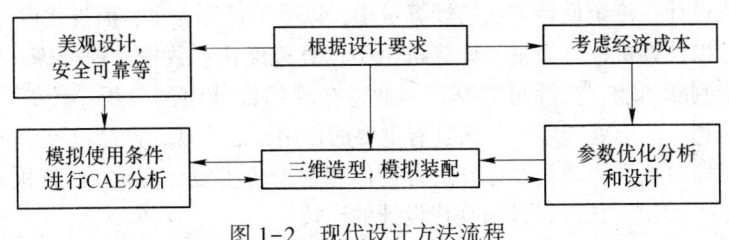

图1-2　现代设计方法流程

计算机技术的飞速发展和广泛应用,深刻地影响着设计开发过程、制造过程,并改变着产品的结构和功能。全人类为生存更加强调可持续发展的理念及对生态环境方面的关注,要求生产过程和消费过程中更加注意生态和环境方面的相容性和友善性。所有这些使人们的设计思想、设计方法和设计手段发生了飞跃的变化,先进工艺技术和先进制造系统极大地推动了CAD(Computer Aided Design,计算机辅助设计)、CAM(Computer Aided Manufacturing,计算机辅助制造)及CAE(Computer Aided Engineering,计算机辅助工程)技术的发展和应用。例如,在汽车覆盖件模具的设计中采用CAD/CAE技术已成为共识,因为模具设计水平决定了汽车覆盖件的质量,并影响着汽车的性能与外观。采用板料成型的CAD/CAE集成技术,就是在实际模具制造之前,利用计算机模拟板料的塑性变形过程,预测板料的变形规律,以及是否产生缺陷(CAE过程);然后将模拟结果转化成对模具设计的修改意见,优化成型工艺参数(CAD过程);两者均在实际模具制造之前完成,这样既可提高模具的设计质量,大大缩短覆盖件成型模具的开发周期,又可降低模具开发的总成本,最大限度避免生产的制品出现缺陷。

1.3　材料成型工艺设计的进展

传统材料成型工艺设计方法是以理论公式及长期设计实践中形成的经验、公式、图表和设计手册等为基础，通过安全系数设计、经验设计、类比设计、分离设计等半理论半经验的方式，完成方案拟订、设计计算、绘图和编写设计说明书等设计工作。传统材料成型工艺设计方法的对象产品一般具有产量大、寿命长、开发周期长、创新程度不高等特点。但随着全球经济一体化的不断推进，市场竞争的日益激烈，产品越发呈现出个性化、多样化、寿命短、开发周期短、创新空间空前扩大等特点，同时产品开发所涉及的技术与科学领域也越来越宽广，因此，传统材料成型工艺设计方法就显得捉襟见肘、顾此失彼，越发难以满足当今产品的设计要求，凸显出自身的局限性。

现代材料成型工艺设计方法是对传统设计方法的深入、丰富和完善，它是基于现代设计理论发展起来的，融信息技术、计算机技术、知识工程和管理科学等多领域知识于一体的，综合考虑产品特性、环境特性、人文特性和经济特性的一种系统化的设计方法。其目的是减少传统设计中经验设计的盲目性和随意性，在缩短设计周期的同时提高设计的科学性和准确性，从而获得富有创新性和竞争力的优质产品。传统设计方法的特征是静态设计、经验设计与分离设计，而现代设计方法则是动态设计、优化设计与集成设计；传统设计方法的计算量小，以手工计算为主，而现代设计方法的计算量很大，以计算机计算为主。计算机由于运算速度快、数据处理准确、存储量大，且具有逻辑判断功能、资源可共享，因此，在现代设计中的分析、计算、综合、决策、数据处理、图形处理等多方面具有重要的作用，成为现代产品设计中必不可少的重要工具。简单地讲，现代设计方法可近似理解为传统设计方法+计算机+现代设计理念。表1-1列出了传统设计与现代设计的比较。

表1-1　传统设计与现代设计

设计技术类型	传统设计技术	现代设计技术
设计技术	沿袭下来通常使用的	现在这个时代推广应用的
应用情况	常规的方法和工具	中级水平的方法和工具
核心技术	人工设计、强度设计	计算机设计
智能部分	人类专家	设计型专家系统
工业生产的特点	利用大量人力操作简单机器，机器操作者的数量和素质是决定生产率的主要因素	数控技术使得单机实现高度自动化，劳动力只从事调整，维护设备和其他辅助性工作。单机自动化设备的数量和优劣成为决定生产率的主要因素
技术研究的特点	设计和制造有了分工，设计面向产品功能，制造服于设计的情况较为突出	设计与制造相对独立。设计面向制造，面向装配，制造反作用于设计

续表 1-1

设计技术类型	传统设计技术	现代设计技术
设计技术具体方法	人工设计、图纸设计、类比设计……	CAD、ICAD、系统化设计、优化设计、可靠性设计、模块化设计、摩擦学设计、相似设计、价值设计、人性设计、造型设计、蠕变设计、有限元法、失效分析、疲劳设计、断裂设计、仿生设计、抗震设计、降噪声设计、防腐设计……

未来材料成型工艺设计方法的革新，应具有如下特点：

（1）设计过程的数字化，不仅要完善工程对象中确定性变量的数学描述和数学建模，而且更要研究非确定性变量，包括随机变量、随机过程、模糊变量（人的智能、经验、创造力、语言及政治、经济、人文等社会科学因素）等的数学描述和数学建模。

（2）设计过程的自动化和智能化研究。健全、研究、发展各种类型的数据库、方法库和知识库，及自动编程、自学习、自适应等高级商品化软件的研制，如研究设计知识、数据信息的获取与处理技术、智能 CAD 人工神经网络专家系统的模型和应用软件等。

（3）动态多变量优化和工程不确定模型优化（模糊优化）、不可微模型优化及多目标优化等优化方法与程序的研究，并进一步发展到广义工程大系统的优化设计的研究。

（4）虚拟设计和仿真模拟试验，是一种以计算机仿真为基础，集计算机图形学、智能技术、并行技术（图 1-3）、人机工程、材料、成型工艺、光电传感技术和多媒体技术为一体的综合学科研究。

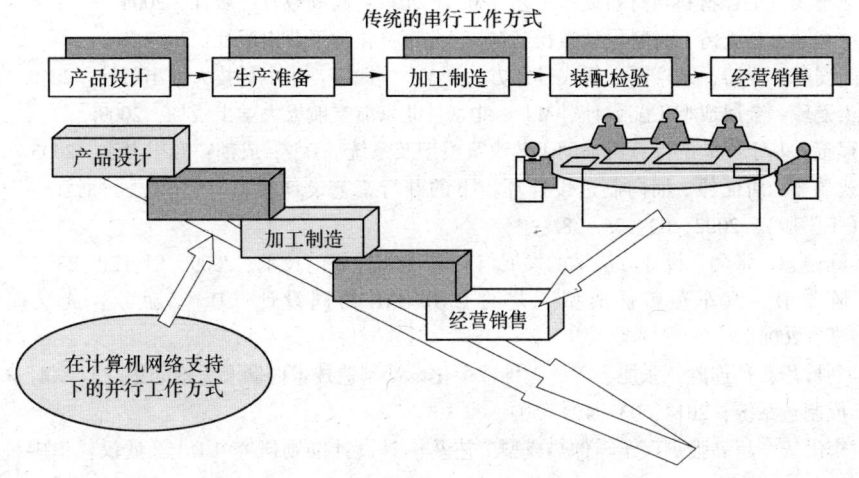

图 1-3　并行与传统串行工作方式的比较

（5）面向生态环境的绿色设计理论与方法的研究，如绿色产品的设计、清洁化生产过程的设计、产品的可回收性设计等。

（6）注重基础性设计理论及共性设计技术的深层次研究。基础性设计研究，如动态设计、疲劳设计、防断裂设计、减摩和耐磨设计、防腐蚀性设计及运动学、动力学、传动技术、弹塑性理论等，是许多现代设计技术的知识源泉和数学建模的理论基础。

基于现代设计理论的发展，对于材料成型工艺设计方法的发展具有明确的指导作用，并且在现代的一些材料成型工艺设计中已被广泛运用。

在 21 世纪，以"精确成型"及"短流程"为代表的材料成型工艺技术将得到快速发展。从宏观到微观的多尺度模拟仿真是材料成型工艺计算机集成制造的主要内容，而高性能、高保真、高效率则是基于知识的材料成型工艺模拟仿真的目标。以"集成的产品与工艺设计"思想为核心的并行工程已成为产品及相关制造过程集成设计的系统方法。以计算机模拟仿真与虚拟现实技术为手段的敏捷制造技术将继计算机网络技术、知识库技术，成为先进制造技术的重要支撑环境。网络化、智能化是 21 世纪产品与制造过程设计的趋势，而绿色制造将是 21 世纪材料成型工艺设计的新的发展方向。

为适应制造业市场、产品、技术及企业特征发展的需要，材料成型工艺将向精密化、柔性化、网络化、虚拟化、数字化、智能化、清洁化和集成化等方向发展。

参 考 文 献

[1] 孙玉福. 金属材料成型工艺及控制 [M]. 北京：北京大学出版社，2010.
[2] 夏巨谌，张启勋. 材料成型工艺 [M]. 北京：机械工业出版社，2010.
[3] 黄天佑，都东，方刚，等. 材料加工工艺 [M]. 北京：清华大学出版社，2010.
[4] 王纪安. 工程材料与材料成型工艺 [M]. 北京：高等教育出版社，2004.
[5] 戴起勋，赵玉涛. 材料设计教程 [M]. 北京：化学工业出版社，2007.
[6] 王安麟，姜涛，刘广军. 现代设计方法 [M]. 武汉：华中科技大学出版社，2010.
[7] 王爱珍. 金属成型工艺设计 [M]. 北京：北京航空航天大学出版社，2009.
[8] 程鲲. 基于经验的计算机辅助工艺决策模型及系统 [D]. 成都：四川大学，2005.
[9] 狄瑞坤，唐任仲. 面向制造设计环境下的并行工艺设计技术研究 [J]. 浙江大学学报（工学版），2002，03：35~38.
[10] 陈德志，张翔. 设计方法学的发展与应用 [J]. 机电技术，2009，S1：20~23.
[11] 陈冀东. 汽车覆盖件成型工艺的 CAD/CAE 协同设计 [D]. 武汉：武汉理工大学，2008.
[12] 刘检华，孙连胜，张旭，等. 三维数字化设计制造技术内涵及关键问题 [J]. 计算机集成制造系统，2014，03：494~504.
[13] 李洪庆. 超高强钢汽车零件热成型工艺及模具设计准则研究 [D]. 武汉：华中科技大学，2013.

2 铸造工艺设计

【本章概要】

　　本章结合具体实例，重点介绍了铸造工艺设计的内容和步骤、铸造工艺方案的制定、铸造工艺图的绘制及铸造工艺参数的确定、铸造工艺装备设计等。

【关　键　词】

　　铸造工艺，铸造工艺方案，铸造工艺图，铸造工艺参数，铸造工艺装备，工艺卡片

【章节重点】

　　本章应重点掌握铸件生产工艺过程的主要工序及其作用，在此基础上熟悉铸造工艺参数制定的依据和原则；了解铸造设备的选用；掌握铸造工艺设计思路和流程。

2.1　铸造工艺设计内容和步骤

　　根据铸件批量的大小、生产要求和生产条件等因素的不同，铸造工艺设计会有不同的内容。一般包括铸造工艺图、铸件（毛坯）图、铸型装备图（合型图）、工艺卡及操作工艺规程等。同时，铸造工艺设计也包括铸造工艺装备的设计，包括模样图、模板图、芯盒图、砂箱图、压铁图、专用量具图和样板图、组合下芯夹具图等。

　　铸造工艺图指的是在零件图上用标准规定的红、蓝符号标志出各种特征所表现出的图样，特征包括：浇注位置和分型面、加工余量、铸造收缩率、起模斜度、模样的反变形量、分型负数、工艺补正量、浇注系统和冒口、内外冷铁、铸筋、砂芯形状、数量、芯头大小等。铸造工艺图主要用于制造模样、模板和芯盒等工艺装备，也是设计这些模具的主要依据，还是生产准备和铸件验收的主要依据，并适合于各种生产任务。

　　铸件图主要反映铸件实际形状、尺寸和技术要求，在图样中用标准规定的符号和文字标注出：加工余量、工艺余量、不铸出的孔槽、铸件尺寸公差、加工基准、铸件材质牌号、热处理规范、铸件验收技术条件等，它是铸件检验和验收、机械加工夹具

设计的依据，适合于成批、大量生产或重要的铸件。

　　铸型装配图需要表示出浇注位置和分型面、砂芯形状和数量、固定和下芯顺序、浇注系统、冒口和冷铁布置，砂箱结构和尺寸等。它是生产准备、合格、检验、工艺调整的主要依据，适用于成批、大量生产或重要的铸件与单件生产的重型件。

　　铸造工艺卡主要用来表示造型、制芯、浇注、开箱、清理等工艺操作过程和要求。主要用于生产管理和经济核算，并依批量大小填写必要内容。

　　对于大量生产的定型产品、单件生产的重要铸件的铸造工艺一般制定得比较详细，内容也涉及较多。与此相反，单件、小批量生产的一般性产品涉及内容也可以简化，在最简单的情况下，可以只绘制一张铸造工艺图。

　　铸造工艺设计步骤为：

（1）零件的技术条件和结构工艺性分析；

（2）选择铸造和造型方法；

（3）确定浇注位置和分型面；

（4）选择工艺参数；

（5）设计浇冒口和冷铁；

（6）砂芯设计；

（7）在完成铸造工艺图的基础上画出铸件图；

（8）完成砂箱设计后画出铸型装配图；

（9）综合整个设计内容编制铸造工艺卡。

　　本章以某移动装置为例，介绍铸造工艺设计过程。该零件的结构如图 2-1 所示，其材料为 QT500-7 球墨铸铁（表 2-1），成分见表 2-2。零件特点：最大宽度为 860mm，最大长度为 1510mm，最大高度为 300mm，体积为 0.13m³，总重量为 945.635kg。

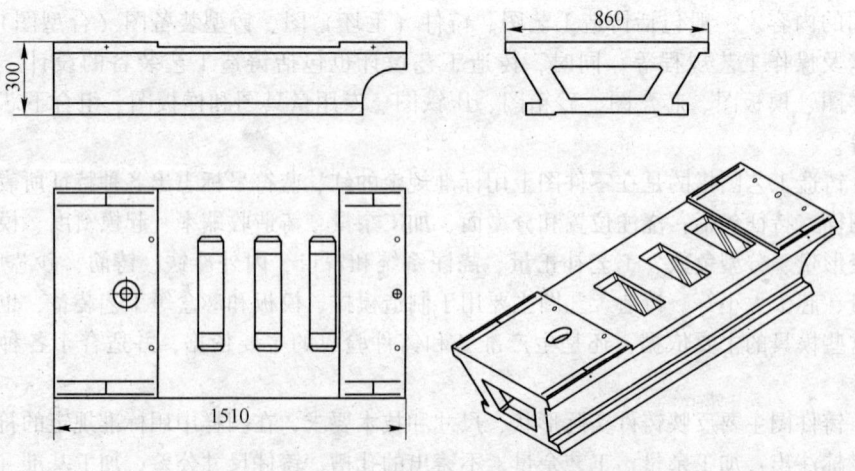

图 2-1　零件整体结构及尺寸（单位为 mm）

表 2-1　QT500-7 球墨铸铁基本介绍（摘自 GB/T 1348—2009）

材料牌号	抗拉强度 R_m/MPa（min）	屈服强度 $R_{p0.2}$/MPa（min）	伸长率 A/%（min）	布氏硬度 HBW	主要基体组织
QT500-7	500	320	7	170~230	铁素体+珠光体

表 2-2　QT500-7 的主要成分　　　　　（%）

化学成分	C	Si	Mn	S	P	Mg	RE	Fe
含量	3.55~3.85	2.34~2.86	<0.6	<0.025	<0.08	0.02~0.04	0.03~0.05	余量

2.2　铸造工艺方案的制定

2.2.1　浇注位置的选择

浇注位置是指浇注金属液时铸件在铸型中所处的位置。正确的浇注位置应能保证获得健全的铸件，并使造型、制芯和清理方便。根据生产实践经验，选择铸件的浇注位置，应注意以下原则：

（1）铸件的重要加工面、主要受力面和宽大平面应朝下，如果不能朝下，可将其侧立或斜置；

（2）对于厚薄不均匀的铸件，应将其厚大部分朝上，以利于冒口补缩；

（3）对于薄壁零件，应将薄而大的平面朝下，有条件时，应侧立或倾斜，以避免冷隔或浇不到等缺陷；

（4）应尽量减少砂芯的数量，少用吊砂、吊芯、悬臂芯或芯撑；

（5）铸件的合型、浇注、冷却位置一致为宜。

对于该移动装置，整体结构比较简单，浇注位置有如下几种，如图 2-2 所示。

图 2-2(a) 操作简单，大平面（上下平面）水平放置，精度有保证，砂芯的制作和放置也比较简单；图 2-2(b) 同样可以保证平面水平放置，但因为铸件上有铸孔，倒置会导致铸孔部分的砂芯固定困难；图 2-2(c) 不仅无法保证大平面水平浇注，而且，侧立时，上下表面实际上是工作在同样的环境中，侧立浇注使得两表面致密度不均匀，对零件的使用造成影响，同时，侧立必然导致上下砂箱同时造型，由此又会带来错箱的误差，此外，砂芯的固定也更加复杂；图 2-2(d) 和图 2-2(e) 不仅存在图 2-2(c) 放置时存在的问题，同时，正立使得砂箱的高度大大增加，给铸造生产带来更大的困难。综上所述，设计采用图 2-2(a) 所示的正放浇注位置。

2.2.2　分型面的选择

分型面是指两半铸型相互接触的表面。除了地面软床造型、明浇的小件和实型铸造法以外的铸型都有分型面。分型面的选取优劣，对铸件精度、生产成本和生产率影

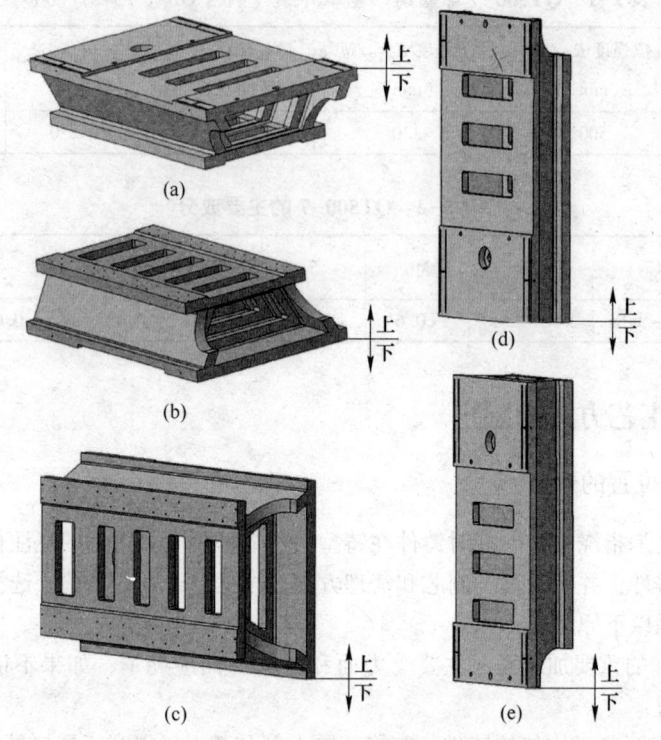

图 2-2　可能的浇注位置

响都较大。分型面的选择原则可参考如下：

（1）尽可能将整个铸件或其主要加工面和基准面放置于同一砂箱内；

（2）尽可能减少分型面数目；

（3）分型面尽量选用平面，平直分型面可简化造型过程和模底板制造，易于保证铸件精度；

（4）便于下芯、合箱和检查型腔尺寸；

（5）尽量降低砂箱高度；

（6）受力件的分型面的选择不应削弱铸件结构强度；

（7）注意减轻铸件清理和机械加工量。

对于该移动装置，综合以上原则，分型面可以有 4 种选择，如图 2-3 所示。

图 2-3（a）所示的分型面在最大截面处铸件全部位于同一砂型内防止错型，保证加工面的尺寸精度，砂芯易固定，但铸件中部下凹处需要额外放置砂芯，固定困难；图 2-3（b）所示的分型面在最大截面处，铸件同样全部位于同一砂型中，但铸件上表面的下凹由上砂型形成，砂型制作更加简便；图 2-3（c）所示的分型面在最大截面处，铸件大部分位于下砂型中，但这样带来了错型造成尺寸误差的问题；图 2-3（d）所示的分型面不在最大截面处，铸件大部分位于上砂型中，但这样上砂型中的砂芯固定困难，同时，错箱带来的误差依然无法避免。

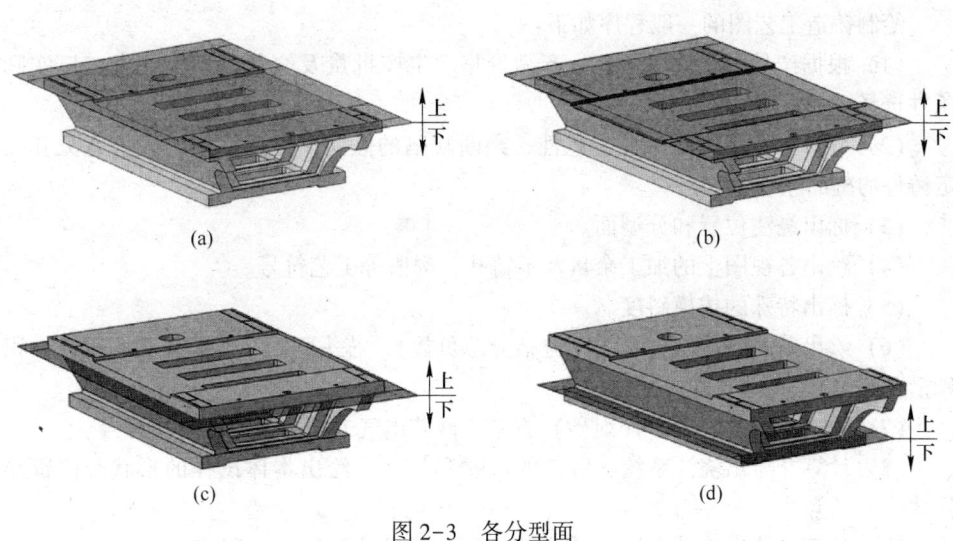

图 2-3　各分型面

综合考虑，选用图 2-3(a) 中分型面最为合适。分型面为最大平面，合箱容易，同时又保证了尺寸精度。

2.3　铸造工艺图的绘制

铸造工艺图是铸造行业所特有的一种图样。它规定了铸件的形状和尺寸，也规定了铸件的基本生产方法和工艺过程。铸造工艺图是生产过程的指导性文件，它为设计和制造铸造工艺装备提供了基本依据。

铸造工艺图表达的主要内容如下：

（1）浇注位置、分型面、分模面、活块；

（2）模样的类型和分型负数、加工余量、拔模斜度、不铸孔和沟槽；

（3）砂芯个数和形状、芯头形式、尺寸和间隙；

（4）分盒面、芯盒的填砂（射砂）方向、砂芯负数；

（5）砂型的出气孔、砂芯出气方向、起吊方向、下芯顺序、芯撑的位置、数目和规格；

（6）工艺补正量、收缩肋（割肋）和拉肋形状、尺寸和数量，和铸件同时铸造的试样、铸造（件）收缩率；

（7）砂箱规格、造型和制芯设备型号、铸件在砂箱内的布置，并列出几种不同名铸件同时铸出、几个砂芯共用一个芯盒以及其他方面的简要技术说明等。

上述这些内容并非在每一张铸造工艺图上都要表示，而是与铸件的生产批量、产品性质、造型和制芯方法，铸件材质和结构尺寸，废品倾向等具体情况有关。

铸造工艺图是在零件图的基础上绘制的，包含有铸造工艺的大部分内容，涉及很多参数和数据，因此绘制工艺图过程中应该注意绘制铸造工艺图的程序和一些注意事项。

绘制铸造工艺图的一般程序如下：

（1）根据产品图及技术条件、产品价格、生产批量及交货日期，结合工厂实际条件选择铸造方法。

（2）分析铸造结构的铸造工艺性，判断缺陷的倾向，提出结构的改进意见和确定铸件的凝固原则。

（3）标出浇注位置和分型面。

（4）绘出各视图上的加工余量及不铸孔、沟槽等工艺符号。

（5）标出特殊的拔模斜度。

（6）绘出砂芯形状、分芯线（包括分芯负数）、芯头间隙、压紧环和防压环、积砂槽及有关尺寸，标出砂芯负数。

（7）画出分盒面、填砂（射砂）方向、砂芯出气方向、起吊方向等符号。

（8）计算并绘出浇注系统、冒口的形状和尺寸，绘出本体试样的形状、位置和尺寸。

（9）计算并绘出冷铁和铸肋的形状、位置、尺寸和数量，固定组合方法及冷铁间距大小等。

（10）绘出并标明模样的分型负数，分模面及活块形状、位置，非加工壁厚的负余量，工艺补正量的加设位置和尺寸等。

（11）绘出并标明大型铸件的吊柄，某些零件上所加的机械加工用夹头或加工基准台等。

（12）说明：浇注要求，压重，冒口切割残留量，冷却保温处理，拉肋处理要求，热处理要求等。技术条件中还需说明：铸造（件）收缩率（缩尺），一箱布置几个铸件或某名称铸件同时铸出，选用设备型号及砂箱尺寸等。

2.4　铸造工艺参数的确定

2.4.1　浇注系统设计

浇注系统是将液态金属引入铸型型腔而在铸型内开设的通道。浇注系统包括浇口杯、直浇道、横浇道及内浇道。浇注系统的设计包括浇注系统类型选择、内浇口位置的选择以及浇注系统各组元截面尺寸的计算。

浇注系统的设计应遵循以下原则：

（1）使液态合金平稳充满铸型，不冲击型壁和型芯，不产生涡流和喷溅，不卷入气体，并利于型腔内的空气和其他气体排出型外；

（2）阻挡夹杂物进入型腔；

（3）调节铸型及铸件各部分温差，控制铸件的凝固顺序；

（4）不阻碍铸件的收缩，减少铸件的变形和开裂倾向；

（5）起一定的补缩作用，主要是在内浇道凝固前补给部分液态收缩；

（6）控制浇注时间和浇注速度，得到完整的铸件。

2.4.1.1 浇注系统的类型

球墨铸铁经过球化、孕育处理后温度下降很多,并且容易氧化,产生二次氧化夹渣。对于本设计球墨铸铁件移动装置,适宜采用大孔出流设计方法,缩短金属液的充型时间,同时要求浇注系统具有较强的挡渣能力。

根据文献 [1] 对于厚壁球墨铸铁件适宜采用"开放式浇注系统",浇注系统各组元的截面比例如下:

$$\sum A_{内} : \sum A_{横} : \sum A_{直} = (1.5 \sim 4) : (2 \sim 4) : 1$$

同时,对于浇注时间的选择,参考文献 [1] 中表 3-168 选为 30s,如图 2-4 所示。

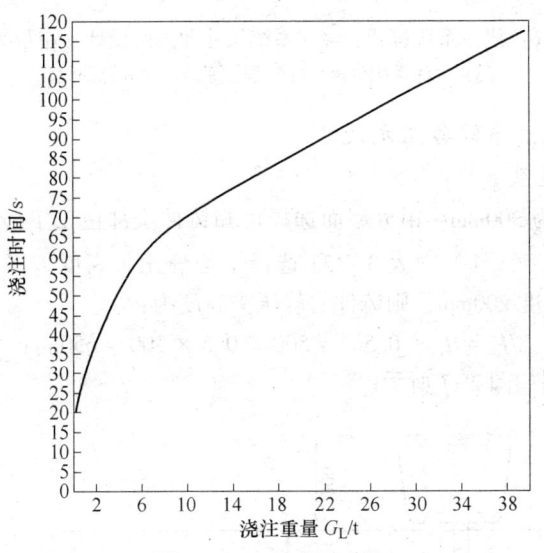

图 2-4 浇注时间选择

2.4.1.2 浇注系统的结构

将横浇道开设在下砂箱内,并在浇口杯与直浇道相接处设置过滤网。因流钢砖过于笨重,内浇道的形式很单一,选择的余地太小,而陶瓷管壁薄、重量轻,形式多样,弥补了流钢砖的诸多不足,特别适合树脂砂造型,所以本铸件的浇注系统的直浇道、横浇道和内浇道均采用陶瓷管埋设在铸型中以形成浇注系统。

根据铸件的结构和尺寸等因素,将浇注系统结构设计成如图 2-5 所示。

图 2-6(a) 所示为浇注系统位置,图 2-6(b) 所示为浇注系统尺寸和滤网设计位置。

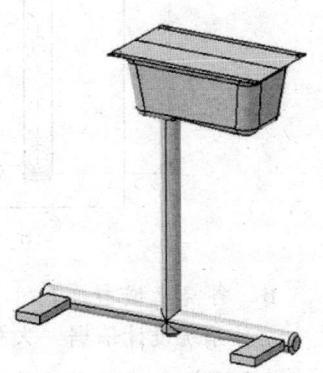

图 2-5 金属液流流过的形状

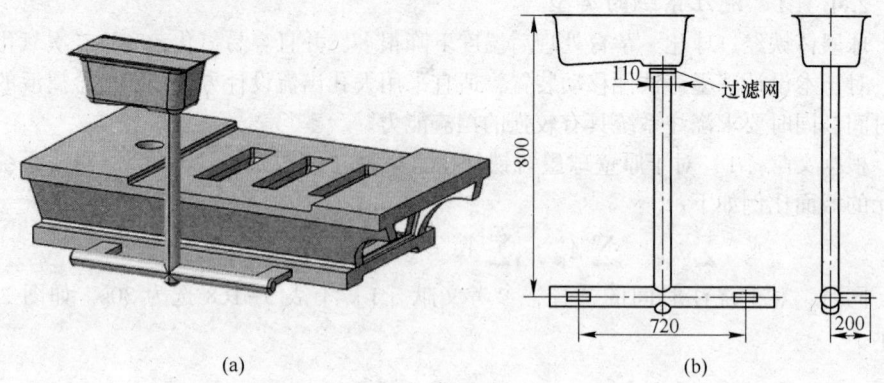

(a)   (b)

图 2-6   浇注系统位置及浇注系统尺寸和滤网设计（单位为 mm）

（a）浇注系统位置；（b）浇注系统尺寸和滤网设计

2.4.1.3   浇注系统各组元尺寸

A   平均静压头

铸件高度 h_c 为 300mm，由分型面选择可知铸件全部位于下砂型中，浇注方式为底部注入，参照文献［1］中表 3-137 选择平均静压头高度 $H_p = 500mm$，上砂箱高 300mm，浇口杯高度 200mm，则铸件的静压头高度为：

$$H_0 = H_p + 0.5h_c = 500 + 0.5 \times 300 = 650mm$$

静压头示意图如图 2-7 所示。

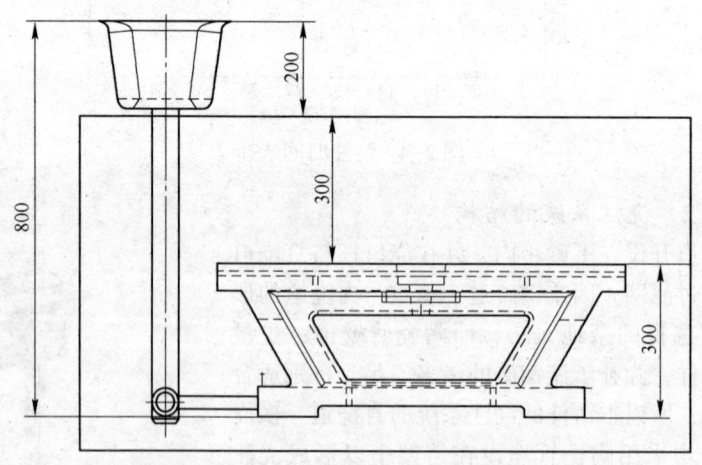

图 2-7   静压头示意图（单位为 mm）

B   各浇道横截面尺寸

浇注系统设计依据"大孔出流原则"，参照文献［1］中表 3-160 中数据见表 2-3，静压头 H_p 为 50cm，取浇道面积比为 $\sum A_内 : \sum A_横 : \sum A_直 = 1.5 : 2 : 1$。

表 2-3　球墨铸铁四单元浇注系统断面积大孔出流设计表

铸件重量/kg		500	700	800	1000	1200	1500	2000
浇注时间/s		30	35	37	41	45	50	57
内浇道断面积/cm²	$h_p=30$cm	33	39.6	42.9	48.3	52.9	59.5	69.5
	$H_p=40$cm	28.6	34.3	37.1	41.9	45.8	51.5	60.2

根据表中数据，初步设计内浇道面积为 $\sum A_内 = 41.9\text{cm}^2$，按比例横浇道面积 $\sum A_横 = 55.87\text{cm}^2$，直浇道面积 $\sum A_直 = 27.93\text{cm}^2$，直浇道和横浇道的截面形状设计为圆形，内浇道横截面设计成矩形，设计结果如下：

直浇道：由 $A_直 = \pi R^2 = 27.93\text{cm}^2$ 得，$R = 29.8$mm，取整 $R_直 = 30$mm；

横浇道：由 $A_横 = \pi R^2 = 55.87 \div 2 = 27.935\text{cm}^2$ 得，$R = 29.8$mm，取整 $R_横 = 30$mm；

内浇道：由 $A_内 = 41.9 \div 2 = 20.95\text{cm}^2$，取 $a = 26$mm，$b = 80$mm。

C　浇口杯尺寸

浇口杯的直径至少要比金属液体的径流大 1 倍，顶部宽度要比直浇道直径大 1 倍，沿浇注方向的长度要两倍于宽度，而深度可以等于宽度。浇口杯可分为普通漏斗形浇口杯、池形浇口杯、闸门形浇口杯等，池形浇口杯适用于中大型铸件的浇注，因此，本次设计拟采用池形浇口杯。参照文献 [1] 中表 3-229，池形浇口杯形状图如图 2-8 所示。

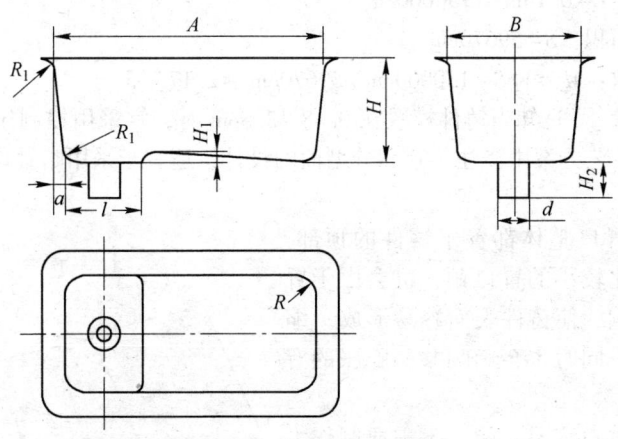

图 2-8　池形浇口杯形状

根据铸件参数，选择 4 号浇口杯，其各参数数值见表 2-4。

表 2-4　浇口杯各部分尺寸

编号	浇口杯尺寸/mm									
	A	B	l	H	H_1	d	a	R	R_1	H_2
4	450	250	130	185	20	φ60	25	40	25	65

2.4.2 冒口、冷铁的设计

2.4.2.1 冒口的设计

A 冒口设计的基本原则

冒口设计的基本原则如下：

（1）冒口的凝固时间应大于铸件被补缩部位的凝固时间；

（2）有足够的金属液能够补充至铸件的收缩、型腔扩大部位等处；

（3）在凝固期间、冒口和铸件需要补缩部分之间在整个补缩过程中应存在通道，扩张角向着冒口；

（4）在满足上述条件下，应尽量减小冒口体积，节约金属，提高铸件成品率。

B 冒口有效补缩距离的确定

冒口的有效补缩距离是确定冒口数目的依据，与铸件结构、合金成分及凝固特性、冷却条件、对铸件质量要求的高低等多种因素有关。补缩通道的畅通与否主要取决于扩张角（φ）的大小，扩张角是在铸件凝固过程中，金属液向着冒口扩张的夹角，它的大小取决于铸件凝固方向上温度梯度的大小。向着冒口方向的温度梯度增加，扩张角也变大，向着冒口张开，补缩通道通畅，促使铸件顺序凝固。

对于该球墨铸铁件，采用呋喃树脂自硬砂造型造芯，砂型高强度高硬度，铸件模数（M_c）按照如下公式计算：

铸件体积：$V = 0.13m^3 = 130000cm^3$；

铸件外表面积：$S = 59670cm^2$；

则铸件模数：$M_c = V/S = 130000cm^3/59670cm^2 = 2.179cm$。

由参考文献［1］知当铸件模数在 0.48~2.5cm 时，宜采用控制压力冒口设计方法。根据铸造工艺方案中浇注位置和分型面的设计，适宜于采用暗冒口设计。原因有两点：

（1）若将冒口整体都置于铸件的顶部，即使采用尺寸比较小的冒口颈，也会由于冒口的热效应影响，使铸件表面容易形成"缩陷"铸造缺陷，同时也会影响共晶膨胀的有效发挥；

（2）压边冒口容易清除，不需要制作大量冒口模型，大大简化了工艺。

铸件热节主要在上部两侧，因此设计暗冒口位置如图 2-9 所示。

铸件的接头分为两种，冒口也分为Ⅰ、Ⅱ两组，参照参考文献［1］中表 3-256 的公式，简化模型计算出每处接头处的模数 M_c，接头处参数如图 2-10 所示。

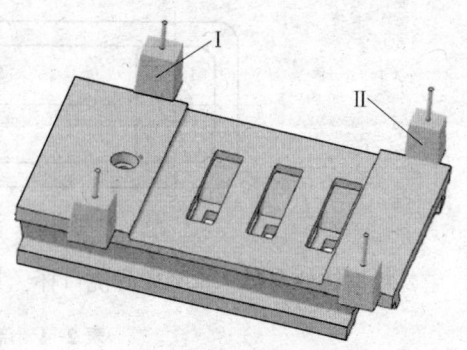

图 2-9 冒口的位置

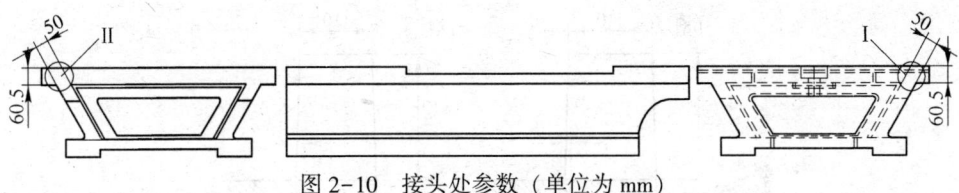

图 2-10 接头处参数（单位为 mm）

接头处模数计算如下，示意图如图 2-11 所示。

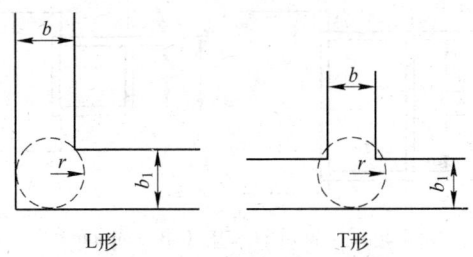

L形　　　　　　　T形

图 2-11 接头处计算示意图

I组（L形）：$M_{RI} = 2.0$cm，相应的 $a_I = M_{RI}/0.187 = 10.695$cm；

II组（T形）：$M_{RII} = 2.0$cm，相应的 $a_{II} = M_{RII}/0.187 = 10.695$cm。

将冒口 I 和 II 都设计成正台式压边冒口，压边尺寸取 10mm，计算结果如下：

冒口 I：由 $a_I = 10.695$cm，取整 $a_I = 110$mm，$b_I = 1.1 a_I = 121$mm，$h_I = 1.5 a_I = 165$mm；

冒口 II：由 $a_{II} = 10.695$cm，取整 $a_{II} = 110$mm，$b_{II} = 1.1 a_{II} = 121$mm，$h_{II} = 1.5 a_{II} = 165$mm。

该移动装置为球墨铸铁件，根据球墨铸铁的凝固特点，有考虑到铸件上表面为大平面，I 处仅用上述计算的尺寸很难兼顾到整个平面的补缩，因此为了提高补缩效果，将 I 处的冒口压边方向（b_{II}）的尺寸增大为原来的 1.5 倍：$b'_{II} = 1.5$mm，$b_{II} = 180$mm。

综上，两种冒口的尺寸相同，冒口尺寸如图 2-12 所示。

为了保证冒口的顺利排气，在冒口顶部中心设置直径为 $\phi20$mm 的通气孔直通到上砂箱表面。

同时为了更好地排出型腔砂芯以及金属液析出的气体，在所设计的冒口顶部以及铸件两端部开设出气孔。

2.4.2.2 冷铁的设计

为增加铸件局部冷却速度，在型腔内部及工作表面安放的激冷物称为冷铁。冷铁可分为内冷铁和外冷铁两大类。放置在型腔内能与铸件熔为一体的金属激冷块称为内冷铁；造型（芯）时放在模样（芯盒）表面上的金属激冷块称为外冷铁。内冷铁最终会成为铸件的一部分，因此应与铸件材质相同。外冷铁用后可回收重复使用。根据铸件材质和激冷作用强弱，可采用碳钢、铸铁、铜、铝等材质的外冷铁，还可采用蓄

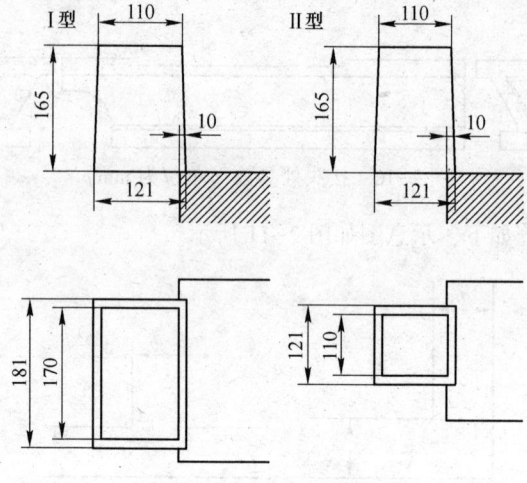

图 2-12　冒口的尺寸（单位为 mm）

热系数比硅砂大的非金属材料，如石墨、碳素砂、铬镁砂、铬砂、镁砂等作为激冷物使用。

冷铁的设计对获得合格、优质铸件发挥着很大的作用。冷铁设计的主要内容是确定冷铁放置的位置以及冷铁的形状和尺寸。

对于本次设计的移动装置，如果放置冷铁会大大增加系统的复杂性，故本次设计没有采用冷铁装置。

2.4.3　收缩率的确定

金属在凝固过程中有液态收缩、凝固收缩和固态收缩，其中液态收缩和凝固收缩的结果，会使铸件最后凝固的部位产生缩孔、缩松，为消除缩孔、缩松，获取组织致密的铸件，可以采取工艺措施进行补缩。固态收缩的结果，使铸件长度方向尺寸变短，其变短的量即为线收缩量。为了获取尺寸符合要求的铸件，常在制作模样或芯盒时将线收缩量加上，以保证固态收缩后铸件尺寸符合要求。

对于该移动装置，根据参考文献 [1] 中"铸造收缩率"的设计依据（表 2-5），选择该铸件的收缩率为 1%。

表 2-5　铸造的线收缩率　　　　　　　　　　　　（%）

铸件种类		铸造收缩率	
		受阻收缩	自由收缩
球墨铸铁	珠光体球墨铸铁	0.8~1.2	1.0~1.3
	铁素体球墨铸铁	0.6~1.2	0.8~1.2

2.4.4 机械加工余量的确定

根据 ISO 8062《铸件尺寸公差与机械加工余量》规定，机械加工余量应适用于整个毛坯铸件，且该值应根据最终机械加工后成品铸件的最大轮廓尺寸和相应的尺寸范围选取。铸件的某一部位在铸态下的最大尺寸应不超过成品尺寸与要求的加工余量及铸造总公差之和，有斜度时斜度另外考虑。

要求的机械加工余量等级共有 10 级，即 A、B、C、D、E、F、G、H、J 和 K 级共 10 个等级。

对于该移动装置，根据 ISO 8062 要求，球墨铸铁手工造型砂型浇注应选公差等级为 F~H 级。处于浇注位置"底部"和"侧面"的选用"高"的等级，本次设计对于底面采用 E 级，侧面选择 F 级和铸孔选择 G 级。

引用 ISO 8062 要求的各等级加工余量数值见表 2-6。

表 2-6　加工余量数值

最大尺寸 /mm		余量数值				
	大于	250	400	630	1000	1600
	等于或包括	400	630	1000	1600	2500
余量等级	E 级	1.8	2.2	2.5	2.8	3.2
	F 级	2.5	3.0	3.5	4.0	4.5
	G 级	3.5	4.0	5.0	5.5	6.0

根据铸件的尺寸公差等级、要求的机械加工余量及铸件的最大轮廓尺寸确定加工余量的数值。铸件需要加工的表面如下。

2.4.4.1 单侧加工

铸件单侧加工面如图 2-13 所示，编号为 1、2、3。

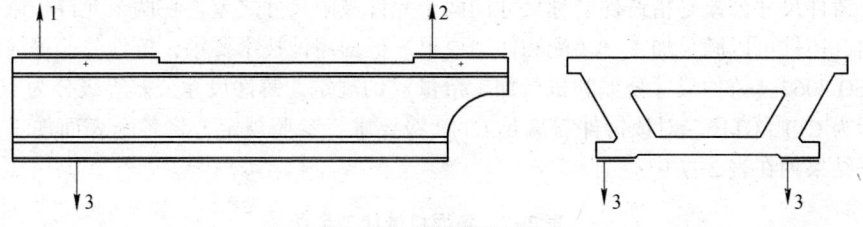

图 2-13　单侧加工面

单侧加工面尺寸计算公式为：

$$\delta = RMA + CT/2$$

式中　δ——加工余量，mm；

RMA——要求的铸件加工余量，mm；

CT——铸件尺寸公差，mm。

2.4.4.2　双侧加工面

铸件双侧加工面如图 2-14 所示，编号 4、5。

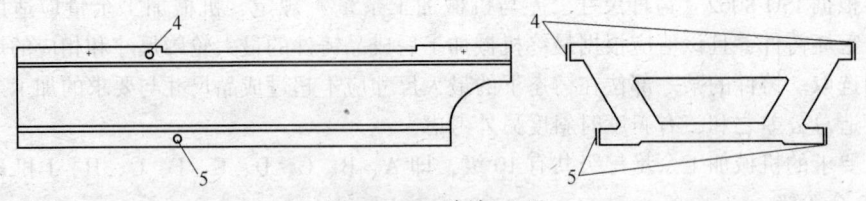

图 2-14　双侧加工面

双侧加工面尺寸计算公式为：

$$\delta = RMA + CT/4$$

各符号意义同上。

2.4.4.3　内侧加工面

铸件有一个铸造孔，为上表面的一个阶梯孔，两个加工表面分别编号 6、7，如图 2-15 所示。

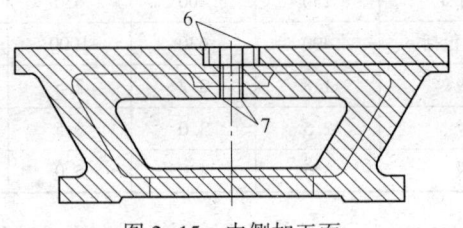

图 2-15　内侧加工面

内部加工的加工余量公式为：

$$\delta = RMA + CT/4$$

各符号意义同上。

铸件尺寸公差是指铸件公称尺寸的两个允许极限尺寸之差。在两个允许极限尺寸之内，铸件可以满足加工、装配和使用要求。根据零件技术要求，铸件公差等级应满足 ISO 8062《铸件尺寸公差和机械加工余量》的规定。铸件尺寸公差等级分为 16 级，表示为 CT1~CT16。对该铸件需满足 CT12 级要求，参照规定，将各个表面加工余量计算结果列在表 2-7 中。

表 2-7　各面机械加工余量

加工面编号	加工余量等级	RMA	CT	加工余量 δ
1	G	5.5	13	12
2	G	5.5	13	12
3	E	2.8	13	9.3
4	F	4	13	7.25

加工面编号	加工余量等级	RMA	CT	加工余量 δ
5	F	4	13	7.25
6	G	5.5	13	8.75
7	G	5.5	13	8.75

根据零件图，考虑以上机械加工余量后，将后续加工结构去掉，即可得到铸件图（图 2-16）。后续加工结构包括：上表面除了阶梯孔外的其他孔（4 个 M24 螺纹孔，ϕ36 的孔为锥底，需要加工出来）；4 个油槽；下表面的 48 个 M8 螺纹孔。

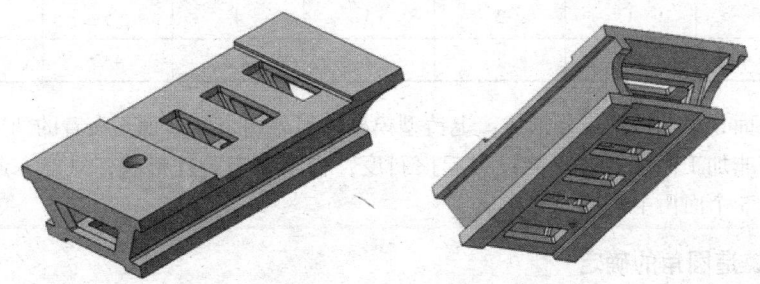

图 2-16　铸件图

2.4.5　起模斜度的确定

为了方便起出模样或取出砂芯，在模样、芯盒的出模方向留有一定斜度，以免损坏砂型或砂芯，这个斜度，称为起模斜度。设计起模斜度时应注意：起模斜度应小于或等于产品图上所规定的起模斜度值，以防止零件在装配或工作中与其他零件相妨碍。尽量使铸件内、外壁的模样和芯盒斜度取值相同，方向一致，以使铸件壁厚均匀。在非加工面上留起模斜度时，要注意与相配零件的外形一致，保持机器整体美观。

对该铸件，铸件外表面四周计划以砂芯包裹，因此不必在铸件表面设计起模斜度，起模斜度应设计在砂芯的外围。

图 2-17 中，需要设置起模斜度的面已经标出。

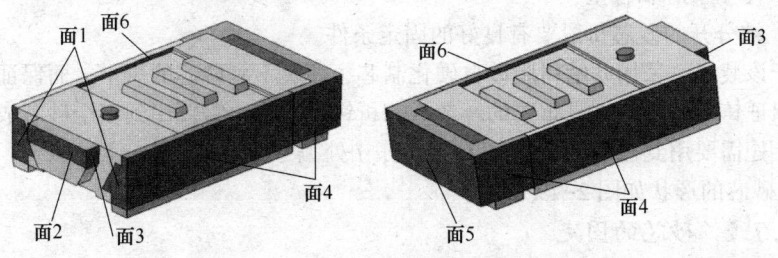

图 2-17　需要加起模斜度的面

本例采用木模样造型腔，除了面6采用减少壁厚的方法，其余各面采用增加厚度法。根据文献［1］中表3-64，木模样外围的起模斜度与测量面高度有关，不同高度的测量面应具有的起模斜度见表2-8。

表 2-8　木模样起模斜度　　　　　（mm）

测量面高度 h	≤10	>10~40	>40~100	>100~160	>160~250	>250~400	…
起模斜度	≤0.8	≤1.6	≤1.6	≤2	≤2.6	≤4.2	…

根据表中的数据选择不同面的起模斜度，各面起模斜度见表2-9。

表 2-9　各面起模斜度

面编号	1	2	3	4	5	6
起模斜度/mm	4.2	2	2	4.2	4.2	1.6

其中面6用上铸型模样形成，上铸型模样的另外两个面（面6夹着的两个面）由于与铸件非加工面接触，不能设置起模斜度，否则影响铸件形状，只能在起模时注意，其余5个面由下铸型模样形成。

2.4.6　铸造圆角的确定

样壁与壁的连接和转角处要做成圆弧过渡，该圆弧称为铸造圆角。铸造圆角可减少或避免砂型尖角损坏，防止产生黏砂、缩孔、裂纹。但是铸件分型面的转角处不能有铸造圆角。铸造内圆角的大小可按相邻两壁平均壁厚的1/3~1/5选取，外圆角的半径取内圆角的一半。

2.4.7　砂芯的确定

2.4.7.1　砂芯的形状

砂芯的设置应满足以下几个基本原则：

（1）尽量减少砂芯的数量；

（2）复杂的砂芯分块设计；

（3）选择合适的砂芯形状，便于填砂、舂砂、安放芯骨和采取排气措施；

（4）砂芯烘干支撑面最好是平面；

（5）便于下芯和合型；

（6）被分开的砂芯每段要有良好的固定条件。

对于该装置，采用呋喃树脂砂自硬化制芯，涉及不到砂芯的烘干，而保证铸件的成型、保证铸件的精度则是重要的环节。分析铸件结构，需要用到多个砂芯成型，铸件共有7处需要用到砂芯，如图2-18所示，7处编号为1~7。

7个砂芯的形状如图2-19所示。

2.4.7.2　砂芯的固定

砂芯在砂型中的位置一般是靠芯头来固定的，也有用芯撑或铁丝来固定的。必须

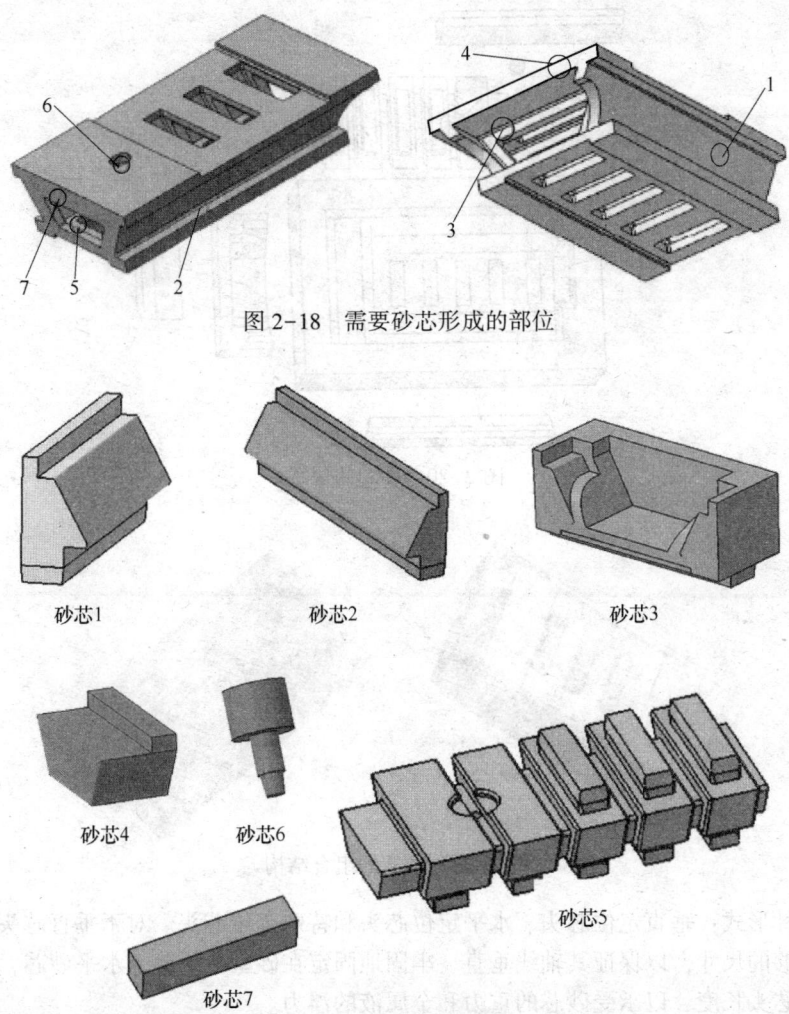

图 2-18 需要砂芯形成的部位

砂芯1　　　　砂芯2　　　　　　砂芯3

砂芯4　　　砂芯6　　　　　　　　砂芯5

砂芯7

图 2-19 砂芯形状

经受得住金属液体的冲击而不发生偏移和损坏（由于本设计采用的是呋喃树脂自硬砂，砂型的强度较高，故损坏的可能性比较小），并且在金属液体的浮力作用下不发生浮动，否则，铸件会发生部分损坏，缺失甚至严重变形导致铸件报废。

对于该移动装置，7 个砂芯全部放置在下砂箱中，砂芯的位置如图 2-20 所示。

整个下芯的流程为：

砂芯 3+砂芯 4→砂芯 1→砂芯 2→砂芯 5→砂芯 6→砂芯 7

最终砂芯的组合结构如图 2-21 所示。

2.4.7.3　芯头的结构尺寸

芯头需要有一定的定位结构，根据砂芯在砂型中放置的位置，定位芯头通常分为

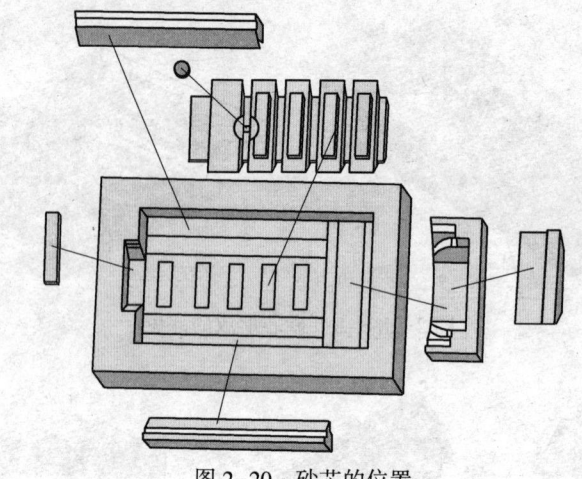

图 2-20 砂芯的位置

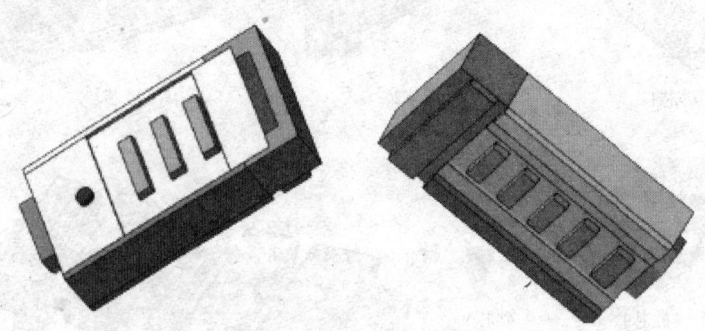

图 2-21 砂芯的组合结构

以下三种形式：垂直定位芯头、水平定位芯头和特殊定位芯头。对于垂直芯头，必须要有足够的尺寸，以保证其轴线垂直、牢固地固定在砂型上。对于水平砂芯，必须有足够的芯头长度，以承受砂芯的重力和金属液的浮力。

如图 2-22 所示，本次设计所采用的 7 个砂芯共有 7 种。其中，Ⅰ型~Ⅵ型属于垂直芯头，Ⅶ型属于水平芯头。Ⅰ型应用于砂芯 1 和砂芯 2，Ⅱ型应用于砂芯 3，Ⅲ、Ⅳ、Ⅴ型应用于砂芯 5，Ⅳ、Ⅷ型应用于砂芯 6，砂芯 4 和砂芯 7 没有芯头。

以上各芯头中，Ⅰ、Ⅱ、Ⅲ、Ⅴ向下插入下砂型中，Ⅳ、Ⅵ向上插入上砂型中，Ⅶ水平插入下砂型中。

对于水平芯头，如图 2-23 所示。

对于芯头Ⅶ，参考文献 [1] 中设置 S_1、S_2、S_3 数值分别为 1.5mm、3.0mm、4.5mm。

对于垂直芯头、各型的顶面间隙及芯头斜度的设置，参照文献 [1]，数值列入表 2-10。

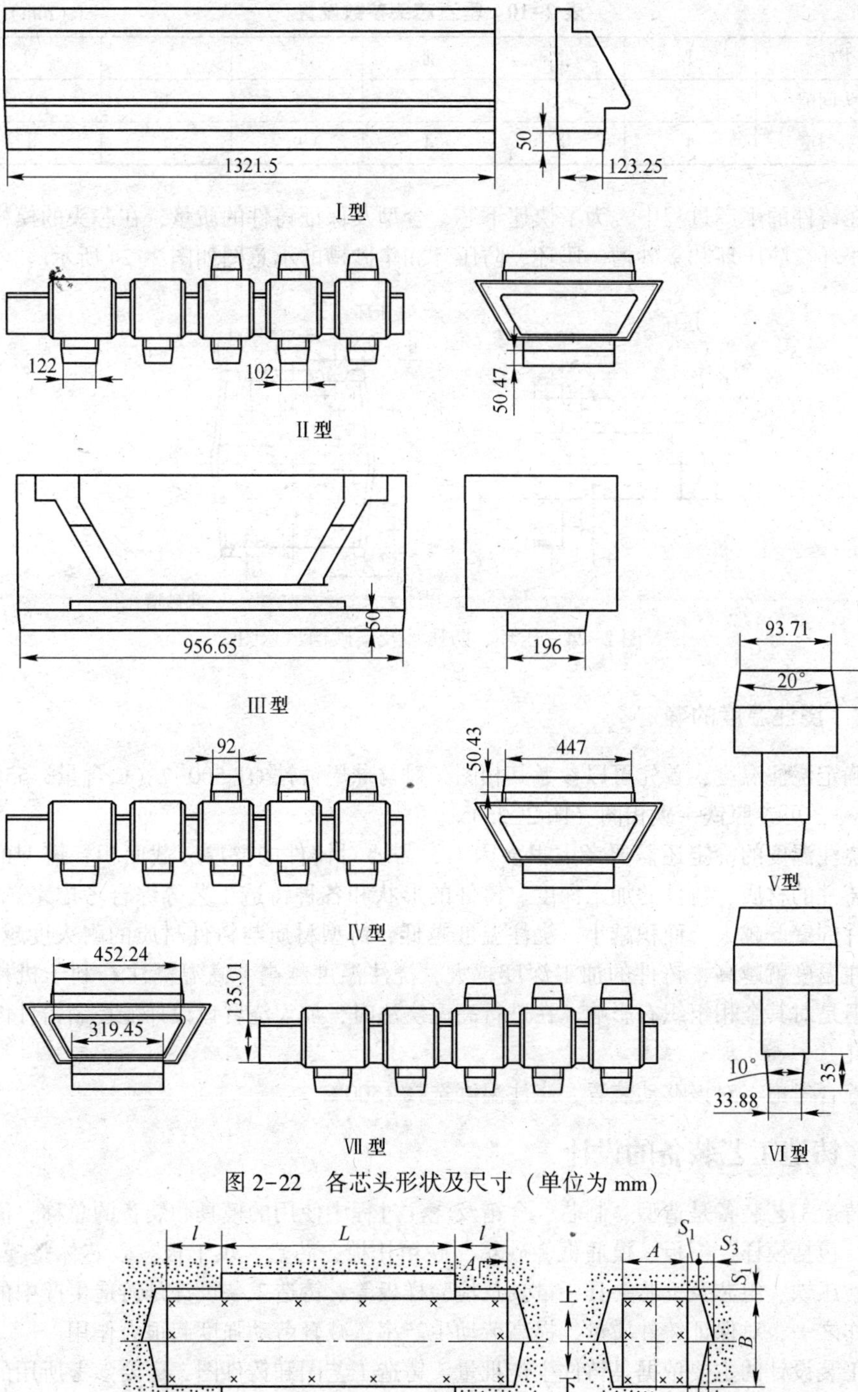

1321.5

50 123.25

Ⅰ型

122 102

50.47

Ⅱ型

956.65 50

196

Ⅲ型

92

50.43 447

93.71

20° 35

Ⅳ型

Ⅴ型

452.24

135.01

319.45

Ⅶ型

10° 35

33.88

Ⅵ型

图 2-22 各芯头形状及尺寸（单位为 mm）

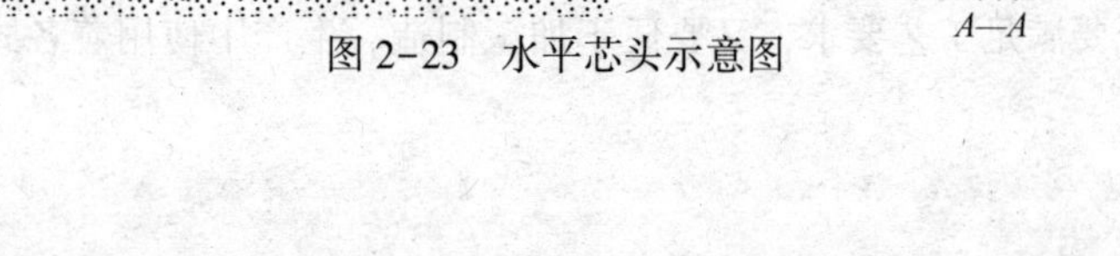

l L l A

S_1 S_3

S_1

A

上

B

下

S_1 S_2

$A—A$

图 2-23 水平芯头示意图

表 2-10　垂直芯头参数设置　　　　　　　　　（mm）

芯头标号	I	II	III	IV	V	VI
芯头间隙	2	1.5	1	1	1	1
芯头斜度	4	4	4	9	4	4

在铸件的生产过程中，为了快速下芯、合型及保证铸件的质量，在芯头的模样上做出压环、防压环和集砂槽。压环、防压环和集砂槽的示意图如图 2-24 所示。

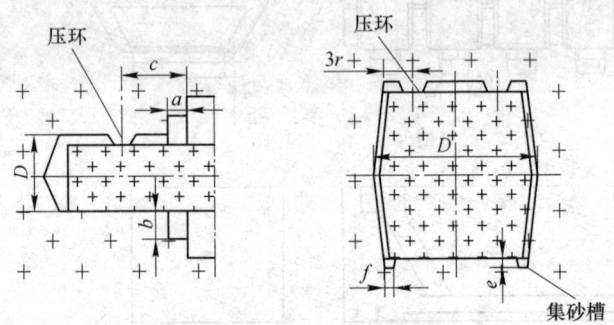

图 2-24　压环、防压环及集砂槽示意图

2.4.8　浇注温度的确定

确定浇注温度，首先可以参考其相图，对与球墨铸铁 QT 500-7（C 含量3.55%~3.85%），可参照铁—碳相图（图 2-25）。

浇注温度的确定还需要考虑很多因素，需要对铸件的壁厚、截面积、铸型的材质、铸件的材质、铸件的加工深度、铸件的形状和各种铸造工艺等综合考虑来选择。如铸件的壁厚越大、面积越小，浇注温度越低，铸型材质与铸件材质的耐火度越高，其浇注温度就越高，铸件的加工深度越大，浇注温度越高。高温浇注有利于机械加工，但是对其金相组织有影响，在进行高温浇注时，加大浇冒口设计能控制铸件内部的缩孔。

综合考虑，对该移动装置，浇注温度选择 1500℃。

2.5　铸造工艺装备的设计

铸造工艺装备是造型、制芯、合箱及浇注过程中使用的模具和装备的总称，简称工装，包括模样、模板、模底框、砂箱、砂箱托板、芯盒、烘干板、砂芯休整模具、套箱、压铁、组芯及下芯夹具、量具及检验样板等。铸造工装设计是铸造生产中的重要工作之一，对保证铸件质量，提高劳动生产率，减轻劳动强度起很大作用。

工装设计的主要依据是铸件生产批量、铸造工艺图和铸件图，还要参考所用的造型和制芯机械的规格、参数以及有关的技术标准，考虑模具车间的生产能力等。设计的工艺装备既要满足工艺要求，又要便于加工制造。生产中使用着各式各样的工装，

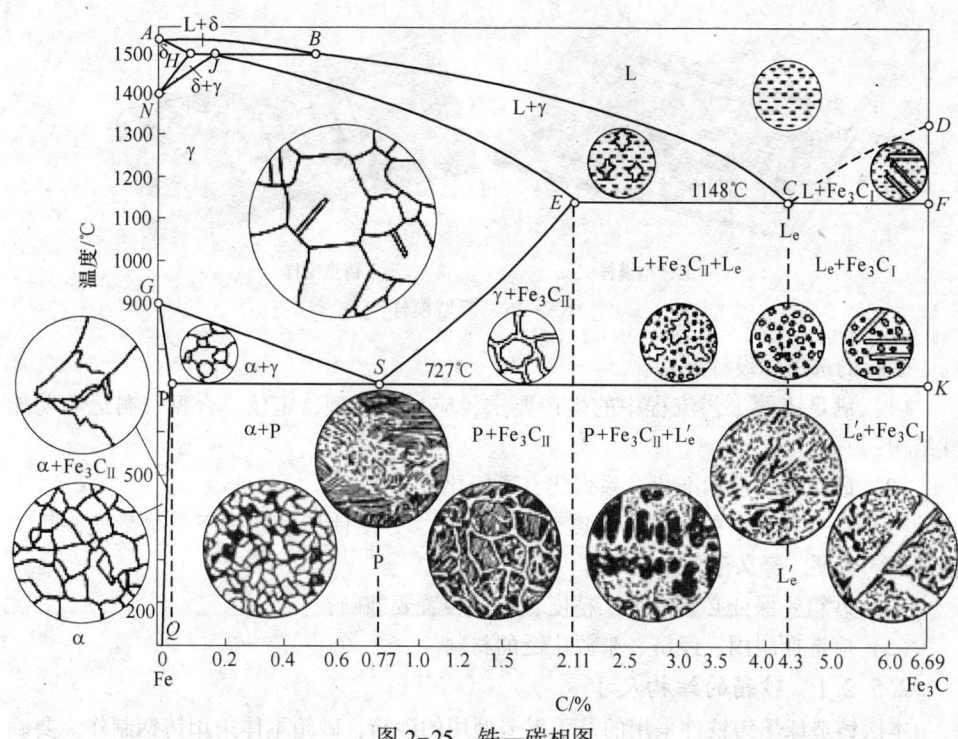

图 2-25　铁—碳相图

从使用角度看虽有不同的要求，但从结构设计角度却有很多相同之处。本小节将重点讲述模样、砂箱和芯盒的设计。

2.5.1　模样

　　模样用来形成铸型的型腔、芯头座等结构。造型要求模样必须具有一定的尺寸精度和表面粗糙度，具有足够的强度和刚度，在造型、制芯过程中不损坏、不变形，便于造型和制芯操作，模样结构便于加工或成本低。

　　模样的材质分为金属模样、木模样、塑料模样。金属模样适用于大批大量生产铸件，特点是表面光洁、尺寸精确、强度高、刚性大、使用寿命长，但不易加工；木模样用于单件、小批量或成批生产铸件，特点是易加工、尺寸精度低；塑料模样用于成批及大量生产铸件，尤其适合于形状复杂难以加工的模样，特点是制造工艺简单、较脆且不能受热。

　　根据本次设计的移动装置的特点，该件属于用手工造型的方法进行单件小批量生产，因此使用木模。其上下铸型的模样形状如图 2-26 所示。

2.5.2　砂箱

　　砂箱是铸造生产中的主要工艺装备。手工造型所用的砂箱一般要求比较简单，随着高压、气冲、静压等高效率、高比压造型设备的广泛使用，对砂箱的要求也越来

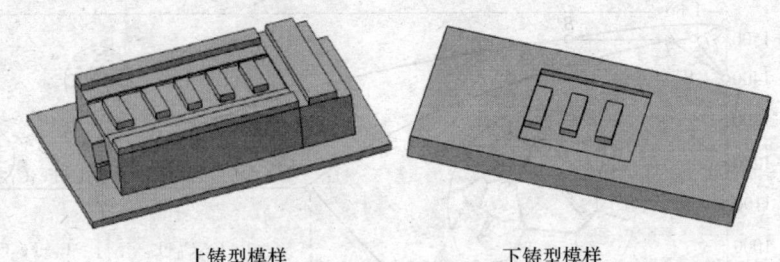

上铸型模样　　　　　　　　　　下铸型模样

图 2-26　铸型模样

高。砂箱的选用和设计原则：

（1）满足铸件工艺流程中的生产要求，应具备造型、定位、合型、搬运等功能性结构；

（2）砂箱应尽量标准化、系列化、通用化；

（3）在具有足够的强度、刚度、安全生产、方便使用的条件下，尽量使砂箱结构简单、轻便、经久耐用；

（4）砂箱要保证必要的加工精度，定位装置要准确；

（5）应选择耐用、经济、来源广泛的材料。

2.5.2.1 砂箱的结构尺寸

本次铸造球墨铸铁件采用的是手工造型用的砂箱，砂箱本体采用铸钢制作。要确定砂箱尺寸，首先要确定铸件在铸型中的位置，铸件的位置如图 2-27 所示。

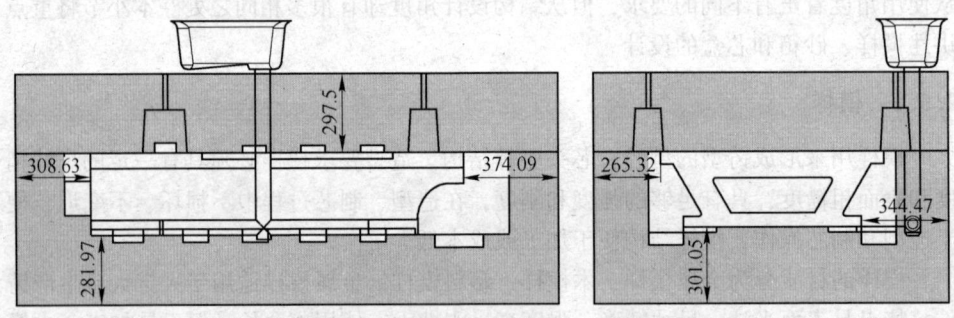

图 2-27　铸件在铸型中的位置（单位为 mm）

根据文献［4］和文献［5］中关于砂箱的设计，取砂箱厚度为 30mm。为了铸造简单方便，砂箱壁采用垂直壁，不设内外凸缘，拔模斜度设在砂箱内壁。设计的砂型尺寸如图 2-28 所示。

砂箱效果图如图 2-29 所示。

2.5.2.2 砂箱的定位

上下砂箱在合箱时必须要有精确的定位，这样才能保证铸件的精度。应用于生产中的定位方式有泥号、箱剁、箱锥、止口及定位销等。本次设计采用的定位方式为定位销，如图 2-30 所示。

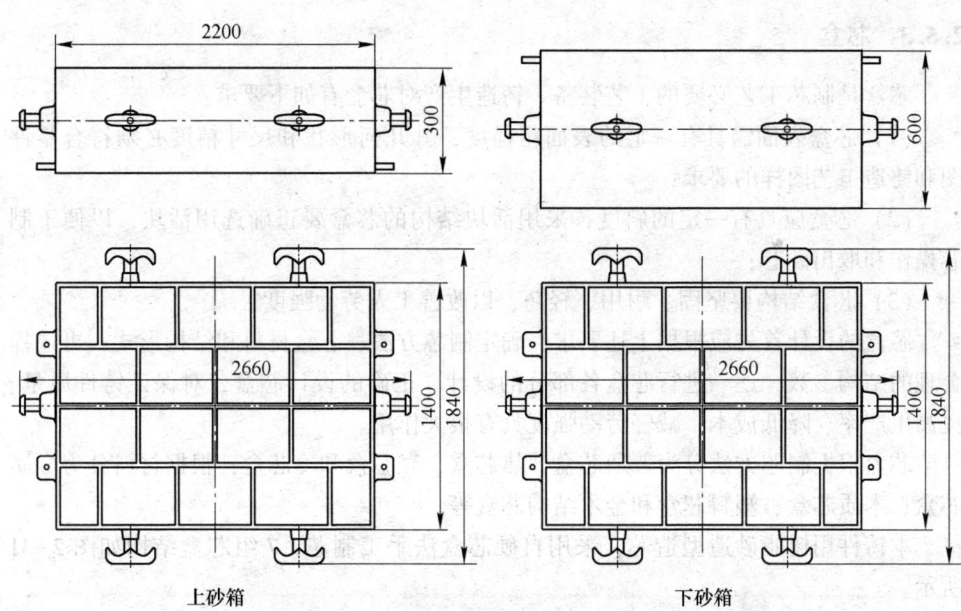

上砂箱   下砂箱

图 2-28 砂箱尺寸（单位为 mm）

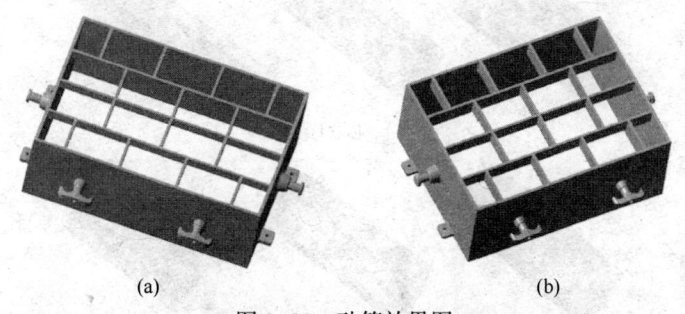

(a)   (b)

图 2-29 砂箱效果图

（a）上砂箱结构；（b）下砂箱结构

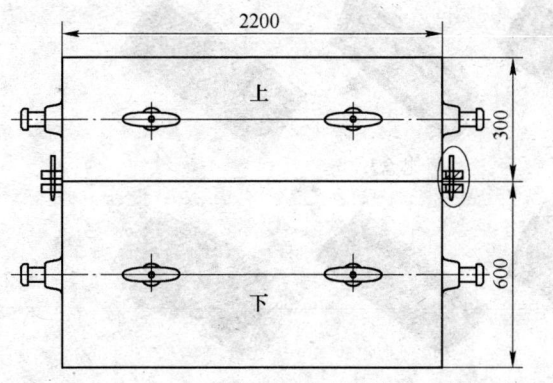
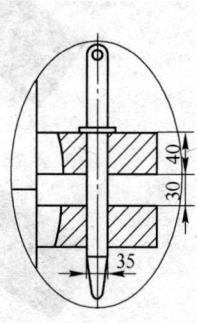

图 2-30 砂箱定位（单位为 mm）

2.5.3 芯盒

芯盒是制芯工艺必要的工艺装备。铸造生产对芯盒有如下要求：

（1）芯盒表面需具有一定的表面粗糙度，其几何形状和尺寸精度必须符合零件图和铸造工艺图样的要求；

（2）芯盒应具有一定的斜度，采用活块结构的芯盒要正确选用活块，以便于制芯操作和取出砂芯；

（3）芯盒结构要坚固、耐用、轻巧，以改善工人劳动强度。

芯盒的设计首先应根据上述要求，确定制芯方法、芯盒材料和结构形式；再选择合理的结构参数，逐一进行芯盒各部分的设计。正确的设计芯盒，对保证铸件质量、提高生产率、降低成本、减轻劳动强度具有很大作用。

芯盒根据制芯方法分为普通芯盒、热芯盒、壳芯盒和冷芯盒；根据材料分为金属芯盒、木质芯盒、塑料芯盒和金木结构芯盒等。

本铸件用树脂砂造型造芯，采用自硬芯盒法手工制芯，7 组芯盒结构如图 2-31 所示。

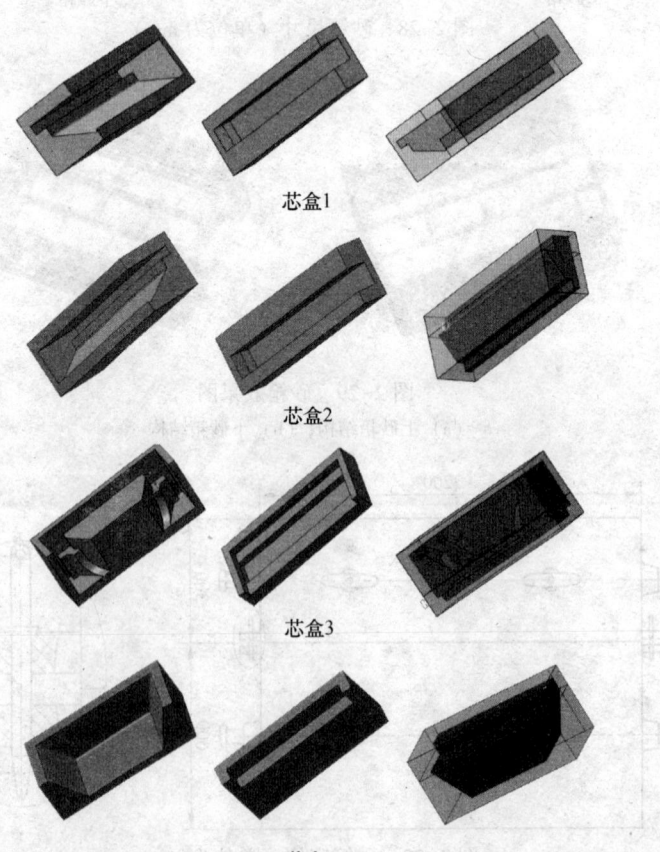

芯盒1

芯盒2

芯盒3

芯盒4

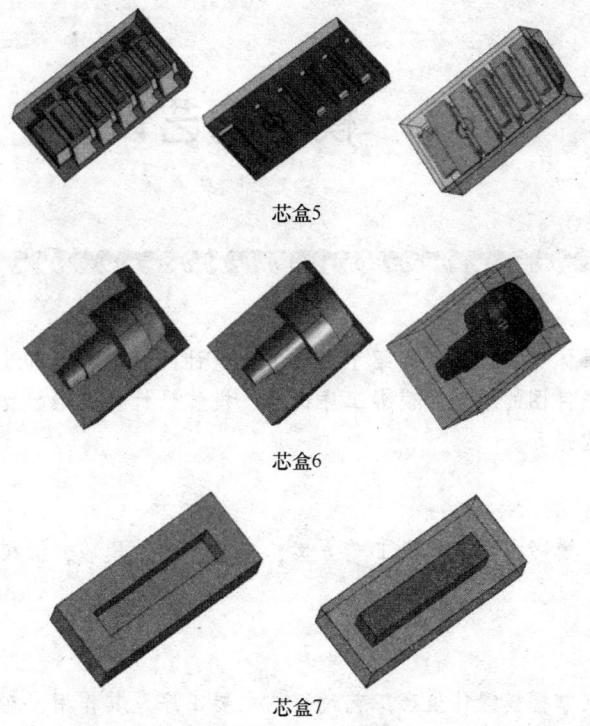

芯盒5

芯盒6

芯盒7

图 2-31　芯盒示意图

参 考 文 献

[1] 中国机械工程学会铸造分会. 铸造手册　铸造工艺 5 [M]. 北京：机械工业出版社，2011.

[2] 李晨希. 铸造工艺及工装设计 [M]. 北京：化学工业出版社，2014.

[3] "永冠杯" 第四届中国大学生铸造工艺设计大赛参赛作品. 铸件名称：A-熔胶座移动版. 自编代码：AA000003.

[4] 李宏英，赵成志. 铸造工艺设计 [M]. 北京：机械工业出版社，2005.

[5] 陈琦，彭兆弟. 实用铸造手册 [M]. 北京：中国电力出版社，2009.

[6] 杜西灵，杜磊. 铸造技术与应用案例 [M]. 北京：机械工业出版社，2009.

[7] 贾宏志，傅明喜. 金属材料液态成型工艺 [M]. 北京：化学工业出版社，2008.

[8] 洪恒发. 基于球墨铸铁凝固原理的补缩方法 [J]. 铸造，2011，60 (12)：1194~1199.

[9] 华国，李怀斌. 均衡凝固理论在球铁件生产中的应用实例 [J]. 铸造技术，2006，27 (12)：1419~1421.

[10] ISO 8062—1998 铸件——尺寸公差和机械加工余量体系 [S]. 国际标准性文件.

[11] 沈阳铸造研究所，佛山市顺德区中天创展球铁有限公司. GB/T 1348—2009 球墨铸铁件 [S]. 北京：中国标准出版社，2009.

[12] 上海材料研究所. GB/T 9441—2009 球墨铸铁金相检验 [S]. 北京：中国标准出版社，2010.

3 模锻工艺设计

【本章概要】

　　本章结合具体实例，重点介绍了模锻工艺设计的主要内容和步骤，即模锻方法的选择、模锻件图的绘制、模锻工序选择、模膛设计及其锻模结构、坯料尺寸计算以及设备选择等。

【关 键 词】

　　模锻工艺，模锻方法，模锻工艺方案，工艺计算，模膛，锻模结构，模锻设备，工艺流程

【章节重点】

　　本章应重点掌握模锻件生产工艺过程的主要工序及其作用，在此基础上熟悉模锻件工艺参数制定的依据和原则；了解模膛设计方法和锻模结构以及模锻设备的选用；掌握模锻件工艺设计思路和流程。

3.1 模锻工艺设计内容和步骤

　　模锻是金属材料塑性加工方法之一，在现代制造业中占有重要的地位。它是利用专用工具（模具—锻模）使坯料产生塑性变形而获得锻件的锻造方法。模锻时，将加热金属坯料放入固定于模锻设备上的锻模模膛内，施加压力，迫使金属坯料沿模膛流动，直至充满模膛，从而得到所要求的形状和尺寸的模锻件。

　　模锻工艺具有以下几方面的特点（与自由锻比较）：

　　(1) 生产效率较高。模锻时，金属的变形是在锻模模膛内进行，故能较快地获得所需形状，生产率一般比自由锻高 3~4 倍，甚至十几倍。

　　(2) 锻件成型靠模膛控制，故可锻出形状复杂、尺寸准确，更接近于成品（零件）的锻件，且锻造流线比较完整、清晰，分布合理，有利于提高零件的力学性能和使用寿命。

　　(3) 锻件表面光洁，尺寸精度高，机械加工余量小，材料利用率高。

　　(4) 生产操作方便，劳动强度小，生产过程易于实现机械化、自动化。

　　(5) 模锻需要专门的模锻设备，要求功率大、刚性好、精度高、设备投资比自

由锻的大，能量消耗也大。另外，锻模制造成本高、周期长。

由于上述特点，模锻主要适用于中小型锻件成批或大量生产。目前，模锻生产已越来越广泛应用于汽车、航空航天、国防工业和机械制造业中，而且随着现代化工业生产的发展，锻件中模锻件的比例逐渐提高。例如，按质量计算，汽车上的锻件中模锻件占70%，机车上占60%。

模锻工艺过程是指由坯料经过一系列变形工序制成模锻件的整个生产过程。模锻件的生产过程，一般包括以下工序：（1）下料，即将坯料（钢材或钢坯）切断至一定尺寸；（2）加热坯料；（3）模锻；（4）切边或冲孔；（5）热校正；（6）锻件模锻后的冷却；（7）打磨毛刺；（8）锻件热处理；（9）锻件清理；（10）冷校正（或精压）；（11）检验等。上述工艺过程，并非所有的模锻件都必须全部采用，除（1）～（4）以及（11）为任何模锻过程所不可缺少的环节外，其余工序的采用，则应按锻件的具体要求而定。

按模锻设备类型，模锻工艺可分为锤上模锻、热模锻压力机上模锻、螺旋压力机上模锻和平锻机上模锻等。

锤上模锻是以模锻锤为设备，金属坯料在模腔中的变形是在锤头的多次打击下完成的。模锻锤锤头的打击速度较快（一般为7～9m/s），靠冲击力使金属在各模腔中成型，因此，可以利用金属的流动惯性来充填模腔。上模充填效果比下模好得多，于是一般将锻件的复杂部分设在上模成型。在锤上可实现多种模锻工步，特别是对长轴类锻件进行拔长，滚挤等制坯非常方便。但由于导向精度不太高、工作时的冲击性质和锤头行程不固定等，因而锻件的尺寸精度不高。无顶出装置，模锻斜度较大。由于可以实现多种模锻工步和单位时间内的多次打击，因此生产率高。

热模锻压力机是与现代工业发展相适应的发展较快的模锻通用设备。热模锻压力机上模锻适用于要求精度高、大批量连续生产和高生产率的模锻件。可实现多工步、多模腔、形状比较复杂的模锻件，顺序完成模锻成型、切边和冲孔等多工步的机械化、自动化。

螺旋压力机是利用飞轮旋转所积蓄的能量转化成金属的变形能进行锻造的，兼有锤类设备和曲柄压力机类设备的优点，能满足各种主要模锻工序的力学性能要求，通用性强，生产的模锻件品种多。摩擦压力机的工艺适用性好，既可完成镦粗、成型、弯曲、预锻、终锻等成型工序，又可进行校正、精整、切边、冲孔等后续工序的操作。但摩擦压力机承受偏心载荷的能力差，一般情况下只进行单模腔锻造。由于打击速度比锻锤低，较适合要求变形速度低的有色合金的模锻。压力机工作台下装有顶出装置而适合于模锻带有头部和杆部的回转体小锻件。

平锻机是曲轴类设备，同样具有热模锻压力机的某些工作特点，区别在于其工作部分作水平往复运动。平锻机与其他曲柄压力机区别的主要标志是：平锻机有主滑块和夹紧滑块，主滑块带动凸模沿水平方向运动，完成镦锻工件，侧滑块带动活动凹模垂直于主滑块的运动方向运动，起夹紧棒料的作用。因此，平锻机上的锻模可以有两个互相垂直的分模面。主分模面在冲头凸模和凹模之间，另一个分模面在可分的两半凹模之间（凹模采用组合式结构，由固定凹模和活动凹模组成）。因此，平锻机可以生产一些在模锻锤或热模锻压力机上难以生产的某些形状复杂锻件，尤其适合锻造带有粗大头部的长杆类锻件，连续锻造带有透孔或不透孔的环形锻件。

模锻工艺设计是对具体的模锻零件，根据本单位的生产条件，制订出一种技术上可行、经济上合理的模锻压工艺。其设计需要考虑的问题是多方面的，其主要内容有：

(1) 模锻方法的选择；

(2) 模锻件图的绘制；

(3) 模锻工序及其他工序的确定；

(4) 坯料尺寸的计算；

(5) 模锻设备的选择；

(6) 模膛与锻模结构设计；

(7) 编写工艺文件。

连杆是典型的长轴类锻件，常采用锤上模锻方法进行生产。本章以汽车连杆为例，介绍它的锤上模锻工艺流程制订以及锻模设计的内容和步骤。锤上模锻时，模锻件的成型是靠模锻锤的锤头多次打击置于模膛中的金属坯料来完成的。模锻锤的打击能量可在操作中调节，实现轻重缓急打击，坯料在不同能量的多次锤击下，经过镦粗、拔长、滚挤、弯曲、卡压、成型、预锻和终锻等工步，达到锻件成型的目的。

锤锻模由上、下两个模块组成，模块借助燕尾、楔铁和键紧固在锤头和下模座的燕尾槽中，如图 3-1 所示。模块上开有一个供锻件成型的模膛，称单模膛模锻（图 3-1）。一般情况下，在一副锻模上开设有多个模膛，坯料在锻模上按照一定的次序，连续地在各个模膛中被打击，逐步变形为锻件的形状，称为多模膛模锻，如图 3-2 所示。

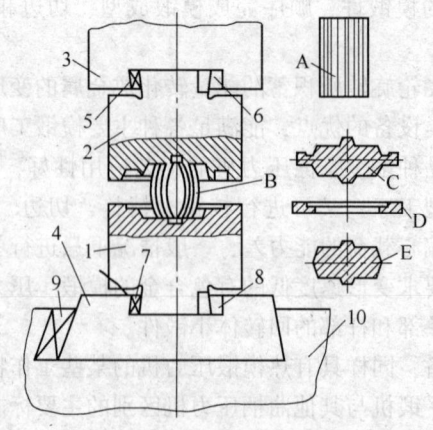

图 3-1　锤锻模结构

1—下模块；2—上模块；3—锤头；4—下模座；5, 7—楔铁；6, 8, 9—定位键；10—砧座；
A—坯料；B—模锻中的坯料；C—带飞边锻件；D—飞边；E—切除飞边的锻件

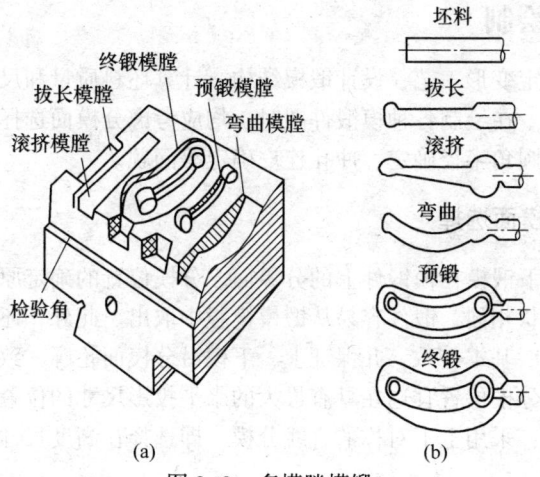

图 3-2 多模膛模锻

汽车连杆是汽车发动机的主要零件之一，工作时在高速下运转，工作条件比较繁重。连杆形状比较复杂，既有和曲轴的拐径相连接的半圆形大头部（叉型），又有工字形截面的杆部，还有通过活塞销与活塞相连接的小头部。除了叉部和小头部需要机械加工外，其他工字形截面杆部等都不加工，所以对连杆锻件的尺寸要求比较严格。连杆的零件图如图 3-3 所示，材料为 40 钢。

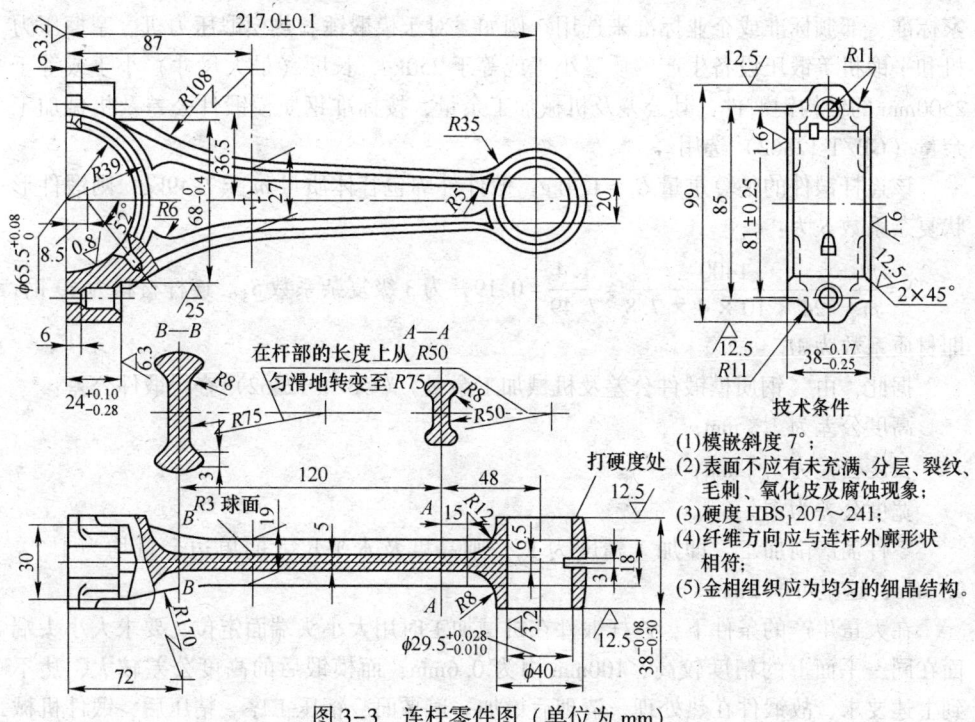

技术条件
(1) 模锻斜度 7°；
(2) 表面不应有未充满、分层、裂纹、毛刺、氧化皮及腐蚀现象；
(3) 硬度 HBS₁ 207~241；
(4) 纤维方向应与连杆外廓形状相符；
(5) 金相组织应为均匀的细晶结构。

图 3-3 连杆零件图（单位为 mm）

3.2　模锻件图绘制

模锻件图是制定变形工艺、设计锻模结构、计算坯料质量和尺寸、选择锻造设备和检验锻件的依据。在绘制各种模锻件图时，均应考虑分模面选择、加工余量和公差确定、模锻斜度及圆角半径确定、冲孔连皮确定等问题。

3.2.1　模锻件分模面选择

分模面即上、下锻模在模锻件上的分界面。分模位置的确定原则是：保证锻件形状尽可能与零件形状相同，锻件容易从锻模模膛中取出。此外，还必须使模膛易于充满且上下模膛腔深度基本一致，并保证上、下模沿分模面轮廓一致而不会错模且余块最少。为此，锻件分模位置宜选在具有最大的水平投影尺寸的位置上。

根据连杆形状，采用上下对称的直线分模，即选择在高度尺寸 38mm 的中间位置（图 3-3）。

3.2.2　加工余量和公差确定

锻件上凡是需要机械加工的部位，均应预留机械加工余量，并且机械加工余量的大小主要取决于零件形状、尺寸、加工精度以及表面粗糙度要求、生产批量和锻造方法等，一般根据经验确定，且要求尽量节约金属材料及工时。

通常模锻件加工余量和锻造公差均比自由锻件小得多，其值的确定方法可以按国家标准、部颁标准或企业标准来选用。例如，对于模锻锤、热模锻压力机、摩擦压力机和平锻机等锻压设备生产的质量小于或等于 250kg，长度（最大尺寸）小于或等于 2500mm 的结构钢锻件，其公差及机械加工余量，按标准钢质模锻件公差及机械加工余量（GB/T 12362）选用。

该连杆锻件的估算重量 $G_f \approx 1.4\text{kg}$。锻件外廓包容体质量 $m_N = 7.49\text{kg}$，则锻件形状复杂系数 S 为：

$$S = \frac{m_f}{m_N} = \frac{1400}{24 \times 10 \times 4 \times 7.8} = \frac{1.4}{7.49} = 0.19$$ ，为 3 级复杂系数 S_3。连杆材料为 40 钢，即材质系数为 M_1。

据此，由《钢质模锻件公差及机械加工余量》（GB/T 12362）查得锻件公差：

高度公差为 $^{+1.4}_{-0.6}$ mm；

长度公差为 $^{+1.9}_{-0.9}$ mm；

宽度公差为 $^{+1.5}_{-0.7}$ mm。

零件需磨削加工，即加工精度为 F_2，则高度及水平尺寸的单边余量均为 $1.7 \sim 2.2\text{mm}$，这里可取 2mm。

在大量生产的条件下，连杆锻件在机械加工时用大小头端面定位，要求大小头端面在同一平面上的精度较高，100mm 内为 0.6mm，而模锻后的高度公差较大，达不到上述要求，故锻件在热处理、清理后增加一道平面冷精压工序。精压后，锻件机械加工余量可大大减小，取 0.75mm，锻件高度公差可以取 0.2mm。这样，锻件大小头高度尺寸为 38+2×0.7=39.4mm，单边精压余量取 0.4mm，此时要求模锻后大小头部的高度尺寸为 39.4+2×0.4=40.2mm。

由于精压需要余量，如锻件高度公差为负值时（-0.6），则实际单边精压余量仅 0.1mm，为保证适当的精压余量，锻件高度公差调整为 $^{+1.4}_{-0.3}$ mm。

由于精压后，锻件水平方向的尺寸稍有增大，故水平方向的余量可适当减小。

3.2.3 模锻斜度确定

模锻时，为了易于金属充填模腔，并能从模腔中顺利取出锻件，一般在锻件上垂直于分模面的侧表面要附加一定的斜度，这个斜度称为模锻斜度。锻件外壁上的斜度称为外模锻斜度（α），锻件内壁上的斜度称为内模锻斜度（β）。当锻件终锻成型后，温度下降，内孔因冷缩将模腔中突出部分夹得更紧，阻碍锻件出模。所以，在同一锻件上内模锻斜度应比外模锻斜度大一级。但为简化模具加工，内、外模锻斜度也可取统一数值。

模锻斜度的大小与锻件材料、侧表面位置、模腔尺寸等因素有关。当模腔深度与相应宽度的比值（h/b）愈大时，取较大值。通常，铝合金及铝镁合金锻件的外壁斜度为 3°～5°，内壁斜度为 5°～7°；而钢、钛、耐热合金锻件的外壁斜度为 5°～7°，内壁斜度为 7°、10°、12°。

对于该锻件，零件图上的技术条件中给出的模锻斜度为 7°（图 3-3）。

3.2.4 模锻圆角半径确定

模锻时，为了利于金属在腔腔内流动和考虑到锻模强度，锻件上凸出或凹下的部位都不允许呈锐角状，应当带有适当的圆角。锻件上凸圆角半径称为外圆角半径 r，凹圆角半径称为内圆角半径 R。内圆角半径 R 应比外圆角半径 r 大，一般可取 $R=(2\sim3)r$，而外圆角半径 r=加工余量+零件圆角半径（或倒角）。对于钢模锻件的外圆角半径 r 约 1.5～12mm，并随模腔深度增加，r 值加大。通常为了便于选用标准刀具，外圆角半径 r 应按下列标准值选定：1mm，1.5mm，2mm，3mm，4mm，5mm，6mm，8mm，10mm，13mm，15mm，20mm，25mm，30mm。

该锻件高度余量为 0.75+0.4=1.15mm，则需倒角的叉内圆角半径为 1.15+2=3.15mm，取 3mm，其余部位的圆角半径取 1.5mm。

3.2.5 技术条件

（1）图上未标注的模锻斜度 7°；
（2）图上未标注的圆角半径 1.5mm；
（3）允许的错差量 0.6mm；
（4）允许的残留飞边量 0.7mm；
（5）允许的表面缺陷深度 0.5mm；

（6）锻件热处理：调质；

（7）锻件表面清理：为了便于检查淬火裂纹，使用酸洗。

在零件图上加上余量，即可绘制锻件图，如图3-4所示。

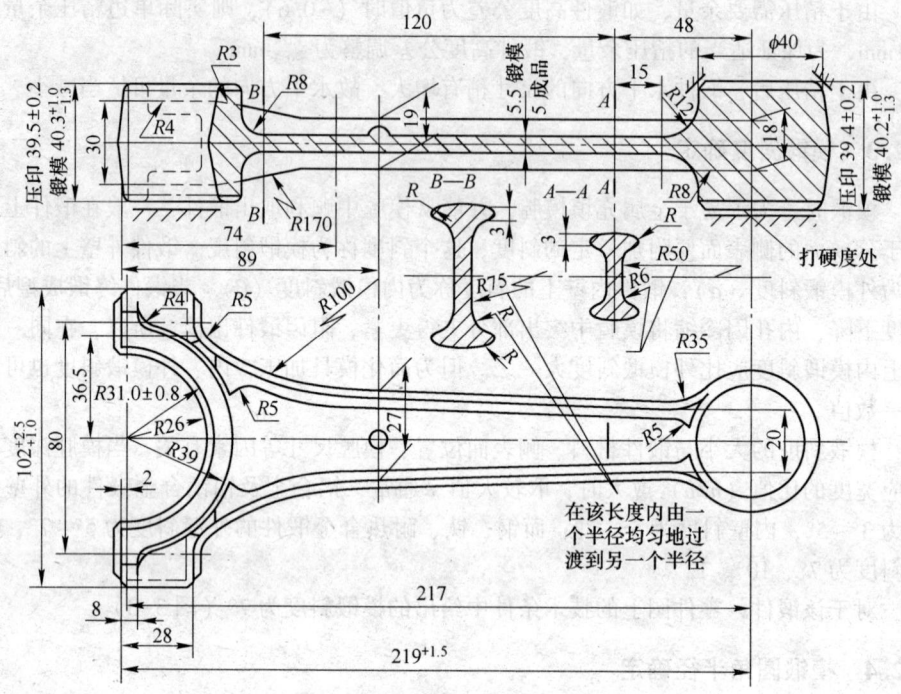

图3-4　连杆锻件图（单位为mm）

3.2.6　锻件的主要参数

根据图3-4所示的连杆锻件图，可以确定锻件的主要参数为：

（1）锻件在平面图上的投影面积为8000mm²；

（2）锻件周边长度为680mm；

（3）锻件体积为184000mm³；

（4）锻件重量为1.44kg。

3.3　模锻工序确定

模锻工序是整个模锻工艺过程中最关键的组成部分，它关系到采用哪些工步来锻制所需的锻件。形状相似的锻件，其模锻工序基本相同。

模锻工序包括三类工步：

（1）模锻工步，包括预锻和终锻；

（2）制坯工步，包括镦粗、拔长、滚挤、卡压、弯曲、成型等；

（3）切断工步。

这样，根据连杆锻件的形状特点，其模锻工序包括拔长、滚挤制坯工步，以及预锻和终锻工步。

3.4 模锻设备的选择

合理选择模锻设备是获得优质锻件、保证工艺过程顺利进行的重要保证。由于模锻过程受到诸多因素的影响，这些因素不仅相互作用，而且具有随机特征，因此关于模锻变形力的计算，尽管有理论计算方法，但要全部考虑这些因素是不现实的。在生产上为方便起见，多用经验公式选择所需的设备。

连杆锻件总变形面积为在平面图上的投影面积与飞边面积之和。假定飞边平均宽度为 23mm，则总变形面积为 $A = 8000 + 680 \times 23 = 23640mm^2$。按经验公式确定吨位，即：

$$G = 6.3KA = 6.3 \times 1 \times 236.4 \approx 1500kg$$

因此，选用 1.5t 模锻锤（由于连杆材质为 40 钢，式中系数 K 值取 1）。

3.5 模膛结构设计

模锻工步的变形是靠模膛来实现的。模膛的名称和相应工步的名称是一致的，即：

（1）模锻模膛。模锻模膛的作用是使坯料变形到锻件所要求的形状和尺寸。对于形状复杂、精度要求较高、批量较大的锻件，还要分为预锻模膛和终锻模膛。

（2）制坯模膛。制坯模膛的作用是使坯料预变形而达到合理分配，使其形状基本接近锻件形状，以便更好地充满模锻模膛。包括镦粗、拔长、滚挤、卡压、弯曲、成型等模膛。

（3）切断模膛。切断模膛用来切断棒料上锻成的锻件，以便实现连续模锻，或一料多次模锻等。

3.5.1 终锻模膛

连杆热锻件图考虑 1.5% 冷缩率。根据生产中的经验总结，考虑到锻模使用后承击面下陷，模膛深度减小及精压时变形不均、横向尺寸增大等因素，修改了几处尺寸：辐板处增厚 0.5mm；连杆小头高度 40.3mm 处，理论上应为 40.9mm，实际取为 41.6mm；大头上下平面做成斜面，将高度尺寸 41.6mm 上下各增加 0.7mm；小头 $\phi40$ 应为 $\phi40.6$，而实际仍为 $\phi40$ 等。绘制的热锻件图见图 3-5。

模膛周边飞边槽选用 I 型，如图 3-6 所示，其尺寸为 $h = 1.6mm$，$h_1 = 4mm$，$b = 8mm$，$b_1 = 25mm$，$r = 2mm$；则对应的飞边槽截面积 $A_k = 126mm^2$。

因杆部断面面积太小，考虑到拔长难以达到最小断面积，需增大飞边槽仓部宽度 b_1；大头部分叉口较宽分料困难，流入飞边槽的金属较少，将该处 b_1 减小到 12mm。这样修改后会使模膛安排紧凑，且增加承击面积。

锻件飞边平均断面面积为 $A_{\xi} = 0.7A_k = 88.2mm^2$。

飞边体积 $V_{飞}$ 取锻件周边长度与锻件飞边平均断面面积之积，即 $680 \times 88 \approx 60000 \mathrm{mm}^3$。

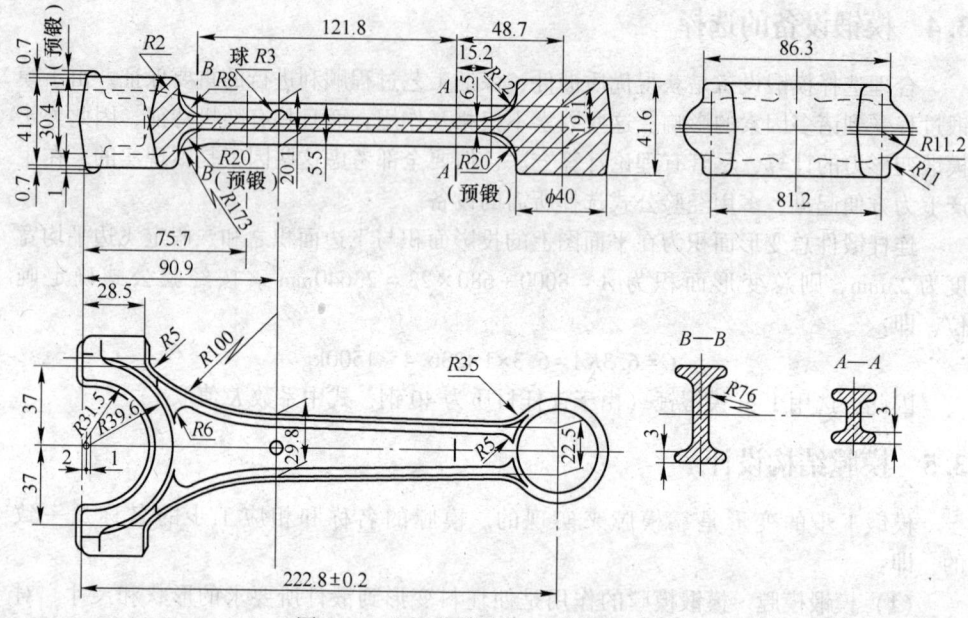

图 3-5　连杆热锻件图（单位为 mm）

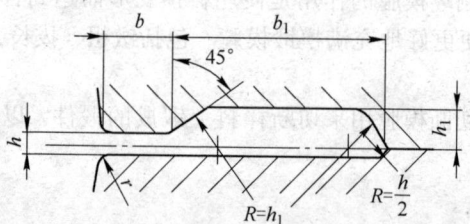

图 3-6　选用的飞边槽结构型式

3.5.2　预锻模膛

由于锻件形状复杂，需设置预锻模膛。锻件叉部需使用预锻模膛中的劈料台将金属分开，因此，预锻模膛需在叉部设置劈料台（见图 3-7），其尺寸为：

$$B_1 = 0.25B = 0.25 \times 31.5 \times 2\mathrm{mm} \approx 15\mathrm{mm}$$

$$h = (0.4 \sim 0.7)H = 0.5 \times 42\mathrm{mm} \approx 20\mathrm{mm}$$

R 取 20mm。

在工字形断面杆部，辐板较薄而宽，为防止终锻时锻件产生折纹，应使预锻模膛面积稍小于或等于终锻模膛相应处的断面面积（不计预锻打不靠的断面面积）。辐板和肋转角处外圆角半径由 $R8$ 增大到 $R10$，模膛高度减小为 16mm，均由作图确定，使

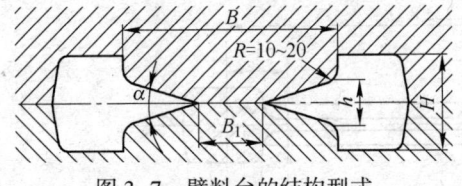

图 3-7 劈料台的结构型式

$A_{预锻} \leqslant A_{终锻}$。

预锻模膛沿分模面处的圆角半径增大为 $R5$。此外，预锻模膛与终锻模膛不同的地方均在热锻件图上注明（图 3-5）。

3.5.3 钳口

终锻模膛和预锻模膛都需配制钳口（图 3-8），常用的钳口形式如图 3-9 所示。对于该锻件，选择的钳口尺寸为 $B = 90mm$，$h = 40mm$，$R_0 = 15mm$。因为调头模段，钳口尺寸应考虑第一件终锻后飞边不影响第二件模锻，故定为 $B = 80mm$，$h = 30mm$。钳口颈尺寸选取 $a = 1.5$，$b = 8$，$l = 20$。预锻钳口颈尺寸需考虑两件连接处发生断裂等因素，将其加大到几乎与整个钳口宽度相等，此时金属消耗增加。

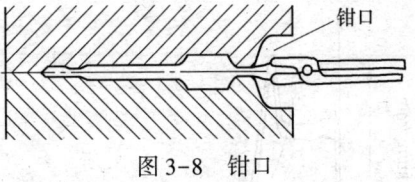

图 3-8 钳口

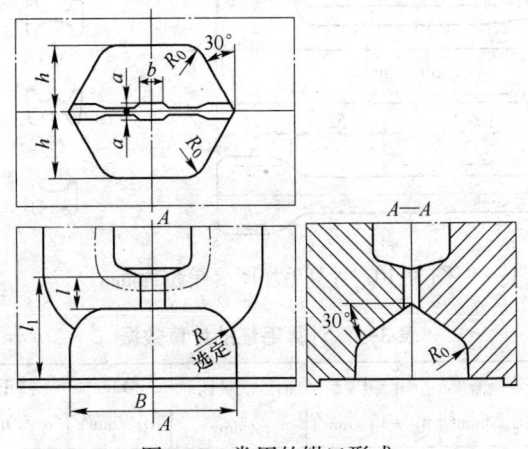

图 3-9 常用的钳口形式

3.6 绘制计算毛坯图

根据连杆形状的特点，共选取 13 个断面，分别计算 $A_锻$、$A_计$、$a_计$。列于表 3-1，并在坐标纸上绘出连杆的截面图和计算毛坯直径图，见图 3-10。为了设计滚挤模膛方便，截面图和计算毛坯直径图按锻件热尺寸计算。

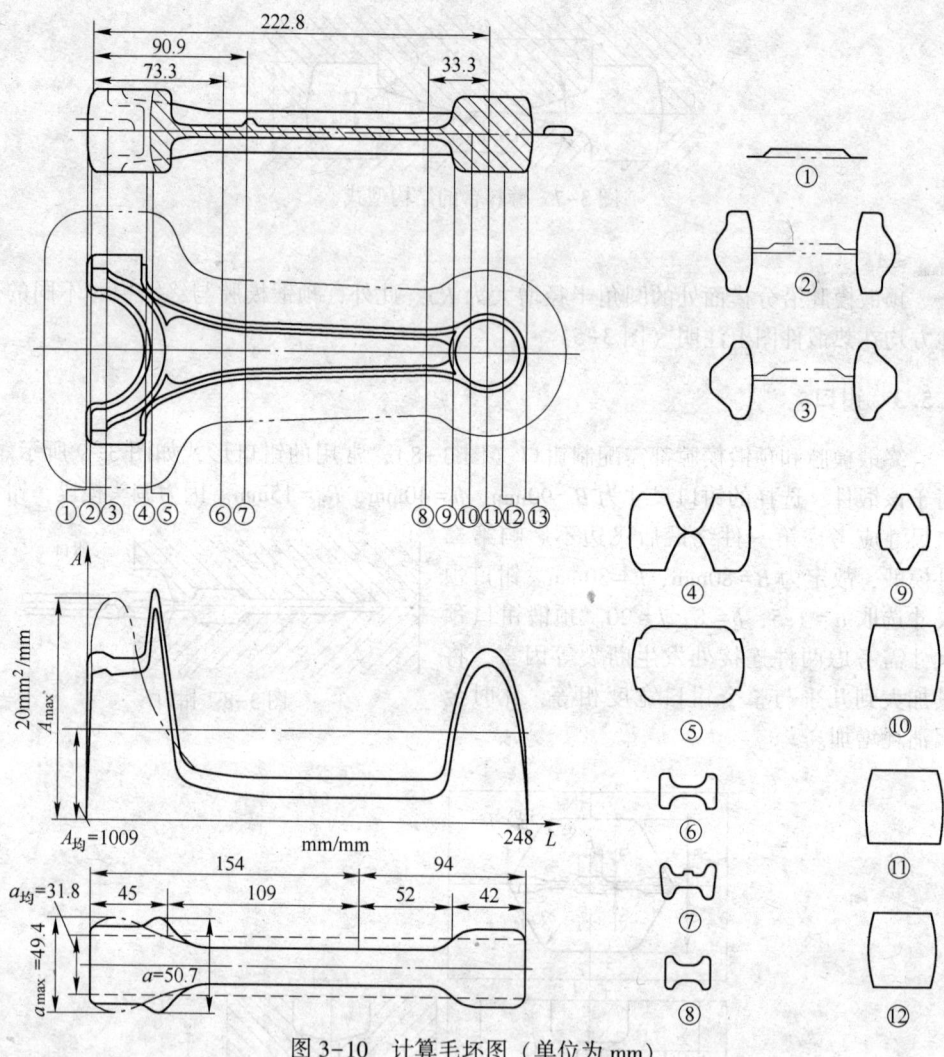

图 3-10　计算毛坯图（单位为 mm）

表 3-1　计算毛坯的计算数据

断面号	$A_{锻}$/mm²	$A_{飞}=2A_{飞槽}$ 或 1.4$A_{飞槽}$/mm²	$A_{计}=A_{飞}=$ $A_{锻}+A_{飞}$/mm²	$a_{计}=$ $\sqrt{A_{计}}$ /mm	修正 $A_{计}$/mm²	修正 $a_{计}$/mm	K	$H=K($修正 $a_{计})$/mm
①	246	252	498	22.3	—	—	1.1	24.5
②	1658	176	1834	42.8	2000	44.7	1.1	49.2
③	1612	176	1788	42.3	2440	49.4	1.2	59.3
④	1888	176	2064	45.4	1480	38.5	1.1	42.4
⑤	2392	176	2568	50.7	1300	36.1	1.1	39.7
⑥	308	176	484	22	—	—	0.8	17.6

断面号	$A_锻$/mm²	$A_飞=2A_{飞槽}$或 $1.4A_{飞槽}$/mm²	$A_计=A_飞=$ $A_锻+A_飞$/mm²	$a_计=$ $\sqrt{A_计}$ /mm	修正 $A_计$/mm²	修正 $a_计$/mm	K	$H=K($修正 $a_计)$/mm
⑦	300	176	476	21.8	—	—	0.8	17.4
⑧	268	176	444	21.1	—	—	0.8	16.9
⑨	776	176	952	30.9	—	—	0.9	27.8
⑩	1600	176	1776	42.1	—	—	1	42.1
⑪	1764	176	1940	42.1	—	—	1	44.1
⑫	1600	176	1776	42.1	—	—	1	42.1
⑬	0	252	252	15.9	—	—	0.9	14.3

由截面图所围面积，即为锻件体积，得计算毛坯体积为 $V_计=250240\text{mm}^3$。

平均断面积 $\qquad A_均=\dfrac{250240}{248}=1009\text{mm}^2$

平均断面边长 $\qquad a_均=\sqrt{A_均}=31.8\text{mm}$

按体积相等修正截面图和计算毛坯直径图（见图 3-10 中双点划线部分）。修正后最大断面积为 2440mm^2，则最大断面边长为 $a_{\max}=49.4\text{mm}$。

3.7 制坯工步选择

计算毛坯为二头一杆，应简化成两个简单计算毛坯来选择制坯工步。按左侧简单计算毛坯确定制坯工步：

金属流向头部的繁重系数 $\qquad \alpha_1=\dfrac{a_{1\max}}{a_均}=\dfrac{49.4}{31.8}=1.53$

金属沿轴向流动的繁重系数 $\qquad \beta_1=\dfrac{L_件}{1.13a_均}=\dfrac{154}{1.13\times31.8}=4.3$

$$m_{1坯}>1\text{kg}$$

按此确定该锻件采用拔长-滚挤工步。为易于充满，应选用方坯料，先拔长，后滚挤。

3.8 确定坯料尺寸

由计算毛坯截面图可知（图 3-10），$a_{\min}=21.5\text{mm}$，$V_杆=80305\text{mm}^3$，$L_杆=109\text{mm}$，故可确定拐点处尺寸：

$$a_拐=\sqrt{\dfrac{3.82V_杆}{L_杆}-0.75a_{\min}^2}-0.5a_{\min}$$

$$=\sqrt{3.82\times\dfrac{80305}{109}-0.75\times21.5^2}-0.5\times21.5=42.1\text{mm}$$

故杆部锥度为：

$$K = \frac{a_拐 - a_{\min}}{L_杆} = \frac{42.1 - 21.5}{109} = 0.189$$

按计算毛坯截面图有关尺寸，确定如下参数：

$$A_拔 = \frac{V_头}{L_头} = \frac{96000}{45} = 2130\text{mm}^2$$

$$A_滚 = (1.05 \sim 1.2)A_均 = 1.1 \times 1009 = 1110\ \text{mm}^2$$

对于拔长—滚挤制坯，坯料截面面积为：

$$A'_坯 = A_拔 - K(A_拔 - A_滚) = 2130 - 0.189(2130 - 1110) = 1940\ \text{mm}^2$$

$$a'_坯 = \sqrt{A'_坯} = \sqrt{1940} = 44\text{mm}$$

取 $a_坯 = 45$mm。

坯料体积为：

$$V_坯 = (V_锻 + V_飞)(1 + \delta) = \frac{250240}{1.015^3}(1 + 3\%) = 250000\text{mm}^3$$

坯料长度：

$$L_坯 = \frac{V_坯}{a_坯^2} = \frac{250000}{45^2} = 123\text{mm}$$

根据坯料的重量和长度，适于采用掉头模锻，一料两件，料长为 $123 \times 2 = 246$mm。经试锻调整后，下料长度定为 274mm。

3.9　制坯模膛设计

3.9.1　滚挤模膛设计

采用开式滚挤，具体模膛参数为：

（1）模膛高度 $h = ka_计$，可按计算毛坯图上各断面的高度值绘出滚挤纵剖面外形（图 3-11），然后用圆弧或直线光滑连接并进行简化。

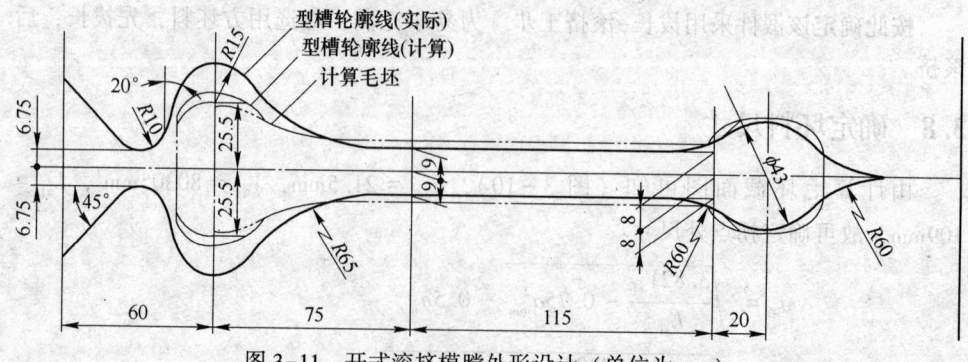

图 3-11　开式滚挤模膛外形设计（单位为 mm）

（2）模膛宽度：

杆部：
$$B_杆 > \frac{A_{杆均}}{h_{min}} + 10 = \left(\frac{464}{16.9} + 10\right) mm \approx 38mm$$

头部：
$$B_头 > d_{max} + 10 = 1.13\sqrt{A_{max}} + 10 = 66mm$$

经试生产，调整模膛宽度为 $B = 80mm$。

（3）模膛长度 L：其值等于计算毛坯图的长度。

（4）修改个别尺寸：经试锻后，调整模膛个别尺寸，最大高度由 59.3mm 改为 $h = 81mm$，以容纳氧化皮。小头部作出了一定斜度，简化后滚挤模膛如图 3-11 所示。

3.9.2 拔长模膛设计

拔长模膛主要尺寸如下：

（1）拔长坎高度：
$$h = k_2\sqrt{\frac{V'_杆}{L'_杆}} = 0.9 \times \sqrt{\frac{57440}{161}} = 17mm$$

（2）拔长坎长度：
$$l = k_3 d_坯 = k_3 \times 1.13 a_坯 = 1.13 \times 45 k_3$$
$$L'_坯 = 35mm, \quad k_3 = 1.1$$
$$l = 56mm$$

（3）圆角半径：
$$R = 0.25l = 0.25 \times 56 = 14mm$$
$$R_1 = 10R = 140mm$$

（4）模膛宽度：
$$B = k_4 d_坯 + (10 \sim 20) = 1.35 \times 51 + 10 = 78.9mm$$

取 75mm。

（5）模膛深度：
$$e = 1.2 d_{小头} = 1.2 \times 43 = 53mm$$

（6）模膛长度：
$$l_拔 = 195mm$$

按上述设计可锻出合格锻件，但为提高生产率，将拔长模膛的 h 缩小，R、R_1 增大，l 增大，拔长过程只需打击三次。将计算数值与实际数值比较见表 3-2。

表 3-2　连杆拔长模膛尺寸　　　　　　　　　　　　　　　（mm）

模膛参数	h	l	R	R_1
计算数值	17	56	14	140
实际采用的数值	14	77	30	150

3.10　锻模结构

锤锻模的结构对锻件质量、生产率、劳动强度、锻模和锻锤的使用寿命以及锻模的加工制造都有重要影响。

设计锻模结构时，需要考虑各模腔在锻模分模面上的位置，即模腔布置，它是根据模腔数及各模腔的作用，以及操作方便安排的。同时，还要保证模腔厚度有足够的强度和刚度，但又要尽可能减小模块尺寸。当锻件的分模面为斜面、曲面或锻模中心与模腔中心的偏移量较大，模锻时会产生引起上、下模错移的水平分力，即错移力，因此，应设法采用适当的锻模结构形式来平衡错移力，如增设锁扣结构，模块的结构要素及其尺寸，以及锻模的结构形式与安装等。

图3-12为连杆锻件的锻模结构。模锻此连杆的加热炉在模锻锤的右方，故拨长模腔布置在右边，滚挤模腔在左边，预锻及终锻工步从左至右。

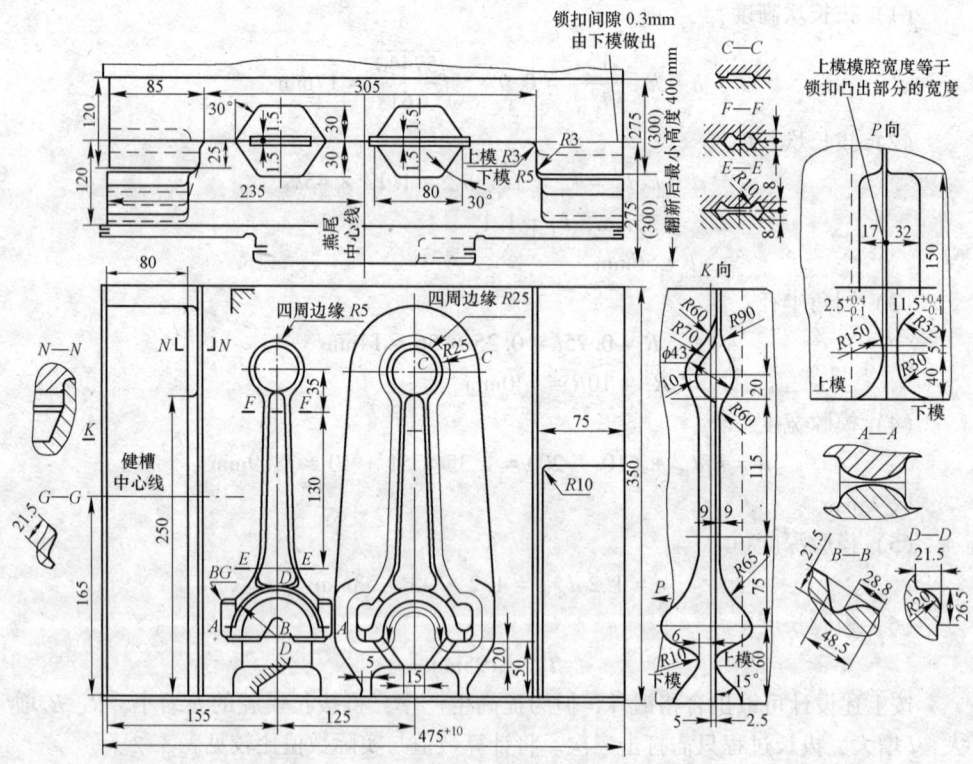

图3-12　连杆锻件的锻模图（单位为mm）

锻模采用纵向锁扣。为保证左右两边滚挤和拨长模腔处上模锁扣强度，将两模腔中心线分别下移5mm和4.5mm。

锻件宽度为：81.2+2×11.2=103.6mm（图3-5）。

模壁厚度根据模腔的深度来确定，其经验公式为：

$$s_0 = (1 \sim 2)h$$

式中，h 为模膛深度，这里取连杆小头高度，即 $h = 41.6mm$（图 3-5）；因 h 值较小，系数取 1。这样，最小模壁厚度：

$$s_0 = 1 \times 41.6/2 = 20.8mm$$

预锻模膛与终锻模膛的中心距为 $103.6+21.5 = 125.1mm$，取为 125mm（图 3-12）。

考虑锻模应有足够的承击面，锁扣之间宽度取 305mm，可使承击面达 $52000mm^2$。

燕尾中心线至检验边的距离为 $155+125 \times 2/3 = 238mm$，取为 235mm（图 3-12）。

用实测方法找出终锻模膛中心离连杆大头前端 115mm，结合模块长度及钳口长度定出键槽中心线的位置为 165mm。

模块尺度可选为 475mm×350mm×275mm（宽×长×高）（图 3-12）。

1.5t 模锻锤导轨间距为 550mm，模块与导轨之间的间隙大于 20mm，满足安装要求。

3.11　连杆模锻工艺流程

（1）切料：5000kN 型剪机冷切；

（2）加热：半连续式炉，$1220 \sim 1240℃$；

（3）模锻：1.5t 模锻锤，拔长、开滚、预锻、终锻；

（4）热切边：1600kN 切边压机；

（5）磨毛刺：砂轮机；

（6）热处理：调质处理；

（7）酸洗：酸洗槽；

（8）冷校正，1t 夹板锤；

（9）冷精压，10000kN 精压机；

（10）检验。

参 考 文 献

[1] 李尚健. 锻造工艺及模具设计资料 [M]. 北京：机械工业出版社，1991.

[2] 吕炎. 锻造工艺学 [M]. 北京：机械工业出版社，1995.

[3] 姚泽坤. 锻造工艺学与模具设计 [M]. 西安：西北工业大学出版社，2001.

[4] 胡亚民，华林. 锻造工艺过程及模具设计 [M]. 北京：中国林业出版社，2006.

[5] 王以华. 锻模设计技术及实例 [M]. 北京：机械工业出版社，2009.

[6] 中国机械工程学会锻压学会. 锻压手册（第 1 卷：锻造）[M]. 3 版. 北京：机械工业出版社，2013.

4 冲压工艺设计

【本章概要】

　　本章结合具体实例，重点介绍了冲压工艺设计的主要内容和步骤，即冲压件的工艺分析、冲压工艺方案确定与工艺计算、模具结构形式的选择及其工作零件工作部分尺寸计算、设备选择以及工艺文件的编制等。

【关　键　词】

　　冲压工艺，冲压件的工艺性，冲压工艺方案，工艺计算，模具结构，设备，工艺卡片

【章节重点】

　　本章应重点掌握冲压件生产工艺过程的主要工序及其作用，在此基础上熟悉冲压工艺参数制定的依据和原则；了解冲压设备的选用；掌握冲压工艺设计思路和流程。

4.1　冲压工艺设计内容和步骤

　　冲压是使板料经分离或成型而得到制件的工艺统称。它是利用压力机上的模具使材料产生局部或整体塑性变形，以实现分离或成型，从而获得一定形状和尺寸的零件的加工方法。

　　冲压是一种先进的加工方法，在技术上、经济上有许多优点：

　　(1) 板料冲压时，在排样合理情况下，可以得到较高的材料利用率。

　　(2) 利用模具可以冲制出形状复杂、其他的方法难以加工的零件，如薄壳件。

　　(3) 冲压制得的零件一般不进一步加工，可直接用来装配，并具有一定精度和互换性。

　　(4) 在加工过程中，材料表面不易遭受破坏，制得的零件表面质量好。

　　(5) 被加工的金属在再结晶温度以下产生塑性变形，不产生切屑，变形中金属产生加工硬化。因此，在耗料不大的情况下，能得到强度高、刚性大而重量轻的零件。

　　(6) 操作简单，易于实现机械化和自动化，并具有较高的生产效率。如在普通冲床上，一般每分钟可以压制几十个制件；若在高速冲压设备上，每分钟可以压制几

百甚至上千件。

（7）在大量生产的条件下，产品的成本低。

冲压加工正是基于上述优点而在现代工业生产中占有十分重要的地位，是民用工业和国防工业生产中不可缺少的加工方法。在电子产品中，冲压件占 80%～85%；在汽车、农业机械产品中，冲压件占 75%～80%；在轻工产品中，冲压件约占 90% 以上。此外，在航空航天工业生产中，冲压件也占有很大的比例。

由于冲压加工使用的模具是单件生产，模具要求高、制造复杂、周期长、制造费用高，因而冲压加工在单件、小批量生产中受到限制，适宜大批量生产。

冲压件的生产过程包括原材料准备、冲压和其他辅助工序（如退火、酸洗、表面处理等）。对于某些组合冲压件或精度要求较高的冲压件，还需要经过切削、焊接或铆接等加工，才能完成。

冲压工艺设计是对具体的冲压零件，根据本单位的生产条件，制订出一种技术上可行、经济上合理的冲压工艺。其设计需要考虑的问题是多方面的，其主要内容有：

（1）冲压件工艺分析；

（2）冲压工艺方案制定与工艺计算；

（3）选择模具结构形式；

（4）选择冲压设备；

（5）编写工艺文件。

本章以汽车玻璃升降器外壳为例，叙述冲压工艺设计过程。该零件的结构如图4-1所示，其材质为 08 钢，料厚 $t=1.0\text{mm}$，中批量生产。

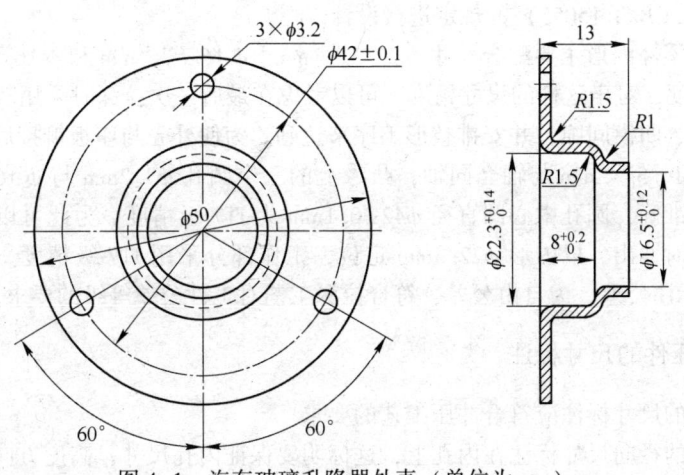

图 4-1　汽车玻璃升降器外壳（单位为 mm）

4.2　冲压件的工艺分析

工艺分析包括技术和经济两方面内容。在技术方面，根据产品图纸，主要分析该冲压件对冲压工艺的适应性，即其结构形状、尺寸大小、精度要求和材料性能等因素是否符合冲压工艺的要求。在经济方面，主要根据冲压件的生产批量，分析产品成本，阐明采用冲压生产可以取得的经济效益。因此，冲压件的工艺分析，主要讨论在不影响零件使用的前提下，能否以最经济的方法冲压出来，能够做到的，表示该冲压件的工艺性好，反之，工艺性差。因此，从技术经济方面考虑，对冲压件进行工艺分析时，主要考虑的因素如下。

4.2.1　冲压件形状和尺寸

不同的形状和尺寸的冲压件，有不同的工艺要求。冲压件形状要尽量简单、规则和对称，以节省原材料，减少制造工序，提高模具寿命，降低工件成本。对于形状复杂的冲压件可考虑分成数个简单的冲压件再用连接方法制成。对于冲裁件、弯曲件、拉深件、翻孔件等冲压件的结构尺寸限制可参照《金属冷冲压件：结构要素》（JB/T 4378.1）进行设计。

该零件属于较典型的带凸缘的圆筒形件，形状简单对称；零件的 d_t/d、h/d 值较小，表明该零件易于拉深成型。凸缘上的三个圆孔 $\phi3.2$mm 直径大于冲裁最小直径；但圆角半径 $R1$ 和 $R1.5$ 偏小，可以考虑通过增加整形工序来保证。

4.2.2　冲压件精度

冲压件的精度与模具结构形式及其制造精度等因素有关。冲压件的形状和尺寸公差可按照《冲压件尺寸公差》（GB/T 13914）、《冲压件角度公差》（GB/T 13915）、《冲压剪切下料：未注公差尺寸的极限偏差》（JB/T 4381）和《冲压件未注公差尺寸极限偏差》（GB/T 15055）的规定进行设计。

该外壳零件内形主要配合尺寸 $\phi22.3_0^{+0.14}$mm、$\phi16.5_0^{+0.12}$mm 和 $\phi16_0^{+0.2}$mm 为 IT11～IT12 级精度，对于这样的尺寸精度，可以考虑在最后一次拉深时采用较高精度的模具，较小凸、凹模间隙，并安排整形工序来达到。为使外壳与座板铆接后，保证外壳承托部分 $\phi16.5_0^{+0.12}$mm 与轴套同轴，凸缘上的三个圆孔 $\phi3.2$mm 与 $\phi16.5_0^{+0.12}$mm 的相互位置要准确，圆孔中心圆直径 $\phi42\pm0.1$mm 为 IT7 级精度。为此可以考虑采用高精度冲模同时冲出，以内形 $\phi22.3$mm 定位，工作部分采用 IT7 级精度。零件的高度尺寸 13 未标注公差，为自由公差，符合拉深工艺对工件公差等级的要求。

4.2.3　冲压件的尺寸标注

冲压件的尺寸标注应符合冲压工艺的要求。

该零件的径向尺寸标注在内孔上，这标明要保证内孔尺寸；高度方向的尺寸以底部为基准标注，高度尺寸易于保证，符合拉深工艺对工件尺寸标注的要求。

4.2.4　生产批量

模具制造费用很高，约占冲压件总成本的 10%～30%。因此，生产批量小时，采用其他加工方法可能比冲压方法更为经济，只有在大批量生产条件下，冲压加工才能取得明显的经济效益。一般来说，大批量生产时，常采用单工序简单模或复合模，以降低模具制造费用。

该零件为中批量生产，可以考虑通过选择合理的工序组合来保证其经济效益。

4.2.5 材料分析

鉴于该零件对厚度变化没有作要求，其成型过程可以采用不变薄拉深实现。零件材质为08钢，是优质碳素结构钢，属于深拉级别钢，具有良好的拉深成型性能。

综上所述，该零件属于中批量生产，其形状、尺寸、精度、尺寸标注、材料等均符合冲压工艺性要求，故可以采用冲压方法加工。

4.3 冲压工艺方案

在冲压工艺性分析的基础上，再根据产品图纸，进行必要的工艺计算（如坯料尺寸、拉深次数等），以及分析冲压性质、冲压次数、冲压顺序和工序组合方式，提出各种可能的冲压工艺方案。然后，通过对产品质量、生产效率、设备条件、模具制造和寿命等方面的综合分析与比较，确定一个技术经济性最佳的工艺方案。因此，确定冲压工艺方案时需要考虑的问题，其主要内容如下。

4.3.1 冲压性质

冲压件的工序性质是指该零件所需的冲压工序种类。冲裁、弯曲、拉深、翻边、胀形等是常见的冲压工序，各有其不同的性质、特点和用途。设计冲压工艺时，可以根据冲压件的结构形状、尺寸和精度要求，各工序的变形规律及某些具体条件的限制等，合理地选择这些工序。

对于该外壳零件，可以选用冲裁、拉深、翻边工序成型，即先拉深成阶梯形，之后采用冲孔工序冲孔，再用翻边工序成型底部 $\phi16.5\mathrm{mm}$ 形状。

4.3.2 冲压次数和冲压顺序

冲压次数是指同一性质的工序重复进行的次数。对于拉深件，可根据它的形状和尺寸，以及板料许可的变形程度，计算出拉深次数；弯曲件或冲裁件的冲压次数也是根据具体形状和尺寸以及极限变形程度来确定。

冲压件各工序的先后顺序主要根据各工序的变形特点和质量要求等安排，其次要考虑到操作方便、毛坯定位可靠、模具简单等。

4.3.2.1 翻边次数确定

圆孔翻边的变形程度用翻边系数 K 表示，翻边系数为翻边前孔径 d 与翻边后孔径 D 的比值，其表达式为：

$$K = \frac{d_0}{D_\mathrm{m}}$$

(4-1)

若零件所需的翻边系数 K 小于极限翻边系数 K_1，则不能一次翻边成型。

本零件的圆孔翻边，相当于平板坯料的翻边情况，此时其翻边系数的计算公式为：

$$K = 1 - \frac{2(h - 0.43r - 0.72t)}{D_m} \tag{4-2}$$

对于该零件，式（4-2）中，$h = 21-16 = 5\text{mm}$，$D_m = 16.5+1.0 = 17.5\text{mm}$，$r = 1\text{mm}$，$t = 1.0\text{mm}$，由此可确定翻边系数 $K = 0.56$。

根据式（4-1），翻边圆孔的初始直径，即预冲孔直径为 $d_0 = KD_m = 0.56 \times 17.5 = 9.8\text{mm}$。

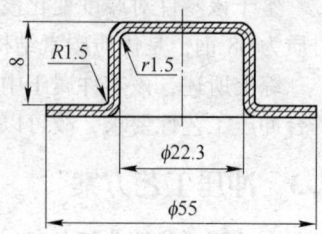

当凸模形式采用圆柱形凸模，孔的加工方法采用冲孔方法时，根据 $d_0/t = 9.8/1.0 = 9.8$，确定该零件的极限翻边系数 K_1 为 0.52；即零件所需的翻边系数 K（0.56）大于极限翻边系数 K_1（0.52），故可一次翻边成型。冲孔、翻边前工序件形状和尺寸如图 4-2 所示。

图 4-2 冲孔翻边前工序件形状和尺寸（单位为 mm）

4.3.2.2 拉深次数确定

由于板料的各向异性和模具间隙不均匀等因素的影响，拉深后零件的边缘不整齐，甚至出现凸耳，因此，在多数情况下采取加大工序件高度或凸缘宽度的方法，拉深后进行修边。对于该零件，由 $d_t/d = 50/(22.3+1.0) = 2.14$，确定的切边余量 ΔR 为 2.5。则凸缘直径 $d_t = 50+2\Delta R = 50+2 \times 2.5 = 55\text{mm}$。

带凸缘的圆筒形件的坯料尺寸计算公式为：

$$D = \sqrt{d_t^2 + 4dh - 3.44rd} \tag{4-3}$$

对于该零件，式（4-3）中，$d_t = 55\text{mm}$，$d = 23.3\text{mm}$，$h = 8\text{mm}$，$r = 1.5+0.5 = 2.0\text{mm}$，由此可确定坯料直径 $D = 60\text{mm}$。

根据 $d_t/d = 55/(22.3+1.0) = 2.36$、$t/D = 1.0/60 = 1.7\%$，确定的极限相对高度为 0.35~0.45；而该工序件的相对高度 $h/d = 8/(22.3+1.0) = 0.34$，其值小于极限相对高度，所以能够一次拉深成型。

根据以上的工艺分析和计算，该外壳零件的冲压基本工序：落料、拉深、整形、冲孔、翻边、冲凸缘上的 3 个圆孔、切边。

4.3.3 冲压工艺方案确定

4.3.3.1 冲压工艺方案

根据以上确定的冲压基本工序，可以拟定出以下 5 种冲压工艺方案：

方案一：落料、拉深与整形复合冲压→冲 $\phi9.8\text{mm}$ 孔→翻边→冲三个 $\phi3.2\text{mm}$ 孔→切边。

方案二：落料、拉深与整形复合冲压→冲 $\phi9.8\text{mm}$ 孔与翻边复合冲压→冲三个 $\phi3.2\text{mm}$ 孔与切边复合冲压。

方案三：落料、拉深与整形复合冲压→冲 $\phi9.8\text{mm}$ 孔与冲三个 $\phi3.2\text{mm}$ 孔复合冲压→翻边与切边复合冲压。

方案四：落料、拉深与冲 $\phi9.8$mm 孔与整形复合冲压→翻边→冲三个 $\phi3.2$mm 孔→切边。

方案五：采用带料级进拉深或在多工位自动压力机上冲压。

4.3.3.2　工艺方案确定

方案二符合冲压成型规律，但冲孔与翻边复合和冲孔与切边复合都存在凸凹模壁厚太小（分别为 2.75mm 和 2.4mm），影响凸凹模强度，模具容易损坏。

方案三也是符合冲压成型规律，但是，冲 $\phi9.8$m 孔与冲三个 $\phi3.2$mm 孔复合及翻边与切边复合冲压时，刃口不在同一平面上，磨损快慢不相同，给修磨带来不便，且修磨后要保证相对位置也有困难。

方案四同样存在工作零件修磨不方便的问题。

方案五生产效率较高，操作安全，避免了上述方案的缺点。但需要专用压力机或自动送料装置，模具结构复杂，制造周期长，生产成本较高，因此，只有在大批量生产中才较适宜。

方案一符合中小批量生产时的冲压成型规律，工序组合程度低，既有单工序冲压，又有复合工序冲压，且各工序模具结构简单，易于制造。虽生产率低，但这样可以有效降低模具制造费用，适合该零件的中批量生产。

通过以上分析比较，采用方案一为本外壳零件的冲压工艺方案。

4.4　冲压模具结构类型的确定

根据已确定的冲压工艺方案，综合考虑冲压件的质量要求、生产批量大小、冲压加工成本以及冲压设备情况、模具制造能力等生产条件后，选择模具类型（如简单模、复合模、连续模或连续复合模等），确定模具的具体结构形式，绘出模具工作部分原理图。

根据本外壳零件所采用的冲压工艺方案，即落料、拉深与整形复合冲压→冲 $\phi9.8$mm 孔→翻边→冲三个 $\phi3.2$mm 孔→切边。据此，可以确定出模具类型、模具的结构形式，其各工序所使用的模具的工作部分的结构如图4-3所示。

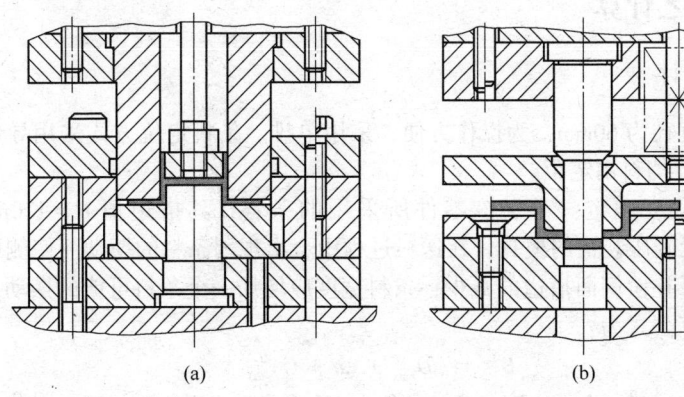

(a)　　　　　　　(b)

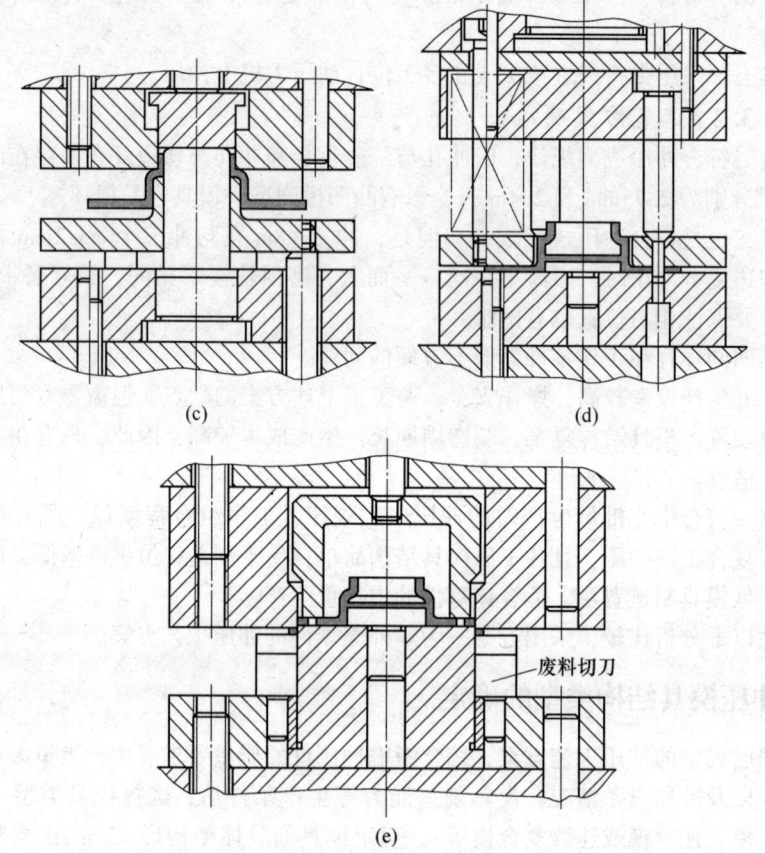

图4-3　采用的冲压工艺方案的各工序模具结构示意图
（a）落料、拉深与整形复合冲压；（b）冲φ9.8mm孔；
（c）翻边；（d）冲三个φ3.2mm孔；（e）切边

4.5　冲压工艺计算

4.5.1　排样设计

由于坯料直径为60mm，为操作方便，采用单排。条料定位方式采用导料板导向（无侧压装置），挡料销定距。

（1）条料宽度确定：对于该零件所采用的条料，其搭边值 $a = 1.0$mm，$a_1 = 0.8$mm；对于无侧压装置的模具，在送料过程中会出现因条料的摆动而使侧面搭边减少的现象，为了补偿侧面搭边的减少，条料宽度应增加一个条料可能的摆动量，此时条料宽度的计算公式为：

$$B_{-\Delta}^0 = (D_{max} + 2a + C)_{-\Delta}^0 \qquad (4-4)$$

对于该零件，式（4-4）中，$D_{max} = 60$、$a = 1.0$、$C = 0.5$、$\Delta = 0.5$，因此，条料宽

度 $B = 62.5^{0}_{-0.5}$ mm。

（2）送进步距：$s = D + a_1 = 60 + 0.8 = 60.8$mm。

（3）排样图：排样图示排样设计的最终表达形式，该零件的排样图如图4-4所示。

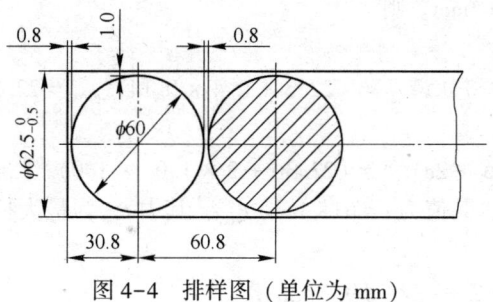

图4-4　排样图（单位为mm）

4.5.2　确定各工序件尺寸

（1）落料：落料直径，即坯料直径 $D = 60$mm。

（2）拉深：采用一次拉深成型，其拉深工序件的高度 $h = 8$mm、内孔直径 $d = 22.3$mm、凸缘直径55mm，圆角半径 $R1.5$。

（3）冲 $\phi9.8$mm孔：对拉深工序件的底部进行冲孔，其直径为9.8mm。

（4）翻边：采用一次翻边成型，翻边系数0.56，成型零件底部，起直径16.5mm、圆角半径 $R1$。

（5）冲凸缘上的孔：利用冲孔工序，冲出凸缘上的三个圆孔，其直径为3.2mm。

（6）切边：利用切边工序，对凸缘进行切边，以保证其凸缘直径50mm。

4.5.3　工作零件工作尺寸设计

4.5.3.1　工序1——落料拉深与整形复合工序

A　落料

落料时以凹模为设计基准。落料尺寸按未注公差计算，即IT14级，因此，落料件尺寸为 $\phi60^{0}_{-0.74}$mm，其公差 Δ 等于0.74mm。

对于该工序，根据材料种类及厚度确定凸、凹模间的合理间隙范围为 $Z_{\min} \sim Z_{\max} = 0.10 \sim 0.14$mm。据此，确定凸模、凹模制造公差为：

$$\delta_p = 0.4(Z_{\max} - Z_{\min}) = 0.4 \times (0.14 - 0.10) = 0.016\text{mm}$$

$$\delta_d = 0.6(Z_{\max} - Z_{\min}) = 0.4 \times (0.14 - 0.10) = 0.024\text{mm}$$

落料凹模尺寸为：

$$D_d = (D - x\Delta)^{+\delta_d}_0 = (60 - 0.5 \times 0.74)^{+0.024}_0 = 59.63^{+0.024}_0\text{mm}$$

因式中 Δ 为0.74mm，所以系数 x 取0.5。

对应落料凸模尺寸为：

$$D_p = (D_d - Z_{min})^0_{-\delta_p} = (59.63 - 0.10)^0_{-0.016} = 59.53^0_{-0.016} \text{mm}$$

B　拉深

拉深工序件尺寸标注在内侧上，按内形尺寸进行计算，此时以凸模为设计基准。工序件尺寸为 $\phi 22.3^{+0.14}_0$ mm，其公差 Δ 等于 0.14mm。凸模制造公差 $\delta_p = 0.03$mm，凹模制造公差为 $\delta_d = 0.05$mm。则：

拉深凸模尺寸：

$$D_p = (d + 0.4\Delta)^0_{-\delta_p} = (22.3 + 0.4 \times 0.14)^0_{-0.03} = 22.36^0_{-0.03} \text{mm}$$

拉深凹模尺寸：

$$D_d = (d + 0.4\Delta + 2c)^{+\delta_d}_0 = (22.36 + 2 \times 1.05 \times 1.0)^{+0.05}_0 = 24.46^{+0.05}_0 \text{mm}$$

式中，c 为单边间隙，其值为 $c = (1 \sim 1.1)t_{max}$，其中 t_{max} 为最大板厚，其值为 1.0mm，系数取 1.05。

4.5.3.2　工序2——冲 $\phi 9.8$mm 孔

冲孔时以凸模为设计基准。凸、凹模采取分开加工。$\phi 9.8$mm 孔的尺寸按未注公差计算，即 IT14 级，因此，其尺寸为 $\phi 9.8^{+0.43}_0$ mm，其公差 Δ 等于 0.43mm。

对于该工序，凸、凹模间的合理间隙范围同样为 $Z_{min} \sim Z_{max} = 0.10 \sim 0.14$mm。因此，凸模、凹模制造公差也同样取为 $\delta_p = 0.016$mm，$\delta_d = 0.024$mm。

冲 $\phi 9.8$mm 孔的凸模尺寸为：

$$d_p = (d + x\Delta)^0_{-\delta_p} = (9.8 + 0.5 \times 0.43)^0_{-0.016} = 10.02^0_{-0.016} \text{mm}$$

因冲孔尺寸未标注公差，所以式中系数 x 取 0.5。

对应的凹模尺寸为：

$$d_d = (d_p + Z_{min})^{+\delta_d}_0 = (10.02 + 0.10)^{+0.024}_0 = 10.12^{+0.024}_0 \text{mm}$$

4.5.3.3　工序3——圆孔翻边

按内形尺寸进行计算，此时以凸模为设计基准。工序件尺寸为 $\phi 16.5^{+0.12}_0$ mm，其公差 Δ 等于 0.12mm。

翻边凸模尺寸（其制造公差 $\delta_p = 0.02$mm）：

$$d_p = (d + 0.5\Delta)^0_{-\delta_p} = (16.5 + 0.5 \times 0.12)^0_{-0.02} = 16.56^0_{-0.02} \text{mm}$$

翻边凹模尺寸（其制造公差 $\delta_d = 0.02$mm，单边间隙 c 取 $0.85t$，t 为材料厚度）：

$$d_d = (d_p + 2c)^{+\delta_d}_0 = (16.56 + 2 \times 0.85 \times 1.0)^{+0.02}_0 = 17.35^{+0.02}_0 \text{mm}$$

4.5.3.4　工序4——冲凸缘上的三个圆孔

冲孔时以凸模为设计基准。凸、凹模采取分开加工。三个圆孔的尺寸按未注公差计算，即 IT14 级，其尺寸为 $\phi 3.2^{+0.3}_0$ mm，其公差 Δ 等于 0.3mm。此时，凸、凹模间的合理间隙范围为 $Z_{min} \sim Z_{max} = 0.10 \sim 0.14$。凸模、凹模制造公差分别为 $\delta_p = 0.016$mm，$\delta_d = 0.024$mm。

冲孔凸模尺寸为：

$$d_p = (d + x\Delta)^0_{-\delta_p} = (3.2 + 0.5 \times 0.3)^0_{-0.016} = 3.35^0_{-0.016} \text{mm}$$

因冲孔尺寸未标注公差，所以式中系数 x 取 0.5。

对应的凹模尺寸为：

$$d_d = (d_p + Z_{min})_0^{+\delta_d} = (3.35 + 0.10)_0^{+0.024} = 3.45_0^{+0.024} mm$$

4.5.3.5 工序5——切边

采取凸、凹模分开加工。尺寸按未注公差计算，即 IT14 级，其尺寸为 $\phi 50_{-0.62}^0 mm$，其公差 Δ 等于 0.62mm。此时，凸、凹模间的合理间隙范围为 $Z_{min} \sim Z_{max}$ = 0.10 ～ 0.14。凸模、凹模制造公差为 $\delta_p = 0.016mm$，$\delta_d = 0.024mm$。

切边凹模尺寸为：

$$D_d = (D - x\Delta)_0^{+\delta_d} = (50 - 0.5 \times 0.62)_0^{+0.024} = 49.69_0^{+0.024} mm$$

因切边尺寸未标注公差，所以式中系数 x 取 0.5。

对应切边凸模尺寸为：

$$D_p = (D_d - D_{min})_{-\delta_p}^0 = (49.69 - 0.10)_{-0.016}^0 = 49.59_{-0.016}^0 mm$$

4.6 工艺力计算及冲压设备选择

4.6.1 工序1——落料拉深与整形复合工序

4.6.1.1 落料力与卸料力

对于采用普通平刃模具，其落料力计算公式为：

$$F_落 = Lt\sigma_b \tag{4-5}$$

对于该零件，式中 $L = 60\pi = 188.4mm$、$t = 1.0mm$、$\sigma_b = 400MPa$，因此，该落料力 $F_落 = 75360N$。

对应的卸料力计算公式为：

$$F_X = K_X F \tag{4-6}$$

对于该零件，式中 $K_X = 0.05$，因此，卸料力 $F_X = 4768N$。

4.6.1.2 拉深力与压边力

采用压边圈拉深时，其拉深力的计算公式为：

$$F_{拉深} = k\pi dt\sigma_b \tag{4-7}$$

对于该零件，式中 $k = 1.0mm$、$d = 23.3mm$、$t = 1.0mm$、$\sigma_b = 400MPa$，因此，该落料力 $F_{拉深} = 29264.8N$。

对应的压边力计算公式为：

$$Q = Aq \tag{4-8}$$

对于该零件，式中 $A = \pi[D^2 - (d_1 + 2r_{d1})^2]/4 = \pi[60^2 - (23.3 + 2 \times 1.5)^2]/4 = 2283.8mm^2$，单位压边力 $p = 2.5MPa$，因此，该压边力 $Q = 5709.5N$。

4.6.1.3 整形力

整形力计算公式为：

$$F_{整形} = A_{整形}p \tag{4-9}$$

对于该零件，式中工件的校平面积 $A_{整形} = \pi[(55^2 - 25.3^2) + (22.3 - 2 \times 1.5)^2]/4 = 2170.5mm^2$、$p = 80MPa$，因此，该整形力 $F_{整形} = 173641.4N$。

综合比较，在三个基本工序中，整形力最大，并且是在临近下止点拉深工序接近完成时出现。根据压力机压力许用压力曲线，本工序可以选用 J23-40 压力机。

4.6.2　工序 2——冲孔

冲孔力计算公式为：

$$F_{冲孔} = Lt\sigma_b \tag{4-10}$$

对于该零件，式中 $L = 9.8\pi = 30.8mm$、$t = 1.0mm$、$\sigma_b = 400MPa$，因此，该落料力 $F_{冲孔} = 12308.8N$。

按照式（4-6），对应的卸料力为 $F_X = K_X F_{冲孔} = 0.05 \times 12308.8 = 615.4N$。

对应的推件力计算公式为：

$$F_T = nK_T F \tag{4-11}$$

式中，n 为同时留在凹模内的废料数量，对于该零件，设凹模刃口高度 $h = 6mm$，则 $n = h/t = 6$，$K_T = 0.055$，因此，卸料力 $F_T = 4061.9N$。

这样总的冲压工艺力为：

$$\sum F = F_{冲孔} + F_X + F_T = 12308.8 + 615.4 + 4061.9 = 16986.1N$$

考虑冲压件尺寸及行程要求，选用 J23-25 压力机。

4.6.3　工序 3——圆孔翻边

为了提高工序件尺寸精度，翻边结束时，还需对工序件进行整形。因此，此工序的工艺力有翻边力、整形力、顶件力。

4.6.3.1　翻边力

采用圆柱形平底凸模时，其翻边力 F 的计算公式为：

$$F_{翻边} = 1.1\pi(D_m - d_0)t\sigma_s \tag{4-12}$$

对于该零件，式中 $D_m = 16.5 + 1.0 = 17.5mm$，$d_0 = 9.8mm$，$t = 1.0mm$，$\sigma_s = 196MPa$，由此可确定翻边力 $F_{翻边} = 5212.8N$。

顶件力可取翻边力的 10%，即 $F_D = 0.1F_{翻边} = 521.3N$。

4.6.3.2　整形力

根据式（4-9），该工序的整形力为：

$$F_{整形} = A_{整形}p = 80 \times \pi(22.3^2 - 16.5^2)/4 = 14132.5N$$

同样，因整形力比翻边力、顶件力大很多，故按整形力选择压力机。该工序可以选用 J23-25 压力机。

4.6.4　工序 4——冲凸缘上的三个圆孔

根据式（4-10），该工序的冲孔力为：

$$F_{冲孔} = Lt\sigma_b = 3 \times \pi \times 3.2 \times 1 \times 400 = 12057.6N$$

根据式（4-6），该工序的卸料力为：

$$F_X = K_X F = 0.05 \times 12057.6 = 602.9N$$

根据式（4-11），该工序的推件力为：

$$F_T = nK_T F = 6 \times 0.055 \times 12057.6 = 3979.0N$$

这样，该工序总的冲压工艺力为：

$$\sum F = F_{\text{冲孔}} + F_X + F_T = 12057.6 + 602.9 + 3979.0 = 16639.5N$$

同样，考虑冲件尺寸及行程要求，选用 J23-25 压力机。

4.6.5 工序5——切边

模具结构采用废料切刀（4个）卸料和刚性推件方式，故只需计算切边力和废料切刀的切断力。

切边力

$$F_1 = Lt\sigma_b = 50\pi \times 1.0 \times 400 = 62800N$$

切断力

$$F_2 = 4L't\sigma_b = 4 \times (55 - 50) \times 1.0 \times 400 = 8000N$$

该工序冲压总力为

$$\sum F = F_1 + F_2 = 62800 + 8000 = 70800N$$

为此，本工序也选用 J23-25 压力机。

4.7 冲压工艺文件

冲压件工艺文件，一般以工艺过程卡形式表示，它综合地表达了冲压工艺设计的具体内容，包括工序名称、工序次数、工序草图（半成品形状和尺寸）、模具的结构形式和种类、选定的冲压设备、工序检验要求、板料的规格以及坯料的形状尺寸等。

工艺卡片是生产中的重要技术文件。它不仅是模具设计的重要依据，而且也起着生产的组织管理、调度、各工序间的协调以及工时定额的核算等作用。

该零件的冲压工艺卡见表4-1。

表4-1 玻璃升降外壳冲压工艺卡

（厂名）	冲压工艺过程卡		产品型号		零部件名称	玻璃升降外壳	共 页
			产品名称		零部件型号		第 页
材料牌号	材料技术要求		坯料尺寸	每个坯料可制零件数		毛坯重量	辅助材料
08 钢 1.0±0.11			条料 1.5×69×1800	29 件			
工序号	工序名称	工序内容		加工简图		设备	工艺装备 工时
0	下料	剪板 69×1800				剪板机	

续表 4-1

工序号	工序名称	工序内容	加工简图	设备	工艺装备	工时
1	落料拉深兼整形	落料、拉深与整形复合	R1.5　R1.5　$\phi22.3^{+0.14}_{0}$　$8^{+0.2}_{0}$　$\phi55$	J23-40	落料拉深复合模	
2	冲孔	冲 $\phi9.8$ 孔	$\phi9.8$	J23-25	冲孔模	
3	翻边兼整形	$\phi9.8$ 圆孔翻边兼整形	$\phi16.5^{+0.02}_{0}$	J23-25	翻边模	
4	冲孔	冲三个 $\phi3.2$ 孔	$3\times\phi3.2$　$\phi42$	J23-25	冲孔模	
5	切边	切凸缘边达到零件要求尺寸	$\phi50$	J23-25	切边模	
6	检验	按零件图检验				

								编制（日期）	审核（日期）	会签（日期）
标记	处数	更改文件号	签字	日期	标记	处数	更改文件号	签字		

参 考 文 献

[1] 吴诗惇. 冲压工艺学 [M]. 西安：西北工业大学出版社，2002.

[2] 李硕本等. 冲压工艺理论与新技术 [M]. 北京：机械工业出版社，2002.

[3] 翁其金，徐新成. 冲压工艺与模具设计 [M]. 北京：机械工业出版社，2004.

[4] 成虹. 冲压工艺与模具设计 [M]. 北京：机械工业出版社，2010.

[5] 王孝培. 实用冲压技术手册 [M]. 2 版. 北京：机械工业出版社，2013.

[6] 中国机械工程学会锻压学会. 锻压手册（第 2 卷：冲压）[M]. 3 版. 北京：机械工业出版社，2013.

5   拉拔工艺设计

【本章概要】

    本章首先介绍了拉拔的基本概念以及拉拔工艺设计的主要内容，其中包括拉拔工艺方案的制定；拉拔工艺参数的确定；拉拔工具的设计；以304奥氏体不锈钢丝的拉拔生产工艺为例介绍了原料及产品尺寸的设计；生产工艺流程；热处理和表面处理工艺；拉拔过程总压缩率、道次压缩率以及拉拔道次；拉拔力的计算和钢丝抗拉强度的预测；拉拔设备的确定和拉拔润滑剂的选择；拉拔模的设计。

【关 键 词】

    拉拔，钢丝，盘条，热处理，表面处理，拉拔工具，工艺参数，润滑剂，拉拔模，拉拔道次，总压缩率，部分压缩率，酸洗，涂层处理，拉拔力，压缩带，工作带，润滑带，出口带

【章节重点】

    本章应重点掌握钢丝拉拔生产工艺过程的主要工序及其作用，在此基础上熟悉拉拔工艺参数制定的依据和原则；拉拔润滑剂，拉拔模的选择及使用；掌握304不锈钢丝的拉拔工艺设计思路和流程。

5.1   拉拔工艺设计内容和步骤

    拉拔是利用金属的塑性，借助拉拔模具并在外力作用下使金属变形，从而获得需要的形状、尺寸、机械及物理性能的一种金属压力加工方法。拉拔是钢丝生产中的一道主要工序。线材或半成品钢丝通过拉拔不仅可以得到所需的断面尺寸和形状，还由于钢丝拉拔的过程产生了加工硬化，故使钢丝的内部组织和机械性能等发生了质的变化，可以获得符合技术要求和性能要求的产品。

    本书所述的拉拔工艺设计主要针对钢丝的冷拉拔，拉拔工艺设计流程图如图 5-1 所示。钢丝制品业的原料为 $\phi 5 \sim 13mm$ 的热轧盘条，经力学性能，化学成分等基本检查合格后投入生产。冷拉拔前需要进行去除热轧盘条表面的氧化皮、酸洗除锈、涂润滑层等预处理；由于钢丝拉拔是一个冷变形过程，伴随着剧烈的加工硬化，难以一次拉拔至成品尺寸，因此以两次中间热处理为标志将拉拔变形分为大、中、细拉三个

阶段；之后进行的正火处理的目的是消除拉拔过程中所造成的冷加工硬化，恢复钢丝塑性，以便进行进一步的冷拉拔；而细拉前进行的中间热处理不但可以消除拉拔过程中所造成的加工硬化，其主要目的是为了生产出具有良好综合机械性能的成品钢丝。最后采用连续退火工艺，消除拉拔过程中产生的加工硬化，获得良好的组织，提高了拉拔钢丝的强度，获得了良好的加工特性，使产品综合性能良好。

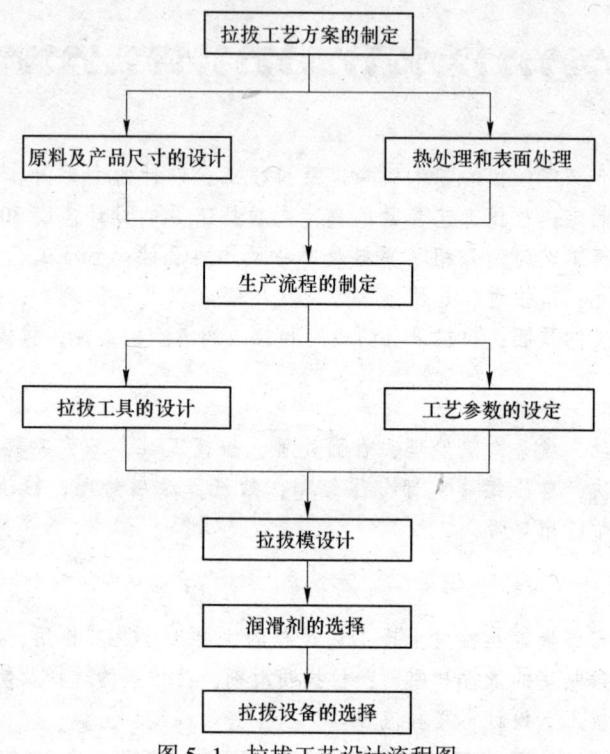

图 5-1　拉拔工艺设计流程图

拉拔工艺设计的主要内容包括拉拔工艺方案的制定、拉拔工艺参数的确定以及拉拔工具的设计。其中拉拔工艺方案的制定具体包括原料及产品尺寸的设计、生产工艺流程，热处理和表面处理的确定；拉拔工艺参数主要包括总压缩率和道次压缩率、拉拔道次、热处理工艺具体参数，拉拔力的计算，钢丝抗拉强度的预测计算；拉拔工具的设计主要包括拉拔设备的确定、润滑剂的选择和拉拔模的设计。下面以 304 奥氏体不锈钢丝的拉拔生产为例具体介绍拉拔工艺设计的内容。

5.2　拉拔工艺方案的制定

拉拔采用的原材料为 ϕ5.5mm 的 304 奥氏体不锈钢盘条，具体成分见表 5-1。

表 5-1　304 奥氏体不锈钢钢丝的成分　　　　　　　　　（%）

成分	C	Mn	Si	P	S	Ni	Cr	Cu
含量	0.027	1.28	0.40	0.043	0.001	8.04	18.34	3.04

冷拉拔最终获得的钢丝尺寸为 $\phi 3.45$mm，初步制订拉拔过程为 $\phi 5.5$mm→ $\phi 4.5$mm→$\phi 3.8$mm→$\phi 3.45$mm，总共分三个拉拔道次完成。

5.2.1 酸洗

原料在进行拉拔之前，首先要进行酸洗。酸洗是钢丝拉拔生产的重要工序。酸洗的目的是除去线材表面残留的氧化皮。因为氧化皮的存在，不但会给拉拔带来困难，而且对产品的性能和表面镀锌有极大的危害。酸洗是彻底去除氧化皮的有效方法，缺点是工艺比较复杂，挥发的气体危害人体健康。但是根据国内现有条件，在相当时期内，仍需采用酸洗的办法，尤其是对于热处理钢丝和某些表面要求很高的制品。

酸洗液主要有盐酸、硫酸、硝酸三种。硝酸用于合金钢丝的酸洗（镍铬钢丝等）。用于碳素钢丝的酸洗有盐酸和硫酸两种。大型工厂都使用硫酸。它的成本低，但速度较慢，要加热使用。盐酸适合中小工厂使用，它的效果良好，不需加热，但成本较高，它还适用于高级钢丝的二次精酸洗。

酸洗液与氧化铁皮的作用主要有溶解作用和剥离作用。氧化铁皮与酸液接触以后，互相起化学作用而生成新的物质，原来的物质都已不存在了，这就是溶解作用。当酸洗液从钢丝表面的缝隙渗入后，即与各种氧化物起化学反应。另一种剥离作用是当氧化铁皮浸入酸洗液后，酸液不但直接溶解氧化皮，还同时迅速从裂缝孔眼渗透到基铁上面，使基铁溶解。基铁在溶解过程中，一方面产生了铁盐（硫酸亚铁或氯化亚铁），一方面产生了氢气。氢气的位置在氧化层与基铁之间。由于氢气有逸出的性能，因此对氧化铁皮产生了压力。在氢气从四周逸出的同时，脆性氧化层就受到氢气的冲击而产生了机械剥离。

酸洗设备是酸洗池，对酸洗池结构的要求，主要是耐腐蚀和不渗漏。由于设计及施工上的原因，酸洗池出现渗漏并不少见。如果渗漏严重但又无法查明，时间一长，后果相当严重。轻则酸洗池局部的基础被破坏，重则使较大面积遭受破坏。酸洗池结构的要求，最根本的就是材料的耐腐蚀和耐高温。常用的耐酸材料有十多种，但耐酸程度和价格各有不同。常见的有耐酸陶瓷、花岗岩、塑料板、木材和耐酸钢板等。耐酸陶瓷有耐酸砖、铸石砖、耐酸缸等；而以花岗岩、塑料板使用最普遍。耐酸钢板虽能用于稀硫酸、盐酸和硝酸酸洗，但长期使用仍要腐蚀，用于磷化池则颇理想。另外还有铅板（铅锑合金）适用于硫酸酸洗（稀浓均可），但价格昂贵，安装要求高。本设计中采用塑料板制的耐酸槽。

5.2.2 涂层处理

原料酸洗之后的工序是涂层处理。涂层处理是钢丝（酸洗后）表面浸涂润滑剂的工艺，系钢丝润滑的重要方法之一（属于拉拔前预涂润滑）。它不但对拉拔是否顺利、钢丝表面是否光洁有重大关系，而且还影响到钢丝变形的均匀程度。涂层处理可以使钢丝更易于吸附和携带润滑剂拉丝时借助这层润滑载体将拉丝粉带入模具中，从而提高了减摩效果，增加摩擦，减少模具的振动。之后采用粉拉的方式在直进式拉丝机上进行冷拉拔。最后对拉拔后的钢丝清洗表面润滑粉烘干。

5.2.3　热处理

　　涂层处理后的钢丝便可以进行冷拉拔了，在拉拔的过程中还有一步重要的工艺是热处理。钢丝在拉拔过程中必须经过热处理，目的是增加钢丝的塑性和韧性，达到一定的强度，消除加工硬化和成分不均匀状态。

　　钢丝热处理按工艺分有退火、正火和铅浴淬火三种。按产品种类分，有低碳钢丝热处理与中、高碳钢丝热处理两大类。这两类的热处理工艺与设备都不相同，前者以井式炉周期退火为主，后者则以连续炉铅浴淬火为主。本设计中的304奥氏体不锈钢丝采用的是连续退火工艺，常用的退火工艺有再结晶退火、完全退火和不完全退火三种，其区别主要在于加热温度的不同。通常使用较多的是再结晶退火。退火工艺一般为加热、保温，然后冷却。冷却方法有两种，一种是将退火筒吊出炉膛，放入缓冷坑冷却；一种是随炉冷却。退火过程是一个整体，配合得好才能保证钢丝的退火质量。

　　综上所述，最终确定本设计中304奥氏体不锈钢丝的工艺流程为：钢丝 → 酸洗 → 涂层处理 → 直进式拉丝机（包括退火）→ 水洗 → 烘干 → 收线。

5.3　拉拔工艺参数的确定

　　在拉拔生产的过程中，主要的工艺参数包括拉模路线的确定与计算、拉拔力能参数的计算以及退火工艺参数的确定。

5.3.1　拉模路线的确定与计算

　　钢丝生产，从线材到成品，要经过数次的拉拔，每次拉拔都需要一只拉丝模，多少次拉拔就需要多少只拉丝模，并按拉拔顺序排好。这些模子的配置路线，就叫拉丝模路线（简称拉模路线）。制订拉模路线，要根据总压缩率、部分压缩率和拉拔道次，也可以根据延伸系数来制订。本设计的拉模路线为 $\phi5.5mm\rightarrow\phi4.5mm\rightarrow\phi3.8mm\rightarrow\phi3.45mm$。

5.3.1.1　压缩率（减面率）的确定与计算

　　钢丝的压缩率也就是钢丝的减面率，通常表示钢丝在拉拔后，截面积减小的绝对值与拉拔之前的截面积之百分比。压缩率对拉丝工艺有直接关系，总压缩率表明钢丝冷拉到什么程度，部分压缩率是计算拉模路线的依据。同一含碳量的钢丝，由于总压缩率的不同，就可判断它的性能和工艺之难易。压缩率的计算方法如下：

$$Q(q) = \frac{D^2 - d^2}{D^2} \times 100\% \tag{5-1}$$

式中　$Q(q)$——总压缩率（部分压缩率），%；

　　　D——进线直径，mm；

　　　d——出线直径，mm。

在实际生产中，压缩率的确定，不但要求它能保证拉拔的顺利进行和钢丝的质量，而且还能合理地减少拉拔道次，增加产量，提高生产效率。

A 总压缩率的确定与计算

总压缩率是指从钢丝盘条到成品，总的压缩百分比。低碳钢丝含碳量低，塑性好，机械性能要求不高，成品及半成品大多要经过退火。因此，其总压缩率的确定，总是从能够正常拉拔来考虑。本设计中 304 不锈钢丝的盘条直径 5.5mm，成品直径 3.45mm，将其带入式（5-1）可得总压缩率 Q 为 60.65%。

B 部分压缩率的确定与计算

部分压缩率即道次压缩率，是指在总压缩率不变的情况下，拉拔的道次和压缩量的大小，也即上下相邻的两只模子线径压缩的百分比。部分压缩率的大小对产量、断头率和钢丝的性能都有影响。一般低碳钢丝的部分压缩率范围在 15%~35%，中高碳钢丝的部分压缩率范围则在 10%~30%。同时也需考虑拉拔速度、制品的力学性能、金属的硬化和拉拔道次等的影响。本设计中的拉模路线为 $\phi 5.5mm \rightarrow \phi 4.5mm \rightarrow \phi 3.8mm \rightarrow \phi 3.45mm$。将其带入式（5-1）计算可得部分压缩率 q_1、q_2、q_3 分别为 33.06%、28.69%、17.57%，均在允许范围内。

5.3.1.2 拉模路线的制订

钢丝的拉拔，应根据拉拔道次和部分压缩率来配置拉丝模。为了不使拉丝模的供应规格过于繁多，在不影响拉拔工艺的情况下，也可以适当调整部分压缩率，以便某些规格可以通用，通过以上计算最终制订拉模路线及部分压缩率见表 5-2。

表 5-2 配模与部分压缩率对照表

拉拔顺序	原料	1	2	3
配模/mm	5.5	4.5	3.8	3.45
部分压缩率/%	33.06	28.69		17.57
总压缩率/%	60.65			

5.3.2 钢丝拉拔的力能参数计算

拉拔的力能参数主要是拉拔力，它是表征拉拔变形过程的基本参数。对这一问题进行分析，不仅有利于制定合理的拉拔工艺规程，计算受拉钢丝的强度，选择与校核电动机容量，而且也是分析和研究拉拔过程所必不可少的基本方法和重要手段。

确定拉拔力方法很多，大致上可以分为两类：一是实际测定法，二是理论公式和经验公式计算法。

实际测定法获得的数据是一个综合值，反映了拉拔过程中各种因素对力能参数的影响。这种方法因为简单而又直观，在工程上得到广泛的应用。它的缺点是难以分析拉拔过程中各种单一因素对力能参数的影响，以及影响的程度和变化规律。实测法是利用装在拉丝机上的测力器测得拉拔力，通过测定电动机本身消耗的功率求得拉拔功率大小。

理论公式和经验公式计算主要是从理论上求解拉拔力，并分析各种因素对力能参数的影响及变化规律。但是由于拉拔力能参数不是单一因素的函数，而是所处工作条件多种因素的综合影响，因而即使在工作条件相同的条件下，由于不同公式考虑的因素各有侧重，它们计算的结果差别也是很大的。下面介绍一些有关公式计算。

计算拉拔力的公式很多，下面是一些比较常用的公式：

（1）贝尔林公式：

$$\sigma_1 = \frac{1}{\cos^2\left(\frac{\alpha + \beta}{2}\right)} K_z \frac{a+1}{a}\left[1 - \left(\frac{F_1}{F_0}\right)\right] + \sigma_q\left(\frac{F_1}{F_0}\right)^a \tag{5-2}$$

式中　K_z——变形区内金属的平均变形抗力，可以认为是 $K_z = \sigma_b$；

　　　a——系数，$a = \cos^2\beta(1 + f\tan\alpha) - 1$；

　　　f——按库仑定律推定的摩擦系数；

　　　β——摩擦角；

　　　α——半模角；

　　　σ_q——在塑性变形区后横界线上施加的反拉力；

　　　F_0——拉拔前钢丝横截面积；

　　　F_1——拉拔后钢丝横截面积。

（2）兹别尔公式：

$$P = K_z F L_n \frac{F_0}{F_1}(1 + f\tan\alpha + \cot\alpha) \tag{5-3}$$

式中　P——拉拔力；

　　　K_z——平均抗拉强度；

　　　f——摩擦系数；

　　　α——半模角；

　　　F_0——钢丝拉拔前截面积；

　　　F_1——钢丝拉拔后截面积。

（3）勒威士公式：

$$P = 43.56 d_1^2 \sigma_b K_q \tag{5-4}$$

式中　P——拉拔力；

　　　σ_b——钢丝拉拔后抗拉强度；

　　　d_1——钢丝拉拔后直径；

　　　K_q——与减面率（压缩率）有关的系数，见表5-3。

表 5-3 减面率系数 K_q

减面率/%	系数 K_q	减面率/%	系数 K_q	减面率/%	系数 K_q	减面率/%	系数 K_q
10	0.0054	21	0.0102	32	0.0134	43	0.0195
11	0.0058	22	0.0104	33	0.0139	44	0.0200
12	0.0066	23	0.0107	34	0.0146	45	0.0206
13	0.0070	24	0.0110	35	0.0150	46	0.0214
14	0.0072	25	0.0112	36	0.0155	47	0.0222
15	0.0081	26	0.0115	37	0.0161	48	0.0224
16	0.0082	27	0.0118	38	0.0166	49	0.0227
17	0.0084	28	0.0120	39	0.0172	50	0.0232
18	0.0090	29	0.0121	40	0.0178	51	0.0234
19	0.0092	30	0.0124	41	0.0184	52	0.0238
20	0.0097	31	0.0129	42	0.0190	53	0.0243

（4）加夫利林科公式：

$$P = \sigma_{bcp}(F_0 - F_1)(1 + f\cot\alpha) \tag{5-5}$$

其中

$$\sigma_{bcp} = \frac{\sigma_{b0} + \sigma_{b1}}{2}$$

式中　P——拉拔力；

σ_{bcp}——平均抗拉强度；

σ_{b0}——拉拔前强度；

σ_{b1}——拉拔后强度；

f——摩擦系数；

α——半模角。

由于摩擦系数较难确定且在拉拔的过程中会有所变化，故为计算方便本设计中采用勒威士式（5-4）来计算拉拔力。钢丝抗拉强度的预测计算较为复杂，此处采用比较具有代表性的波捷姆金公式：

该公式由以下几部分组成：

$$\sigma_b = \sigma_B + \Delta\sigma_b \tag{5-6}$$

$$\sigma_B = (100C + 53 - D) \times 9.8 \tag{5-7}$$

$$\Delta\sigma_b = \frac{0.6Q\left(C + \dfrac{D}{40} + 0.01q\right)}{\lg\sqrt{100 - Q} + 0.0005Q} \tag{5-8}$$

$$q = 1 - \sqrt[n]{1 - Q} \times 100\% \tag{5-9}$$

式中　σ_b——钢丝冷拉后的抗拉强度；

σ_B——钢丝冷拉前的抗拉强度；

C——钢丝含碳量，%；

Q——钢丝总压缩率，%；

q——钢丝道次压缩率，%；

D——钢丝拉拔前直径，mm；

n——拉拔道次。

分别将三个道次的道次压缩率 q_1、q_2、q_3 代入以上 4 个式子以及式（5-4）计算得到的拉拔力见表 5-4。

表 5-4   配模与拉拔力对照表

拉拔道次	1	2	3
配模/mm	4.5	3.8	3.45
部分压缩率/%	33.06	28.69	17.57
K_q	0.0139	0.0121	0.0088
拉拔力/N	5710	3753	2255

5.3.3 退火工艺参数确定

304 不锈钢是一种 18-8 系的亚稳奥氏体不锈钢，牌号 06Cr19Ni10，具有较优越的冷成型性和耐蚀性，被广泛应用于石油、化工、电力以及原子能等工业。

钢丝在冷拉拔以后，金属变形抗力和强度随变形而增加，塑性降低，从微观角度看，滑移面及晶界上将产生大量位错，致使点阵产生畸变。变形量越大时，位错密度越高，内应力及点阵畸变越严重，使其强度随变形而增加，塑性降低（即加工硬化现象）。

当加工硬化达到一定程度时，如继续形变，便有开裂或脆断的危险；在环境气氛作用下，放置一段时间后，工件会自动产生晶间开裂（通常称为"季裂"）。所以不管是消除残余应力还是使材料软化，在实际生产中，此时都必须进行软化退火（即中间退火），以降低硬度消除其残余应力、提高材料塑性、消除加工硬化，以便能进行下一道加工。

软化退火可以采用去应力退火方式和完全软化退火方式。304 奥氏体不锈钢虽在 200~400℃ 加热时便已开始进行应力松弛，但有效的去除应力须在 900℃ 以上。

这是由于 304 奥氏体不锈钢没有相变点，高温退火（1000~1150℃）时，由于将钢加热到溶解度曲线以上，并经过短时间保温，能使 $(Fe, Cr)_{23}C_6$ 充分溶解，随后的快冷，使 $(Fe, Cr)_{23}C_6$ 来不及析出，可在室温下获得单相的奥氏体组织；如果随后缓冷至溶解度曲线以下时，将从奥氏体中析出 $(Fe, Cr)_{23}C_6$，冷到虚线以下时将发生奥氏体—铁素体转变，则钢在室温下的组织为奥氏体+铁素体+ $(Fe, Cr)_{23}C_6$；304 奥氏体不锈钢经固溶处理后所得到的奥氏体的过饱和固溶体是不稳定的，在室温下就有析出 $(Fe, Cr)_{23}C_6$ 的倾向，但由于温度不够高，所以不能实现，而当重新加热到 500~850℃ 以上时，则可能显著析出，按照固溶相变规律，这些碳化物主要析出在晶界上，当在奥氏体晶界上析出 $(Fe, Cr)_{23}C_6$ 时，就会在晶界附近的奥氏体区域中形成贫铬区，容易产生晶间腐蚀倾向，所以在（400~820℃）进行去应力退火时，常因伴随有碳化物析出而导致晶间腐蚀（650~700℃ 时最为严重）或形成 σ 相（540~930℃），使脆性增大同时使得抗腐蚀性变差。

消除内应力的退火主要有两个目的：

（1）使产生加工硬化后的金属材料基本上保留加工硬化状态的硬度和较高强度；

（2）使内应力消除，以稳定和改善性能，减少变形和开裂，提高腐蚀性。退火过程中如果退火温度过高，晶粒会异常长大，过大的晶粒会同时降低材料的塑性及强度，而且钢丝在退火过程中形成的氧化皮在酸洗去除时也非常困难，以至使得氧化皮在基体金属受到相当的破坏才能去掉，所以光亮退火是值得提倡的。

软化退火工艺方案的制定必须综合考虑"三化"问题，即软化、敏化、氧化。如前所述，要实现完全软化，必须在 900℃ 以上进行高温退火；退火工艺参数的选择必须避开该合金的敏化区 500~850℃，并且热处理后的冷却速度必须保证不至于产生敏化热效应。退火过程中的氧化是最难控制的，必须有精密的仪器和高纯度的保护气氛才能实现光亮退火。

综上所述，根据很多学者对 304 奥氏体不锈钢丝的理论与实验研究成果，在其退火软化温度范围内（1010~1150℃），适当的升高温度有利于增强软化效果，改善塑性，当退火温度为 1100℃ 及以上时，钢丝的屈服强度、抗拉强度和延伸率均开始降低。这是由于随着退火温度的升高，晶粒粗大，粗大的晶粒间协调变形能力减弱，塑性恶化，对于该不锈钢钢丝来说退火温度为 1100℃ 以上是不适用的。

5.3.3.1 金相组织分析

具体对最优退火温度的确定也有许多学者做了不少实验研究。本设计中对 304 奥氏体不锈钢丝也进行了基本的实验。不同退火工艺下硬线的金相组织观察见表 5-5。

表 5-5 不同退火工艺下硬线的金相组织形貌

试 样		边 部	心 部
规格：$\phi 3.45$mm，1050℃，4m/min	横截面	100μm	100μm

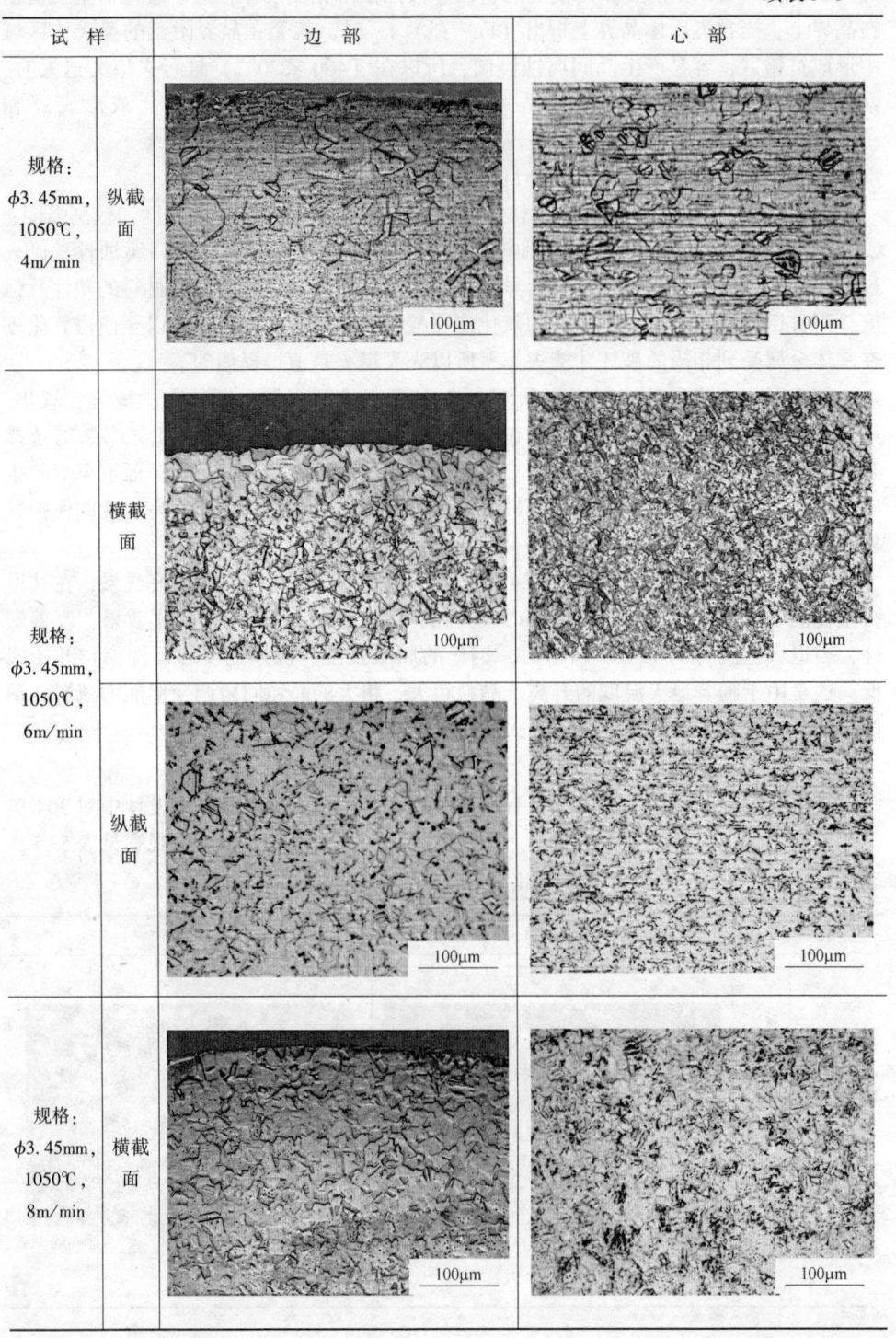

试　样		边　部	心　部
规格: ϕ3.45mm, 1050℃, 4m/min	纵截面	100μm	100μm
规格: ϕ3.45mm, 1050℃, 6m/min	横截面	100μm	100μm
	纵截面	100μm	100μm
规格: ϕ3.45mm, 1050℃, 8m/min	横截面	100μm	100μm

试　样		边　部	心　部
规格： φ3.45mm， 1050℃， 8m/min	纵截面	 100μm	 100μm
规格： φ3.45mm， 1080℃， 4m/min	横截面	 100μm	 100μm
	纵截面	 100μm	 100μm
规格： φ3.45mm， 1080℃， 6m/min	横截面	 100μm	 100μm

试　样		边　部	心　部
规格： φ3.45mm， 1080℃， 6m/min	纵截面		
规格： φ3.45mm， 1080℃， 8m/min	横截面		
	纵截面		
规格： φ3.45mm， 1100℃， 4m/min	横截面		

试 样		边 部	心 部
规格： ϕ3.45mm， 1100℃， 4m/min	纵截面	100μm	100μm
规格： ϕ3.45mm， 1100℃， 6m/min	横截面	100μm	100μm
	纵截面	100μm	100μm
规格： ϕ3.45mm， 1100℃， 8m/min	横截面	100μm	100μm

续表 5-5

试　样	边　部	心　部
规格： φ3.45mm， 1100℃， 8m/min　纵截面	![边部]　100μm	![心部]　100μm

　　不同退火工艺下钢丝晶粒尺寸变化情况如图 5-2 所示。从图中可以看出，随着退火温度的升高，钢丝的晶粒尺寸变大，这是由于退火温度提高，组织回复及再结晶的程度提高，导致晶粒变大；随着走线速度的降低，晶粒尺寸变大，这是由于走线速度降低，晶粒长大的时间延长，导致晶粒变大。

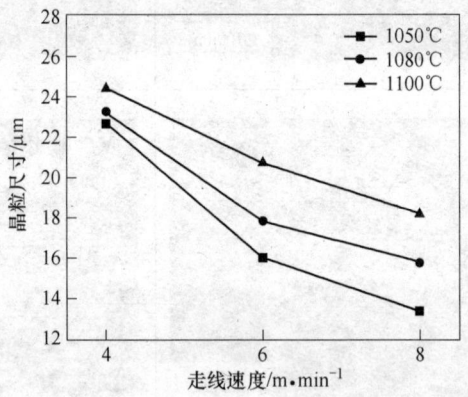

图 5-2　不同退火工艺下晶粒尺寸变化

　　从金相照片还可以发现，第二相 α 铁素体组织数量随退火参数改变而变化。首先当退火温度一定时，走线速度越慢第二相组织的数量越少。

　　这里走线速度 4m/min 时的第二相数量稍少于走线速度 6m/min 时的第二相数量，两者的第二相数量明显少于走线速度 8m/min 时的第二相数量。

　　由于各退火温度下走线速度 8m/min 时第二相数量非常多，会严重影响组织的均匀性并且使得材料的伸长率明显下降。

　　分析测量不同退火工艺下的晶粒尺寸数据见表 5-6。

表5-6　不同退火工艺下晶粒尺寸

退火参数		晶粒尺寸 /μm	退火参数		晶粒尺寸 /μm	退火参数		晶粒尺寸 /μm
温度/℃	速度 /m·min⁻¹		温度/℃	速度 /m·min⁻¹		温度/℃	速度 /m·min⁻¹	
1050	4	24.4	1080	4	23.2	1100	4	22.7
1050	6	20.7	1080	6	17.8	1100	6	16.0
1050	8	18.2	1080	8	15.8	1100	8	13.4

5.3.3.2　金相组织分析

连续退火工艺对钢丝力学性能的影响极其显著,尤其是退火温度和走线速度,为了研究这两个参数对304不锈钢丝力学性能的影响,本实验对不同退火温度、走线速度的试样进行拉伸试验,退火工艺及试验方案见表5-7。

表5-7　拉伸试样的退火工艺及试验方案

温度/℃	退火速度/m·min⁻¹	规格 D/mm	拉伸试验次数
1050	4		5
	6		5
	8		5
1080	4		5
	6	3.45	5
	8		5
1100	4		5
	6		5
	8		5

通过实验室拉伸试验对不同退火工艺下试样的力学性能进行对比,力学性能数据见表5-8,工程应力—应变曲线及不同退火温度下钢丝的力学性能变化趋势如图5-3和图5-4所示。钢丝金相组织随退火温度变化的演变特征如图5-5~图5-7所示。

表5-8　钢丝试样拉伸数据

试样编号	试样退火参数		直径 D/mm	最大力 Fₘ/kN	抗拉强度 /MPa	断后伸长率 A/%
	温度/℃	速度/m·min⁻¹				
1	1050	4	3.50	6.015	625.22	51.88
2	1080	4	3.50	6.075	631.485	50.08
3	1100	4	3.46	6.12	635.935	51.62
4	1050	6	3.50	6.06	629.905	50.6
5	1080	6	3.46	7.85	815.625	48.04
6	1100	6	3.46	6.2	644.265	48.6
7	1050	8	3.44	7.045	731.91	50.9

续表 5-8

试样编号	试样退火参数		直径 D/mm	最大力 F_m/kN	抗拉强度 /MPa	断后伸长率 A/%
	温度/℃	速度/m·min^{-1}				
8	1080	8	3.46	6.49	796.82	49.2
9	1100	8	3.46	6.25	649.56	46.16

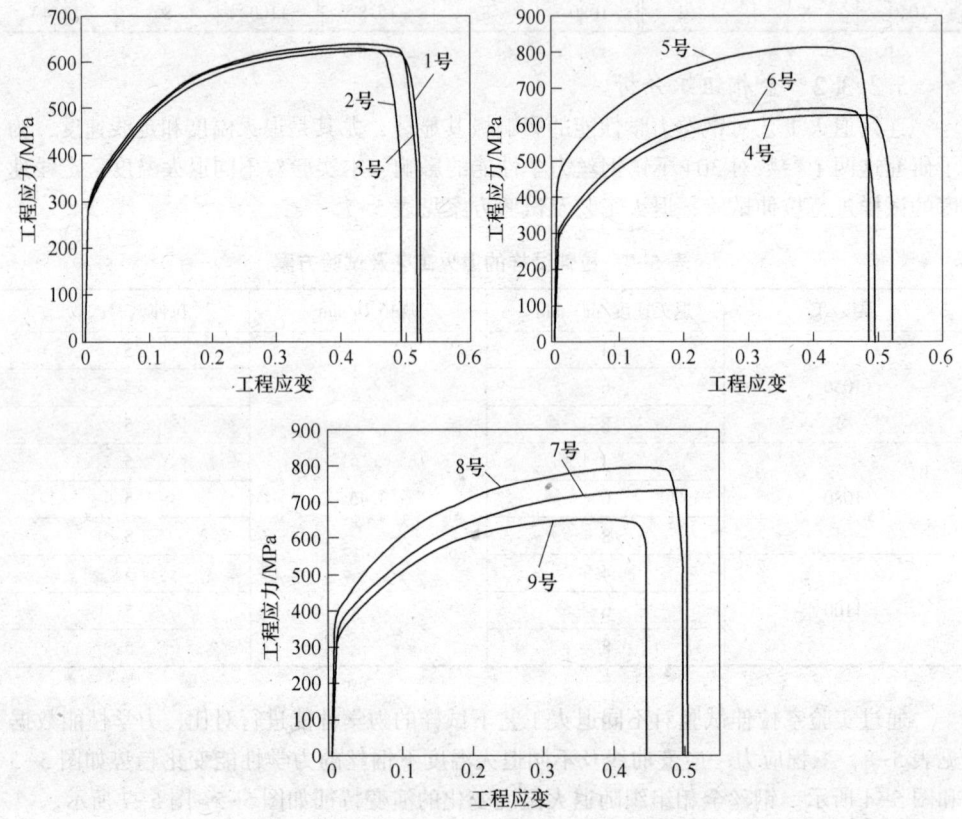

图 5-3   不同退火工艺下的工程应力—应变曲线

当走线速度为 4m/min 时，钢丝组织形貌随退火温度变化的演变特征如图 5-5 所示。随着退火温度的上升，钢丝的抗拉强度基本不变，而伸长率先下降后上升。这是因为在低速退火时，钢丝在退火炉中停留时间较长，随着温度的提高钢丝回复及再结晶的程度逐渐提高，使加工硬化逐步降低，塑性增加，而当退火温度为 1080℃ 时伸长率下降是由于部分再结晶时出现混晶，使材料的塑性降低。

当走线速度为 6m/min 时，钢丝组织形貌随退火温度变化的演变特征如图 5-6 所示。随着温度的上升伸长率也是先下降后上升，同时抗拉强度呈相反趋势，这是因为在 1050℃ 退火时组织主要以回复为主；1080℃ 退火时由于部分再结晶出现混晶现象，导致伸长率下降，抗拉强度有所上升；而在 1100℃ 退火时组织充分再结晶，晶粒均

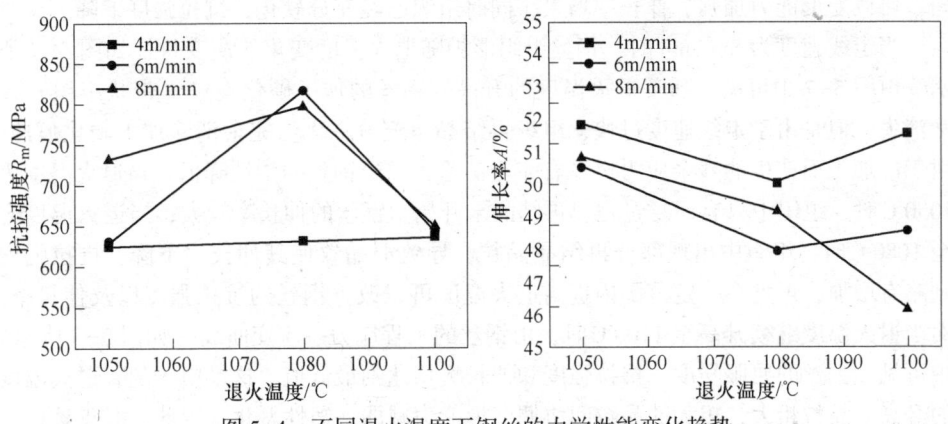

图 5-4 不同退火温度下钢丝的力学性能变化趋势

图 5-5 走线速度为 4m/min 时钢丝的组织形貌照片

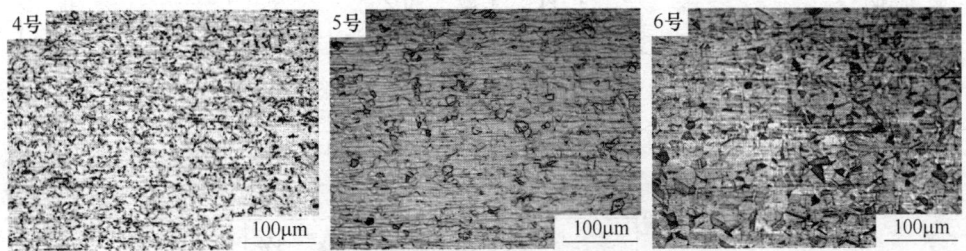

图 5-6 走线速度为 6m/min 时钢丝的组织形貌照片

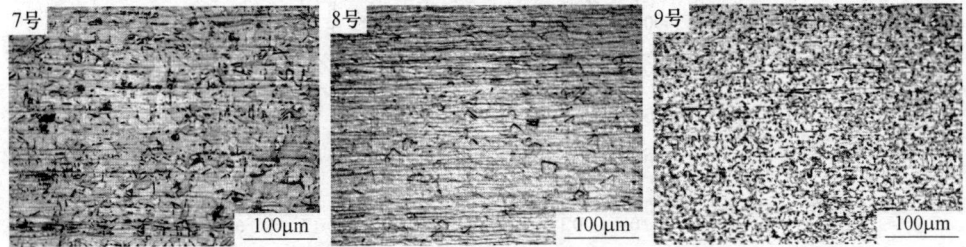

图 5-7 走线速度为 8m/min 时钢丝的组织形貌照片

匀，协调变形能力加强，伸长率增大，同时组织已经充分软化，抗拉强度下降。

当走线速度为 8m/min 时，钢丝组织形貌随退火温度变化的演变特征如图 5-7 所示。由图 5-7 中可见，随着退火温度的升高，钢丝的加工硬化痕迹（带状组织）逐渐消失，但是由于走线速度过快，组织再结晶不充分，无法完全消除加工硬化痕迹，由于冷加工而产生的残余应力也没有完全消除，导致钢丝的塑性降低。当退火温度为 1050℃时，组织中只有回复过程，再结晶未开始，钢丝的伸长率较大；当退火温度升至 1080℃时，组织中出现部分再结晶晶粒，导致混晶致使其伸长率下降，抗拉强度则略有增加，可见在一定范围内提高退火温度可以改善钢丝的抗拉强度以及伸长率。而当退火温度继续升高至 1100℃时，由钢丝的工程应力—应变曲线（如图 5-3 所示）中可见，钢丝的屈服强度、抗拉强度和伸长率均达到最低值。这是由于随着退火温度的升高，晶粒粗大，粗大的晶粒间协调变形能力减弱，塑性恶化。因此，对于该奥氏体不锈钢钢丝而言，1100℃的退火温度是不适用的。

图 5-8 为不同走线速度下钢丝工程应力—应变曲线，图 5-9 为不同走线速度下钢丝的力学性能变化趋势。钢丝金相组织随走线速度变化的演变特征如图 5-10～图 5-12 所示。

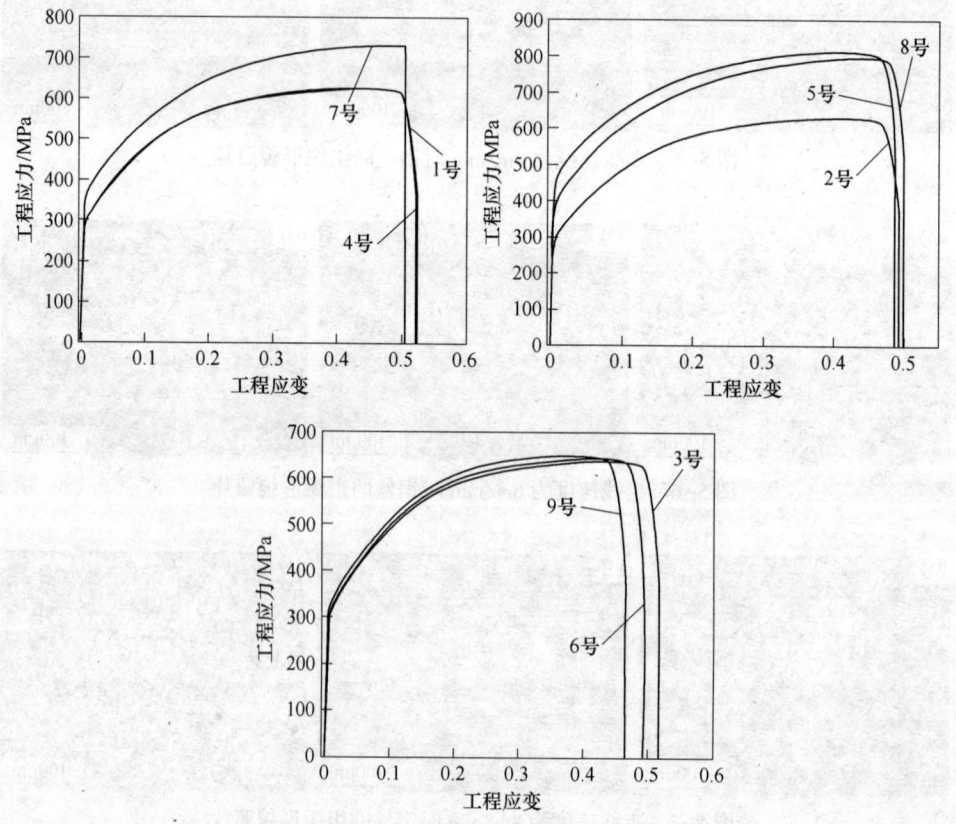

图 5-8 不同退火速度下的工程应力—应变曲线

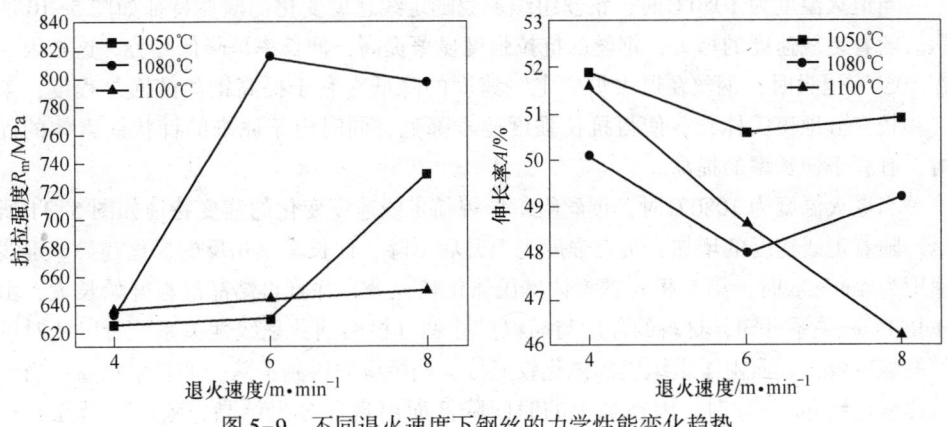

图 5-9　不同退火速度下钢丝的力学性能变化趋势

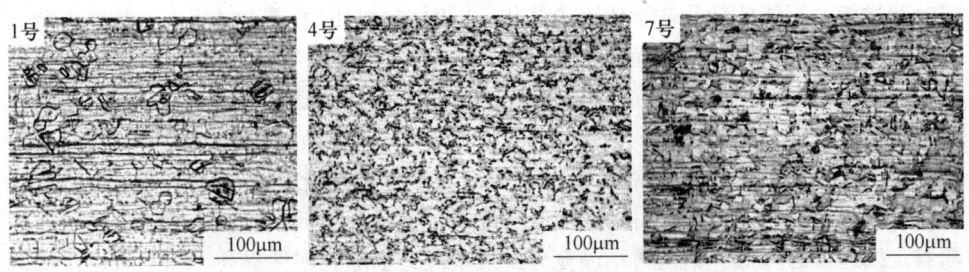

图 5-10　1050℃退火后钢丝的金相组织形貌照片

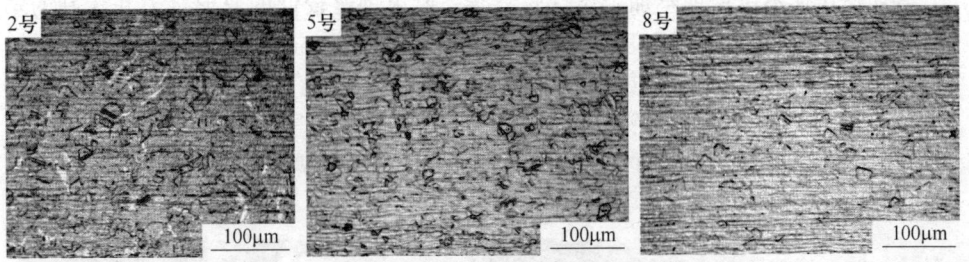

图 5-11　1080℃退火后钢丝的金相组织形貌照片

图 5-12　1100℃退火后钢丝的金相组织形貌照片

当退火温度为 1050℃时，钢丝组织形貌随走线速度变化的演变特征如图 5-10 所示。随着走线速度的增大，钢丝的抗拉强度显著提高，伸长率呈降低趋势。这是因为在 1050℃退火时，钢丝在退火炉中走线速度的降低有利于提高钢丝的回复程度，第二相较充分地奥氏体化，使得抗拉强度逐步降低，同时由于原来的针状铁素体的固溶，有利于伸长率的提高。

当退火温度为 1080℃时，钢丝组织形貌随走线速度变化的演变特征如图 5-11 所示。随着走线速度的增加，抗拉强度先上升后下降，伸长率呈相反的变化趋势。走线速度为 4m/min 时，第二相 α 铁素体奥氏体化较充分，并且再结晶晶粒开始长大，由 Hall-Petch 关系可知，材料的强度与晶粒尺寸平方根的倒数呈线性关系，所以此时钢丝的强度较低，而由于组织奥氏体化较充分，残余应力得到消除，伸长率较高；当走线速度达到 6m/min 时，因在炉中的时间降低而出现部分再结晶，碳化物沿晶界析出，所以此时强度上升、伸长率下降；当走线速度提高到 8m/min 时，钢丝在炉中停留时间过短，不能使针状铁素体奥氏体化，同时在短时间的退火过程中，晶界也会遭到碳化物钉扎而很难迁移，而碳化物溶解也需要一定时间，此时未发生再结晶，只有比较充分的回复，使得抗拉强度下降，但是伸长率较走线速度为 6m/min 的钢丝的伸长率高，这是因为当走线速度为 6m/min 时，组织发生混晶，钢丝的塑性降低。

退火温度为 1100℃时，钢丝组织形貌随走线速度变化的演变特征如图 5-12 所示。随着走线速度的降低，材料的屈服强度、抗拉强度降低，伸长率增加。这是因为随着走线速度的降低，钢丝再结晶充分，残余应力消除，塑性提高。综上所述，降低走线速度可以较为明显的改善钢丝的塑性。

304 奥氏体不锈钢钢丝加工条件较复杂，要求钢丝较低的变形抗力和较好的塑性。综上所述，选用退火温度为 1050℃、走线速度为 4m/min，并快速冷却的退火工艺，可使材料发生再结晶，并抑制晶粒的长大和碳化物的沿晶析出，使材料中的位错密度降低，残余应力得到消除，材料的塑性恢复，从而获得最佳的软化效果。

最终本设计中选择预热炉温度为 450～500℃，退火温度为 1050℃。生产用预热炉和退火炉如图 5-13 所示。

预热炉　　　　　　　　　　　　　　退火炉

图 5-13　预热炉及退火炉

在实际生产过程中，退火工艺中保温时间由钢丝的走线速度以及退火炉的长度所决定。退火炉长度越长，走线速度越慢，则保温时间越长。本设计所使用的退火炉长度为8m，走线速度4m/min，即保温时间为2min。

为了防止退火炉中钢丝氧化以及维持炉管中压力必须不间断地输入高纯度的保护气体。保护气输入位置和炉管中气体流向对钢丝性能有很大影响，本设计的生产线是在退火炉的出口端通入氨分解气（$3H_2+N_2$）的保护气。这样可以使保护气体在炉管中流动方向与钢丝运动方向相反，高纯度的保护气对刚离开高温区的钢丝实施强制冷却，不致产生"低温氧化"。在退火炉的入口端，保护气受钢丝带进的潮气和附着有害物质的影响，纯度降低，但此时钢丝处于较冷状态，也不至于产生氧化，即使有轻微氧化，进入高温区后也可还原。如果气体流动与钢丝运行方向相同，则低纯度气体与热状态钢丝接触，很容易产生"低温氧化"。另外在退火炉入口端点燃废气，防止废气污染空气。

钢丝出了退火炉以后，在管道中冷却，在退火炉出口端通入的$3H_2+N_2$的保护气除了具有良好的导热性以外，还是一种强冷却剂，输入管道中可以使钢丝在管道中快速冷却，也可以防止不锈钢在降温的过程中被氧化；全部管道均浸泡入水池中，也可以降低管道的温度，提高空冷效果。空冷后，钢丝温度要低于50℃，如果发现钢丝烫手，就要降低走线速度，增加空冷时间。

5.4 拉拔工具的设计

拉拔工具的设计主要包括拉拔设备的确定、拉拔润滑剂的选择以及拉拔模的设计，这三者是直接和拉拔金属接触并使其发生变形的。拉拔工具的材质、几何形状和表面状态以及润滑剂的合理选用对拉拔制品的质量、成品率、道次加工率、能量消耗、生产效率及成本都有很大的影响。因此，正确地设计、制造拉拔工具，合理地选择拉拔工具的材料是十分重要的。

5.4.1 拉拔设备的确定

本设计中拉拔设备的确定主要是指拉拔机的合理选择，具体来讲，由于是用于生产不锈钢钢丝，所以主要讨论拉丝机。

5.4.1.1 拉丝机的分类

按拉拔工作制度可将拉丝机分为单模拉丝机和多模拉丝机。

A　单模拉丝机

线坯在拉拔时只通过一个模的拉丝机称为单模拉丝机，也称一次拉丝机。根据其卷筒轴的配置又分为立式与卧式两类。一次拉丝机的特点是结构简单，制造容易，但它的拉拔速度慢，一般在0.1~3m/s的范围内，生产率较低，且设备占地面积较大。一次拉丝机多用于粗拉大直径的圆线、型线以及短料的拉拔。一次拉丝机的技术性能见表5-9。

表5-9　一次拉丝机的技术性能

项　目	拉丝机类型							
	卧式		立　式					
收线锥形绞盘直径/mm	750	650	550	450	350	300	250	200
成品线材直径范围/mm	12~8	10~6	6~3	4~2	2~1	1.5~0.8	1.0~0.6	0.6~0.4
成品线材断面积范围/mm²	120~50	80~25	25~10	12~3	3~1	2~0.5	0.8~0.5	0.3~0.2
线毛料直径范围/mm	20~10	16~8	8~5	6~3	3~2	2.5~1.6	2~1.2	1.6~1.0
拉伸力/kg	4000	2000	1000	500	250	120	60	30
锥形绞盘所需功率/kW	25	16	12	6	3	1.5	0.8	0.4
拉线速度/m·s⁻¹	0.6~1.8	0.6~1.8	0.7~2.0	0.6~2.4	0.6~2.4	0.7~2.8	0.8~3.2	0.8~3.2
锥形绞盘的收线量/kg	200	120	80	80	60	60	40	25

B　多模连续拉丝机

多模连续拉丝机又称为多次拉丝机。在这种拉丝机上，线材在拉拔时连续同时通过多个模子，每两个模子之间有绞盘，线以一定的圈数缠绕于其上，借以建立起拉拔力。根据拉拔时线与绞盘间的运动速度关系可将多模连续拉丝机分为滑动式多模连续拉丝机与无滑动式多模连续拉丝机。

滑动式多模连续拉丝机的特点是除最后的收线盘外，线与绞盘圆周的线速度不相等，存在着滑动。用于粗拉的滑动式多模连续拉丝机的模子数目一般是5、7、11、13、15个，用于中拉和细拉的模子数为9~21个。根据绞盘的结构和布置形式可将滑动式多模连续拉丝机分为下列几种：

(1) 立式圆柱形绞盘连续多模拉丝机。立式圆柱形绞盘连续多模拉丝机的结构形式如图5-14所示。在这种拉丝机上，绞盘轴垂直安装，所以速度受到限制，一般在2.8~5.5m/s。

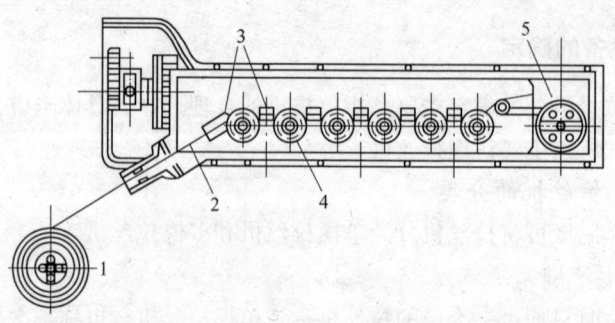

图5-14　立式圆柱形绞盘连续多模拉丝机
1—坯料卷；2—线；3—模盒；4—绞盘；5—卷筒

(2) 卧式圆柱形绞盘连续多模拉丝机。卧式圆柱形绞盘连续多模拉丝机的结构如图5-15所示。圆柱形绞盘连续多模拉丝机机身长，其拉拔模子数一般不宜多于9

个。为克服此缺点，可以使用两个卧式绞盘，将数个模子装在两个绞盘之间的模座上。另外也可将绞盘排列成圆形布置，如图 5-16 所示。

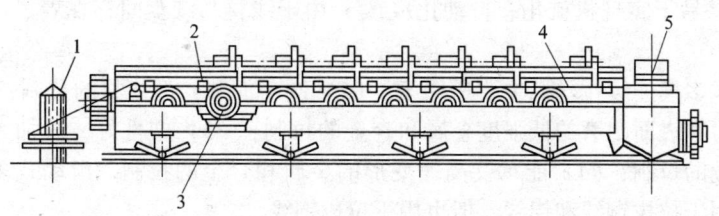

图 5-15 卧式圆柱形绞盘连续多模拉丝机

1—坯料卷；2—线；3—模盒；4—绞盘；5—卷筒

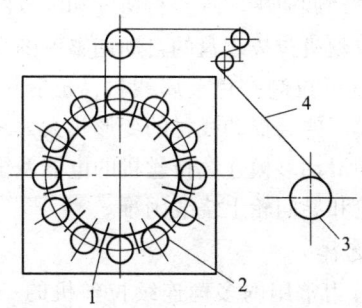

图 5-16 圆环形串联连续 12 模拉丝机

1—模；2—绞盘；3—卷筒；4—线

（3）卧式塔形绞盘连续多模拉线机。卧式塔形绞盘连续多模拉丝机是滑动式拉丝机中应用最广泛的一种，其结构如图 5-17 所示。它主要用于拉细线。立式塔形绞盘连续多模拉丝机在长度上占地面积较大，拉线速度低，故很少使用。

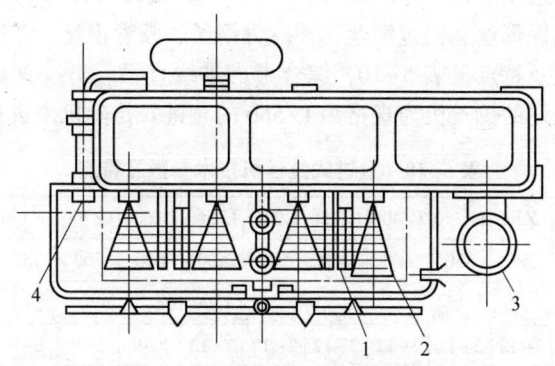

图 5-17 卧式塔形绞盘连续多模拉丝机

1—模；2—绞盘；3—卷筒；4—线

（4）多头连续多模拉丝机。这种拉丝机可同时拉几根线，且每根线通过多个模连续拉拔，其拉拔速度最高可达 25~30m/s，使生产率大大提高。

滑动式多模连续拉丝机的特点是：（1）总延伸系数大；（2）拉拔速度快，生产率高；（3）易于实现机械化、自动化；（4）由于线材与绞盘间存在着滑动，绞盘易受磨损。

滑动式多模连续拉丝机主要适用于：（1）圆断面和异型线材的拉制；（2）承受较大的拉力和表面耐磨的低强度金属和合金的拉制；（3）塑性好，总加工率较大的金属和合金的拉制；（4）能承受高速变形的金属和合金的拉制。滑动式多模连续拉丝机主要用于拉拔铜线和铝线，但也用于拉拔钢线。

无滑动多模连续拉丝机在拉拔时线与绞盘之间没有相对滑动。实现无滑动多次拉拔的方法有两种：一种是在每个中间绞盘上积蓄一定数量的线材以调节线的速度及绞盘速度；另一种通过绞盘自动调速来实现线材速度和绞盘的圆周速度完全一致。

无滑动的连续式多次拉丝机拉拔绞盘的自动调整范围大，延伸系数允许在 1.26~1.73 的范围内变动，因此既可拉制有色金属线材，也能拉制黑色金属线材。由于在拉拔过程中存在反拉力，模子的磨损和线材的变形热大大减少，可提高拉拔速度，制品质量也较好。但活套式无滑动多模连续拉丝机的电器系统比较复杂，且在拉拔大断面高强度钢线时，在张力轮和导向轮上绕线困难。

5.4.1.2　拉丝机的选择

直进式拉丝机是国内较为常用的多模连续拉丝机的一种，可对高、中、低碳钢丝、不锈钢丝、铜丝、合金铜丝、铝合金丝等进行加工。直进式拉丝机的主要特点有：卷筒采用窄缝式水冷，拉丝模采用直接水冷，冷却效果好，采用一级强力窄 V 带和一级平面二次包络蜗轮副传动，传动效率高、噪声小；采用全封闭防护系统，安全性好；采用气张力调谐，拉拔平稳；采用交流变频控制技术（或直流可编程序控制系统）、屏幕显示，自动化程度高、操作方便、拉拔的产品质量高。

直进式拉丝机适用于拉拔 $\phi16mm$ 以下的各种金属线材，特别适宜拉拔质量要求高的药丝焊丝、气保焊丝、铝包钢丝、预应力钢丝、胶管钢丝、弹簧钢丝、钢帘线钢丝等。其技术参数及特点见表 5-10，综合考虑进线直径、出线直径、拉伸速度，生产成本等因素，最终的拉丝机为规格为 LZ560 的直进式拉丝机来进行拉拔生产。

表 5-10　直进式拉丝机技术参数及特点

规格	LZ200	LZ300	LZ350	LZ400	LZ450	LZ500	LZ560	LZ600	LZ700	LZ750	LZ900	LZ1200~1270
卷筒直径/mm	200	300	350	400	450	500	560	600	700	750	900	1200~1270
最大进线强度	约 1300MPa											
拉拔道次	2~12	2~12	2~12	2~12	2~12	2~12	2~13	2~9	2~9	2~9	2~9	2~9
最大进线直径/mm	2.5	2.8	3.6	4.2	5	5.5	6.5	8	10	10	14	16
最小成品直径/mm	0.3	0.6	0.6	0.75	1	1.2	1.35	1.6	2.2	2.2	3	3

规格	LZ200	LZ300	LZ350	LZ400	LZ450	LZ500	LZ560	LZ600	LZ700	LZ750	LZ900	LZ1200~1270
最高拉伸速度/m·s^{-1}	20	20	20	20	18	18	15	12	10	10	8	6
拉伸功率/kW	5.5~7.5	7.5~11	7.5~15	7.5~22	11~37	22~45	22~55	45~75	45~90	55~90	90~132	90~160
卷筒	采用铸钢喷碳化钨（或堆焊耐磨合金），硬度 HRC 大于 60，耐磨性好。冷却方式采用窄缝式冷却和环形风冷。锥度设计合理：保证不垮线、不乱线											
传动系统	LZ350~LZ560 型拉丝机采用一级或两级强力窄 V 带传动，传动平稳。LZ450~1270 传动系统采用一级强力窄 V 带+一级硬齿面齿轮副（汽车用带偏置螺旋伞齿轮副）传动，重合度高、传动平稳、噪声小；也可采用一级强力窄 V 带+标准硬齿面齿轮箱传动											
模盒	水冷，安装合理、上下左右可调、设有压线装置，减小线的振动，不易产生花线，可选旋转模盒、压力模盒及模盒搅灰装置											
调谐装置	调谐辊表面喷涂，耐磨损；采用气动反张力调谐，张力恒定可调											
控制方式	交流变频调速，PLC 全数化控制，触摸屏人机界面											
放线方式	放线架或工字轮放线机											
收线方式	工字轮收线机或象鼻式下线机											
主要功能	误差 0.1%左右；定长自动减速并停车；断线检测并自动停车；任意卷筒正反点动及左右联动；各种故障信息及处理信息显示；各种运动信息监控。支持任意配模工艺，模具磨损后通过调谐自动补偿，不易断丝。设有跳线装置可任意切除卷筒拉拔，以适应不同的工艺。可根据用户需要，以工业以太网为依托实行远程控制及远程诊断											
安全环保	采用全封闭防护系统，安全性好；可根据用户需要设置除尘管路系统，减少粉尘污染											
适宜拉拔材料	焊条，焊丝（气保焊丝、埋弧焊丝等），钢丝（高、中、低碳钢丝，不锈钢丝，预应力钢丝，弹簧钢丝，钢帘线等），电线电缆（铝包钢丝、铜丝等），合金丝等各种金属线材											

5.4.2 拉拔润滑剂的选择

5.4.2.1 拉拔润滑剂的要求

性能优良的润滑剂必须兼有润滑性能和工艺性能，在各种恶劣的拉丝条件下都能形成稳定的润滑膜。因此，优良的拉丝润滑剂应具有如下性能：

（1）附着性好，能充分覆盖新旧表面，形成连续、完整、有一定厚度的润滑膜；

（2）充分利用低的摩擦系数；

（3）耐热性好，软化温度与变形区温度相适应，高温（300~400℃）下仍能保持良好的润滑性能；

（4）在高压下具有不造成润滑膜破断的高负荷能力；

(5) 性能稳定，不易发生物理或化学变化，对钢丝和模具不腐蚀；

(6) 不对后处理加工带来不好的影响；

(7) 对人体和环境无害。

5.4.2.2 拉丝润滑剂的分类与使用

A 润滑剂的分类

拉拔润滑剂分为干式、湿式和油质润滑剂三大类，其中干式润滑剂占 80% 以上。它们各自的状态、性质和使用条件见表 5-11。

表 5-11 拉拔润滑剂的分类

类别	外观形状	适用条件	使用方法
干式润滑剂	粉末状	软钢、硬钢、不锈钢等合金钢	放在拉丝模盒内
湿式润滑剂	膏状或油状	软钢、硬钢、非镀层钢丝、铜及合金	掺水乳化作润滑液，以循环方式注入模具中，或将模具浸在润滑液中
油质润滑剂	油状	不锈钢等	放入模具内或用循环方式注入模具中

B 润滑剂的使用

拉拔不同材质不同尺寸的产品所使用的润滑剂均有所不同，表 5-12 为几种润滑剂的主要使用区别。

表 5-12 拉丝用润滑剂使用区别

金属种类 \ 润滑剂	表面预处理剂	干式润滑剂	油质润滑剂	水溶性润滑剂
铁线	◎	◎（粗—中）	△	◎（细）
钢线	◎	◎（粗—中）	△	◎（细）
不锈钢线	◎	◎（粗—中）	◎（细）	△（细）
铝及铝合金线	×	×	◎	△（细）
铜及铜合金线	×	△	△	◎
焊锡线	×	×	×	◎
钛及钛合金线	◎	◎	△	×
镍铬线及镍铬合金	◎	◎	○	×
镀锌线	○	◎（粗—中）	△	◎（细）
铜及黄铜电镀线	×	○	△	◎
镍电镀线	×	◎	△	×

注：◎—大部分；○—部分；△—极少部分；×—无；（粗—中）—原料线径在约 1.0mm 以上的拉丝；（细）—原料线径在约 1.0mm 以下的钢丝。

C 拉丝润滑剂的选择

润滑剂的选择尚无明确的理论依据，一般是按拉拔的钢种、产品的最终用途和拉丝条件，结合润滑剂的特性及使用状态进行综合考虑。因此选择润滑剂之前，首先应考虑拉丝过程的各种因素。

a 按拉拔丝材的种类选择

拉拔丝材的化学成分、退火状态、直径是选择润滑剂时首先应该考虑的因素。在相似拉拔条件下，高碳钢比中碳钢产生更高的温度，高碳钢、高合金钢等加工难度大的钢丝，初和中拉应该选择高软化温度的高脂钙型润滑剂；中、低碳钢则选择低脂钙钠型润滑剂；在给定的减面率和拉拔速度下，钢丝表面温度较高，就应该采用含金属皂较低的钙基润滑剂来拉拔；不锈钢、精密合金丝材大多经酸洗、涂层处理，可选钙皂、钡皂为基的含 MoS_2、硫黄等极压添加剂的润滑剂干拔；小规格钢丝需采用湿式或油质润滑剂以获得光泽的表面。

b 按表面准备状况选择

机械去鳞未经酸洗、涂层处理的线材拉拔时，润滑剂要同时承担涂层和润滑双重任务，因此必须采用耐高温、高压的低脂高钙润滑剂，以便在拉丝过程中形成厚的润滑膜，并在此条件下保持延展性，防止润滑膜破裂。

机械去鳞后辅以硼砂或石灰皂涂层可增加表面粗糙度，有利于润滑剂的导入，可选用中等脂肪高软化点的钙型润滑剂。

c 按拉拔条件选择

拉丝厂通常根据产品性能要求来选择润滑剂。由表 5-13 可以看出，选择润滑剂首先考虑的是外观，其次是有利于后续加工，不影响电镀和焊接，实际生产中主要考虑模具寿命。

表 5-13 润滑剂考虑顺序

	顺序	第 1 位/%	第 2 位/%	第 3 位/%	平均/%
线表面精加工	表面质量优劣	44	26	10	27
	黏附润滑剂的可洗性	8	4	6	6
	镀层附着性	6	18	4	9
	防锈性	0	16	18	11
润滑性	模具寿命	26	18	26	23
	精加工线材的强度和韧性	6	4	4	5
	钢丝的温升	0	4	4	3
作业性		10	2	16	9
润滑剂的消耗（包括焦块）		0	8	12	7

d 按产品的最终用途选择

选择时应着重考虑拉丝后表面残留润滑膜的附着量和去除难易等特性。焊丝、镀层丝及退火光亮状态交货的钢丝，要求残留润滑薄膜并易于去除，应选择易溶于水的钠基润滑剂，以方便清洗。而对后续加工需要有较厚润滑膜的各种钢丝，如弹簧钢丝加工、铆钉钢丝冷锻、轴承钢丝冲球加工等，成品前最好采用磷酸锌涂层，再选择软化温度适中的钙皂、钡皂或钙钠复合皂为基的润滑剂拉拔。对不锈、精密合金等表面光泽度要求高的丝材宜采用湿式或油质润滑剂。

5.4.2.3　润滑剂选择实例

根据不同用途选择润滑剂的实例如下：

(1) 用于机械除鳞钢线。低碳钢丝机械除鳞后可直接用低脂润滑剂拉拔，也可用石灰皂或硼砂涂层，使用金属皂为主的润滑剂。高碳钢丝机械除鳞后可用硼砂涂层，选钙皂为主，含无机物较多的无酸洗润滑剂。

(2) 弹簧钢丝和制绳钢丝。高强度弹簧等硬钢丝因为要进行盘簧加工和发蓝处理，所以润滑剂越薄越好。弹簧和制绳钢丝用磷酸锌或硼砂涂层，拉拔时使用硬脂酸钙、硬脂酸钡为主要成分，且耐热耐压性好的润滑剂。

(3) 轴承钢丝。轴承钢丝含碳量虽高，但较易加工，可使用石灰或硼砂涂层，配合中等脂肪的钙皂拉拔。为方便用户加工，成品前可经磷化或皂化处理，再用钙皂轻拉。

(4) 高速工具钢丝。目前国内多采用酸洗去鳞，再用 3%～5% 钠皂液皂化，使用钙基润滑剂拉拔。如采用温拉加工，可选择含石墨、硫黄和金属皂制成的润滑膏拉拔。

(5) 冷顶锻钢丝。最好经磷酸处理，选硬脂酸钙和硬脂酸铝等金属皂含量多的润滑剂，以利于下一步加工；如用石灰涂层，可选含有防湿、防锈添加剂的润滑剂。

(6) 不锈钢丝、精密合金及电热合金丝。大规格的钢丝酸洗后，采用盐石灰、草酸盐，硼砂基或硫酸钠基混合盐等涂层，再用以钙皂、钡皂或铝皂为基，加硫黄、MoS_2 或极压添加剂的润滑剂拉拔。中小规格的钢丝，用油质润滑剂加工，拉拔时应根据钢丝规格的大小改变黏度，钢丝越细，所用润滑剂的黏度越低。

(7) 电镀钢丝。采用石灰皂或硼砂涂层，用钠型润滑剂拉拔，以使残留膜最小，并易于去除。

综上所述，本设计中对于 304 奥氏体不锈钢丝的拉拔而言，最终选择的润滑剂为硫酸钠基混合盐、钙皂为基并加 MoS_2 这两者的混合粉。

5.4.3　拉拔模的设计

5.4.3.1　普通拉模

A　模子的结构与尺寸

根据模孔纵断面的形状可将普通拉模分为弧线形模和锥形模，如图 5-18 所示。

弧线形模一般只用于细线的拉拔。拉拔管、棒型及粗线时，普遍采用锥形模。锥形模的模孔可分为四个带，各个带的作用和形状如下。

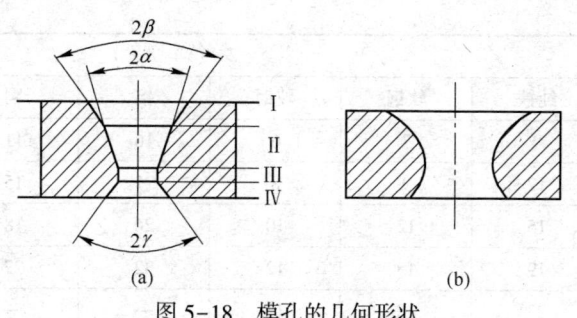

图 5-18　模孔的几何形状

（a）锥形模；（b）弧线形模

a　润滑带（入口锥、润滑锥）

润滑带的作用是在拉拔时使润滑剂容易进入模孔，减少拉拔过程中的摩擦，带走金属由于变形和摩擦产生的热量，还可以防止划伤坯料。

润滑带锥角的角度大小应适当，角度过大，润滑剂不易储存，润滑效果不良；角度太小，拉拔过程产生的金属屑、粉末不易随润滑剂流掉而堆积在模孔中，会导致制品表面划伤、夹杂、拉断等缺陷。线材拉模的润滑角 β 一般为 40°~60°，并且多呈圆弧形，其长度 l_r 可取制品直径的 1.1~1.5 倍；管、棒制品拉模的润滑锥常用半径为 4~8mm 的圆弧代替，也可取 $\beta=(2~3)\alpha$。

b　压缩带（压缩锥）

金属在此段进行塑性变形，并获得所需的形状与尺寸。

压缩带的形状有锥形和弧线形两种。弧线形的压缩带对大变形率和小变形率都适合，在这两种情况下，被拉拔金属与模子压缩锥面皆有足够的接触面积。锥形压缩带只适合于大变形率。当变形率很小时，金属与模子的接触面积不够大，从而导致模孔很快地磨损。在实际生产中，弧线形的压缩带多用于拉拔直径小于 1.0mm 的线材。拉拔较大的直径的制品时，变形区较长，将压缩带做成弧线形有困难，故多为锥形。

压缩带的模角 α 是拉模的主要参数之一。α 角过小，坯料与模壁的接触面积增大；α 角过大，金属在变形区中的流线急剧转弯，导致附加剪切变形增大，从而使拉拔力和非接触变形增大。因此，α 角存在一个最佳区间，在此区间拉拔力最小。

在不同的条件下，拉拔模压缩带 α 角的最佳区间也不相同。表 5-14 为拉拔不同材料时最佳模角与道次加工率的关系。

表 5-14　拉拔不同材料时最佳模角与道次加工率的关系

道次加工率/%	$2\alpha/(°)$					
	纯铁	软钢	硬钢	铝	铜	黄铜
10	5	3	2	7	5	4
15	7	5	4	11	8	6

道次加工率/%	2α/(°)					
	纯铁	软钢	硬钢	铝	铜	黄铜
20	9	7	6	16	11	9
25	12	9	8	21	15	12
30	15	12	10	26	18	15
35	19	15	12	32	22	18
40	23	18	15	—	—	—

变形程度增加，最佳模角值增大。这是因为变形程度增加使接触面积增大，继而摩擦增大。为了减少接触面积，必须相应的增大模角 α。金属与拉拔工具间的摩擦系数增加，最佳模角增大。

c　工作带

工作带的作用是使制品获得稳定而精确的形状与尺寸。

工作带的合理形状是圆柱形。在确定工作带直径 D_1 时应考虑制品的公差、弹性变形和模子的使用寿命。在设计模孔工作带直径时要进行计算，实际工作带的直径应比制品名义尺寸稍小。

工作带长度（l_d）的确定应保证模孔耐磨、拉断次数少和拉拔能耗低。金属由压缩带进入工作带后，由于发生弹性变形仍受到一定的压应力，故在金属与工作带表面间存在摩擦。因此，增加工作带长度使拉拔力增加。

对于不同的制品，其工作带的长度有不同的数值范围：

线材　　　　　　　$l_d = (0.5 \sim 0.65)D_1$
棒材　　　　　　　$l_d = (0.5 \sim 0.65)D_1$
空拉管材　　　　　$l_d = (0.25 \sim 0.5)D_1$
衬拉管材　　　　　$l_d = (0.5 \sim 0.65)D_1$

表 5-15 和表 5-16 所列数据可供参考。

表 5-15　棒材拉模工作带长度与模孔直径间的关系

模孔直径 d/mm	5~15	15.1~25.0	25.1~40.0	40~60
工作带长度 l_d/mm	3.5~5.0	4.5~6.5	6~8	10

表 5-16　管材拉模工作带长度与模孔直径间的关系

模孔直径 d/mm	3~20	20.1~40.0	40.1~60.0	60.1~100.0	101~400
工作带长度 l_d/mm	1.0~1.5	1.5~2.0	2~3	3~4	5~6

d　出口带

出口带的作用是防止金属出模孔时被划伤和模子定径带出口端因受力而引起的剥

落。出口带的角度 2γ 一般为 $60° \sim 90°$。对拉制细线用的模子，有时将出口部分做成凹球面的。出口带的长度 l_{ch} 一般取 $(0.2 \sim 0.3) D_1$。

为了提高拉拔速度，近年来国外的一些企业对拉丝模的构造进行了一些改进。将润滑锥（β）减小到 $20° \sim 40°$，使润滑剂在进入压缩带之前，在润滑带内即开始受到一定的压力，有助于产生有效的润滑作用。同时，加长压缩带，使压缩带的前半部分仍然提供有效润滑，提高润滑的致密度，而在压缩带的后半部分才能进行压缩变形。这样，润滑带和压缩带前半部分建立起来楔形区，在拉拔时能更好地获得"楔角效应"，造成足够大的压力，将润滑剂牢固地压附在表面，达到高速拉拔的目的。

B 拉模的材料

在拉拔过程中，拉模受到较大的摩擦。尤其在拉制线材时，拉拔速度很高，拉模的磨损很快。因此，要求拉模的材料具有高的硬度、高的耐磨性和足够的强度。常用的拉模材料有以下几种。

a 金刚石

金刚石是目前世界上已知物质中硬度最高的材料，其显微硬度可达 $1 \times 10^6 \sim 1.1 \times 10^6 MPa$。金刚石不仅具有高的耐磨性和极高的硬度，而且物理、化学性能极为稳定，具有高的耐蚀性。虽然金刚石有许多优点，但它非常脆且仅在孔很小时才能承受住拉拔金属的压力。因此，一般用金刚石模拉拔直径小于 $0.3 \sim 0.5mm$ 的细线，有时也将其使用范围扩大到 $1.0 \sim 2.5mm$ 的线材拉拔。加工后的金刚石模镶入模套中，如图 5-19 所示。

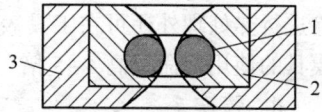

图 5-19 金刚石模
1—金刚石；2—模框；3—模套

在金属拉拔行业用金刚石制造拉丝模已有悠久的历史，但天然金刚石在地壳中储量极少，因此价格极为昂贵。科学工作者在很早以前就致力于开发性能接近天然金刚石的材料。近年来，相继研制出聚晶和单晶人造金刚石。人造金刚石不仅具有天然金刚石的耐磨性，而且还兼有硬质合金的高强度和韧性，用它制造的拉模寿命长，生产效率高，经济效益显著。小粒度人造金刚石制成的聚晶拉拔模一般用于中间拉拔，用大颗粒人造金刚石制成的单晶模作为最后一道成型模。

b 硬质合金

在拉制 $\phi 2.5 \sim 4.0mm$ 的制品时，多采用硬质合金模。硬质合金具有较高的硬度，足够的韧性和耐磨性、耐蚀性。用硬质合金制作的模具寿命比钢模高百倍以上，且价格也较便宜。

虽然硬质合金具有高的耐磨性和抗压强度，但它的抗张和抗冲击性能较低。在拉拔过程中拉模要承受很大的张力，因此必须在硬质合金模的外侧镶上一个钢质外套，给它以一定的预应力，减少或抵消拉拔模在拔制时所承受的工作应力，增加它的强度。硬质合金拉模镶套装配如图 5-20 所示。

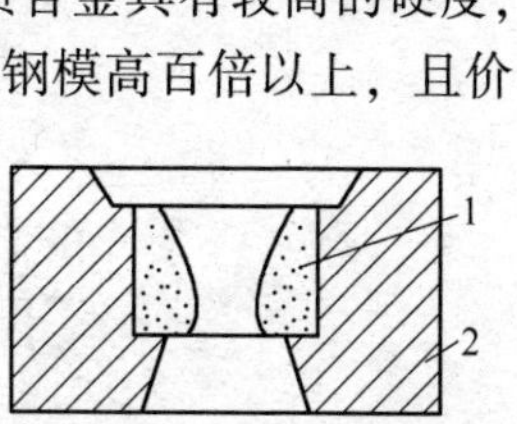

图 5-20 硬质合金模
1—硬质合金模芯；2—模套

拉模所用的硬质合金以碳化钨为基，用钴为黏结剂在高温下压制和烧结而成。硬质合金的牌号、成分性能列于表 5-17。为了提高硬质合金的使用性能，有时在碳化物硬质合金中加一定量的 Ti、Ta、Nb 等元素，也有的添加一些稀有金属的碳化物如 TiC、TaC、NbC 等。含有微量碳化物的拉拔模硬度和耐磨性有所提高，但抗弯强度降低。

表 5-17　硬质合金的牌号、成分、性能

合金牌号	成分/%		密度/$g \cdot cm^{-3}$	性　能	
	WC	Co		抗弯强度/MPa	硬度 HRC
YG3	97	3	14.9~15.3	1030	89.5
YG6	94	6	14.6~15.0	1324	88.5
YG8	92	8	14.0~14.8	1422	88.0
YG10	90	10	14.2~14.6		
YG15	85	15	13.9~14.1	1716	86.0

　　c　钢

对于中、大规格的制品广泛采用钢制拉拔模，常用的钢号为 T8A 与 T10A 优质工具钢，经热处理后硬度可达 HRC 58~65。为了提高工具的抗磨性能和减少黏结金属，除进行热处理外还可在工具表面上镀铬，其厚度为 0.02~0.05mm。镀铬后可使拉拔模具的使用寿命提高 4~5 倍。

　　d　铸铁

用铸铁制成的拉模寿命短、性能差，但制作比较容易，价格低廉，适合于拉拔规格大、批量小的制品。

　　e　刚玉陶瓷模

刚玉陶瓷是 Al_2O_3 和 MgO 混合烧结制得的一种金属陶瓷，它具有很高的硬度和耐磨性，但它材质脆，易碎裂。用刚玉陶瓷模可用来拉拔 ϕ0.37~2.00mm 的线材。

5.4.3.2　辊式拉模

辊式拉模是一种摩擦系数很小的拉模，如图 5-21 所示。辊式拉模的两个辊子上都有相应的孔型，且均是被动的。在拉拔时坯料与辊子没有相对运动，辊子随坯料的拔制而转动。

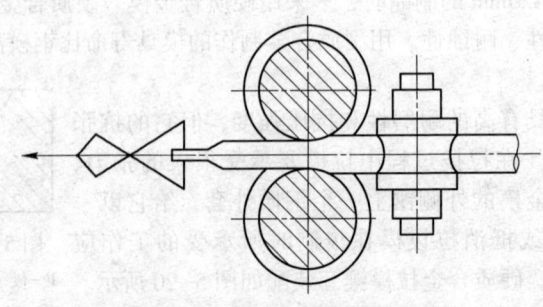

图 5-21　辊式拉模拉拔示意图

还有一种辊式模，其模孔工作表面由若干个自由旋转辊所构成，如图 5-22 所示，为 3 个辊子构成一个孔型。也有 4 个或 6 个辊子构成的孔型。这种模子主要用来拉拔型材。

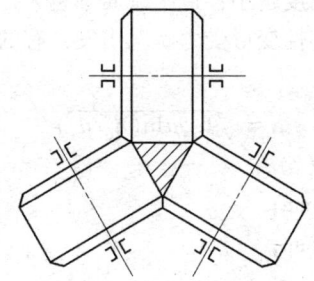

图 5-22 用于生产型材的辊式模示意图

用辊式拉模进行拉拔有以下优点：
(1) 拉拔力小，消耗少，工具寿命长；
(2) 可采用较大的变形量，道次压缩率可达 30%～40%；
(3) 拉拔速度较高；
(4) 在拉拔过程中能改变辊间的距离从而获得变断面型材。

5.4.3.3 旋转模

旋转模如图 5-23 所示，模子的内套中放有模子，外套与内套之间有滚动轴承，通过涡轮机构带动内套和模子旋转。使用旋转模以滚动代替滑动接触，从而既可使模孔均匀磨损，又可使沿拉拔方向上的摩擦力减小。用旋转模拉拔还可以减少线材的椭圆度，近年来多应用于连续拉丝机的成品模上。

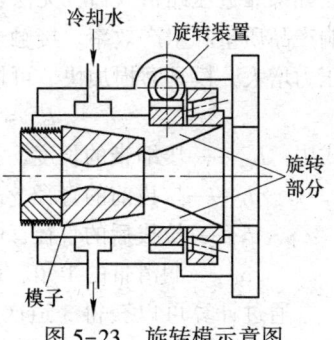

图 5-23 旋转模示意图

5.4.3.4 304 奥氏体不锈钢丝拉拔模孔型结构设计

拉拔采用的原材料为 $\phi5.5mm$ 的 304 奥氏体不锈钢钢丝盘条，冷拉拔最终获得的钢丝尺寸为 $\phi3.45mm$，总共分三个拉拔道次完成，拉拔过程为 $\phi5.5mm \rightarrow \phi4.5mm \rightarrow \phi3.8mm \rightarrow \phi3.45mm$。

A 润滑带

根据楔角效应的原理，润滑锥角适当减小有利于润滑膜的建立。在干拉润滑条件下，润滑锥角一般控制在 30°～40° 范围内，角度过大楔角效应减弱，润滑剂容易沿入口角倒挤出来，压缩带内压力不足，无法形成完整的润滑膜。为保证丝材导入顺利，入口的倒角可增加到 120°。湿式拉拔时，由于拉丝模全部浸在润滑液中，润滑液可直接进入压缩带中，适当增大润滑锥角度有利于热量的散失，所以湿式拉拔用模具润滑锥角一般为 90°～100°。

润滑带高度要适当，过短会减弱楔角效应，影响润滑效果，扩孔的余地也随之减少，一般认为在模芯高度的 1/5 左右比较合适。

　　B　压缩带

　　压缩带的角度要根据拉拔材料的软硬、道次减面率的大小和成品尺寸来确定，一般说来，材料越硬，压缩锥角度越小；道次减面率越大，压缩锥角越大；成品尺寸越大，压缩锥角越大；从分析塑性变形受力状况出发，有的资料提出了模孔压缩带最佳角度计算公式如下：

$$\alpha = \sqrt{1.5\mu\ln(d_0/d_1)} \tag{5-10}$$

式中　α——压缩带的半角，(°)；

　　　　d_0——拉拔前的直径，mm；

　　　　d_1——拉拔后的直径，mm；

　　　　μ——摩擦系数。

　　304 奥氏体不锈钢丝经过 3 个道次的拉拔，且在拉丝过程中，主要润滑状态为边界润滑（$\mu = 0.1 \sim 0.3$）和混合润滑（$\mu = 0.005 \sim 0.1$），摩擦系数 μ 取 0.1，根据式 (5-10) 计算可得 3 道次拉拔模压缩锥角度（2α）为 20°、18°、14°。

　　压缩带的长度要足够，要保证丝材进入模具时的第一接触点在压缩带中部。接触点如果靠近压缩带入口，无法建立有效润滑膜，并使变形区加长，外摩擦力更大，影响产品质量和生产效率。接触点靠近定径带，使塑性变形区缩短，变形热增高，模具压力增大，模具磨损加快。可按下列公式计算压缩带长度：

$$L_{03} = (1.1 \sim 1.2)(d_0 - d_1)/\tan\alpha \tag{5-11}$$

式中　L_{03}——压缩带的长度，mm；

　　　　d_0——拉拔前的直径，mm；

　　　　d_1——拉拔后的直径，mm；

　　　　α——润滑带的半角，(°)。

　　通过计算可以获得 3 道次拉拔模压缩带长度分别为 6.2~6.8mm、4.8~5.3mm、3.1~3.4mm。

　　C　工作带

　　工作带的长度一般用直径的倍数表示（n_d），其设计原则是：（1）拉拔软钢丝比硬钢丝短；（2）湿式拉拔比干式拉拔短；（3）拉拔粗丝比拉拔细丝短。实际生产中往往根据拉拔前丝材表面处理状况、模具冷却条件和拉拔速度来选择工作带的长度：

$$l_d = (0.5 \sim 0.65)d_1 \tag{5-12}$$

式中　d_1——拉拔后的直径，mm。

　　通过计算可获得 3 道次拉拔模工作带长度分别为 2.3~2.9mm、1.7~2.5mm、1.7~2.2mm。

　　D　出口带

　　出口带的角度，干式拉拔用模为 60°~90°，湿式拉拔用模为 90°~120°。出口带的长度 l_{ch} 一般取（0.2~0.3）d_1，通过计算可获得 3 道次拉拔模出口带长度分别为 0.9~1.4mm、0.8~1.1mm、0.7~1.0mm。

参 考 文 献

[1] 石德坷，金志浩．材料力学性能［M］．西安：西安交通大学出版社，1998.

[2] 李慧琴，张跃华，毛洪明，等．304不锈钢冷轧及退火工艺优化的实验研究［J］．热加工工艺，2010（8）：174~176.

[3] 胡钢，许淳淳，张新生．奥氏体304不锈钢微观组织变化与冷加工的关系［J］．黄冈师范学院学报，2002（3）：17~19.

[4] 陆世英．不锈钢概论［M］．北京：中国科学技术出版社，2007.

[5] 俞国峰，沈美芳．影响钢丝热处理组织性能的常见因素分析［J］．金属制品，2003（4）：7~9.

[6] 齐克敏，丁桦．材料成型工艺学［M］．北京：冶金工业出版社，2006.

[7] 马怀宪．金属塑性加工学——挤压、拉拔与冷轧管［M］．北京：冶金工业出版社，1980.

[8] 戴宝昌．重要用途线材制品生产新技术［M］．北京：冶金工业出版社，2001.

[9] 蒋克昌．钢丝拉拔技术［M］．北京：轻工业出版社，1994.

[10] 徐效谦．特殊钢钢丝［M］．北京：冶金工业出版社，2005.

[11] 温景林．金属挤压与拉拔工艺学［M］．沈阳：东北大学出版社，2003.

[12] 高锦张．塑性成型工艺与模具设计［M］．北京：机械工业出版社，2008.

6 轧制工艺设计

【本章概要】

    本章以4种典型轧材工艺设计为实例，介绍了常见轧钢生产工艺设计的主要内容和步骤，其中包括型钢轧制工艺设计、板带钢轧制工艺设计及钢管轧制工艺设计。设计主要内容和步骤包括产品方案的编制、轧制工艺制度的制定、设备选择和能力校核、技术经济指标评定以及针对具体轧材类型所需的特殊步骤，如孔型设计、辊型设计等。

【关 键 词】

    型钢轧制，孔型设计，孔型图，延伸系数，轧制压下规程，轧制压力，能力校核，车间平面图，热轧带钢，车间轧制线，冷轧带钢，辊型设计，无缝钢管，MPM连轧机，张力减径，轧制表

【章节重点】

    本章应重点掌握型钢孔型设计及工艺参数制定、热轧带钢与冷轧带钢机组布置形式及轧制规程制定、钢管生产工艺流程及轧制表的编制；熟悉轧制工艺产品方案编制、轧制设备选择及生产能力校核；了解轧制工艺设计的总体流程与方法。

6.1 型钢轧制工艺设计

6.1.1 工艺设计的主要内容和步骤

    型钢是具有确定断面形状且长度和截面周长之比相当大的直条钢材。根据断面形状，型钢分为简单断面型钢和复杂断面型钢（异型钢）。前者指方钢、圆钢、扁钢、角钢、六角钢等；后者指工字钢、槽钢、钢轨、窗框钢、弯曲型钢等。

    型材轧制主要用于各种型钢生产。大多数有色金属型材主要采用挤压、拉拔的方法生产。型钢的轧制方法：在轧辊上加工出轧槽，把两个或两个以上轧辊的轧槽对应装配起来，形成孔型。轧制时，轧件通过一系列孔型，一般断面积由大变小，长度由短变长，以达到所要求的形状和尺寸。

    完整的型钢轧制工艺设计应该包括以下方面的内容（图6-1）：产品大纲及金属平衡表的制定、生产工艺流程的制定、设备的选择和参数的设定、孔型设计、轧机的

力能参数计算及电机设备校核、轧机生产能力计算以及车间主要经济技术指标等方面的内容。下面以年产 90 万吨大型型钢车间的轧制工艺设计（典型产品为 20MnV，ϕ25mm 圆钢）为例，对型钢轧制工艺设计的各步骤和内容进行叙述。

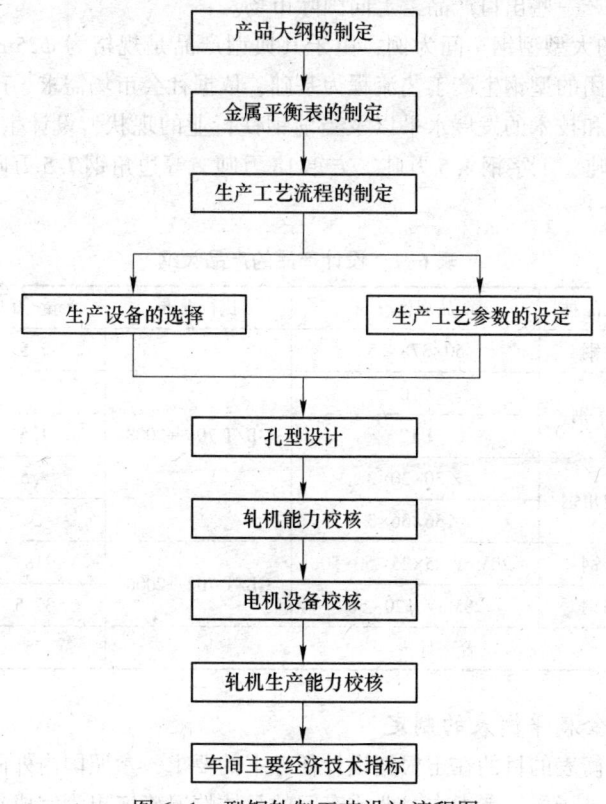

图 6-1　型钢轧制工艺设计流程图

6.1.2　产品大纲及金属平衡表的制定

6.1.2.1　产品大纲的制定

　　型钢车间轧制工艺设计首先要考虑车间产品方案的选择，产品方案的选择确定了车间的生产品种，从而可以确定生产工艺流程、轧机布置形式等一系列的选择，也就是说，产品方案是型钢轧制工艺设计的第一步，也是主要依据。确定产品方案的原则如下：

　　（1）满足国民经济发展对产品的需求，特别要根据市场信息解决某些短缺产品的供应和优先保证国民经济重要部门对于钢材的需求。

　　（2）要考虑地区之间的产品平衡。正确处理长远与当前、局部与整体的关系。做到供应适应、品种平衡、产销对路、布局合理。

　　（3）考虑轧机生产能力的充分利用。如果条件具备，努力争取轧机向专业化和产品系列化方向发展，以利于提高轧机的生产技术水平。

（4）考虑建厂地区资源、坯料的供应条件、物资和材料等的运输情况。

（5）要适应当前的经济形势需要，力争做到产品结构和产品标准的现代化，有条件的要考虑生产一些出口产品，走向国际市场。

以 75 万吨的大型型钢车间为例，由于其典型产品是规格为 φ25mm 的 20MnV 圆钢，以某钢铁集团的型钢生产工艺流程为基础，依据社会市场需求、产品生产、现如今我国生产能力和技术的发展水平以及当前钢铁行业的现状，设计生产圆钢 37.5 万吨、槽钢 7.5 万吨、工字钢 4.5 万吨、方钢 18 万吨、等边角钢 7.5 万吨。设计产品的产品大纲见表 6-1。

表 6-1　设计产品的产品大纲

序号	产品品种	产品规格/mm	执行标准	产量/万吨	比例/%
1	槽钢	50×37×4.5	GB/T 706—2008	7.5	10
2	工字钢	I 10		3	4
3		I 12		1.5	2
4	等边角钢	∠30×30×3		4.5	6
5		∠36×36×3		3	4
6	方钢	20MnV 25×25~50×50	GB/T 702—2008	18	24
7	圆钢	20MnV φ20~50		37.5	50
合　计				75	100

6.1.2.2　金属平衡表的制定

制定金属平衡表的目的在于根据设计任务书的要求，参照国内外同类型企业或车间所能达到的先进指标，考虑本企业或车间的具体情况确定出为完成年计划产量所需要的投料量。其任务是：确定各计算产品的成品率，编制金属平衡表。

成品率是一项重要的经济技术指标，成品率的高低反映了生产组织管理及生产技术水平的高低。成品率是指成品质量与投料量之比的百分数，换言之，也就是指 1t 原料能够生产出的合格产品重量的百分数。其计算公式为：

$$A = \frac{Q - W}{Q} \times 100\% \tag{6-1}$$

式中　A——成品率，%；

　　　Q——投料量（原料重量），t；

　　　W——金属的损失重量，t。

以年产 75 万吨的大型型钢车间的轧制工艺设计为例，最终需获得的钢材为 75 万吨，再加上烧损金属、切损金属以及工艺损失等，以一般型钢车间的成品率为基准，估算 75 万吨大型型钢车间所需要的坯料约为 77.44 万吨/年。其金属平衡表见表 6-2。

表6-2 金属平衡表

序号	产品品种	产品规格/mm	年产量/t	坯料/t	烧损		切头、轧废		成品率/%
					重量/t	比例/%	重量/t	比例/%	
1	工字钢	I 10	30000	31088.1	373.1	1.2	715	2.3	96.5
2		I 12	15000	15511.9	155.1	1.0	356.8	2.3	96.7
3	槽钢	50×37×4.5	75000	77559.5	853.2	1.1	1706.3	2.2	96.7
4	等边角钢	∠30×30×3	45000	46487.6	511.4	1.1	976.2	2.1	96.8
5		∠36×36×3	30000	30991.7	371.9	1.2	619.8	2.0	96.8
6	方钢	20MnV 25×25~50×50	180000	185759	1904.1	1.03	3854.7	2.08	96.9
7	圆钢	20MnV φ25~50	375000	386997	3870	1.0	8126.9	2.1	96.9
合 计			750000	774395	8038.7	1.04	16355.8	2.11	96.85

6.1.2.3 坯料的确定

型钢车间的供料通常使用连铸坯。连铸坯是用钢水直接浇注拉矫而成的。连铸工艺相对于模铸而言，开坯减少了钢锭再加热与开坯后的切头切尾，金属收得率高，能源消耗少。就此而言，它具有初轧坯不可比的优点。正确选择型钢生产用坯料，对生产具有重要意义。坯料选择合理不仅可以保证钢材质量，而且可以充分发挥轧机的生产能力，提高轧制质量，降低金属消耗。而对坯料的基本要求一般包括钢种、外形尺寸、化学成分、表面状况以及坯料质量等。

钢坯的断面形状及允许偏差、定尺长度。短尺的最短长度及比例、弯曲、扭转等。这些要求是考虑了充分发挥轧机生产能力，保证加热与轧制顺利并考虑供坯的可能性和合理性等综合因素确定的。以75万吨大型型钢车间的轧制工艺设计为例，综合考虑各方面的因素，最终确定其典型产品的坯料尺寸为150mm×150mm×12000mm的连铸坯。

6.1.3 工艺参数的制定及设备选择

合理的生产工艺流程应该是在满足产品技术条件的前提下，达到尽可能低的消耗、最少的设备、最小的车间面积、最低的产品成本，并且根据车间具体的技术条件确定车间机械化和自动化程度，以利于产品质量和产量的不断提高和使工人具有较好的劳动条件。主要要求如下：

（1）根据生产方案的要求：由于产品的质量、品种、规格及质量的不同，所采用的生产方案就不同，那么主要工序就有很大的差别。因此生产方案是编制生产工艺流程的依据。

（2）根据产品的质量要求：为了满足产品技术条件，就要有相应的工序给予保证，因此，满足产品标准的要求是设计生产工艺流程的基础。

（3）根据车间生产率的要求：由于车间的生产规模不同，所要求的工艺复杂程度也有所不同。在生产同一产品的情况下，生产规模越大的车间，其工艺流程也就越复杂。因此，设计时生产率的要求是设计工艺流程的出发点。

以 75 万吨大型型钢车间的轧制工艺设计为例，制定的 75 万吨大型型钢车间的型钢生产工艺路线图如图 6-2 所示。

图 6-2　型钢生产流程

6.1.3.1　主轧机的选择

典型产品为圆钢，所以设计的轧机布置形式采用连续式布置，精轧采用椭圆—圆孔型系统。对于每架只轧一道次的连续式轧机，确定其机架数是比较容易的。因为其机架数目一般不少于轧制道次，只要知道轧制道次即可确定机架数。

轧制道次和机架数可用下式确定：

$$N = \frac{\lg \mu_z}{\lg \mu_p}$$ （6-2）

式中　N——机架数目；

　　　μ_z——由坯料到成品的总延伸系数；

μ_p——各道次的平均延伸系数。

产品大纲中所生产的圆钢的最小直径为 20mm，所以确定轧制道次时要将其代入：

$$\mu_\varepsilon = \frac{F_0}{F_n} = \frac{150 \times 150}{3.14 \times \left(\frac{20}{2}\right)^2} = 71.66$$

箱形孔平均延伸系数 $\mu_p = 1.15 \sim 1.4$；椭圆—圆孔型平均延伸系数 μ_p 不超过 $1.3 \sim 1.4$；选择 μ_p 为 1.31。

$$N = \frac{\lg 71.66}{\lg 1.31} = 15.82$$

取 $N = 16$，所以道次数为 16。

6.1.3.2 轧机的主要技术参数

选择轧辊时应考虑经济性和换辊换槽周期与停机时间相匹配外，还应从各机架的孔型差别、轧件变形特点、产品精度要求等出发，合理选择不同性能特点的轧辊。

A 轧辊直径

通常可根据轧机轧辊直径与轧制的坯料高度选择轧辊直径：

$$D = KH \tag{6-3}$$

式中 H——坯料高度，mm；

K——系数，对于中型型钢轧机，$K = 2.9 \sim 5.0$。

$$D = 150 \times 2.9 \sim 150 \times 5.0 = 435 \sim 750mm$$

轧辊工作直径即为轧制时轧件出口断面平均轧制速度所对应的轧辊直径，可用下式计算：

$$D_k = D_0 + s - h_p \tag{6-4}$$

式中 D_k——轧辊工作直径；

D_0——轧辊辊环直径；

s——辊缝；

h_p——轧件出口断面平均高度，$h_p = F_j / b_j$；

F_j——轧件出口断面面积；

b_j——轧件出口宽度。

计算得到各机架轧辊工作直径见表 6-3。

表 6-3 各机架轧辊直径 （mm）

道次	D_0	D_k	道次	D_0	D_k
1	550	458.05	4	550	486.53
2	550	446.82	5	450	420.85
3	550	499.38	6	450	403.07

续表 6-3

道次	D_0	D_k	道次	D_0	D_k
7	450	427.93	11	350	336.47
8	450	414.72	12	350	328.08
9	350	333.28	13	350	338.90
10	350	322.87	14	350	333.12

B 辊身长度

对于粗轧机，辊身长度 L 与轧辊直径 D 有关，粗轧机：$L/D=2.2\sim3$，精轧机：$L/D=1.5\sim2$。

由于粗轧机组配置的孔型较少、坯料压下量大、孔型较深，在保证轧辊抗弯强度、减少轧辊挠度、节约能源的前提下，辊身长度可取小一些，随着轧机对轧件压下量的增大，轧辊受到变形抗力不断增加，综合考虑轧辊刚度和配置孔型要求等诸多因素，决定各轧机辊身长度。各机架轧辊参数见表 6-4。

表 6-4 各机架轧辊参数 （mm）

机架号	轧辊直径	辊身长度	辊颈直径	辊径长度
1	550	600	280	315
2	550	450	280	315
3	550	550	280	315
4	550	400	280	315
5	450	450	230	200
6	450	300	230	200
7	450	400	230	200
8	450	250	230	200
9	350	300	200	150
10	350	200	200	150
11	350	250	200	150
12	350	200	200	150
13	350	150	200	150
14	350	50	200	150

C 电机选择

本车间电机相关参数选择见表 6-5。

表 6-5　电机相关参数

机架号	电机功率/kW	电机转速/r·min⁻¹	减速机速比 i
1	650	0/750/1500	72
2	650	0/750/1500	53
3	800	0/750/1500	44
4	800	0/750/1500	33
5	800	0/750/1500	19
6	800	0/750/1500	14
7	900	0/750/1500	10.2
8	900	0/750/1500	7.6
9	900	0/750/1500	6
10	900	0/750/1500	4.5
11	1200	0/750/1500	3.2
12	1200	0/750/1500	2.5
13	1300	0/650/1300	1.8
14	1300	0/650/1300	1.4

主轧机参数见表 6-6。

表 6-6　主轧机参数　　　　　　　　　　（mm）

机架号		轧机规格	轧辊最大/最小直径	轧辊辊身长度	轧辊材质
粗轧机组	1H	水平二辊 φ550 轧机	φ610/φ520	600	球墨铸铁
	2V	立式二辊 φ550 轧机	φ610/φ520	450	球墨铸铁
	3H	水平二辊 φ550 轧机	φ610/φ520	550	球墨铸铁
	4V	立式二辊 φ550 轧机	φ610/φ520	400	球墨铸铁
	5H	水平二辊 φ450 轧机	φ480/φ420	450	球墨铸铁
	6V	立式二辊 φ450 轧机	φ480/φ420	300	球墨铸铁
中轧机组	7H	水平二辊 φ450 轧机	φ480/φ420	400	球墨铸铁
	8V	立式二辊 φ450 轧机	φ480/φ420	250	球墨铸铁
	9H	水平二辊 φ350 轧机	φ380/φ320	300	球墨铸铁
	10V	立式二辊 φ350 轧机	φ380/φ320	200	球墨铸铁
精轧机组	11H	水平二辊 φ350 轧机	φ380/φ320	250	球墨铸铁
	12V	立式二辊 φ350 轧机	φ380/φ320	200	球墨铸铁
	13H	水平二辊 φ350 轧机	φ380/φ320	150	球墨铸铁
	14V	立式二辊 φ350 轧机	φ380/φ320	50	球墨铸铁

6.1.3.3 辅助设备的选择

辅助设备主要包括加热设备、除鳞设备、切断设备、冷却设备、矫直设备等。型钢厂生产不同类型的产品，所需要的辅助设备类型、参数、能力和台数的选择也不同。

A 加热设备选择

a 炉型确定

步进炉可以实现"轻拿轻放"钢坯，减少了振动，脱落于炉内的氧化铁皮少，炉内清渣次数少，不产生拱钢，划伤钢坯和粘钢等现象，便于实现自动化控制。本生产线坯料为150mm×150mm规格，采用侧进侧出步进梁式加热炉。

b 尺寸确定

选用的连铸坯规格为150mm×150mm×12000mm，进而确定加热炉尺寸。

加热炉宽度：主要根据坯料长度确定。

$$B = nl + (n + l)\delta \qquad (6-5)$$

式中 l——坯料的最大长度，m；

 n——坯料排列数；

 δ——料间或料与炉墙的空隙距离，一般取 0.2~0.3m。

已知 $l = 12000mm = 12.00m$，取 $n = 1$，$\delta = 0.25m$

则 $B = 1 \times 12.00 + 2 \times 0.25 = 12.5m$

加热炉长度：主要根据加热炉产量决定。

$$Q = \frac{LnG}{bt} \qquad (6-6)$$

式中 L——加热炉有效长度，m；

 Q——加热炉小时产量，t/h；

 n——加热炉内装料排数；

 G——每根料重，t；

 b——加热钢料断面宽度，m；

 t——加热时间，h。

已知本车间年产为75万吨，取加热炉加热能力160t/h，$G = 2.35t$，$n = 1$，$b = 0.15$，$t = 2$。

$$L = \frac{160 \times 0.15 \times 2}{1 \times 2.065} = 23.24m$$

所以加热炉的长度定为24m。

小时产量最大的产品的小时产量：

$$A = 129.5t/h$$

$$A \times 120\% = 155.4t/h < 160t/h$$

作为主要的辅助设备，其符合加热小时产量大于轧机生产能力的20%左右的原则，故满足要求。

B 切断设备选择

中型型钢厂通常采用平行刃剪，特点是剪切过程中剪刃同时与被剪金属相接触，剪切过程在很短的时间内一次完成，剪切效率高，剪机承受较大负荷。其主要参数包括刀片行程、刀片尺寸、剪切次数、最大剪切力等。

C 矫直设备选择

型钢矫直机的主要参数包括矫直机辊距 s、辊颈 D、辊子数目 N、辊身长度 L 和矫直速度 v，可以根据相关的经验公式计算，并查阅相关标准来确定。

D 冷却设备选择

该型钢厂使用的冷却设备为齿条式冷床。齿条式冷床由一组固定齿条或导轨，中间以一组活动齿条组成。活动齿条相对于固定的导轨做周期运动，每上下前后运动一次，轧件就向前运行一段距离。

齿条式冷床的优点是冷却均匀，钢材与床面摩擦小，钢材平直，表面擦伤少，适用于中小型型钢厂冷却小断面方、圆钢，尤其是合金车间使用较多。

冷床的主要参数确定如下：

a 冷床的宽度

型钢厂生产多种产品，其轧后成品长度不一，冷床的宽度应使大多数产品能较好地利用冷床面积。

b 冷床的长度

冷床的长度应保证在冷却时间内轧出的轧件能全部容纳在冷床上，实际就是保证冷却各种规格的型钢所需的冷床面积。冷床的长度取决于轧机的生产率和轧件的冷却时间。

E 活套装置

型钢连轧生产中，为了保证尺寸精度，通常在精轧机机组之间设置若干个活套，因为它可以使相邻机架间的钢贮存一定的活套量，作为机架间速度不协调时的缓冲环节，从而消除轧制过程中各机架间动态速度变化引起的轧件尺寸精度的波动。为了减少张力变化而引起的成品尺寸波动，在精轧机组和精轧机组前，甚至在中轧机组设置若干个活套，以消除连轧各机架的动态速度变化的干扰，保证轧件的精度。

活套器按起套方向，又分为立活套和侧活套。本设计采用6个立式气动活套，活套量在 $0\sim500mm$。前8道采用微张力轧制，精轧道次实现自由轧制（无张力轧制）。

F 起用运输选择

a 辊道的选择

在轧钢车间内辊道重量一般可占整个车间设备总重量的 $20\%\sim40\%$，有机械化、自动化程度较高的轧钢车间其辊道重量可占车间设备总量的49%。

辊道的主要参数是辊子的直径 D、长度 L 以及两个辊子间的距离 t 和圆周速度 v。

b 起重机的选择

起重机的主要参数有：

起吊重量：根据工作性质和起吊物体重量决定；

起重机运行速度：根据运输要求决定；

起重机台数确定：一般根据轧机班产量进行计算。

6.1.3.4　车间主要设备组成

通过对以上设备的选择，得到轧制车间的主要设备组成，见表6-7。

表 6-7　车间主要设备组成

序号	设备名称	型号及技术规格性能	单位	数量	备注
1	冷热坯上料台架	电动步进式结构	套	1	
2	剔除装置	将称重轨道运来的不合格钢坯拨到其料筐里。两个气缸带动拨杆，使拨杆可摆动，当其升起时，钢坯被抬起，沿拨杆斜顶面滑到收集料筐里	套	1	
3	测长装置	测长辊式测长，测量精度±0.1%	套	1	
4	入炉辊道	单根输送钢坯至加热炉入口端，直流变频传动	套	1	
5	加热炉	加热能力：160t/h	座	1	
6	出炉辊道	单根送料，坯料温度：900~1200℃，带保温罩	套	1	
7	高压水除鳞装置	水压 22MPa，流量 50m^3/h，除鳞速度 0.7~1.3m/s	套	1	
8	粗轧机组	$\phi550\times4+\phi450\times2$ 闭口式轧机，平立交替布置	套	1	
9	1号飞剪	对粗轧后的轧件进行切头切尾，在轧线故障时有事故碎断功能。曲柄式飞剪，启停工作制，切头长度：50~200mm，切头收集：平台下设置2个切头收集箱	台	1	含收集装置
10	中轧机组	$\phi450\times2+\phi350\times2$ 闭口式轧机，平立交替布置	套	1	
11	2号飞剪	对中轧后的轧件进行切头切尾，在轧线故障时有事故碎断功能。回转式飞剪，启停工作制，切头长度小于 250mm，碎断长度小于 1000mm，切头收集：平台下设置2个切头收集箱	台	1	含收集装置
12	精轧机组	$\phi350\times6$ 闭口式轧机，平立交替布置	套	1	
13	活套	本设计采用 6 个立式气动活套，活套量在 0~500mm	套	1	
14	3号定尺飞剪	定尺长度 10~12m	台	1	
15	压力矫直机	剪完定尺之后的矫直	套	1	
16	冷床	步进式冷床	套	1	
17	自动打捆机	本设计中采用瑞典桑德-帕莱士塔（SUND BISTA）制造的 KNCA-8/800 型打捆机，捆线直径 6.5~0.3mm，电机功率 11.0kW	套	1	

6.1.4 孔型设计

6.1.4.1 孔型设计的基本内容

钢坯在轧机上通过轧辊的孔槽经过若干道次，被轧成所需断面形状和尺寸。这些轧辊孔槽的设计称为孔型设计。

孔型设计的主要内容包括以下几个方面：

（1）断面孔型设计。根据钢坯和成品的断面形状、尺寸及产品性能的要求，选择孔型系统，确定道次，分配各道次的变形量和设计各孔型的形状和尺寸。

（2）轧辊孔型设计。根据断面孔型设计，确定孔型在每个机架上的配置方式、数目，轧辊上孔型之间的距离，开槽深浅，以保证轧件能正常轧制，操作方便，具有最高的产量和最佳的产品质量。

（3）导卫装置设计。为了保证轧件能顺利稳定地进出孔型，或使轧件能在进出孔型时扭转一定的角度，必须正确地设计导卫装置的形状、尺寸和在轧机上的固定方式。

在保证完成所需要的内容外，孔型设计还有部分要求，主要体现在以下几个方面：

（1）保证获得优质的产品。即保证成品的断面几何形状正确，断面尺寸在允许偏差范围内或达到高精度、表面光洁、无耳子、折叠、裂纹、麻点、刮伤等表面缺陷，金属内部的残余应力小，金相组织及力学性能良好。

（2）保证轧机生产率高。孔型设计通过轧制节奏时间和作业率影响轧机的生产能力。影响轧机节奏时间的主要因素是轧制道次数，一般越少越好，但在交叉轧制条件下适当增加道次数。

影响轧机作业率的主要因素是孔型系统、负荷分配和孔型及轧机轧辊辅件的共用性。合理的孔型设计应能充分发挥轧机设备能力加以满足工艺上的许可条件等等，以求达到轧机的最高生产能力。

（3）产品成本最低。为达到降低生产成本的目的。必须降低各种消耗，由于成本的80%以上取决于金属消耗，所以金属消耗在成本中起重要作用。

（4）劳动条件好、强度小。保证生产安全、改善生产条件，减轻笨重的体力劳动。

（5）适应车间的设备条件。孔型设计必须考虑车间各主辅设备的性能及布置。

6.1.4.2 孔型设计的原则

（1）选择合理的孔型系统。在设计新产品的孔型时，应拟定各种可能使用的系统，通过充分地对比分析，然后从中选择出合理的孔型系统。

（2）充分利用钢的高温塑性，把变形量和不均匀变形量集中在前几个道次，然后顺轧制程序逐渐减少变形量。

（3）采用形状简单的孔型，选用孔型的数量要适当。

（4）道次数与翻钢程序及次数要合理。

(5) 轧件在孔型中的状态应稳定或力求稳定。

(6) 生产型钢的品种多的型钢轧机，其孔型的共用性应广些。

(7) 要便于轧机的调整。

6.1.4.3　孔型设计的方法

(1) 理论计算法。延伸孔型系统一般都是间隔出现方或圆孔型，设计时首先设计计算出方（圆）孔型中轧件的断面尺寸，然后根据相邻两个方（圆）轧件尺寸计算出中间轧件的断面尺寸，最后根据轧件断面形状和尺寸构成孔型。

(2) 经验法。首先制定压下规程（根据经验分配各道压下量确定翻钢程序），确定各道轧件尺寸，最后根据轧件尺寸构成孔型。其中宽展量可根据经验确定也可按公式计算。该法特点是孔型共用程度大，现场上经常采用。

6.1.4.4　孔型设计的步骤

(1) 根据坯料与成品（指主要产品）计算总延伸系数，以及轧制道次；

(2) 分品种选择孔型系统分配延伸系数；

(3) 分品种求各道方或圆的孔型尺寸；

(4) 按定方插扁的方法分品种求中间扁孔（椭圆或六角孔）尺寸，设计出各个中间孔型；

(5) 孔型尺寸设计；

(6) 绘制孔型图及轧辊孔型配辊图；

(7) 计算轧机的连轧常数（连轧情况下）。

6.1.4.5　孔型系统的类型及选择

孔型系统的选择是否合理不仅对轧机的生产率、产品质量、各项技术经济指标、轧机机械化操作等有很大的影响，而且还直接影响到能否轧出成品。选择孔型系统时应从孔型系统的能耗大小、延伸能力的合理利用性、工人的操作习惯、辅助设备的布置及能力等方面来综合考虑，进而选择各机组的孔型系统。

型钢生产常用的孔型系统有箱形孔型系统、椭圆—圆孔型系统、椭圆—方孔型等系统，它们的特点和适用范围各有不同。型钢粗轧机的主要任务在高温状态缩减断面，预精轧机组主要承担轧件延伸和为精轧机组提供精确料型的任务。精轧机组保证轧制产品的尺寸精度的任务。随着连续轧机的不断发展及工艺技术、装备水平的逐步提高，经过生产实践和产品质量的筛选，其所用孔型系统不是在扩散，而是在收敛、在趋同。

6.1.4.6　孔型设计实例

以75万吨大型型钢车间的轧制工艺设计为例，考虑各方面的因素，在满足要求的前提下，对其各道次的孔型进行设计和计算，具体结果如下。

A　轧机机架数目及轧制道次

在6.1.3.1节主轧机的选择中，已经计算过：

$$N = \frac{\lg \mu_z}{\lg \mu_p} = \frac{\lg 71.66}{\lg 1.31} = 15.82$$

其中箱形孔平均延伸系数 $\mu_p = 1.15 \sim 1.4$；椭圆—圆孔型平均延伸系数 μ_p 不超过 $1.3 \sim 1.4$；选择 μ_p 为 1.31。

取 $N = 16$，所以道次数为 16。最终确定轧机数目为 16 架，粗轧机 6 架，中轧机 4 架，精轧机 6 架。需要注意的是，典型产品为 $\phi25$mm，所以其实际所需要的轧机数目应该为 14 架，最后 2 架轧机空过。

B 孔型系统的选择

结合当今国内、外圆钢广泛使用的孔型系统和自身设计的要求特点，本设计粗轧孔型采用平箱—方箱—平椭圆—圆—椭圆—圆孔型系统；预精轧、精轧选择椭圆—圆孔型系统。综上所述，本设计采用以下孔型系统：

粗轧：扁箱型—方箱型—平椭—圆—椭圆—圆；

预精轧：椭圆—圆—椭圆—圆；

精轧：椭圆—圆—椭圆—圆—椭圆—圆。

C 各道次变形量的分配

a 延伸系数与轧制道次的关系

在实际生产中，为了合理的分配变形系数，必须对具体的生产条件做具体的分析。如在连轧机上轧制时，由于轧制速度高，轧件温度变化小，所以各道的延伸系数可以近似取成相等。

箱形孔平均延伸系数 $\mu_p = 1.15 \sim 1.4$；椭圆—圆孔型平均延伸系数 μ_p 不超过 $1.3 \sim 1.4$；根据经验大致确定延伸系数的分布，原则是由粗轧往后逐渐减小，最大不大于 1.5，最小不小于 1.2，一般第 3 道至第 5 道达到最大值。

b 延伸系数的分配

首先要将延伸孔型系统中相邻的两个等轴断面配成若干对，因为总的延伸系数 μ_Σ 为：

$$\mu_\Sigma = \mu_1\mu_2\mu_3\cdots\mu_{14} = \mu_{\Sigma2}\mu_{\Sigma4}\cdots\mu_{\Sigma14} \tag{6-7}$$

其中
$$\mu_{\Sigma2} = \mu_1\mu_2$$

式中，$\mu_{\Sigma i}$ 为从等轴断面到等轴断面的这一对孔型的总延伸系数，延伸系数按这一规律进行适当的分配后，各等轴断面轧件的面积和尺寸就可以确定，如：

$$F_2 = F_0/\mu_{\Sigma2}, \quad F_4 = F_2/\mu_{\Sigma4}, \quad \cdots, \quad F_{14} = F_{12}/\mu_{\Sigma14} \tag{6-8}$$

由于 F_0 为坯料断面面积，所以依次各等轴断面的轧件的面积就由式（6-8）确定了，如果等轴断面为方或圆的话，其边长和直径也就唯一地确定了。

总延伸系数为 45.86，进行延伸系数预分配，初步分配 $\phi25$mm 粗轧、预精轧、精轧机组各机架的延伸系数如下：

$$\mu_{\Sigma2} = 1.596, \quad \mu_{\Sigma4} = 1.995, \quad \mu_{\Sigma6} = 1.821, \quad \mu_{\Sigma8} = 1.750,$$
$$\mu_{\Sigma10} = 1.731, \quad \mu_{\Sigma12} = 1.662, \quad \mu_{\Sigma14} = 1.571$$

c 等轴断面面积及尺寸

根据初步设定的延伸系数确定出等轴断面面积及尺寸见表 6-8。

表 6-8　等轴断面面积及尺寸

道次	面积/mm²	轧件直径（边长）/mm	道次	面积/mm²	轧件直径（边长）/mm
0	23088.803	151.95	8	2275.355	53.82
2	14467.768	120.28	10	1314.475	40.91
4	7250.989	96.08	12	790.731	31.73
6	3981.872	71.20	14	503.437	25.32

D　精轧孔型设计

a　成品孔（K1）设计

设计圆钢成品孔型时，一般应考虑到使椭圆度变化最小，并且能充分利用所允许的偏差范围。圆钢成品孔的形状采用带有扩张角的圆形孔型，成品圆孔型通常采用切线扩张成品孔。成品圆孔构成如图 6-3 所示。

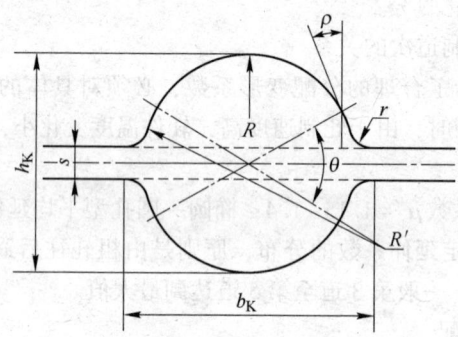

图 6-3　成品圆孔结构图

轧件断面直径 25.32mm，断面面积 $F = \pi R^2 = 503.437 \text{mm}^2$。

孔型槽口宽：

$$b_{K1} = [d + (0.5 \sim 1)\Delta_+](1.007 \sim 1.02) = (25 + 0.75 \times 0.30) \times 1.013 = 25.56 \text{mm}$$

孔型高：

$$h_{K1} = [d - (0 \sim 1)\Delta_-](1.007 \sim 1.02) = (25 - 0.5 \times 0.30) \times 1.013 = 25.17 \text{mm}$$

外圆角半径：　　　　　　　　$R = 2 \sim 5 \text{mm}$，取 3mm

取辊缝：　　　　　　　　　　$s = 3 \text{mm}$

则

$$\alpha = \arctan \frac{s}{b_{K1}} = \arctan \frac{3}{25.56} = 6.69°$$

$$\varphi = \arccos \frac{h_{K1}}{b_{K1}\sqrt{1 + \left(\frac{s}{b_{K1}}\right)^2}} = \arccos \frac{25.17}{25.56\sqrt{1 + \left(\frac{3}{25.56}\right)^2}} = 12.03°$$

$$\theta = \alpha + \varphi = 6.69° + 12.03° = 18.72°$$

孔型图如图 6-4 所示。

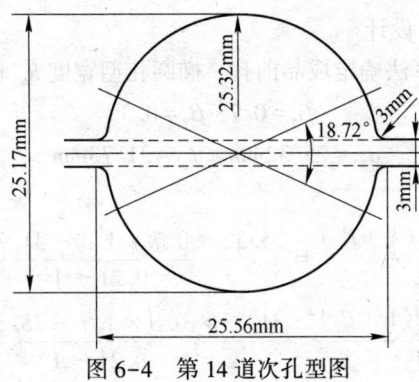

图 6-4　第 14 道次孔型图

b　成品再前孔（K3）设计

基圆直径：　　　$D_3 = (1.15 \sim 1.28)d_0 = 1.27 \times 25 = 31.73\text{mm}$

孔型高度：

$$h_{K3} = [d - (0 \sim 1)\Delta_-](1.007 \sim 1.02)$$
$$= (31.73 - 0.5 \times 0.30) \times 1.013 = 31.99\text{mm}$$

孔型宽度：

$$b_{K3} = [d + (0.5 \sim 1)\Delta_+](1.007 \sim 1.02)$$
$$= (31.73 + 0.75 \times 0.30) \times 1.013 = 32.37\text{mm}$$

外圆角半径：　　　　$R = 2 \sim 5\text{mm}$，取 3mm

取辊缝：　　　　　　$s = 3\text{mm}$

则　　　　　　　$\alpha = \arctan \dfrac{s}{b_{K3}} = \arctan \dfrac{3}{32.37} = 5.29°$

$$\varphi = \arccos \dfrac{h_{K3}}{b_{K3}\sqrt{1 + \left(\dfrac{s}{b_{K3}}\right)^2}} = \arccos \dfrac{31.99}{32.37\sqrt{1 + \left(\dfrac{3}{32.37}\right)^2}} = 10.25°$$

$$\theta = \alpha + \varphi = 5.29° + 10.25° = 15.54°$$

孔型图如图 6-5 所示。

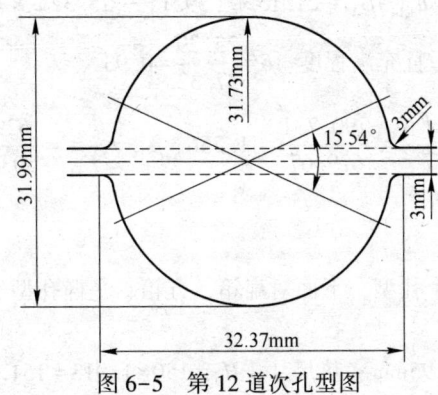

图 6-5　第 12 道次孔型图

c　成品前孔（K2）设计

用绝对宽展系数计算法确定成品前孔，椭圆孔型宽度 b_K 和高度 h_K 分别为：

取　　　　　　　　　　　　$\beta_1 = 0.7$，$\beta_2 = 0.3$

已知　　　　　　　　　$a_{14} = 25.32\text{mm}$，$a_{12} = 31.73\text{mm}$

所以

$$b_{13} = \frac{d\beta_1(1+\beta_2) - d_0(1+\beta_1)}{\beta_1\beta_2 - 1} = \frac{25.32 \times 0.7 \times 1.3 - 31.73 \times 1.7}{0.21 - 1} = 39.11\text{mm}$$

$$h_{13} = \frac{d_0\beta_2(1+\beta_1) - d(1+\beta_2)}{\beta_1\beta_2 - 1} = \frac{31.73 \times 0.3 \times 1.7 - 25.32 \times 1.3}{0.21 - 1} = 21.15\text{mm}$$

孔型高度：　　　　　　　$h_{K13} = h_{13} = 21.15\text{mm}$

取充满度：　　　　　　　$\delta = 96\%$

则槽口宽度：　　　$b_{K13} = \dfrac{b_{13}}{\delta} = \dfrac{39.11}{0.96} = 40.74\text{mm}$

辊缝：　　$s = (0.18 \sim 0.3)h_{K13} = 3.81 \sim 6.35\text{mm}$，取 5mm

孔型内圆弧半径：

$$R = \frac{(h_{K13} - s)^2 + b_{K13}^2}{4(h_{K13} - s)} = \frac{(21.15 - 5)^2 + 40.74^2}{4 \times (21.15 - 5)} = 29.73\text{mm}$$

槽口圆角半径：　$r = (0.08 \sim 0.12)b_{K13} = 3.26 \sim 4.89\text{mm}$，取 4mm

断面面积：　　$S = \dfrac{1}{3}\left(\dfrac{s+1}{h_{13}} + 2\right)b_{13}h_{13} = 629.67\text{mm}^2$

则轧件在第 13 道次的轧后宽度：

$$B_{13} = a_{12} + (a_{12} - h_{13})\beta_1 = 31.73 + (31.73 - 21.15) \times 0.7 = 39.14\text{mm}$$

验证在第 14 道次（圆孔型）中的充满度：

$$h_{K14} = 25.32\text{mm}$$

$$b_{K14} = h_{K14} + \Delta = 25.32 + 2 = 27.32\text{mm}$$

轧件在第 14 道次孔型中的实际宽度：

$$B_{14} = h_{13} + (b_{13} - h_{K14})\beta_2 = 21.15 + (39.11 - 25.32) \times 0.3 = 25.29\text{mm}$$

轧件宽度 $B_{14} < b_{K14}$，且充满程度：$\delta = \dfrac{25.29}{27.32} = 0.93$

延伸系数：　$\mu_{13} = \dfrac{F_{12}}{F_{13}} = \dfrac{790.731}{629.67} = 1.256$，$\mu_{14} = \dfrac{F_{13}}{F_{14}} = \dfrac{629.67}{503.437} = 1.251$

孔型图如图 6-6 所示。

E　粗轧孔型设计

一般计算归圆前 3 个孔型，下面对扁箱、方箱、平椭孔型进行设计。

a　平箱孔型设计

原料：$H_0 = B_0 = 151.95\text{mm}$（热尺寸：$H_0 = 150 \times 1.013 = 151.95\text{mm}$，典型产品为低

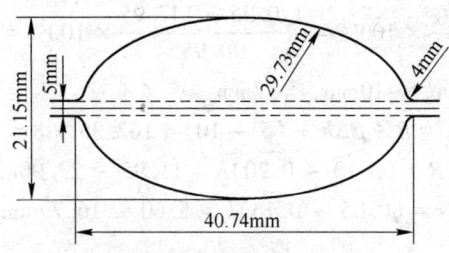

图 6-6　第 13 道次孔型图

合金钢，所以选择 1.013 为热胀系数）。

型钢轧机轧制钢坯的宽展系数 $\beta_z = 0.25 \sim 0.45$，$\beta_a = 0.2 \sim 0.3$。

由于计算宽展量要先设定中间轧件的某一尺寸，所以取压下量

$$\Delta h = 40\text{mm}$$

则　　　　　　　　　$h_1 = 151.95 - 40 = 111.95\text{mm}$

扁箱孔型宽展系数 $0.25 \sim 0.45$，取 $\beta_z = 0.26$。

宽展量：　　　　　　　$\Delta b = \beta_z \Delta h = 10.4\text{mm}$

则轧件宽度：　　$b_1 = H_0 + \Delta b = 151.95 + 10.4 = 162.35\text{mm}$

轧件面积：　　$F_1 = b_1 h_1 = 162.35 \times 111.95 = 18175.083\text{mm}^2$

则延伸系数：　　　$\mu_1 = \dfrac{F_0}{F_1} = \dfrac{23088.803}{18175.083} = 1.270$

b　方箱孔型设计

查得型钢轧机轧制钢坯的宽展系数 $\beta_z = 0.25 \sim 0.45$，$\beta_a = 0.2 \sim 0.3$。

设计轧后边长 120.18mm，所以取压下量：

$$\Delta h = 42.17\text{mm}$$

方箱孔型宽展系数 $0.2 \sim 0.3$，取 $\beta_a = 0.2$。

宽展量：　　　　　　$\Delta b = \beta_a \Delta h = 8.434\text{mm}$

则轧件宽度：　　$b_2 = h_1 + \Delta b = 111.95 + 8.434 = 120.38\text{mm}$

轧件在第 2 孔型的轧后宽度为 120.38mm，与需要得到的 120.18mm 相差甚少，故设定 $h_1 = 111.95\text{mm}$ 是合适的。

轧件面积：　　$F_2 = b_2 h_2 = 120.38 \times 120.18 = 14467.268\text{mm}^2$

则延伸系数：　　　$\mu_2 = \dfrac{F_1}{F_2} = \dfrac{18175.083}{14467.268} = 1.256$

c　平箱孔型参数计算

孔型高度：　　　　　　$h_K = h_1 = 111.95\text{mm}$

槽底宽度：　　$b_K = B - (0 \sim 6)\text{mm} = 151.95 - 4 = 147.95\text{mm}$

式中，B 为来料宽度。

平箱孔型的侧壁斜度：　　　　$y = 10\% \sim 20\%$

$$y = \frac{B_K - b_K}{2h_p} \times 100\% = \frac{170.35 - 147.95}{90.95} \times 100\% = 24.63\%$$

槽底凸度：粗轧机取 5~10mm，取 7mm

槽口宽度：$B_K = B + \beta\Delta h + (5 \sim 10) = 162.35 + 8 = 170.35$mm

内圆角半径：$R = (0.10 \sim 0.20)h = 11.95 \sim 23.90$mm，取 $R = 13$mm

外圆角半径：$r = (0.05 \sim 0.15)h = 5.60 \sim 16.79$mm，取 $r = 16$

辊缝：取 $s = 20$mm

平箱孔型图如图 6-7 所示。

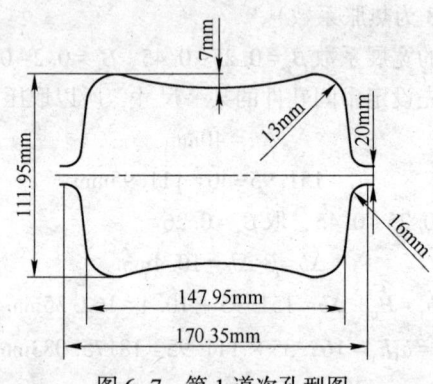

图 6-7　第 1 道次孔型图

d　方箱孔型参数计算

孔型高度：$h_K = h_2 = 120.18$mm

槽底宽度：$b_K = B - (0 \sim 6)$mm $= 111.95 - 4 = 107.95$mm

式中，B 为来料宽度。

侧壁斜度：$y = \frac{B_K - b_K}{2h_p} \times 100\% = \frac{128.38 - 107.95}{117.18} \times 100\% = 17.43\%$

槽底凸度：粗轧机取 5~10mm，取 6mm

槽口宽度：$B_K = B + \beta\Delta h + (5 \sim 10) = 120.38 + 8 = 128.38$mm

内圆角半径：$R = (0.10 \sim 0.20)h = 12.18 \sim 24.36$mm，取 $R = 14$mm

外圆角半径：$r = (0.05 \sim 0.15)h = 6.04 \sim 18.12$mm，取 $r = 17$mm

辊缝：取 $s = 17$mm

方箱孔型图如图 6-8 所示。

e　平椭孔型设计

方轧件在平椭孔型的宽展系数为 0.5~0.95，则

取平椭孔型中的宽展系数：$\beta = 0.7$

取　　　　　　　　　　$\Delta h = 35$mm

则轧件宽度：$B_3 = 120.18 + 35 \times 0.7 = 144.68$mm

轧件高度：$h_3 = h - \Delta h = 120.38 - 35 = 85.38$mm

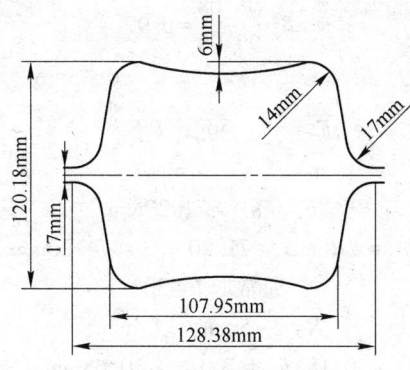

图 6-8　第 2 道次孔型图

孔型高度：　　　　　　$h_{K3} = h_3 = 85.38\text{mm}$，　$R = h_{K3} = 85.38\text{mm}$

取辊缝：　　　　　　　　　　　$s = 20\text{mm}$

孔型宽度：　　$b_{K3} = (1.088 \sim 1.11)b = 157.41 \sim 160.59\text{mm}$，　取 159mm

断面面积：　　　　　　　　$F_3 = 10217.355\text{mm}^2$

延伸系数：　　　　$\mu_3 = \dfrac{F_2}{F_3} = \dfrac{14467.768}{10217.355} = 1.416$

孔型图如图 6-9 所示。

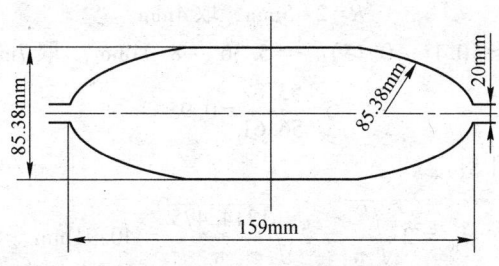

图 6-9　第 3 道次孔型图

F　圆—椭圆孔型设计

a　圆孔型设计

第 4 道次（圆孔型）：

基圆直径：　　　$d_4 = 2\sqrt{\dfrac{F_y}{\pi}} = 2\sqrt{\dfrac{7250.989}{\pi}} = 96.08\text{mm}$

孔型高度：　　　　　　$h_K = d_4 = 96.08\text{mm}$

孔型宽度：　　　　$b_K = 2R + \Delta = 96.08 + 3 = 99.08\text{mm}$

扩张角：　　　　　　通常取 $\theta = 30°$

外圆角半径：　　　　$R = 2 \sim 5\text{mm}$，取 4mm

辊缝：　　$s = (0.1 \sim 0.15)h_K = 9.61 \sim 14.41\text{mm}$，取 12mm

充满度验算：$$\delta = \frac{96.08}{99.08} = 0.97$$

第 6 道次（圆孔型）：

基圆直径：$$d_6 = 2\sqrt{\frac{F_y}{\pi}} = 2\sqrt{\frac{3981.872}{\pi}} = 71.20\text{mm}$$

孔型高度：$$h_K = d_6 = 71.20\text{mm}$$

孔型宽度：$$b_K = 2R + \Delta = 71.20 + 3 = 74.20\text{mm}$$

扩张角：通常取 $\theta = 30°$

外圆角半径：$R = 2 \sim 5\text{mm}$，取 4mm

辊缝：$s = (0.1 \sim 0.15)h_K = 7.12 \sim 10.68\text{mm}$，取 9mm

充满度验算：$$\delta = \frac{71.20}{74.20} = 0.96$$

第 8 道次（圆孔型）：

基圆直径：$$d_8 = 2\sqrt{\frac{F_y}{\pi}} = 2\sqrt{\frac{2275.355}{\pi}} = 53.82\text{mm}$$

孔型高度：$$h_K = d_8 = 53.82\text{mm}$$

孔型宽度：$$b_K = 2R + \Delta = 53.82 + 2.79 = 56.61\text{mm}$$

扩张角：通常取 $\theta = 30°$

外圆角半径：$R = 2 \sim 5\text{mm}$，取 4mm

辊缝：$s = (0.1 \sim 0.15)h_K = 5.36 \sim 8.04\text{mm}$，取 7mm

充满度验算：$$\delta = \frac{53.82}{56.61} = 0.95$$

第 10 道次（圆孔型）：

基圆直径：$$d_{10} = 2\sqrt{\frac{F_y}{\pi}} = 2\sqrt{\frac{1314.475}{\pi}} = 40.91\text{mm}$$

孔型高度：$$h_K = d_{10} = 40.91\text{mm}$$

孔型宽度：$$b_K = 2R + \Delta = 40.91 + 2 = 42.91\text{mm}$$

扩张角：通常取 $\theta = 30°$

外圆角半径：$R = 2 \sim 5\text{mm}$，取 4mm

辊缝：$s = (0.1 \sim 0.15)h_K = 4.91 \sim 6.14\text{mm}$，取 5mm

充满度验算：$$\delta = \frac{40.91}{42.91} = 0.95$$

圆孔型结构图如图 6-10 所示。

b 椭圆孔型设计

设计椭圆轧件和孔型尺寸时，两圆与中间椭圆之间的尺寸关系为：

$$b = \frac{d\beta_1(1 + \beta_2) - d_0(1 + \beta_1)}{\beta_1\beta_2 - 1}$$

$$h = \frac{d_0\beta_2(1 + \beta_1) - d(1 + \beta_2)}{\beta_1\beta_2 - 1} \qquad (6-9)$$

式中 β_1——圆形轧件在椭圆孔型中的绝对宽展系数,一般取 $0.5 \sim 0.95$;

β_2——椭圆形轧件在圆孔型中的绝对宽展系数,一般取 $0.3 \sim 0.4$;

d——下一道次轧件圆直径;

d_0——来料圆直径。

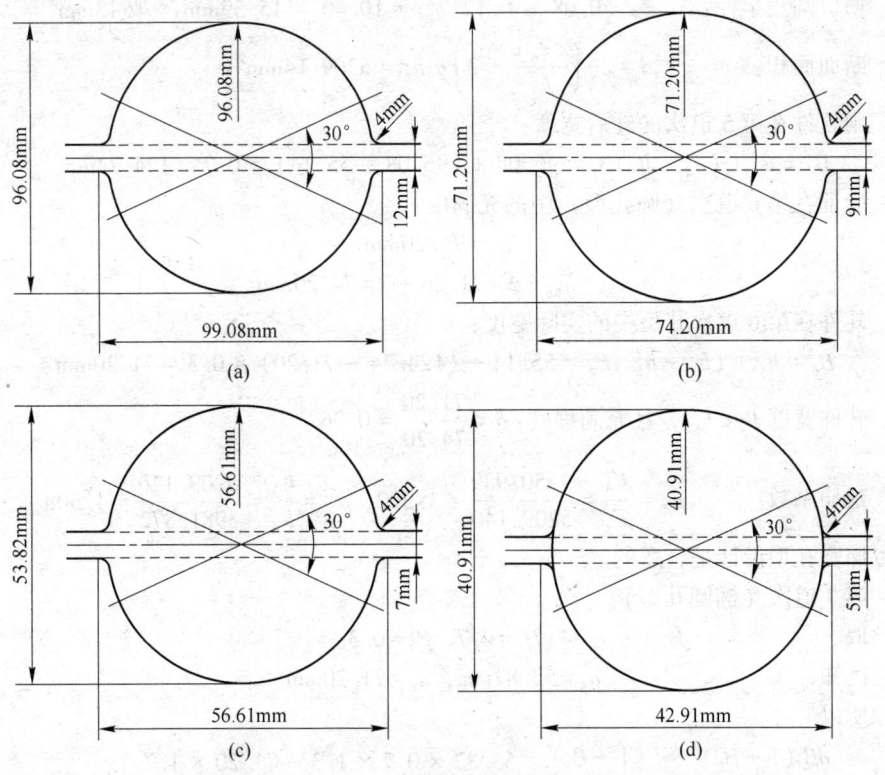

图 6-10 圆孔型结构图

(a) 第4道次;(b) 第6道次;(c) 第8道次;(d) 第10道次

第5道次(椭圆孔型):

取 $\qquad\qquad\qquad \beta_1 = 0.7$, $\beta_2 = 0.3$

已知 $\qquad\qquad\qquad a_6 = 71.20\text{mm}$, $a_4 = 96.08\text{mm}$

所以

$$b_5 = \frac{d\beta_1(1 + \beta_2) - d_0(1 + \beta_1)}{\beta_1\beta_2 - 1} = \frac{71.20 \times 0.7 \times 1.3 - 96.08 \times 1.7}{0.21 - 1} = 124.74\text{mm}$$

$$h_5 = \frac{d_0\beta_2(1 + \beta_1) - d(1 + \beta_2)}{\beta_1\beta_2 - 1} = \frac{96.08 \times 0.3 \times 1.7 - 71.20 \times 1.3}{0.21 - 1} = 55.14\text{mm}$$

孔型高度: $\qquad\qquad h_{K5} = h_5 = 55.14\text{mm}$

取充满度：$\qquad \delta = 96\%$

则槽口宽度：$\qquad b_{K5} = \dfrac{b_5}{\delta} = \dfrac{124.74}{0.96} = 129.94\text{mm}$

辊缝：$\qquad s = (0.18 \sim 0.3)h_{K5} = 9.93 \sim 16.54\text{mm}，\ \text{取}\ 14\text{mm}$

孔型内圆弧半径：$R = \dfrac{(h_{K5} - s)^2 + b_{K5}^2}{4(h_{K5} - s)} = \dfrac{(55.14 - 14)^2 + 129.94^2}{4 \times (55.14 - 14)} = 112.89\text{mm}$

槽口圆角半径：$\qquad r = (0.08 \sim 0.12)b_{K5} = 10.40 \sim 15.59\text{mm}，\ \text{取}\ 13\text{mm}$

断面面积：$\qquad S = \dfrac{1}{3}\left(\dfrac{s+1}{h_5} + 2\right)b_5 h_5 = 5209.14\text{mm}^2$

则轧件在第 5 道次的轧后宽度：

$\qquad B_5 = a_4 + (a_4 - h_5)\beta_1 = 96.08 + (96.08 - 55.14) \times 0.7 = 124.74\text{mm}$

验证在第 6 道次（圆孔型）中的充满度：

$$h_{K6} = 71.20\text{mm}$$

$$b_{K6} = h_{K6} + \Delta = 71.20 + 3 = 74.20\text{mm}$$

轧件在第 6 道次孔型中的实际宽度：

$\qquad B_6 = h_5 + (b_5 - h_{K6})\beta_2 = 55.14 + (124.74 - 71.20) \times 0.3 = 71.20\text{mm}$

轧件宽度 $B_6 < b_{K6}$，且充满程度：$\delta = \dfrac{71.20}{74.20} = 0.96$

延伸系数：$\qquad \mu_5 = \dfrac{F_4}{F_5} = \dfrac{7250.989}{5209.140} = 1.392，\quad \mu_6 = \dfrac{F_5}{F_6} = \dfrac{5209.140}{3981.872} = 1.308$

所以椭圆孔型设计是合适的。

第 7 道次（椭圆孔型）：

取 $\qquad\qquad\qquad \beta_1 = 0.7,\ \beta_2 = 0.3$

已知 $\qquad\qquad\qquad a_8 = 53.82\text{mm},\ a_6 = 71.20\text{mm}$

所以

$$b_7 = \dfrac{d\beta_1(1 + \beta_2) - d_0(1 + \beta_1)}{\beta_1\beta_2 - 1} = \dfrac{53.82 \times 0.7 \times 1.3 - 71.20 \times 1.7}{0.21 - 1} = 91.22\text{mm}$$

$$h_7 = \dfrac{d_0\beta_2(1 + \beta_1) - d(1 + \beta_2)}{\beta_1\beta_2 - 1} = \dfrac{71.20 \times 0.3 \times 1.7 - 53.82 \times 1.3}{0.21 - 1} = 42.60\text{mm}$$

孔型高度：$\qquad h_{K7} = h_7 = 42.60\text{mm}$

取充满度：$\qquad \delta = 96\%$

则槽口宽度：$\qquad b_{K7} = \dfrac{b_7}{\delta} = \dfrac{91.22}{0.96} = 95.02\text{mm}$

辊缝：$\qquad s = (0.18 \sim 0.3)h_{K7} = 7.67 \sim 12.78\text{mm}，\ \text{取}\ 10\text{mm}$

孔型内圆弧半径：$\qquad R = \dfrac{(h_{K7} - s)^2 + b_{K7}^2}{4(h_{K7} - s)} = \dfrac{(42.60 - 10)^2 + 95.02^2}{4 \times (42.60 - 10)} = 77.39\text{mm}$

槽口圆角半径：$\qquad r = (0.08 \sim 0.12)b_{K7} = 7.60 \sim 11.40\text{mm}，\ \text{取}\ 9\text{mm}$

断面面积：

$$S = \frac{1}{3}\left(\frac{s+1}{h_7} + 2\right)b_7 h_7 = 2925.12 \text{mm}^2$$

则轧件在第 7 道次的轧后宽度：

$$B_7 = a_6 + (a_6 - h_7)\beta_1 = 71.20 + (71.20 - 42.60) \times 0.7 = 91.22\text{mm}$$

验证在第 8 道次（圆孔型）中的充满度：

$$h_{K8} = 53.82\text{mm}$$

$$b_{K8} = h_{K8} + \Delta = 53.82 + 3 = 56.82\text{mm}$$

轧件在第 8 道次孔型中的实际宽度：

$$B_8 = h_7 + (b_7 - h_{K8})\beta_2 = 42.60 + (91.22 - 53.82) \times 0.3 = 53.82\text{mm}$$

轧件宽度 $B_8 < b_{K8}$，且充满程度：$\delta = \dfrac{53.82}{56.82} = 0.95$

延伸系数： $\mu_7 = \dfrac{F_6}{F_7} = \dfrac{3981.872}{2925.120} = 1.361$，$\mu_8 = \dfrac{F_7}{F_8} = \dfrac{2925.120}{2257.355} = 1.286$

所以椭圆孔型设计是合适的。

第 9 道次（椭圆孔型）：

取 $\beta_1 = 0.7$，$\beta_2 = 0.3$

已知 $a_{10} = 40.91\text{mm}$，$a_8 = 53.82\text{mm}$

所以

$$b_9 = \frac{d\beta_1(1 + \beta_2) - d_0(1 + \beta_1)}{\beta_1\beta_2 - 1} = \frac{40.91 \times 0.7 \times 1.3 - 53.82 \times 1.7}{0.21 - 1} = 68.69\text{mm}$$

$$h_9 = \frac{d_0\beta_2(1 + \beta_1) - d(1 + \beta_2)}{\beta_1\beta_2 - 1} = \frac{53.82 \times 0.3 \times 1.7 - 40.91 \times 1.3}{0.21 - 1} = 32.58\text{mm}$$

孔型高度： $h_{K9} = h_9 = 32.58\text{mm}$

取充满度： $\delta = 96.6\%$

则槽口宽度： $b_{K9} = \dfrac{b_9}{\delta} = \dfrac{68.69}{0.966} = 71.08\text{mm}$

辊缝： $s = (0.18 \sim 0.3)h_9 = 5.86 \sim 9.77\text{mm}$， 取 8mm

孔型内圆弧半径： $R = \dfrac{(h_{K9} - s)^2 + b_{K9}^2}{4(h_{K9} - s)} = \dfrac{(32.58 - 8)^2 + 71.08^2}{4 \times (32.58 - 8)} = 57.53\text{mm}$

槽口圆角半径： $r = (0.08 \sim 0.12)b_{K9} = 5.69 \sim 8.53\text{mm}$， 取 7mm

断面面积： $S = \dfrac{1}{3}\left(\dfrac{s+1}{h_9} + 2\right)b_9 h_9 = 1698.02\text{mm}^2$

则轧件在第 9 道次的轧后宽度：

$$B_9 = a_8 + (a_8 - h_9)\beta_1 = 53.82 + (53.82 - 32.58) \times 0.7 = 68.69\text{mm}$$

验证在第 10 道次（圆孔型）中的充满度：

$$h_{K10} = 40.91\text{mm}$$

$$b_{K10} = h_{K10} + \Delta = 40.91 + 3 = 43.91\text{mm}$$

轧件在第 10 道次孔型中的实际宽度：

$$B_{10} = h_9 + (b_9 - h_{K10})\beta_2 = 32.58 + (68.69 - 40.91) \times 0.3 = 41.18\text{mm}$$

轧件宽度 $B_{10} < b_{K10}$，且充满程度：$\delta = \dfrac{41.18}{43.91} = 0.94$

延伸系数：$\mu_9 = \dfrac{F_8}{F_9} = \dfrac{2275.355}{1698.020} = 1.340$，$\mu_{10} = \dfrac{F_9}{F_{10}} = \dfrac{1698.020}{1314.475} = 1.292$

所以椭圆孔型设计是合适的。

第 11 道次（椭圆孔型）：

取　　　　　　　　　　$\beta_1 = 0.7$，$\beta_2 = 0.3$

已知　　　　　　　　　$a_{12} = 31.73\text{mm}$，$a_{10} = 40.91\text{mm}$

所以

$$b_{11} = \frac{d\beta_1(1 + \beta_2) - d_0(1 + \beta_1)}{\beta_1\beta_2 - 1} = \frac{31.73 \times 0.7 \times 1.3 - 40.91 \times 1.7}{0.21 - 1} = 51.48\text{mm}$$

$$h_{11} = \frac{d_0\beta_2(1 + \beta_1) - d(1 + \beta_2)}{\beta_1\beta_2 - 1} = \frac{40.91 \times 0.3 \times 1.7 - 31.73 \times 1.3}{0.21 - 1} = 25.80\text{mm}$$

孔型高度：　　　　　　$h_{K11} = h_{11} = 25.80\text{mm}$

取充满度：　　　　　　$\delta = 96\%$

则槽口宽度：　　　　　$b_{K11} = \dfrac{b_{11}}{\delta} = \dfrac{51.48}{0.96} = 53.63\text{mm}$

辊缝：　　　$s = (0.18 \sim 0.3)h_{11} = 4.64 \sim 7.74\text{mm}$，取 6mm

孔型内圆弧半径：　$R = \dfrac{(h_{K11} - s)^2 + b_{K11}^2}{4(h_{K11} - s)} = \dfrac{(25.80 - 6)^2 + 53.63^2}{4 \times (25.80 - 6)} = 41.27\text{mm}$

槽口圆角半径：　$r = (0.08 \sim 0.12)b_{K11} = 4.29 \sim 6.44\text{mm}$，取 5mm

断面面积：　　$S = \dfrac{1}{3}\left(\dfrac{s + 1}{h_{11}} + 2\right)b_{11}h_{11} = 1005.579\text{mm}^2$

则轧件在第 11 道次的轧后宽度：

$$B_{11} = a_{10} + (a_{10} - h_{K11})\beta_1 = 40.91 + (40.91 - 25.80) \times 0.7 = 51.49\text{mm}$$

验证在第 12 道次（圆孔型）中的充满度：

$$h_{K12} = 31.73\text{mm}$$

$$b_{K12} = h_{K12} + \Delta = 31.73 + 3 = 34.73\text{mm}$$

轧件在第 12 道次孔型中的实际宽度：

$$B_{12} = h_{11} + (b_{11} - h_{K12})\beta_2 = 25.80 + (51.49 - 31.73) \times 0.3 = 31.73\text{mm}$$

轧件宽度 $B_{12} < b_{K12}$，且充满程度：$\delta = \dfrac{31.73}{34.73} = 0.91$

延伸系数：　$\mu_{11} = \dfrac{F_{10}}{F_{11}} = \dfrac{1314.475}{1005.579} = 1.307$，$\mu_{12} = \dfrac{F_{11}}{F_{12}} = \dfrac{1005.579}{790.731} = 1.272$

所以椭圆孔型设计是合适的。

椭圆孔型结构图如图 6-11 所示。

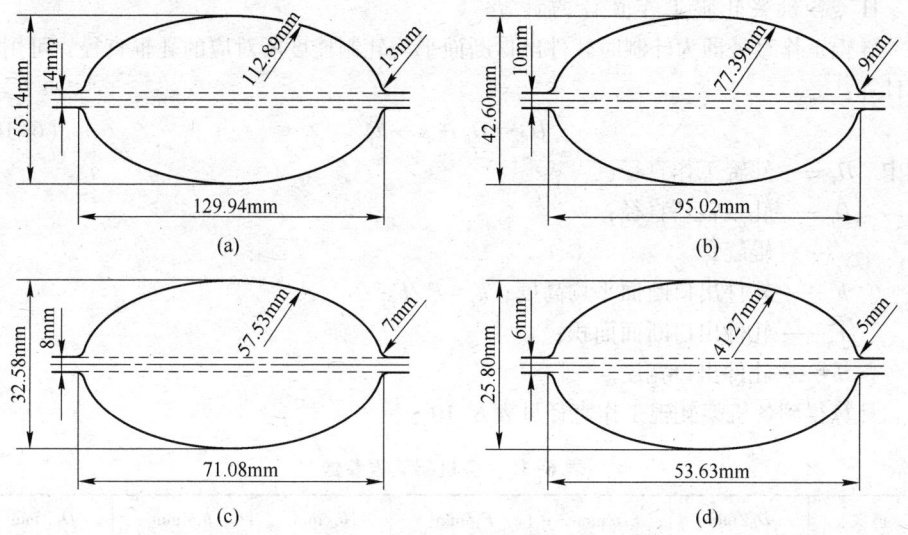

图 6-11 椭圆孔型结构图

（a）第 5 道次；（b）第 7 道次；（c）第 9 道次；（d）第 11 道次

G 延伸系数校核

根据计算出的轧件断面面积及公式 $F_n = \mu_{n+1} F_{n+1}$ 校核延伸系数，见表 6-9。

表 6-9 各道次断面面积及延伸系数

道次	断面面积/mm²	延伸系数	道次	断面面积/mm²	延伸系数
0	23088.803	—	8	2275.355	1.286
1	18175.083	1.270	9	1698.020	1.340
2	14467.268	1.256	10	1314.475	1.292
3	10217.355	1.416	11	1005.579	1.307
4	7250.989	1.409	12	790.731	1.272
5	5209.140	1.392	13	629.670	1.256
6	3981.872	1.308	14	503.437	1.251
7	2925.120	1.361			

$$\mu_{\sum 实际} = \mu_1 \mu_2 \cdots \mu_n = 45.866$$
$$\mu_{\sum 理论} = 45.86$$

$$\varepsilon = \frac{\mu_{\sum 实际} - \mu_{\sum 理论}}{\mu_{\sum 理论}} \times 100\% = \frac{45.866 - 45.86}{45.86} \times 100\% = 0.013\%$$

所以可以实现产品的精确轧制。

    H 各机架轧辊工作直径的计算

    轧辊工作直径即为轧制时轧件出口断面平均轧制速度所对应的轧辊直径，可用下式计算：

$$D_K = D_0 + s - h_p \qquad (6-10)$$

式中 D_K——轧辊工作直径；

       D_0——轧辊辊环直径；

        s——辊缝；

       h_p——轧件出口断面平均高度，$h_p = F_j/b_j$；

       F_j——轧件出口断面面积；

       b_j——轧件出口宽度。

    计算得到各机架轧辊工作直径见表6-10。

表 6-10 各机架轧辊参数

道次	D_0/mm	s/mm	F_j/mm^2	b_j/mm	h_p/mm	D_K/mm
1	550	20	18175.083	162.35	111.95	458.05
2	550	17	14467.268	120.38	120.18	446.82
3	550	20	10217.355	144.68	70.62	499.38
4	550	12	7250.989	96.08	75.47	486.53
5	450	14	5209.140	124.74	41.76	422.24
6	450	9	3981.872	71.20	55.93	403.07
7	450	10	2925.120	91.22	32.07	427.93
8	450	7	2275.355	53.82	42.28	414.72
9	350	8	1698.020	68.69	24.72	333.28
10	350	5	1314.475	40.91	32.13	322.87
11	350	6	1005.579	51.48	19.53	336.47
12	350	3	790.731	31.73	24.92	328.08
13	350	5	629.670	39.11	16.10	338.90
14	350	3	503.437	25.32	19.88	333.12

6.1.5 轧制力计算及轧机能力校核

6.1.5.1 轧制过程有关参数计算

    A 咬入角的计算

$$\alpha = \arccos\left(1 - \frac{\Delta h}{D_K}\right) \qquad (6-11)$$

其中，压下量以平均压下量计算。各道次咬入角见表 6-11。

表 6-11 各道次咬入角

道次	$\Delta h/\text{mm}$	咬入角/(°)	道次	$\Delta h/\text{mm}$	咬入角/(°)
1	40.00	24.12	8	26.39	20.55
2	42.17	25.09	9	17.56	18.68
3	49.56	25.74	10	19.99	20.27
4	44.20	24.61	11	12.60	15.73
5	32.31	22.60	12	14.06	16.83
6	41.70	26.29	13	8.82	13.10
7	23.86	19.22	14	9.89	14.00

B 前滑值的计算

a 摩擦系数 f 的选择

根据大量咬入条件的实际数据统计，发现热轧时的摩擦系数受轧辊材质、轧制速度和轧件化学成分的影响。参考同类规格的圆钢车间，轧制过程中摩擦系数选取见表 6-12。

表 6-12 各道次摩擦系数

道次	摩擦系数	道次	摩擦系数	道次	摩擦系数	道次	摩擦系数	道次	摩擦系数
1	0.42	4	0.43	7	0.43	10	0.43	13	0.42
2	0.42	5	0.44	8	0.43	11	0.42	14	0.42
3	0.43	6	0.44	9	0.43	12	0.42		

b 中性角 γ 的计算

由中性角的计算公式可得

$$\gamma_1 = \arcsin\left(\frac{\sin\alpha}{2} - \frac{1 - \cos\alpha}{2f}\right) = 5.76°$$

同理可得其他道次的中性角，见表 6-13。

表 6-13 各道次中性角大小 (°)

道次	中性角	道次	中性角	道次	中性角	道次	中性角	道次	中性角
1	5.76	4	5.89	7	5.73	10	5.81	13	4.72
2	5.72	5	6.02	8	5.83	11	5.22	14	4.91
3	5.84	6	5.96	9	5.68	12	5.38		

c 前滑值的计算

由前滑值公式得

$$s_{h1} = \frac{(458.05 \times \cos 5.76° - 111.95) \times (1 - \cos 5.76°)}{111.95} = 1.6\%$$

同理可得其他道次的前滑值，精轧机组每两架轧机之间有活套，为无张力轧制，故无前滑，见表6-14。

表 6-14 前滑值大小 (%)

道次	前滑值	道次	前滑值	道次	前滑值	道次	前滑值	道次	前滑值
1	1.6	4	2.1	7	4.5	10	3.5	13	0
2	1.3	5	3.6	8	3.4	11	0	14	0
3	2.5	6	2.5	9	4.5	12	0		

由计算可看出，前滑值均较小，故可忽略。认为本连轧设计中忽略张力影响，从而计算出轧制速度和电机转速。

C 轧辊转速和轧制速度

根据连轧常数和各轧辊的工作直径来求出各道次的轧辊转速和轧制速度。成品孔的连轧常数：

$$C_{14} = F_{14}v_{14} \tag{6-12}$$

成品机架轧辊的转速：
$$n_{14} = \frac{60v_{14}}{\pi D_{K14}} \tag{6-13}$$

最高轧制速度定为10m/s，因此成品孔的连轧常数与转速分别为：

$$C_{14} = 503.437 \times 10 = 5034.37$$

$$n_{14} = 573.62 \text{r/min}$$

精轧机组机架间设有活套，采用无张力轧制，连轧常数相等，前面粗中轧采用微张力轧制，但张力值小，初步设计时可忽略，则

$$v_{13} = \frac{C_{13}}{F_{13}} = \frac{5034.37}{629.670} = 8\text{m/s}$$

$$n_{13} = \frac{60 \times 8.00 \times 1000}{\pi \times 338.90} = 450.80 \text{r/min}$$

根据秒流量相等的原则，可依次求得上一道次的轧制速度，至第1道次，这也是本设计中的速度制度。各道次轧辊转速及轧制速度见表6-15。

表 6-15 各道次轧辊转速及轧制速度

道次	轧辊转速/r · min⁻¹	轧制速度/m · s⁻¹	道次	轧辊转速/r · min⁻¹	轧制速度/m · s⁻¹
1	11.56	0.28	5	42.46	0.94
2	14.88	0.35	6	59.94	1.26
3	18.85	0.49	7	76.85	1.72
4	27.27	0.69	8	101.94	2.21

道次	轧辊转速/r·min⁻¹	轧制速度/m·s⁻¹	道次	轧辊转速/r·min⁻¹	轧制速度/m·s⁻¹
9	169.99	2.96	12	370.82	6.37
10	226.67	3.83	13	450.80	8.00
11	284.32	5.01	14	573.62	10.00

6.1.5.2 轧制温度计算

确定开轧温度时，由于圆钢最后几道次是升温轧制，故从开轧到终轧总温降不会太大，根据铁碳相图，可确定开轧温度在 950~1050℃。取开轧温度是 1050℃。

终轧温度因钢种不同而不同，它主要取决于产品技术要求中规定的组织性能，本车间所轧钢种大部分为低合金钢，属于亚共析钢，其终轧温度应高于铁碳相图中的 A_{r3} 线 50~100℃，以获得较细的晶粒组织。取终轧温度在 950℃ 左右。

轧件在轧制过程中的温度变化，是由于辐射、传导、对流引起的温度下降和金属变形热所产生的温度升高合成的，可以用下式表示：

$$\Delta t = \Delta t_{\mathrm{f}} + \Delta t_{\mathrm{z}} + \Delta t_{\mathrm{d}} + \Delta t_{\mathrm{b}} \tag{6-14}$$

以上四项主要起作用的是辐射损失和变形热所产生的温度上升。由于传导和对流对温度影响较小，甚至可以忽略不计。因此，在本设计中采用采利柯夫方法计算轧制温度，轧件温度的变化为：

$$\Delta t = t_0 - \dfrac{1000}{\sqrt[3]{\dfrac{0.0225\Pi\tau}{\omega} + \left(\dfrac{1000}{t_0 + \Delta t_{\mathrm{b}} + 273}\right)^3}} - 273 \tag{6-15}$$

式中 t_0——进入该孔型前的轧件温度，℃；

Π——轧后轧件横截面周边长，mm；

ω——轧后轧件横截面面积，mm²；

τ——轧件冷却时间，s；

Δt_{b}——在该孔型中金属温度的升高，℃，$\Delta t_{\mathrm{b}} = 0.183\sigma\ln\mu$；

σ——金属塑性变形抗力，MPa；

μ——延伸系数。

要计算每一道次轧件的温度，可由公式

$$t_{i+1} = \dfrac{1000}{\sqrt[3]{\dfrac{0.0225\Pi\tau}{\omega} + \left(\dfrac{1000}{t_i + \Delta t_{\mathrm{b}i} + 273}\right)^3}} \tag{6-16}$$

式中 t_{i+1}——第 $i+1$ 道次轧制轧后温度，℃；

t_i——第 i 道次轧制后温度，℃；

$\Delta t_{\mathrm{b}i}$——第 i 道次孔型中轧件升高的温度，℃。

各道次的轧制温度见表 6-16。

表 6-16　轧制过程的温度变化表　　　　　（℃）

道次	温度	道次	温度	道次	温度	道次	温度	道次	温度
1	1050	4	1006.9	7	985.1	10	973.4	13	969.1
2	1034.5	5	998.6	8	978.9	11	953.4	14	976.5
3	1018.4	6	990.8	9	975.3	12	963.6		

6.1.5.3　轧制力计算

A　平均单位压力计算

本设计采用艾克隆德单位压力公式：

$$p_m = (1 + m)(k + \eta\mu) \tag{6-17}$$

其中

$$m = \frac{1.6f(\sqrt{R\Delta h} - 1.2\Delta h)}{H + h}$$

$$k = 9.8 \times (14 - 0.01t)(1.4 + C + Cr + Mn)$$

$$\eta = 0.1 \times (14 - 0.01t)$$

$$\mu = \frac{2v\sqrt{\dfrac{\Delta h}{R}}}{H + h}$$

$$f = a(1.05 - 0.0005t)$$

式中　t——轧制温度，℃；

　　　C——以百分数表示的碳含量；

　　Mn——以百分数表示的锰含量；

　　Cr——以百分数表示的铬含量；

　　　k——静压力下单位变形抗力；

　　　η——被轧钢材的黏度系数；

　　　f——轧件与轧辊间的摩擦系数；

　H, h——坯料轧前后的高度；

　　　R——轧辊的工作半径；

　　Δh——道次的平均压下量。

对于铸铁轧辊，取

$$a = 0.8$$

则有

$$R = 0.5D_k = 229.03\text{mm}$$

$$\eta = 0.1 \times (14 - 0.01 \times 1050) = 0.35\text{MPa} \cdot \text{s}$$

$$f = a(1.05 - 0.0005t) = 0.8 \times (1.05 - 0.0005 \times 1050) = 0.42$$

$$m = \frac{1.6 \times 0.42(\sqrt{229.03 \times 40} - 1.2 \times 40)}{151.95 + 111.95} = 0.122$$

$$\mu = \frac{2v\sqrt{\dfrac{\Delta h}{R}}}{H + h} = \frac{2 \times 0.28 \times \sqrt{\dfrac{40}{229.03}} \times 1000}{151.95 + 111.95} = 0.89\text{s}^{-1}$$

所以

$$k = 9.8 \times (14 - 0.01t)(1.4 + C + Cr + Mn)$$
$$= 9.8 \times (14 - 0.01 \times 1050)(1.4 + 0.2\% + 1.5\%)$$
$$= 48.60 MPa$$

$$p_m = (1 + 0.122)(48.60 + 0.35 \times 0.89) = 55.85 MPa$$

同理可得其他道次的单位压力, 见表6-17。

表6-17　各道次单位压力

道次	m	k/MPa	$\eta/MPa \cdot s$	μ/s^{-1}	p_m/MPa
1	0.12	48.60	1.35	0.89	55.85
2	0.14	50.76	1.35	1.31	59.69
3	0.17	52.99	1.35	2.12	65.59
4	0.20	54.59	1.35	3.24	70.46
5	0.20	55.74	1.34	4.87	74.97
6	0.23	56.82	1.34	9.07	85.15
7	0.27	57.62	1.34	10.09	90.27
8	0.31	58.48	1.34	16.35	105.73
9	0.28	58.98	1.34	22.24	113.23
10	0.32	59.24	1.34	36.68	143.33
11	0.34	62.02	1.34	41.11	156.82
12	0.39	60.60	1.34	64.83	205.50
13	0.38	59.84	1.34	69.03	210.89
14	0.44	58.81	1.34	104.87	288.10

B　轧制力计算

轧制力计算如下:

$$P = P_m F \tag{6-18}$$

式中　　P_m——单位压力, N;

　　　　F——轧件与轧辊接触面积, mm^2。

接触面积是指轧件与轧辊接触面的水平投影, 它取决于轧件与孔型的几何尺寸和轧辊直径, 在孔型中轧制时接触面积为:

$$F = \frac{B + b}{2}\sqrt{R\Delta h_c} \tag{6-19}$$

式中　　Δh_c——平均绝对压下量, $\Delta h_c = \dfrac{F_0}{B} - \dfrac{F_1}{b}$;

　　　　F_0, F_1——轧前、轧后轧件断面积。

由以上可得

$$F_1 = \frac{151.95 + 162.35}{2} \times \sqrt{229.03 \times 40} = 15041.316 \text{mm}^2$$

同理可得其他道次的接触面积，见表 6-18。

表 6-18　各道次接触面积表　　　　　　　　　　　　　　　（mm²）

道次	面积	道次	面积	道次	面积	道次	面积	道次	面积
1	15041.316	4	12482.607	7	5802.513	10	3113.048	13	1369.316
2	13721.292	5	9103.860	8	5364.633	11	2126.858	14	1307.500
3	14742.815	6	8981.242	9	3313.549	12	1998.081		

则轧制压力：　　　　　　$P_1 = 55.85 \times 15041.316 = 840.09 \text{kN}$

同理可得其他道次的轧制压力，见表 6-19。

表 6-19　各道次轧制压力表　　　　　　　　　　　　　　　（kN）

道次	轧制压力	道次	轧制压力	道次	轧制压力	道次	轧制压力	道次	轧制压力
1	840.09	4	879.54	7	523.81	10	446.18	13	288.78
2	819.05	5	682.54	8	567.21	11	333.53	14	376.70
3	966.97	6	764.79	9	375.21	12	410.61		

6.1.5.4　力矩计算

确定主电机功率之前，首先必须确定驱动轧辊的力矩。在轧制过程中，在主电机轴上，传动轧辊所需的力矩最多由下面四个部分组成：

$$M = \frac{M_z}{i} + M_f + M_k + M_d \tag{6-20}$$

式中　M_z——轧制力矩，用于轧件塑性变形所需力矩；

　　　M_f——附加摩擦力矩；

　　　M_k——空转力矩；

　　　M_d——动力矩；

　　　i——轧辊与主电机间的传动比。

动力矩只发生在不均传动进行工作的几种轧机中，对于 ϕ25mm 圆钢的轧制，基本上是匀速传动，所以 M_d 可以忽略。

A　轧制力矩的计算

按金属对轧辊的作用力计算轧制力矩：

$$M_z = 2Pa = 2P\psi l \tag{6-21}$$

式中　P——垂直压力；

　　　ψ——轧制力臂系数，可按照经验公式选取，取 0.56；

l——接触弧长度，$l = \sqrt{R_a \Delta h}$。

则第 1 道次轧制力矩如下：

$$l = \sqrt{R_a \Delta h} = 95.71\text{mm}$$

$$M_{z1} = 2P\psi l = 2 \times 840.09 \times 0.56 \times 95.71 = 90.053\text{kN} \cdot \text{m}$$

其他各道次的轧制力矩见表 6-20。

表 6-20 各道次轧制力矩表

道次	接触弧长度/mm	轧制力矩/kN·m	道次	接触弧长度/mm	轧制力矩/kN·m
1	95.71	90.053	8	73.97	47.47
2	97.06	89.727	9	54.09	23.047
3	111.24	121.287	10	56.81	28.762
4	103.69	102.886	11	46.04	17.478
5	82.46	63.606	12	48.03	22.431
6	91.67	79.166	13	38.66	12.746
7	71.45	42.357	14	40.59	17.439

B 附加摩擦力矩的计算

a 轧辊轴承中的附加摩擦力矩

对于轧机，上、下工作辊共有四个轴承，其附加摩擦力矩计算公式为：

$$M_{f1} = Pd_1\mu_1 \qquad (6-22)$$

式中 P——作用在 4 个轴承上的总负荷，等于轧制力；

d_1——轧辊辊颈直径；

μ_1——轧辊轴承摩擦系数，它取决于轴承构造和工作条件。液体摩擦轴承取 0.003~0.004，滚动轴承取 0.003。

轧辊的主要参数见表 6-21。

表 6-21 各机架轧辊参数 （mm）

机架号	轧辊直径	辊颈直径	辊径长度
1~4	550	280	315
5~8	450	230	200
9~14	350	200	150

则第 1 道次

$$M_{f1} = Pd_1\mu_1 = 840.09 \times 280 \times 0.003 = 0.706\text{kN} \cdot \text{m}$$

同理可得其他轧辊轴承中的附加摩擦力矩，见表 6-22。

b 传动机构中的摩擦力矩

这部分力矩指减速机座、齿轮机座中的摩擦力矩。

$$M_{f2} = \left(\frac{1}{\eta_1} - 1\right) \times \frac{M_z + M_{f1}}{i} \qquad (6-23)$$

式中　M_{f2}——换算到主电机轴上的传动机构的摩擦力矩；

　　　　η_1——传动机构的效率，即从主电机到轧机的传动效率，取 0.96；

　　　　i——传动比。

第 1 道次：

$$M_{f1} = Pd_1\mu_1 = 840.09 \times 280 \times 0.003 = 0.706 \text{kN} \cdot \text{m}$$

$$M_{f2} = \left(\frac{1}{0.96} - 1\right) \times \frac{90.053 + 0.706}{70} = 0.054 \text{kN} \cdot \text{m}$$

$$M_f = \frac{0.706}{70} + 0.054 = 0.064 \text{kN} \cdot \text{m}$$

同理得其他道次传动机构摩擦力矩、换算到主电机轴上附加摩擦力矩，见表6-22。

C　空转力矩的计算

空转力矩通常按经验公式确定：

$$M_k = (0.03 \sim 0.06)M_H \qquad (6-24)$$

$$M_H = \frac{30P_e}{n_e\pi} \qquad (6-25)$$

式中　M_H——电机的额定力矩；

　　　　P_e——电机的额定功率。

第 1 道次计算如下：

$$M_H = \frac{30P_e}{n_e\pi} = \frac{30 \times 650}{11.56\pi} = 0.537 \text{kN} \cdot \text{m}$$

$$M_k = 0.05 \times 0.537 = 0.0268 \text{kN} \cdot \text{m}$$

同理可得其他道次的空转力矩，见表6-22。

D　静力矩的计算

静力矩可按下式计算：

$$M_{j1} = \frac{M_z}{i} + M_f + M_k = \frac{90.053}{70} + 0.064 + 0.0268$$

$$= 1.38 \text{kN} \cdot \text{m}$$

同理可得其他道次静力矩，见表6-22。

E　等效力矩的计算

等效力矩第 1 道次计算如下：

$$M_{jum} = \sqrt{\frac{M_j^2 T_{zh} + M_k^2 T_j}{T_{zh} + T_j}} = \sqrt{\frac{1.38^2 \times 55.01 + 0.0268^2 \times 10.714}{55.01 + 10.714}}$$

$$= 1.26 \text{kN} \cdot \text{m}$$

同理可得其他道次等效力矩，见表6-22。

表 6-22 各力矩参数表 （kN · m）

道次	M_{f1}	M_z	M_{f2}	M_f	M_k	M_j	M_{jum}
1	0.706	90.053	0.054	0.064	0.0268	1.38	1.27
2	0.688	89.727	0.07	0.084	0.0209	1.80	1.67
3	0.812	121.287	0.114	0.133	0.0203	2.91	2.76
4	0.739	102.886	0.1291	0.152	0.0140	3.28	3.16
5	0.573	63.606	0.139	0.17	0.0090	3.53	3.43
6	0.642	79.166	0.235	0.282	0.0064	5.94	5.70
7	0.44	42.357	0.173	0.216	0.0056	4.37	4.30
8	0.476	47.47	0.26	0.323	0.0042	6.57	6.49
9	0.315	23.047	0.16	0.213	0.0025	4.06	4.02
10	0.375	28.762	0.266	0.35	0.0019	6.74	6.66
11	0.28	17.478	0.227	0.315	0.0020	5.78	5.74
12	0.345	22.431	0.373	0.512	0.0015	9.49	9.44
13	0.243	12.746	0.291	0.425	0.0014	7.43	7.40
14	0.316	17.439	0.511	0.735	0.0011	13.02	13.02

6.1.5.5 电机能力校核

对于新设计的轧机，一般只需要根据等效力矩计算电机的功率，即

$$N = \frac{\pi M_{jum} n}{30\eta} \tag{6-26}$$

式中　n——电机的转速，r/min；

　　　η——由电动机到轧机的传动效率。

取　　　　　　　　　　$\eta = 0.97$

所以　　　$N = \frac{\pi M_{jum} n}{30\eta} = \frac{3.14 \times 1.27 \times 832.32}{30 \times 0.97} = 114.06 \text{kW}$

同理可得其他道次电机功率，见表 6-23。

表 6-23 各道次电机功率校核

机架号	额定功率/kW	实际功率/kW	减速机速比 i
1	650	114.06	72
2	650	142.56	53
3	800	247.79	44
4	800	307.82	33
5	800	299.54	19
6	800	517.77	14

机架号	额定功率/kW	实际功率/kW	减速机速比 i
7	900	364.86	10.2
8	900	544.28	7.6
9	900	443.83	6
10	900	735.36	4.5
11	1200	565.31	3.2
12	1200	947.31	2.5
13	1300	657.21	1.82
14	1300	1148.00	1.42

由此可知各道次电机实际功率小于额定功率，所以电机符合要求。

6.1.5.6　设备生产能力的计算

A　轧制节奏计算

因维持连轧关系的轧机每架只轧制一道次且保持单位时间内通过各机架的金属秒流量相等的原则，可得到每架轧机的轧制速度。各道次纯轧时间相等，即

$$T_{zh} = L_n/V_n = \frac{440.06}{8.00} = 55.01\text{s}$$

根据圆钢厂设计经验，取上根轧制完成到下根开始的间隔时间：

$$\Delta T = 7\text{s}$$

则轧制节奏：

$$T = T_{zh} + \Delta T = 55.01 + 7 = 62.01\text{s}$$

B　轧制总延续时间计算

粗轧机区的机架间距取决于轧机尺寸而非电气控制因素，一般粗轧区的长度在 16~18m，取第 1 架到第 6 架相邻轧机的距离为 3m；第 6 架到第 7 架之间设置有事故剪，距离为 6m；第 7 架到第 10 架相邻轧机的距离为 3m；第 10 架到第 11 架之间设置有预穿水冷却距离为 4m，故剪距离为 5m，精轧区机架间距在 4~5m，第 11 架到第 14 架相邻轧机的距离为 4m。

C　间隙时间

$$T_j = L/v_i \tag{6-27}$$

式中　L——两架轧机间的中心距，m；

　　　v_i——前架轧机的轧制速度，m/s。

以第 1、2 架粗轧机间的间隙时间为例：

$$T_{j12} = L/v_i = \frac{3}{0.28} = 10.71\text{s}$$

同理可计算得各道次间轧制间隙时间，见表 6-24。

表 6-24 道次间间隙时间表　　　　　　　　　　　　　　（s）

道次间	间隙时间	道次间	间隙时间
1~2	10.714	8~9	1.357
2~3	8.571	9~10	1.014
3~4	6.122	10~11	2.350
4~5	4.348	11~12	0.798
5~6	3.191	12~13	0.628
6~7	4.762	13~14	0.500
7~8	1.744		

则轧制总间隙时间：　　　　$\sum T_j = T_{j1} + T_{j2} + \cdots + T_{j14} = 46.101\text{s}$

轧制总延续时间：　　　　$T_z = T_{zh} + \sum T_j = 55.01 + 46.101 = 101.11\text{s}$

绘制节奏图表，如图 6-12 所示。

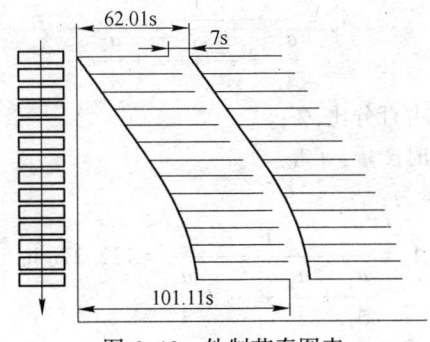

图 6-12　轧制节奏图表

　　轧钢机产量是衡量轧钢机技术经济效果的一个主要指标，是车间设计中重要的工艺参数。设计的任务就是要充分发挥轧钢机的生产能力，使车间建成投产后在预定的时间内达到和超过设计水平。因此，轧钢机生产水平的高低和它实际能达到的能力是衡量设计质量的重要指标。

　　D　小时产量计算

　　实际上在生产过程中，由于种种原因（轧机操作失误、轧件在孔型中打滑等），轧机的小时产量达不到上述的数值；且由于轧制过程中轧件有烧损，切头及切废，所以合格率不为 100%，故应有成材率。

　　则轧机实际能达到的小时产量可用下式表示：

$$A = \frac{3600QK_1 b}{T} \tag{6-28}$$

式中　A——轧机小时产量，t/h；

　　　Q——原料重量，t；

　　T——节奏时间，s；

　　K_1——轧钢机利用系数，取成品轧机 $K_1 = 0.80 \sim 0.85$；

　　b——成材率，%，一般参考同类车间取 96%，则取 $b = 0.96$。

设计时，取轧钢机利用系数：　　$K_1 = 0.85$

纯轧时间：　　　　　　　　　$T_{zh} = 55.01s$

轧制节奏：　　　$T = T_{zh} + \Delta T = 55.01 + 7 = 62.01s$

坯料重量：　　　$Q = 150^2 \times 12000 \times 7.65 \times 10^{-9} = 2.0655t$

单位小时产量：　$A = \dfrac{3600 Q K_1 b}{T} = \dfrac{3600 \times 2.0655 \times 0.85 \times 0.96}{62.01} = 97.85t/h$

　　以上所述仅是单品种小时产量计算，当一个车间生产若干个品种时，每个品种或由于选用坯料断面尺寸不同，或由于轧制道次不同，因而具有不同的小时产量，为考核一个车间的生产水平和计算年产量，就需要计算各种品种产品的所占不同比例的小时产量，这个产量称为平均小时产量，也称为产品综合小时产量。

　　平均小时产量计算公式：

$$A_p = \cfrac{1}{\dfrac{a_1}{A_1} + \dfrac{a_2}{A_2} + \cdots + \dfrac{a_n}{A_n}} \qquad (6-29)$$

式中　a——各种产品所占百分比，%；

　　　A——各种产品小时产量，t/h。

则轧机平均小时产量为：

$$A_p = \cfrac{1}{\dfrac{a_1}{A_1} + \dfrac{a_2}{A_2} + \cdots + \dfrac{a_n}{A_n}} = 122.27t/h$$

　　E　车间年产量的计算

　　车间年产量是指一年内轧钢车间各种产品的综合产量，以综合小时产量为基础计算，计算公式为：

$$A = A_p T_{jw} K_2 \qquad (6-30)$$

式中　A——车间年产量，t/a；

　　　A_p——平均小时产量，t/h；

　　　T_{jw}——轧机一年内计划工作小时数，h；

　　　K_2——时间利用系数。

则车间年产量：

$$A = A_p T_{jw} K_2 = 122.27 \times 6500 \times 0.95 = 75.5 \text{ 万吨}$$

由此可见，年产量与原设计年产量相符。

6.1.5.7　轧辊强度校核

　　轧辊直接承受轧制力和转动轧辊的转动力矩，因此，轧辊强度往往决定整个轧机负荷能力。为了保证轧辊有足够的强度抵抗破坏的能力，孔型设计完成之后要对轧辊进行强度校核，包括对辊身、辊颈以及辊头的强度校核。

A 辊身强度校核

此为带孔型的轧辊，其危险断面在中间轧槽上，应比较各断面应力大小来确定，轧辊孔型及受力弯矩图如图6-13所示。

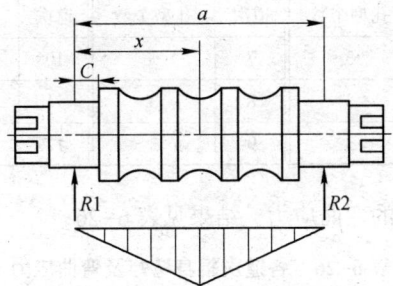

图 6-13 轧辊孔型及受力弯矩图

辊身验算弯矩为：

$$M_D = p \frac{x}{a}(a - x) \tag{6-31}$$

式中 p——作用在轧辊上的轧制压力，kN；

a——压下螺丝的中心距，mm；

x——辊身危险断面与压下螺丝的距离，mm。

作用辊身危险断面的弯曲应力：

$$\sigma_D = \frac{M_D}{W_D} = \frac{M_D}{0.1D^3} \tag{6-32}$$

式中 M_D——辊身危险断面弯矩；

D——计算危险断面的工作直径。

以第1道次为例：

$$P = 840.09 \text{kN} \cdot \text{m}, \quad D_k = 458.05 \text{mm}$$

$$d = 280 \text{mm}, \quad L = 600 \text{mm}$$

$$l = 315 \text{mm}, \quad c = \frac{l}{2} = 157.5 \text{mm}$$

$$a = L + l = 915 \text{mm}, \quad x = \frac{a}{2} = 457.5 \text{mm}$$

则辊身弯矩：

$$M_D = 840.09 \times \frac{457.5}{915} \times (915 - 457.5) = 192.171 \text{kN} \cdot \text{m}$$

危险断面的弯曲应力：

$$\sigma_D = \frac{M_D}{0.1D^3} = \frac{192.171}{0.1 \times 458.05^3} = 20.00 \text{MPa} < [\sigma]$$

每一道次轧辊上孔型的个数不相同，最后一架轧机孔型个数定为 1 个，这是为了保证轧制精度，之前的道次考虑到成本问题，所以每道次确定为 3 个孔型。各道次孔型个数见表 6-25。

表 6-25　各道次配置孔型个数

道次	孔型个数	道次	孔型个数	道次	孔型个数	道次	孔型个数	道次	孔型个数
1	3	4	3	7	3	10	3	13	3
2	3	5	3	8	3	11	3	14	1
3	3	6	3	9	3	12	3		

同理，计算其他道次的弯曲应力，结果见表 6-26。

表 6-26　各道次辊身弯矩及弯曲应力

道次	辊身弯矩/kN·m	弯曲应力/MPa	道次	辊身弯矩/kN·m	弯曲应力/MPa
1	192.171	20.00	8	63.811	8.95
2	156.643	17.56	9	42.211	11.40
3	209.107	16.79	10	39.041	11.60
4	157.218	13.65	11	33.353	8.76
5	110.913	14.88	12	35.928	10.17
6	95.599	14.60	13	21.659	5.56
7	78.572	10.03	14	18.835	5.10

轧机轧辊采用铸铁材质，许用应力为 $[\sigma] = 160\mathrm{MPa}$，许用弯曲应力不超过 $[\sigma]$ 的 50%，所以强度满足强度要求。

B　辊颈强度校核

辊颈危险断面上的弯曲应力 σ_{d} 和扭转应力 τ 分别为：

$$\sigma_{\mathrm{d}} = \frac{M_{\mathrm{d}}}{0.1d^3} \qquad (6-33)$$

$$\tau = \frac{M_{\mathrm{n}}}{0.2d^3} \qquad (6-34)$$

式中　d——辊颈直径；

M_{d}——辊颈危险断面处的弯矩，由支承反力决定，$M_{\mathrm{d}} = Rc$；

M_{n}——扭转力矩，$M_{\mathrm{n}} = 0.5(M_{\mathrm{z}} + M_{\mathrm{fl}})$。

以第 1 道次为例：　　　$R = 0.5P = 420.045\mathrm{kN}$

$$c = 157.5\mathrm{mm}$$

对于带孔型轧辊辊颈弯曲应力：

$$\sigma_{\mathrm{d}} = \frac{M_{\mathrm{d}}}{0.1d^3} = \frac{420.045 \times 157.5}{0.1 \times \left(\dfrac{280}{1000}\right)^3} = 30.14\mathrm{MPa}$$

扭转应力： $\tau = \dfrac{M_n}{0.2d^3} = \dfrac{0.5 \times (90.762 + 0.706) \times 10^3}{0.2 \times 280^3 \times 10^{-9}} = 10.42\text{MPa}$

各道次的辊颈处弯曲应力和扭转应力见表6-27。

表6-27 辊颈弯曲和扭转应力 （MPa）

道次	弯曲应力	扭转应力	道次	弯曲应力	扭转应力
1	30.14	10.42	8	23.31	9.85
2	29.38	10.30	9	17.59	7.30
3	34.69	13.91	10	20.91	9.11
4	31.55	11.80	11	15.63	5.55
5	28.05	13.19	12	19.25	7.12
6	31.43	16.40	13	13.54	4.06
7	21.53	8.79	14	17.66	5.55

辊颈强度应按弯扭合成应力计算，采用铸铁轧辊时，合成应力按第二强度理论计算，以第1道次为例：

$$\sigma_2 = 0.375\sigma_d + 0.625\sqrt{\sigma_d^2 + 4\tau^2} \tag{6-35}$$

$\sigma_2 = 0.375 \times 30.14 + 0.625 \times \sqrt{30.14^2 + 4 \times 10.42^2} = 34.20\text{MPa} < 80\text{MPa}$

各道次的 $\sigma_2 < 80\text{MPa}$，所以辊颈强度满足要求。

C 辊头强度校核

抗扭断面系数： $$W_T = 0.231db^2 \tag{6-36}$$

则最大扭转应力： $$\tau = \dfrac{M_z}{W_T} \tag{6-37}$$

以第1道次为例： $\tau = \dfrac{M_z}{W_T} = \dfrac{90.762}{0.231 \times 280 \times 186.7^2} = 40.27\text{MPa}$

其他道次扭转应力见表6-28。

表6-28 各道次扭转应力 （MPa）

道次	扭转应力	道次	扭转应力	道次	扭转应力	道次	扭转应力	道次	扭转应力
1	40.27	4	45.65	7	33.91	10	35.02	13	15.52
2	39.81	5	50.92	8	38.00	11	21.28	14	21.23
3	53.82	6	63.38	9	28.06	12	27.31		

轧机轧辊采用铸铁，许用应力为 $\sigma_b = 160\text{MPa}$，许用扭转应力不超过 σ_b 的50%，则各架轧机轧辊强度符合要求，故各轧机的轧辊强度均符合要求。

6.1.6　各项技术经济指标

轧钢生产中主要原材料及动力消耗主要有：金属、燃料、电力、轧辊、水、油、压缩空气、氧气、蒸汽和耐火材料等。由于生产条件不同，或者由于技术操作水平和生产管理水平不同，不同车间上述消耗指标会有很大的差异；就是同一车间在不同时期，各种指标也可能因某种原因而发生变化。因此，要经常掌握和研究各类产品的各种消耗指标，才能了解和改进生产。

A　金属消耗

金属消耗是轧钢生产中最重要的消耗，通常它占产品成本的一半以上，因此，降低金属消耗对节约金属、降低产品成本有重要意义。金属消耗指标通常以金属消耗系数表示，它的含义是生产1t合格钢材需要的钢锭或钢坯量。其计算公式为：

$$K = \frac{W}{Q} \tag{6-38}$$

式中　K——金属消耗系数；

　　　W——投入坯料的重量，t；

　　　Q——合格产品的重量，t。

金属消耗一般由下列的金属损耗所组成。

a　烧损

烧损就是金属在高温状态下的氧化损失。它包括坯料在加热过程中生成的氧化铁皮和轧制过程中形成的二次氧化铁皮，但前者是主要的。

b　切损

切损包括切头、切尾、切边和由于局部质量不合格而必须切除所造成的金属损失。切损主要与钢种、钢材种类及其要求、坯料尺寸计算的精确程度以及选用的原料状况（长度、重量等）有关。

c　轧废

轧废是由于操作不当、管理不善或者出现事故所造成的废品损失，合金钢因要求较高，生产困难，轧废量较多，一般为1%~3%。

故金属消耗系数为：　　$K = \dfrac{W}{Q} = \dfrac{774394.5}{750000} = 1.033$

B　燃料消耗

轧钢车间的燃料消耗主要用于坯料的加热。本车间使用的燃料为高炉煤气。其消耗量一般用每吨钢材需要消耗多少热量来表示。

每吨钢材的燃料消耗决定于加热时间与加热制度、加热炉的结构和产量、坯料的钢种和断面尺寸、入炉时料的温度等因素。对连续式加热炉而言，炉子产量越高，相对的燃料消耗越少。

本车间取1.20GJ/t，本车间年产75万吨，因此，年消耗：

$$W = 1.20 \times 75 \times 10^4 = 90 \times 10^4 \text{GJ}$$

C 轧辊消耗

参考同类圆钢车间，平均每吨产品消耗 0.27kg 轧辊，则轧辊年消耗量：

$$M = 0.27 \times 750000 / 0.97 = 208.76 t$$

D 其余的材料消耗

参考同类车间，对本车间的各类消耗进行估算，具体参数见表 6-29。

表 6-29 各类材料的消耗

项目	电能消耗	水消耗	压缩空气消耗	蒸汽消耗	氧气消耗
单位消耗	78kW·h/t	25t/t	16m³/t	0.05t/t	0.2m³/t
年总消耗	6×10^7 kW·h	2×10^7 t	1.08×10^7 m³	4×10^4 t	1.6×10^5 m³

E 日历作业率

以轧钢机一年实际工作时间为分子，以日历时间减去计划大修时间为分母求得的百分数叫做轧机的日历作业率，如下式：

$$轧机日历工作率 = \frac{实际工作时间}{日历时间 - 计划大修时间} \times 100\% \qquad (6-39)$$

所以

$$轧机日历工作率 = \frac{6500}{8760 - 600} \times 100\% = 79.66\%$$

F 有效作业率

为了便于研究分析和对比考察轧钢机的生产效率，一般还用轧机有效作业率来考核轧机生产作业水平。

实际工作时间占计划工作时间的百分比称为轧机的有效作业率：

$$轧机有效作业率 = \frac{实际工作时间}{计划工作时间} \times 100\% \qquad (6-40)$$

所以

$$轧机有效作业率 = \frac{6500}{7752} \times 100\% = 83.85\%$$

G 成材率

用 1t 原料能够轧制出合格产品重量的百分数称为成材率，它反映了轧钢生产过程中金属的收得情况。计算公式为：

$$b = \frac{Q - W}{Q} \times 100\% = \frac{G}{Q} \times 100\% = \frac{1}{K} \times 100\% \qquad (6-41)$$

式中　b——成材率,%；

　　　Q——原料重量，t；

　　　W——各种原因造成的金属损失量，t；

　　　G——合格产品重量，t；

　　　K——金属消耗系数，在此取 1.033。

所以

$$b = \frac{1}{K} \times 100\% = \frac{1}{1.033} \times 100\% = 96.8\%$$

6.1.7 型钢轧制工艺设计车间布置

车间平面布置主要指设备和设施按选订的生产工艺流程确定平面的位置，平面布置的合理与否对于设备生产能力的发挥、工人操作安全、生产周期的长短及生产率的高低有着很大的影响，在平面布置时应当从实际出发求得最大合理的布置。

在平面布置时，主要应以下原则为依据：

(1) 满足工艺要求，使车间具有畅通合理的金属的流程线；

(2) 满足产品今后在产量、质量和品种上发展的需要；

(3) 设备的间距应满足上下工序工艺上的要求，互不干扰，并考虑到操作条件和劳动安全；

(4) 跨间组成和相互位置关系要合理，满足工艺要求，节省面积和投资；

(5) 使上下车间联系紧密，缩短运输距离，缩短管线铺设长度。

A 设备间距的确定

加热炉到轧机距离大小与加热炉布置方式有很大关系。本设计中，布置方式是加热炉中心线和轧机中心线相互垂直。加热炉到轧机的间距根据经验定为30m。

本套轧机为全连续式中型轧钢机，共16架，呈平立交替式布置，分为粗中精轧三个机组，粗轧机组6架轧机，中轧机组4架轧机，精轧机组为6架轧机。粗轧区的长度在16~18m，由于第六架轧机后设有飞剪，考虑其传动较复杂，又要设置废料筐，故其占地面积较大，因此，确定粗轧机间距为3m，粗轧机组与中轧机组的间距为6m。中轧机间距为3m。精轧机考虑投入活套器的数量，机架间距多在4~5m，因此，确定其机架间距为4m。

B 仓库面积计算

为保证原料供应和成品堆放，保证生产的正常运转，进行轧钢车间设计时，应充分考虑给车间留有一定面积的原料仓库和成品仓库以及其他物品的存放面积。生产实践经验证明，通常按设计所定的各种仓库面积往往因生产发展而显得不足。因此在计算有关仓库面积时应充分估计到今后生产发展而提出的新的要求。

a 原料仓库面积计算

原料仓库主要用以存放生产用的各种原料。其面积大小主要与下列因素有关：车间轧机的生产能力大小；坯料和成品的钢种、断面形状和尺寸；坯料供应和运输条件；仓库中对坯料进行检查、清理、修磨等工序所需的工作面积大小；吊车工作场面和运输线路所占面积；坯料堆放方法、允许堆放高度以及由于场地条件所决定的单位面积堆放的负荷量大小；操作安全及行人通道等要求。

轧钢车间原料仓库面积如下：

$$F = \frac{24AnK}{0.7qh} = \frac{24 \times 122.27 \times 7 \times 1.033}{0.7 \times 6 \times 2} = 2526.10 \text{m}^2$$

式中 F——原料仓库面积，m^2；

    A——轧机小时产量，t/h；

    n——存放天数，本设计取为 7 天；

    K——金属综合消耗系数，取 1.033；

    q——每立方米空间所能存放的原料重，t；

    h——每堆原料堆放高度，m；

    24——每天小时数；

    0.7——仓库利用系数。

    b 成品仓库面积的计算

    轧钢车间成品存放天数，一般按轧机 7~10 天的平均日产量考虑，坯料堆放高度取 2.2m，单位面积存放量取 5.3t/m³。

$$F = \frac{24 \times 122.27 \times 7 \times 1.033}{0.7 \times 5.3 \times 2.2} = 2599.76 \text{m}^2$$

    C 车间厂房组成及立面尺寸确定

    a 厂房跨度布置

    轧钢车间一般均由原料跨、主轧机跨、精整跨和成品跨所组成。厂房跨度的布置就是解决和处理这些跨之间相互位置关系。跨间布置的方式很多，要根据生产工艺流程、轧机组成及地形条件等因素来决定。

    b 厂房跨度大小

    厂房跨度实际上可视为厂房宽度。厂房越宽，工作条件越好。但是厂房造价也随之增高。所以，主轧跨的跨距大小要根据轧机机列所必需的横向尺寸和其他一些因素来考虑。在满足设备布置的条件下，要注意设备维修、吊车运输和人形通道等因素。另外，跨度的尺寸还要符合厂房建筑统一模数的规定。

    c 柱距尺寸

    柱距大小就是相邻两个柱子之间的距离。

    在没有特殊工艺要求或设备安装要求的情况下，轧钢车间柱距一般取为 6~12m，根据同类车间经验，本设计取为 12m。

    d 吊车轨面标高

    从吊车轨道面到车间地平的距离称为吊车轨面标高。决定车间吊车轨面标高的因素很多，主要的是：车间设备高度、主要操作台形式及其高度、运输条件、检修及换辊要求、车间通风及照明要求以及车间投资等。

    主轧跨轨面标高要考虑到换辊时机架盖与上辊一起吊走这一因素。按建筑统一的规定，综合考虑以上因素，吊车轨面标高为 $H = 15\text{m}$。

    根据本节设计、计算与校核，以 75 万吨大型型钢轧制工艺设计为例，绘制了型钢生产车间平面布置图，如图 6-14 所示，其中主要包括坯料的准备，加热炉布置，粗轧机组、预精轧机组、精轧机组以及后续的矫直和剪切机组的布置和车间中一些必要的辅助设备的位置安排布置等。

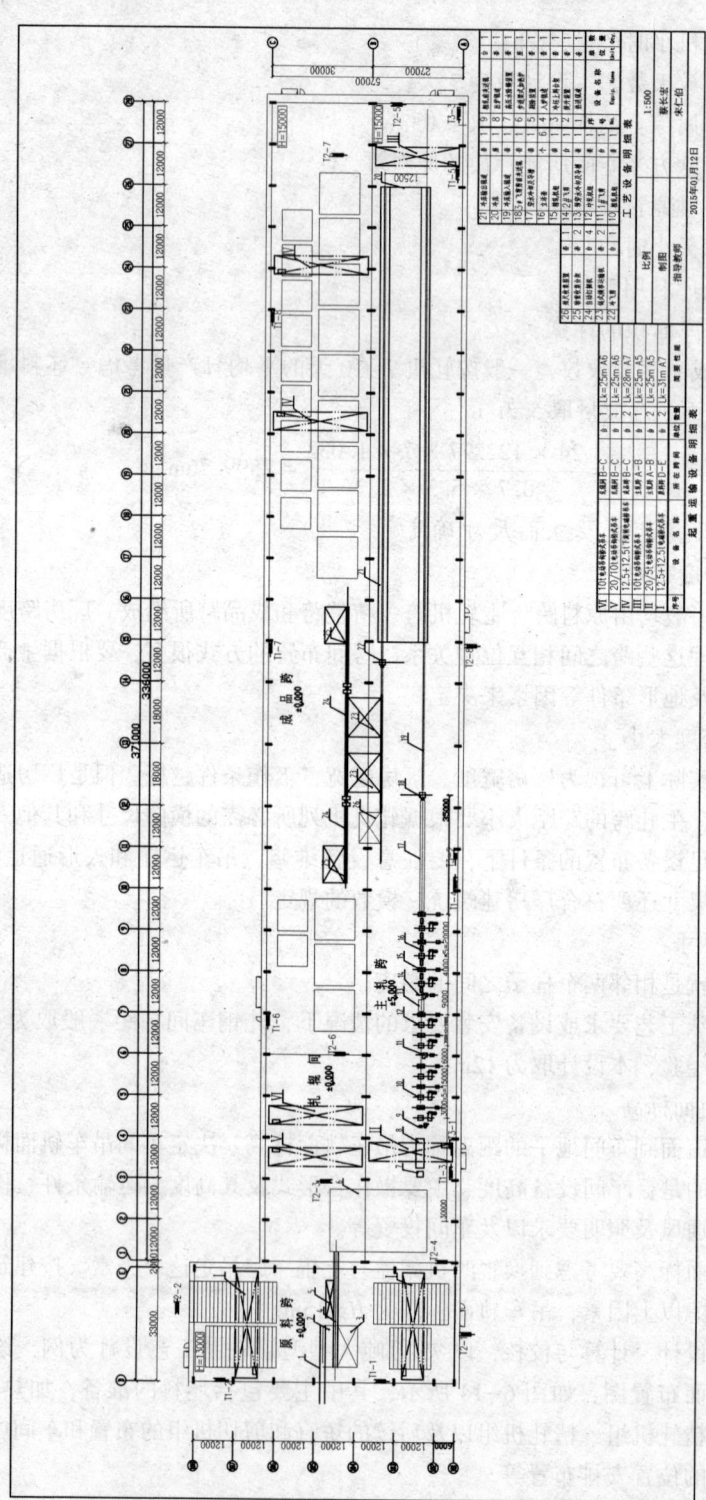

图6-14　型钢生产车间平面布置图

6.2 热连轧带钢轧制工艺设计

6.2.1 工艺设计的主要内容和步骤

热轧带钢（hot-rolled strip）又称热轧钢带，被广泛用于国民经济各部门。热轧带钢按宽度尺寸分为宽带钢（700~2300mm）及窄带钢（50~250mm）两类。热连轧机生产的热轧宽带钢厚度为 1.2~16mm（或 0.8~25mm）。热连轧带钢按其材质、性能的不同可分为普通碳素结构钢、低合金钢、合金钢。按其用途的不同可分为：冷成型用钢、结构钢、汽车结构钢、耐腐蚀结构用钢、机械结构用钢、焊接气瓶及压力容器用钢、管线用钢等。

带钢热连轧生产作业线，按生产过程划分为加热、粗轧、精轧及卷取四个区域，另外还有精整工段，其中设有横切、纵切和热平整等专业机组，根据需要进行热处理。带钢热连轧生产流程、主要工序如图 6-15 所示。

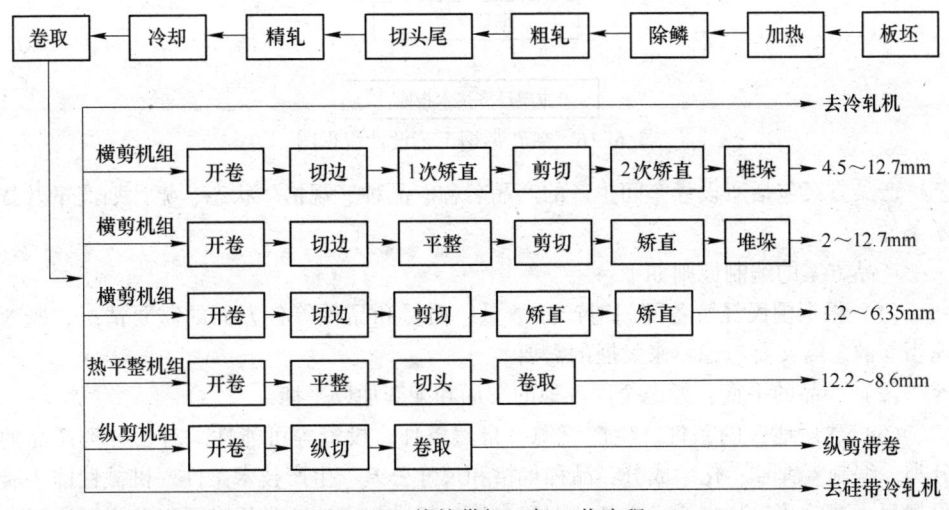

图 6-15 热轧带钢一般工艺流程

本节以年产 250 万吨的热轧板带钢工艺设计为例（典型产品为 316L 不锈钢，1.2mm×1000mm），介绍热连轧带钢工艺设计的内容和步骤。

设计主要内容包括：产品方案的编制、原料的选择、生产工艺的制定、典型产品工艺计算、主要设备和辅助设备的选择，并且对主要设备（轧辊和电机）的能力进行了校核，对车间主要经济指标、生产车间布置和环境保护，进行设计和规划。热轧带钢工艺设计一般遵循如图 6-16 所示的流程。

6.2.2 产品方案的编制

6.2.2.1 产品方案

A 产品方案编制原则

产品方案是进行工艺设计的主要依据，根据产品方案可以选择设备和确定生产工

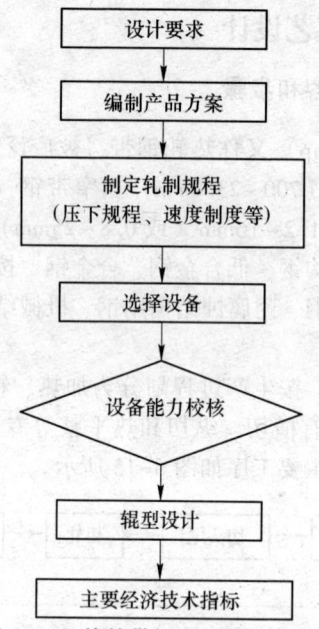

图 6-16　热轧带钢工艺设计流程图

艺。产品方案包括所设计车间生产的产品名称、品种、规格、状态、年计划产量及技术条件。

产品方案的编制原则如下：

(1) 根据国民经济各部门对产品数量、质量和品种等各方面的需要情况，既考虑当前的急需又要考虑将来发展的需要。

(2) 产品的平衡，考虑全国各地的布局和配套加以平衡。

(3) 建厂地区的条件、生产资源、自然条件、投资等可能性。对于各类产品的分类、编制、牌号、化学成分、品种规格和尺寸公差、生产技术条件、机械性能、验收规程、试验及包装方法、交货状态等，均按标准规定。产品标准可以分为国家标准（GB）、冶金工业部标准（YB）、企业标准（QB）等。

B　确定产品大纲

根据设计任务要求和上述原则，确定车间产品大纲，见表 6-30。

表 6-30　热轧带钢产品方案列表

序号	钢种	代表钢号	执行标准	年产量/万吨	比例/%
1	普通碳素结构钢	Q195~Q275	GB 912—89	90	36
2	优质碳素结构钢	08-40, 08Al	GB 711—88	60	24
3	低合金结构钢	Q345~Q690	GB 3274—88	20	8
4	汽车大梁用钢	16MnL, 16MnREL	GB/T 3273—2005	30	12
5	焊管不锈钢	316L	GB 711—88	50	20
总　计				250	100

6.2.2.2 金属平衡表的制定

A 产品成品率的计算

成品率是指成品重量与投料量相比的百分数。其计算公式为：

$$A = (Q - W)/Q \times 100\%$$

式中，A 为成品率，%；Q 为投料量，t；W 为金属的损失重量，t。

成品率是一项重要的技术经济指标，成品率的高低反映了生产组织管理及生产技术水平的高低。影响成品率的因素是各工序的各种损失。金属损失主要有以下几种：

（1）烧损：金属在高温状态下的氧化损失称为烧损。金属加热过程中的烧损与加热温度和时间有关系，加热温度越高，时间越长，烧损量就越大。

（2）溶损：溶损是指在酸、碱洗或化学处理等过程中的溶解损失。

（3）几何损失：分为切损和残屑。切损是指切头、切尾、切边等大块残料损失。钢材切损主要与钢种、坯料尺寸以及原料状况等有关。残屑指钢锭表面缺陷以及加工后产品表面缺陷清理所造成的损失。

（4）工艺损失：各工序生产中由于设备和工具、操作技术以及表面介质问题所造成的不符合质量要求的产品。它与车间的技术装备、生产管理及操作水平有关。

B 金属平衡表的编制

金属平衡是反映在某一定时期，制品金属材料的收支情况。它是编制厂或车间生产预算与制订计划的重要数据。同时对于设计工厂或车间的内部运输与外部运输，以及平面布置都是极为重要的依据。因此，必须在确定成品率及金属损失率的基础上，编制出各种计算产品的金属平衡表（表6-31）。

表6-31 金属平衡表

钢种	牌号	规格/mm	产量/万吨	料重/万吨	烧损/%	切损/%	轧废/%	成材率/%
普通碳素钢	Q215	3×1400	90	93.9	0.15	3.0	1.0	95.85
优质碳素钢	08Al	1.8×1400	60	61.3	0.08	1.5	0.5	97.92
低合金结构钢	Q345	4×1400	20	20.6	0.10	2.0	0.8	97.10
汽车大梁用钢	16MnL	5×1100	30	30.8	0.08	1.5	1.0	97.42
焊管不锈钢	316L	1.2×1000	50	51.8	0.10	2.5	0.8	96.60
合计			250	258.4				96.75

6.2.2.3 坯料选择

A 坯料选择

原料板坯为连铸坯，年需要量为258.4万吨，板坯由炼钢连铸车间提供。板坯经表面清理，检查合格，打印标记后送到本车间。

B 坯料技术条件

板坯需要满足以下条件，否则视为不合格产品：

（1）尺寸公差：厚度±5mm，宽度±12mm，长度±30mm。

（2）镰刀弯：定尺坯≤40mm，短尺坯≤20mm。

（3）上下弯：定尺坯≤40mm，短尺坯≤20mm。

（4）板坯表面质量：无缺陷合格板坯。

C　坯料尺寸

a　板坯厚度

选择板坯尺寸时，必须考虑板坯连铸机和连轧机的工作条件。板坯越薄，连铸机的生产率越低，因此，提高板坯厚度，对提高连铸机的生产率是有利的。本设计参照实际生产数据，选择厚度为230mm。

b　板坯宽度

板坯的宽度取决于成品的宽度和钢卷宽度。板坯宽度和钢卷宽度的关系与粗轧机组的调宽能力相对应。本设计参照实际生产数据以及产品规格，选择宽度为1020mm。

c　板坯长度

板坯长度主要由单位宽度质量和板坯厚度以及加热炉宽度决定。本设计参照实际生产数据以及产品规格，选择长度为10m。

d　板坯单重

板坯单重取决于板坯尺寸，最大可达45t。设计板坯最大质量时已建的多数热带钢轧机是按板坯最大宽度设计的。

综上所述，本车间坯料规格为230mm×1020mm×10000mm，钢坯单重18t。

D　板坯的预处理

板坯加热以前，必须首先进行表面缺陷清理、表面氧化皮的清理，这对于保证钢材的质量、提高成品率、节约金属和降低成本具有十分重要的意义。特别对于合金钢，更必须进行严格清理。

a　板坯的表面缺陷清理

连铸坯表面会存在各种缺陷，需要在加工以前加以清理，否则要严重影响产品的质量。在本车间设计中，采用火焰清理。

b　板坯检查

板坯表面状况检查，传统上都是由人工在切割前后，用肉眼进行直观检查，然而为了提高检查精度，开发了热表面缺陷检测装置。板坯的热表面缺陷检测装置有使用探头线圈的涡流探伤装置和光学探伤装置。

6.2.3　工艺制度的制定

6.2.3.1　生产工艺流程

热轧车间和连铸车间毗邻布置，在连铸车间经冷却、火焰处理、标记后的合格连铸板坯以及表面质量和内部质量合格的热连铸板坯，由辊道送到本厂板坯库。板坯由吊车吊到上料辊道后进行称重、核对号码，确认无误后，按装料顺序由辊道将板坯送到加热炉。

加热出炉后的板坯，首先经过高压水除鳞清除氧化铁皮，而后进入粗轧机组。根据产能以及产品品种范围，粗轧机组选取半连续式，R1 粗轧机为四辊可逆式轧机，与可逆式立辊轧机 E1 靠近布置，板坯在 E1R1 上轧制 3 道后，经辊道送至 E2R2 四辊可逆式轧机轧制 3 道次，轧成 20~40mm 的中间带坯。带坯经中间辊道送至切头飞剪剪去带坯头、尾，然后经精轧机前除鳞设备除去带坯表面的氧化铁皮，送入精轧机组轧制。

带坯经七机架四辊式连轧机组轧制成厚度为 2.0~10.0mm 的成品带钢。

成品带钢经精轧机组后的输出辊道上的层流冷却系统后，其温度降到规定的卷取温度，由液压助卷卷取机卷成钢卷。卷取完后，由卸卷小车将钢卷托出卷取机，经卧式自动打捆机打捆后，再由卧式翻卷机将钢卷翻卷成立卷放在链式运输机中心位置上，由链式运输机和步进梁运送钢卷，必要时将钢卷送到检查机组打开钢卷头部进行检查。钢卷经称重打印后根据下一工序决定钢卷的流向。去精整线的钢卷先翻成卧卷再由运输机送到本车间热钢卷库分别进行加工；去冷轧厂的钢卷由运输机运到钢卷转运站，再由钢卷运输小车送至冷轧厂。

本工艺设计的生产工艺流程如图 6-17 所示，车间轧制线如图 6-18 所示。

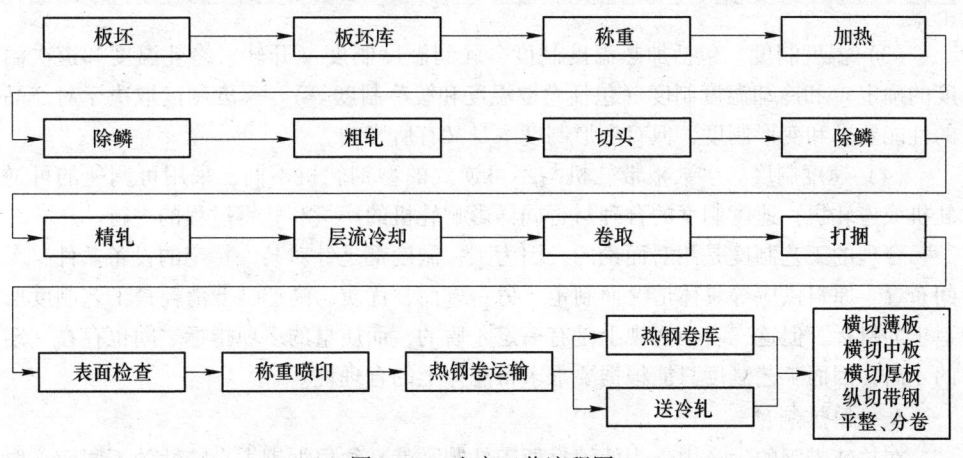

图 6-17　生产工艺流程图

6.2.3.2　工艺制度的制定

热连轧板带钢工艺制度主要包括：

（1）加热制度。钢坯在轧制之前要进行加热，目的是提高钢的塑性，降低变形抗力，改善金属内部组织和性能以便于轧制加工。其中加热温度越高，钢的变形抗力越低，塑性越好，但为防止过热过烧，加热温度不宜过高；加热速度与导热性相关，500~600℃以下塑性较差，为避免巨大热应力，应采用较小加热速度，加热到700℃以上时，用尽可能大的加热速度；而加热时间的长短不仅会影响加热设备的生产能力，同时影响钢材的质量，合理的加热时间取决于原料钢种、尺寸、装炉温度、加热速度及加热设备的性能结构。

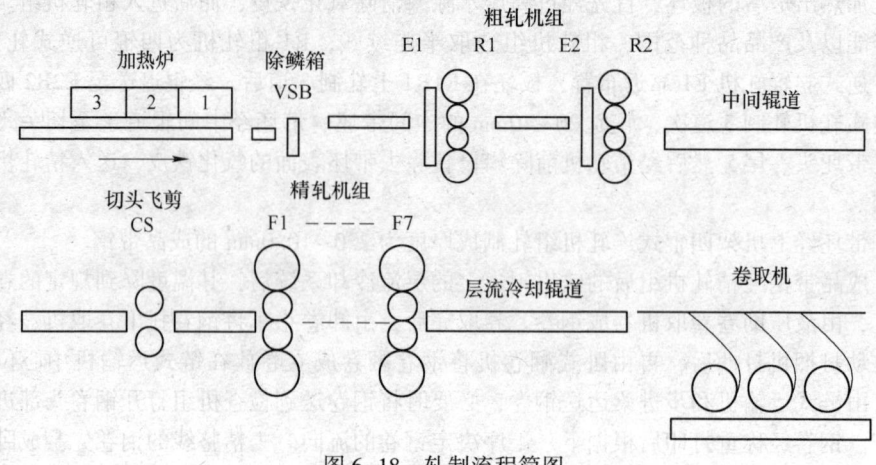

图 6-18　轧制流程简图

（2）压下规程。它是热连轧板带工艺制度中最基本的核心内容，直接关系到产量、质量和操作的稳定性。其主要内容是确定所采用的轧制方法、轧制道次和道次压下量。

（3）温度制度。包括加热温度制度，轧制温度制度（开轧、终轧温度和道次温度的确定）和冷却温度制度（包括卷取温度和缓冷制度等）。温度制度取决于对产品的性能要求和变形制度，但对变形制度本身又有所影响。

（4）速度制度。多数板带轧机与不可逆式的型钢轧机不同，采用可调速的可逆轧机或连轧机。速度制度的合理与否同样影响轧机的产量和轧钢过程的进行。

合理的工艺制度是相对而论的。因为某一制度都是针对某一特定的设备条件、车间布置、原料供应等具体情况而制定。另一方面，优质、高产、低消耗是工艺制度所追求的目标，但这三者在客观上是有一定矛盾的，而质量的多项指标之间也存在一定的矛盾，因而工艺制度只能根据要求求得总体上的合理性。

A　加热制度

在热轧带钢的生产中，为使钢材便于轧制，就必须根据钢本身特性的不同而采取不同的加热制度。加热质量的好坏与带钢轧制工艺及质量有着密切的联系。

冷装加热时间：

$$\tau = C \cdot B \tag{6-42}$$

式中，τ 为加热时间，h；B 为钢坯厚度，cm；C 为系数，取值参考表 6-32。

表 6-32　加热系数 C 的选择

钢　种	C	钢　种	C
普碳素结构钢	0.1~0.15	汽车大梁结构钢	0.20~0.25
优质碳素结构钢	0.15~0.20	焊管不锈钢（316L）	0.15~0.20
低合金结构钢	0.15~0.20		

热装加热时间：钢坯热装时加热时间取决于其入炉温度，温度越高，加热时间越短。故热装加热时间可按式（6-43）确定：

$$t_1 = CB - 0.0016(T - 200) \tag{6-43}$$

式中，T 为装炉时金属温度，℃，一般取为连铸坯冷却至550℃。

本设计采用热装加热，依据典型产品316L取 $C=0.15$，则加热时间：

$$t_1 = 0.15 \times 23 - 0.0016 \times (550 - 230) = 2.94\text{h}$$

B　压下规程的制定

板带钢轧制压下规程是板带钢轧制工艺制度最基本的核心内容，直接关系着轧机的产量和产品的质量。其内容包括确定采用的轧制方法，轧制道次及每道次的压下量等。热轧带钢的压下规程包括粗轧和精轧两部分。本次设计的典型产品是焊管不锈钢（316L），尺寸1.2mm×1000mm。

a　粗轧压下规程

粗轧机的作用是将加热后的板坯，经本机组的粗轧机轧制成规定的厚度和宽度的中间坯：

（1）根据产品选择原料选择连铸坯的规格为230mm×1020mm×10000mm。

（2）根据成品板宽确定精轧目标宽度，公式如下：

$$B_F = B_C \times (1 + C_1 \times T_{F7}) + \beta \tag{6-44}$$

式中，B_C 为成品板宽，mm；B_F 为粗轧目标宽度，mm；C_1 为热膨胀率，1.45×10^{-5}，1/℃；T_{F7} 为粗轧末架出口温度，取880℃；β 为宽展边余量，一般为6~8mm。

则粗轧目标宽度：

$$B_F = B_C \times (1 + C_1 \times T_{F7}) + \beta = 1000 \times (1 + 1.45 \times 10^{-5} \times 880) + 6 = 1018.76\text{mm}$$

（3）粗轧各道次压下量分配：由于板坯温度高、厚度大、塑性好，故给以大压下量。一般在粗轧机组上的变形量，能完成总变形量70%~80%以上，总延伸系数（H/h）可达8~12。这样可减少能耗，并减轻了精轧机组的负担。根据生产经验，一般粗轧各道次压下率分配范围见表6-33。

表6-33　各道次压下率分配范围

轧制道次	1	2	3	4	5	6
5道次 ε/%	20	30	35~40	35~50	30~50	—
6道次 ε/%	15~22	22~30	20~35	25~40	30~50	15~35

本设计粗轧时由两架粗轧机轧6道次，根据实际经验，中间坯厚度范围在30~60mm，本设计取40mm，粗轧总压下量为190mm。粗轧各道次压下分配见表6-34。

表6-34　粗轧各道次压下分配

轧制道次	1	2	3	4	5	6
ε/%	15.2	25.6	33.1	29.9	29.4	16.7

轧制道次	1	2	3	4	5	6
Δh/mm	35	50	48	29	20	8
轧前 H/mm	230	195	145	97	68	48
轧后 h/mm	195	145	97	68	48	40

（4）粗轧各道次宽展计算：由公式

$$\Delta B_i = K_i \Delta h_i \tag{6-45}$$

式中，ΔB_i 为第 i 道次的宽展量，mm；Δh_i 为第 i 道次的压下量，mm；K_i 为各轧机宽展系数，取 $K = 0.30$。

$$\Delta B_1 = K\Delta h_1 = 0.30 \times 35 = 10.5 \text{mm}$$

$$\Delta B_2 = K\Delta h_2 = 0.30 \times 50 = 15 \text{mm}$$

$$\Delta B_3 = K\Delta h_3 = 0.30 \times 48 = 14.4 \text{mm}$$

$$\Delta B_4 = K\Delta h_4 = 0.30 \times 29 = 8.7 \text{mm}$$

$$\Delta B_5 = K\Delta h_5 = 0.30 \times 20 = 6 \text{mm}$$

$$\Delta B_6 = K\Delta h_6 = 0.30 \times 8 = 2.4 \text{mm}$$

$$\sum \Delta B_i = 57 \text{mm}$$

（5）各道次宽度计算：各道次宽度等于轧前宽度减去侧压量再加上宽展量，各道次宽度计算结果见表 6-35。

表 6-35　各道次宽度计算　　　　　　　　　　　　（mm）

道次	1	2	3	4	5	6
轧前宽度	1020	1010.5	1025.5	1012.9	1001.6	1007.6
侧压量	20	—	27	20	—	10
宽展量	10.5	15	14.4	8.7	6	2.4
轧后宽度	1010.5	1025.5	1012.9	1001.6	1007.6	1000

b　精轧压下规程

精轧机组的主要任务是把从粗轧机架输送来的中间坯通过连轧机，把带坯轧成符合用户要求的合格产品。

精轧机组压下量分配原则：第一架可以预留适当的余量，即是考虑到带坯厚度的可能波动和可能产生咬入困难等，而使压下量略小于设备允许的压下量；第二、三架要充分利用设备能力，给予尽可能大的压下量；以后各架逐渐减小，到最末一架一般在 10%～15%，以保证板型，厚度精度及性能质量。连轧机组各机架压下率一般分配范围见表 6-36。

表 6-36　精轧机组各机架压下率一般分配范围

机架号	1	2	3	4	5	6	7
$\varepsilon_1/\%$	40~50	35~45	30~40	25~35	15~25	10~15	—
$\varepsilon_2/\%$	40~50	35~45	30~40	25~40	25~35	20~28	10~15

本设计精轧为 7 道次连轧，精轧压下规程见表 6-37。

表 6-37　精轧机组压下规程　　　　　（mm）

机架号	1	2	3	4	5	6	7
轧前 H	40	20	11	6.6	2.64	1.8	1.4
轧后 h	20	11	6.6	2.64	1.8	1.4	1.2
Δh	20	9	4.4	3.96	0.84	0.4	0.2
$\varepsilon/\%$	50.0	45.0	40.0	60	31.8	22.2	14.3

C　速度制度

速度制度即是确定各道次的速度图，并计算各道次的纯轧时间及间隙时间。

a　粗轧速度

本设计粗轧机共轧 6 道次。根据经验资料取平均加速度 $a=40\text{r/min}$，平均减速度为 $b=60\text{r/min}$。采用速度梯形图（图 6-19），各道次的纯轧时间采用式（6-46），计算结果列于表 6-38：

$$t_{zh}=\frac{n_h-n_y}{a}+\frac{n_h-n_p}{b}+\frac{1}{n_h}\left(\frac{60L}{\pi D}-\frac{n_h^2-n_y^2}{2a}-\frac{n_h^2-n_p^2}{2b}\right) \tag{6-46}$$

式中　L——该道轧后轧件长度，m；

　　　n_h——梯形速度图的恒定转速，r/min；

　　　n_y——轧件的咬入速度，r/min；

　　　n_p——轧件的抛出速度，r/min；

　　　D——工作辊的直径，m，取 $D=1.20\text{m}$。

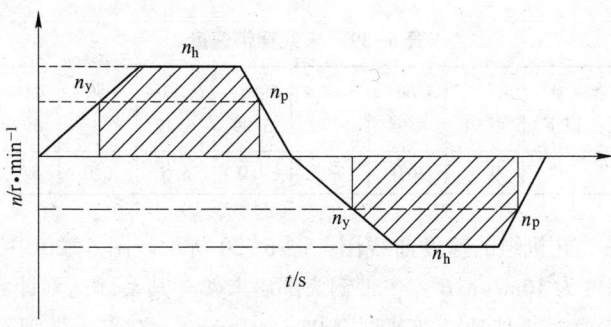

图 6-19　粗轧速度图

表 6-38　粗轧各道次速度制度

道次	1	2	3	4	5	6
L/m	11.9	15.7	23.6	33.8	48.3	58.3
$n_y/r \cdot min^{-1}$	20	20	20	20	20	20
$n_h/r \cdot min^{-1}$	40	40	40	40	40	40
$n_p/r \cdot min^{-1}$	20	20	20	20	20	20
t_{zh}/s	4.95	6.46	9.67	13.66	19.44	23.42
t_j/s	12	12	12	12	12	—

注：t_j 为道次间隙时间。

轧件出粗轧机的速度可由公式求出：

$$v = \frac{\pi D n_h}{60} = \frac{3.14 \times 1.20 \times 40}{60} = 2.51 m/s$$

粗轧完后的带坯长度为 58.3m，速度为 2.51m/s，粗轧机到精轧机组的距离共 120m，因此，尾部轧完后，带坯从 2.51m/s 的速度逐渐降到精轧第一架的咬入速度 0.5m/s，减速段运行距离共 120-58.3＝61.7m，此段运行时间取为 36s。

　　b　精轧速度

（1）确定最末架轧机 F7 的出后（出口）速度 v_7：穿带速度是指在带钢轧制的某个生产过程中，保持相对稳定的过渡速度。热轧中精轧的穿带速度即轧件头部进入精轧机组至轧件头部出精轧末架完成全咬入的速度，而后精轧机会整体提速，保证高速轧制、低速穿带。

　　末架出口速度的上限受电机能力带钢轧厚的冷却能力限制，并且厚度小于 2mm 的薄带钢在速度太高时，还会在辊道上产生漂浮跳动现象，但速度太低又会降低产量且影响轧制速度，故应尽可能采取较高的速度。末架穿带速度一般以成品厚度为依据，本设计典型产品厚度为 1.2mm，通过查表 6-39，取穿带速度为 10m/s。末架轧机最高轧制速度取为 15m/s。

表 6-39　末架穿带速度

成品厚度/mm	4.00 以下	4.01~ 4.59	4.60~ 4.99	5.00~ 5.49	5.50~ 5.99	6.00~ 6.49	6.50~ 6.99	7.00~ 7.99	8.00~ 9.99	10.0~ 12.50
穿带速度/m·s⁻¹	10	9.5	9.0	7.5	7.0	6.5	6.0	5.75	5.5	5.0

（2）带钢热连轧机组的速度曲线图如图 6-20 所示。图 6-20 中，A 点：穿带开始时间，穿带速度为 10m/s；B 点：带钢头部出末架至其头部达到计数器设定值点后（0~50mm）开始第一级加速，加速度 0.05~0.15m/s²；C 点：带钢头部咬入卷取机后开始第二级加速，加速度为 0.05~0.25m/s²；D 点：带钢以工艺制度设置的最高速

度轧制，取 15m/s；E 点：带钢尾部离开第三架时，机组开始减速，减到 13m/s；F 点：带钢尾部离开第六架，以 13m/s 速度等待抛出；G 点：带钢尾部离开精轧机组，开始第二次降速；H 点：轧机以穿带速度等待下一条带钢；I 点：第二条带钢开始穿带。

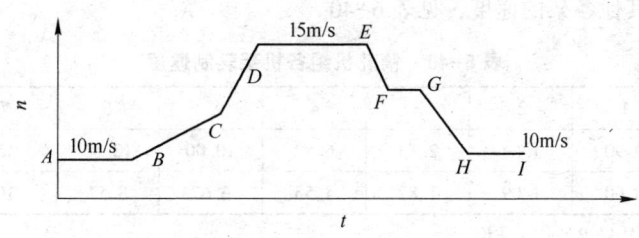

图 6-20　精轧速度图

（3）轧制时间的计算：

1）AB 段：取 $S_{AB} = 50\text{m}$，$t_{AB} = S_{AB}/V_A = 50/10 = 5\text{s}$

2）BC 段：精轧机组末架轧机至卷曲机的距离为 125m

则 $$S_{BC} = 125 - S_{AB} = 125 - 50 = 75\text{m}，取加速度 a_1 = 0.15\text{m/s}^2$$

则 $$V_C = (2a_1 S_{BC} + V_B^2)^{1/2} = (2 \times 0.15 \times 75 + 10^2)^{1/2} = 11.07\text{m/s}$$

$$t_{BC} = (V_C - V_B)/a_1 = 7.13\text{s}$$

3）CD 段：取加速度 $a_2 = 0.25\text{m/s}^2$

则 $$S_{CD} = (V_D^2 - V_C^2)/(2a_2) = (15^2 - 11.07^2)/(2 \times 0.25) = 204.9\text{m}$$

$$t_{CD} = (V_D - V_C)a_2 = 15.72\text{s}$$

4）EF 段：取加速度 $a_3 = -0.7\text{m/s}^2$

则 $$S_{EF} = (V_F^2 - V_E^2)/(2a_3) = (13^2 - 15^2)/[2 \times (-0.7)] = 40\text{m}$$

$$t_{EF} = (V_E - V_F)/a_3 = (15 - 13)/0.7 = 2.86\text{s}$$

5）FG 段：取 $S_{FG} = 16\text{m}$

$$t_{FG} = S_{FG}/V_F = 1.26\text{s}$$

6）DE 段：成品带钢长度：$L = (230 \times 1000 \times 10)/(1.2 \times 1000) = 1916.7\text{m}$

DE 段带钢长度为：

$$S_{DE} = L - S_{AB} - S_{BC} - S_{CD} - S_{EF} - S_{FG}$$

$$= 1916.7 - 50 - 75 - 204.9 - 40 - 16 = 1530.8\text{m}$$

$$t_{DE} = S_{DE}/V_D = 1530.8/15 = 102.1\text{s}$$

7）GHI 段：根据经验，间隙时间取 15s

综上所述，精轧机组纯轧时间为：

$$t_{zh} = t_{AB} + t_{BC} + t_{CD} + t_{DE} + t_{EF} + t_{FG}$$

$$= 5 + 7.13 + 15.72 + 102.1 + 2.86 + 1.26 = 134.1\text{s}$$

（4）其他各机架速度制度：

由秒流量相等的原则：

$$h_1 V_1 (1 + S_1) = h_2 V_2 (1 + S_2) = \cdots = h_7 V_7 (1 + S_7)$$

式中，S_i 为第 i 架的前滑值；h_i 为第 i 架的轧出厚度。

由于热轧过程中前滑很小，轧件出辊速度约等于轧辊转速，故上式可转化为

$$h_1 V_1 = h_2 V_2 = \cdots = h_7 V_7$$

从而得出其他各架的速度，见表6-40。

表 6-40　精轧机组各机架轧制速度　　（m/s）

机架	1	2	3	4	5	6	7	v_0
稳定轧速	0.90	1.64	2.73	6.82	10.00	12.86	15	0.75
穿带轧速	0.60	1.09	1.82	4.55	6.67	8.57	10	0.5

注：v_0 为进精轧机组的咬入速度。

D　温度制度

板坯的加热温度，由 Fe-C 相图，定为1200℃，考虑到钢坯从加热炉到粗轧机组有温降，第一道次开轧温度定为1150℃。由于轧件头部和尾部温度降不同，为设备安全着想，确定各道次温降时应以尾部温度为准。

a　粗轧温度

对于粗轧来说各道次的温降可采用式（6-47）：

$$t_F = t_0 - 12.9 \frac{z}{h} \left(\frac{T}{1000} \right)^4 \tag{6-47}$$

式中　t_F——道次轧后温度，℃；

t_0——前一道次温度，℃；

z——该道次间隙时间和纯轧时间；

h——该道次轧前厚度，mm；

T——前一道次的绝对温度，K。

则第1道次轧后尾部温度为：

$t_{F1} = 1150 - 12.9 \times (4.95/230) \times [(1150 + 273)/1000]^4 = 1148.86$℃

第2道次轧后尾部温度：

$t_{F2} = 1148.86 - 12.9 \times [(6.46 + 12)/195] \times [(1148.86 + 273)/1000]^4$
$= 1143.87$℃

第3道次轧后尾部温度：

$t_{F3} = 1143.87 - 12.9 \times [(9.67 + 12)/145] \times [(1143.87 + 273)/1000]^4$
$= 1136.10$℃

第4道次轧后尾部温度：

$t_{F4} = 1136.10 - 12.9 \times [(13.66 + 12)/97] \times [(1136.10 + 273)/1000]^4$
$= 1122.65$℃

第5道次轧后尾部温度：

$t_{F5} = 1122.65 - 12.9 \times [(19.44 + 12)/68] \times [(1122.65 + 273)/1000]^4$

= 1100.02℃

第 6 道次轧后尾部温度：

$t_{F6} = 1100.02 - 12.9 \times [(23.42 + 12)/48] \times [(1100.02 + 273)/1000]^4$

= 1066.19℃

粗轧各道次温度设定见表 6-41。

表 6-41　粗轧各道次温度设定　　　　　　　　　（℃）

道次	1	2	3	4	5	6
温度	1148.86	1143.87	1136.10	1122.65	1100.02	1066.19

b　精轧温度

根据现场经验及计算，带坯在除鳞前温度为 1043℃，精轧除鳞后温度为 1021℃，带坯头部进精轧的温度为 1000℃左右。精轧末架的出口温度为 842℃。精轧各机架温度分布见表 6-42。

表 6-42　精轧各机架温度分布　　　　　　　　　（℃）

机架	1	2	3	4	5	6	7
温度	970	945	922	902	877	855	842

6.2.4　设备选择及能力的校核

6.2.4.1　设备选择

设备选择的主要内容是确定出车间设备的种类、形式、结构、规格、数量及能力。设备选择一般考虑如下原则：

（1）要满足产品方案（主要指规格、质量、年产量等）的要求，保证获得高质量的产品；

（2）要满足生产方案及生产工艺流程的要求；

（3）要注意设备的先进性和经济上的合理性；

（4）要考虑设备之间的合理配置与平衡。

A　加热设备

本设计采用三座步进式加热炉，每座加热炉额定能力 350t/h，3 号为预留加热炉各项参数见表 6-43，步进式加热炉结构如图 6-21 所示。

表 6-43　加热炉设备参数

名　称	设定值	名　称	设定值
有效炉长/mm	35000	装出炉辊道中心距/mm	62000
炉内宽/mm	12600	炉子中心线距离/mm	24000
炉全长/mm	56740	加热能力/t	350
炉全宽/mm	21000		

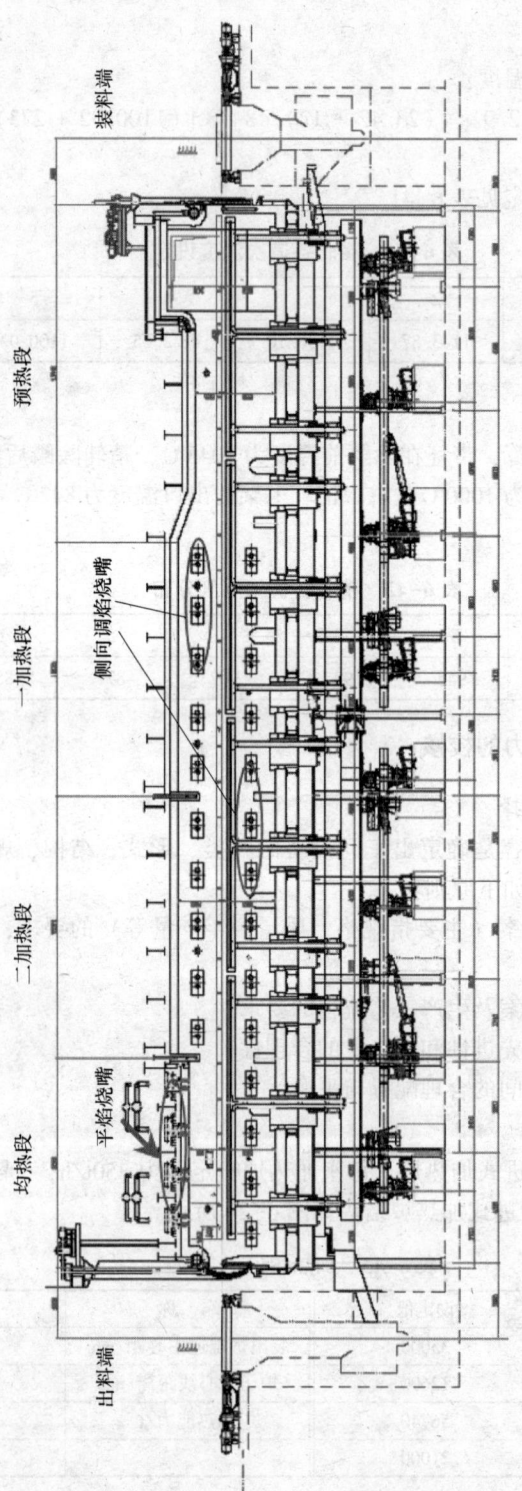

图 6-21 步进式加热炉结构图

B 粗轧前立轧机（E1、E2）

该设备安装在粗轧机的进口侧，当粗轧机处于正向轧制时，该立轧机参与对板坯边部的轧制工作，此时两台轧机形成"串联"式轧制。粗轧前立轧机各项参数见表6-44。

表6-44 粗轧前立轧机参数

名　　称	设　定　值
最大轧制力/t	400
有效减宽量/mm	60
辊子尺寸/mm	辊身直径 ϕ1200，长度440
立辊间开口度/mm	720~1780
最大轧制速度/m·min^{-1}	175/350
主传动电动机	两台1200kW，转速320/640r/min

C 四辊粗轧机（两架）（R1、R2）

四辊粗轧机各项参数见表6-45，结构图如图6-22所示。

表6-45 四辊粗轧机参数

名　　称	设　定　值
最大轧制压力/t	4200
工作辊尺寸/mm	辊径 ϕ1200，辊面长1780
支承辊尺寸/mm	辊径 ϕ1550，辊面长1760
工作辊最大开口度/mm	270
辊子平衡	液压平衡缸
主传动电动机	两台7500kW，转速40/80r/min

D 精轧前立轧机（FE）

该设备安装在精轧F1的进口侧，在该立轧机中二个侧立辊的侧压压下采用的具有高性能伺服阀控制的长行程液压缸，运用了自动宽度控制系统。该技术的运用将有效地提高带材的宽度、精度。精轧机前立轧机各项参数见表6-46。

表6-46 精轧前立轧机参数

名　　称	设　定　值
辊子直径/mm	最大 ϕ630，最小 ϕ570
辊身长度/mm	350
辊子开口度/mm	最大1760，最小720
电动机	两台370kW，转速870r/min
减速机	两台涡轮，速比 $i=11.75$
最大轧制速度/m·min^{-1}	146

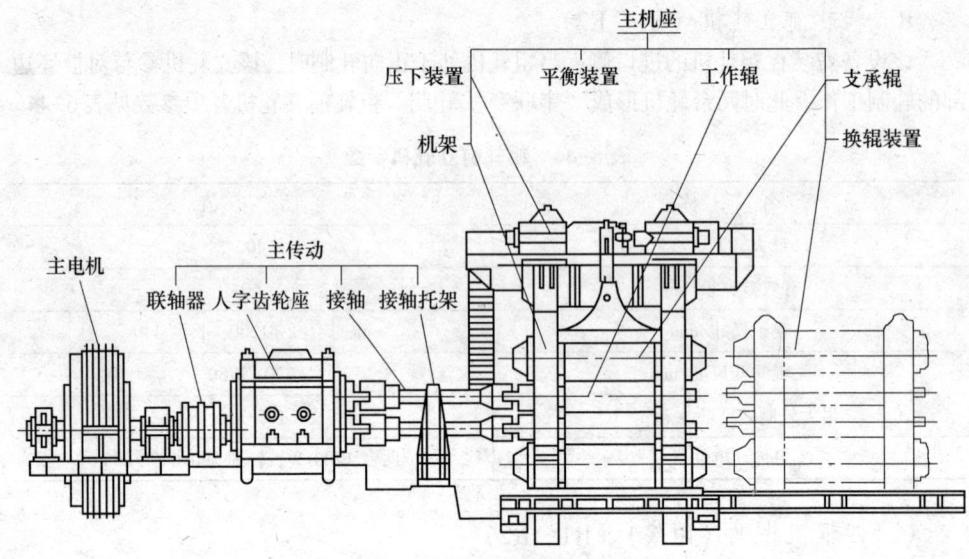

图 6-22 粗轧机结构图

E 精轧机组

七台四辊精轧机机座之间以 6000mm 的间距串联布置形成了一条七机架连轧精轧机组。每个机座的上下工作辊用一台直流马达通过马达接手、齿轮减速（或齿轮座）以及轧机的主传动轴驱动。精轧机组主要参数见表 6-47。

表 6-47 精轧机组主要参数

名　　　称	设　定　值
工作辊/mm	F1～F4 辊径 φ825/735, 辊身长 1780 F5～F7 辊径 φ680/600, 辊身长 1780
支承辊/mm	F1～F7 辊径 φ1550/1400, 辊身长 1760
最大轧制力/t	F1～F4: 4200, F5～F7: 3500
马达参数	F1～F7: 7800kW, 转速 190/510r/min

F 层流冷却系统

冷却喷水方式一般由计算机自动确定，也可人工设定。层流冷却方式的组合见表 6-48。

表 6-48 冷却方式的组合

上部	全喷水	全喷水	间隔喷水	空冷	间隔喷水
下部	全喷水	空冷	空冷	空冷	间隔喷水

G 卷取机

设 3 台地下卷取机，2 台工作，1 台备用。卷取机主要参数见表 6-49，地下卷取机结构图如图 6-23 所示。

表 6-49 卷取机主要参数

带钢单位宽度卷重/kg·mm^{-1}	23
最大卷重/t	42
带钢厚度/mm	1.2~5.0
带钢宽度/mm	1000~1400
钢卷直径/mm	内径 762，外径 1100~2150
卷取周期/s	最小约 60
带钢间隔/s	≥5
带钢温度/℃	max850，min400

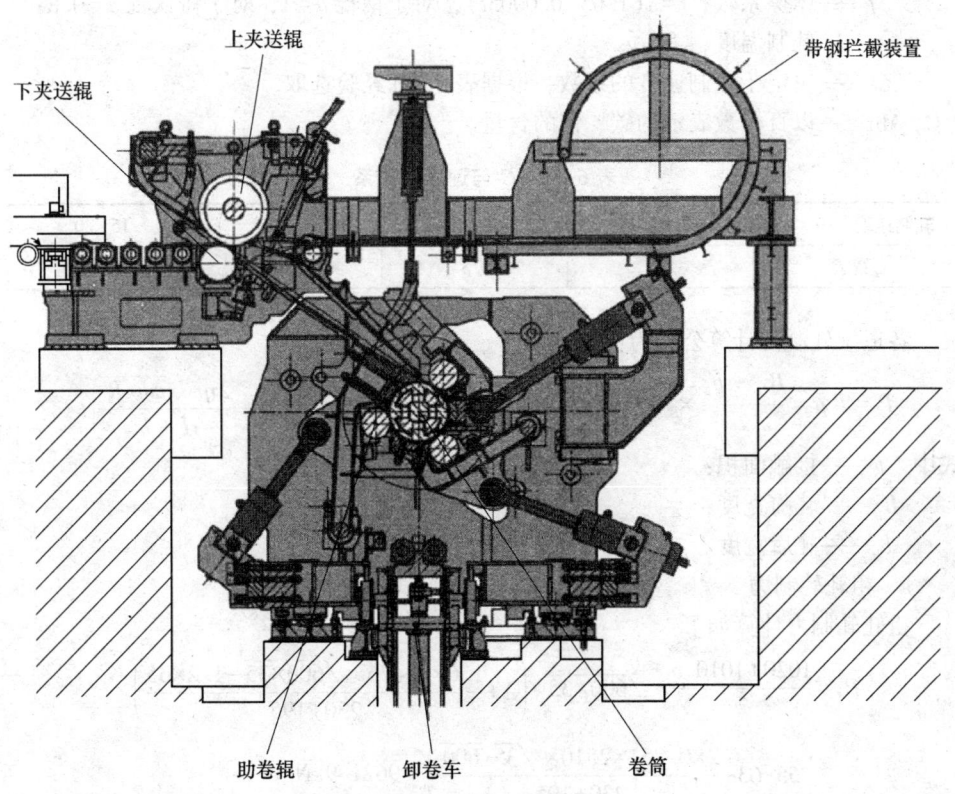

图 6-23 地下卷取机结构图

6.2.4.2　轧制力和轧制力矩的计算

A　轧制力计算

S. Ekelund 公式是用于热轧时计算平均单位压力的半经验公式，其公式为：

$$\bar{p} = (1 + m)(k + \eta \bar{\dot{\varepsilon}}) \tag{6-14}$$

$$m = \frac{1.6f\sqrt{R\Delta h} - 1.2\Delta h}{H + h}$$

其中

$$\bar{\dot{\varepsilon}} = \frac{2v\sqrt{\Delta h/R}}{H + h}$$

$$\eta = 0.1(14 - 0.01t)C'$$

当 $t \geq 800℃$，$Mn \leq 1.0\%$ 时，$k = 10 \times (14 - 0.01t)(1.4 + C + Mn + 0.3Cr)$ MPa

式中　m——外摩擦时对 $\bar{p}$ 影响的系数；

η——黏性系数，MPa·s；

$\bar{\dot{\varepsilon}}$——平均变形速度；

f——摩擦系数，$f = a(1.05 - 0.0005t)$，对于钢辊 $a = 1$，对于铸铁辊 $a = 0.8$；

t——轧制温度；

C'——决定于轧制速度的系数，根据表 6-50 经验选取。

C，Mn——以百分数表示的碳、锰的含量。

表 6-50　C' 与速度的关系

轧制速度/m·s⁻¹	<6	6~10	10~15	15~20
系数 C'	1	0.8	0.65	0.60

各道次轧制力计算公式为：

$$P = F\bar{p} = \frac{B_H + b_h}{2} \times \sqrt{R\Delta h}\left(1 + \frac{1.6f\sqrt{R\Delta h} - 1.2\Delta h}{H + h}\right)\left(k + \frac{2\eta v\sqrt{\Delta h/R}}{H + h}\right)$$

式中　F——接触面积；

B_H——轧前宽度；

b_h——轧后宽度。

a　粗轧轧制力

粗轧轧制力计算如下：

$$P_1 = \frac{1020 + 1010.5}{2} \times \sqrt{600 \times 35} \times \left(1 + \frac{1.6 \times 0.476 \times \sqrt{600 \times 35} - 1.2 \times 35}{230 + 195}\right) \times$$

$$\left(55.63 + \frac{2 \times 0.251 \times 2510 \times \sqrt{35/600}}{230 + 195}\right) = 9621.9 \text{kN}$$

依次计算各道次轧制力，计算结果见表 6-51。

表 6-51 粗轧轧制力计算结果

道次	1	2	3	4	5	6
$t/℃$	1148.86	1143.87	1136.10	1122.65	1100.02	1066.19
H/mm	230	195	145	97	68	48
h/mm	195	145	97	68	48	40
$\Delta h/mm$	35	50	48	29	20	8
R/mm	600	600	600	600	600	600
f	0.476	0.478	0.482	0.488	0.503	0.518
k/MPa	55.63	56.76	58.64	60.93	67.74	74.30
C'	1	1	1	1	1	1
η	0.251	0.256	0.265	0.275	0.306	0.335
$v/mm \cdot s^{-1}$	2510	2510	2510	2510	2510	2510
B_H/mm	1020	1010.5	1025.5	1012.9	1001.6	1007.6
b_h/mm	1010.5	1025.5	1012.9	1001.6	1007.6	1000
P/kN	9621.9	11564.8	11343.9	8714.0	7217.55	4561.1

b 精轧轧制力

依据上述公式,计算各道次精轧轧制力,计算结果见表 6-52。

表 6-52 精轧轧制力计算结果

机架号	1	2	3	4	5	6	7
$t/℃$	970	945	922	902	877	855	842
H/mm	40	20	11	6.6	2.64	1.8	1.4
h/mm	20	11	6.6	2.64	1.8	1.4	1.2
$\Delta h/mm$	16	9	4.4	3.96	0.84	0.4	0.2
R/mm	400	400	400	350	350	350	350
f	0.524	0.532	0.544	0.559	0.581	0.600	0.610
k/MPa	76.91	80.83	86.06	92.77	102.37	110.57	115.17
C'	1	1	1	0.8	0.8	0.65	0.6
η	0.347	0.365	0.389	0.419	0.462	0.499	0.520
$v/mm \cdot s^{-1}$	900	1640	2730	6820	10000	12860	15000
$\dfrac{B_H+b_h}{2}/mm$	1000	1000	1000	1000	1000	1000	1000
P/kN	11361.6	11949.3	11490.1	24138.4	15290.9	9898.0	8759.7

B 轧制力矩计算

轧制力矩计算公式如下:

$$M_{zh} = 2Pxl = 2Px\sqrt{R\Delta h} \tag{6-48}$$

式中　P——轧制力；

　　　x——力臂系数；

　　　l——咬入区的长度。

上式中的力臂系数 x 根据大量实验数据统计，其范围为热轧板带时 0.3~0.6。一般的，轧制力臂系数随着轧制厚度的减小而减小。

粗轧轧制力矩计算结果见表6-53。

表6-53　粗轧轧制力矩计算结果

道次	1	2	3	4	5	6
R/m	0.6	0.6	0.6	0.6	0.6	0.6
Δh/m	0.035	0.050	0.048	0.029	0.020	0.008
P/kN	9621.9	11564.8	11343.9	8714.0	7217.55	4561.1
x	0.55	0.48	0.45	0.40	0.36	0.32
M_{zh}/kN·m	1533.78	1922.96	1677.59	919.56	569.26	202.24

精轧轧制力矩计算结果见表6-54。

表6-54　精轧轧制力矩计算结果

机架号	1	2	3	4	5	6	7
R/m	0.4	0.4	0.4	0.35	0.35	0.35	0.35
Δh/m	0.02	0.009	0.0044	0.00396	0.00084	0.0004	0.0002
P/kN	11361.6	11949.3	11490.1	24138.4	15290.9	9898.0	8759.7
x	0.345	0.34	0.335	0.33	0.325	0.32	0.315
M_{zh}/kN·m	701.18	487.53	322.96	593.11	170.42	74.95	46.17

6.2.4.3　设备能力参数校核

轧辊物理性质见表6-55。

表6-55　轧辊物理性质

轧辊名称	材质	许用接触应力 $[\sigma]$/MPa	许用剪切应力 $[\tau]$/MPa	弹性模量 E/MPa
工作辊 F1~F3	实心锻钢	120	60	2.1×10^5
工作辊 F4~F7	高镍铬	120	60	2.1×10^5
支承辊 F1~F7	高速钢	120	60	2.1×10^5
R1 工作辊	合金锻钢	120	60	2.1×10^5
R1 支承辊	合金锻钢	120	60	2.1×10^5

A 轧辊强度校核

本设计中，由于粗轧两架轧机相同，所以对于同一辊径的情况下，只需校核压下量最大的一道。对于 R1 校核第二道次，F1~F3 校核第一机架，F4~F7 校核第四机架。由于各机架均为四辊轧机，所以本设计以粗轧机为例进行校核。

校核时，需要校核轧制力较大，轧辊尺寸较小的道次。对于四辊轧机，当采用工作辊驱动时，由于工作辊受弯矩小，主要由支承辊承担，两辊之间压靠会产生接触应力，因此在设计校核中，支承辊校核辊身与辊颈的弯曲应力，工作辊校核辊身弯曲应力，辊头的弯曲组合应用，以及两辊间的接触应力大小。

由于校核时应考虑危险情况，故有关尺寸应按最危险情况取值，现将有关的轧辊参数列出如下：

（1）工作辊：R1 粗轧机主要尺寸为：辊径 $D\times$辊身长度 $L=\phi1200mm\times1780mm$，辊颈采用滚动轴承，故根据经验公式，其尺寸如下：

$d=(0.5\sim0.55)D=600\sim660$，取为 650mm；

$l=(0.83\sim1.0)d=539.5\sim650$，取为 600mm；

辊头的直径 $D_1=D-(5\sim15)=1200-(5\sim15)=1195\sim1185mm$，取 1190mm；

辊头厚度 $s=(0.25\sim0.28)D_1=297.5\sim333.2mm$，取 320mm；

宽度 $b=(0.15\sim0.2)D_1=178.5\sim238mm$，取 200mm；

$b/s=0.625$，选择抗扭断面系数 $\eta=0.208$；

压下螺丝中心距 $a=L+l=1780+600=2380mm$。

其他参数选择方法相同，结果见表 6-56。

表 6-56 工作辊参数选择 （mm）

项目	辊径 $D\times$辊身长度 L	辊颈 d	辊颈	辊头 D_1	辊头 b	辊头 s
R1、R2	$\phi1200\times1780$	650	600	1190	200	320
F1~F3	$\phi800\times1780$	420	380	790	120	200
F4~F7	$\phi700\times1780$	350	300	690	110	180

（2）支承辊：

R1、R2 粗轧机主要尺寸为：

辊径 $D\times$辊身长度 L：　　　$\phi1550mm\times1780mm$

辊颈：　　　$d=850mm，l=750mm$

压下螺丝中心距：　　　$a=L+l=1780+750=2530mm$

支承辊参数选择见表 6-57。

表 6-57 支承辊参数选择 （mm）

项目	辊径 $D\times$辊身长度 L	辊颈 d	辊颈 l
R1、R2	$\phi1550\times1780$	850	750
F1~F7	$\phi1400\times1760$	800	700

由于 R1、R2、F1~F7 轧机均为四辊轧机，校核方法相同。工作辊与支承辊辊身中央处的弯矩可按下列公式计算：

$$M_{1D} = \frac{P}{2}\left(\frac{L}{4} - \frac{b}{4}\right), \quad M_{2D} = \frac{P}{2}\left(\frac{a}{2} - \frac{L}{4}\right) \tag{6-49}$$

式中　M_{1D}——工作辊辊身中央处的弯矩；

M_{2D}——支承辊辊身中央处的弯矩；

P——轧制力；

L——辊身长度；

a——压下螺丝中心距；

b——所轧板带钢宽度。

选轧制力大的第四道次进行校核，已知数据：电机功率 $P = 7000\text{kW}$，辊头宽度：

$$b_0 = 2 \times \sqrt{\left(\frac{D_1}{2}\right)^2 - \left(\frac{s}{2}\right)^2} = \sqrt{\left(\frac{1190}{2}\right)^2 - \left(\frac{320}{2}\right)^2} = 1146\text{mm}$$

a　工作辊辊身的弯曲应力

经支承辊传递，工作辊的压力（最大应力）位于工作辊辊身和辊颈的交界处，则

$$M_{1D} = \frac{PL}{4} - \int_0^{\frac{b}{2}} x q_x \mathrm{d}x \tag{6-50}$$

工作辊所受轧制载荷均匀分布，则上式可简化为：

$$M_{1D} = \frac{PL}{8} - \frac{Pb}{8} = \frac{P}{2}\left(\frac{L}{4} - \frac{b}{4}\right)$$

$$\sigma_{1D} = \frac{M_{1D}}{W_{1D}} = \frac{\dfrac{P}{2}\left(\dfrac{L}{4} - \dfrac{b}{4}\right)}{0.1D^3} = \frac{\dfrac{1.15648 \times 10^7}{2} \times \left(\dfrac{1.78}{4} - \dfrac{0.2}{4}\right)}{0.1 \times 1.2^3}$$

$$= 3.526\text{MPa} < [\sigma] = 120\text{MPa}$$

b　工作辊辊头的扭转应力

工作辊头为传动端，须校核扭转应力。

根据画图其合力作用在扁头一个支叉的外侧的 $b/3$ 处，扭转力矩最大

$$M_n = P \cdot \frac{b}{6} = \frac{M}{b_0 - \dfrac{2}{3}b} \cdot \frac{b}{6} \tag{6-51}$$

$$M = \frac{9550P}{n}$$

式中　M——接轴所传递的力矩，$\text{N} \cdot \text{m}$；

b_0——扁头的总宽度与扁头一个支叉的宽度；

P——电机功率，kW，取 $P = 7000\text{kW}$；

n——转速，r/min；

v——速度，m/s，$v = \dfrac{\pi n D_1}{60}$；

D_1——辊头直径，m。

所以扭转力矩等于：

$$M_n = P \cdot \frac{b}{6} = \frac{M}{b_0 - \frac{2}{3}b} \cdot \frac{b}{6} = \frac{\dfrac{9550P}{n}}{b_0 - \frac{2}{3}b} \cdot \frac{b}{6}$$

$$= \frac{\dfrac{9550 \times 7000}{40}}{1.146 - \frac{2}{3} \times 1.01} \times \frac{1.01}{6} = 87662 \text{N} \cdot \text{m}$$

扭转应力 $\qquad \tau = \dfrac{M_n}{\eta s^3} = \dfrac{87662}{0.208 \times 0.32^3} = 13.25 \text{MPa} < [\tau] = 60 \text{MPa}$

c 两辊的接触应力

接触应力按赫兹公式计算

$$\sigma_{\max} = \sqrt{\frac{q(r_1 + r_2)}{\pi^2 (K_1 + K_2) r_1 r_2}} \qquad (6\text{-}52)$$

式中 $\qquad q$——加在接触表面单位长度上的负荷，$q = P / L_{接触}$；

$\qquad r_1$，r_2——相互接触的工作辊与支承辊的半径；

$\qquad K_1$，K_2——与轧辊材质有关的系数，$K_1 = \dfrac{1 - \mu_1^2}{\pi E_1}$，$K_2 = \dfrac{1 - \mu_2^2}{\pi E_2}$；

μ_1，μ_2，E_1，E_2——两轧辊材料的泊松比和弹性模量。

$L_{接触}$ 和粗轧机第四道次的板宽相等，即 $L_{接触} = 1010 \text{mm}$。

由于工作辊与支承辊的材质相同，并且泊松比 $\mu = 0.3$，所以上式可写为：

$$\sigma_{\max} = 0.418 \sqrt{\frac{qE(r_1 + r_2)}{r_1 r_2}}$$

$$= 0.418 \times \sqrt{\frac{\dfrac{1.15648 \times 10^7}{2} \times 2.1 \times 10^5 \times (600 + 775)}{600 \times 775}}$$

$$= 64.22 \text{MPa} < [\sigma] = 120 \text{MPa}$$

d 支承辊的辊身中部弯曲应力

$$M_{2D} = \frac{PL}{4} - \int_0^{\frac{a}{2}} x q_x \mathrm{d}x \qquad (6\text{-}53)$$

式中 $\quad q_x$——工作辊对支承辊在单位长度上的压力；

$\qquad a$——支承辊两个支反力间的距离。

在计算弯曲强度时，认为 a' 等于压下螺丝中心距 a，而且把工作辊对支承辊的压力简化为均布载荷，则上式可简化为：

$$M_{2D} = \frac{Pa}{4} - \frac{PL}{8} = \frac{P}{2}\left(\frac{a}{2} - \frac{L}{4}\right)$$

$$\sigma_{2D} = \frac{M_{2D}}{W_{2D}} = \frac{\frac{P}{2}\left(\frac{a}{2} - \frac{L}{4}\right)}{0.1D^3} = \frac{\frac{1.15648 \times 10^7}{2} \times \left(\frac{2.53}{2} - \frac{1.78}{4}\right)}{0.1 \times 1.55^3}$$

$$= 12.73\text{MPa} < [\sigma] = 120\text{MPa}$$

e　支承辊辊颈处的弯曲应力

危险断面位于支承辊辊颈和辊身的连接处（此处支承辊辊颈所受弯矩最大），则

$$\sigma_{max} = \frac{M_d}{0.1d^3} = \frac{\frac{p}{2} \cdot \frac{l}{2}}{0.1d^3} = \frac{\frac{1.15648 \times 10^7 \times 0.75}{4}}{0.1 \times 0.85^3} = 35.25\text{MPa} < [\sigma] = 120\text{MPa}$$

符合强度要求。

同理，通过以上公式计算精轧机组第一架和第四架轧机符合要求。因此，可知其他四辊轧机符合条件。

B　咬入角校核

在设计轧制板带时，必须保证其能稳定咬入。其咬入角主要取决于轧机的形式、轧制速度、轧辊材质、表面状态、钢板的温度、钢种特性及轧制润滑等因素的影响。热轧带钢的最大咬入角一般为 15°~20°，低速轧制时为 15°。轧件能被咬入的条件为摩擦角大于咬入角，即 $\tan\beta \geqslant \tan\alpha$，并且一般的，轧制速度高时，咬入能力低。

根据压下量与咬入角的关系：

$$\Delta h = D(1 - \cos\alpha)$$
$$\tan\beta = f$$

取辊径最小时计算。

由此公式，α 计算结果见表 6-58。

表 6-58　α 计算结果

项目	R1(第二道次)	F1	F2	F3	F4	F5	F6	F7
$\tan\alpha$	0.336	0.200	0.152	0.132	0.069	0.050	0.035	0.026
$\tan\beta$	0.478	0.524	0.532	0.544	0.559	0.581	0.600	0.610

注：只对压下量 Δh 较大的道次进行验证。

以上计算符合要求，咬入能力满足条件。

C　电机功率校核

以粗轧机 R1 的第二道进行校核。

a　电机传动轧辊所需力矩

电机传动轧辊所需的力矩为：

$$M_{max} = \frac{M_{zh}}{i} + M_f + M_k + M_d$$

式中　M_{zh}——轧制力矩，N·m，已求得；

　　　M_f——附加摩擦力矩，N·m；

　　　M_k——空转力矩，N·m；

　　　M_d——动力矩，N·m，匀速转动动力矩为0；

　　　i——主电机的减数比，取1。

b　附加摩擦力矩

附加摩擦力矩由两部分组成：轧辊轴承中的摩擦力矩 M_{f1} 与传动机构中的摩擦力矩 M_{f2}。

$$M_f = \frac{M_{f1}}{i} + M_{f2}$$

$$M_{f1} = Pdf$$

$$M_{f2} = \left(\frac{1}{\eta} - 1\right)(M_{zh} + M_{f1})$$

式中　M_f——附加摩擦力矩，N·m；

　　　M_{f1}——由轧辊轴承引起的摩擦力矩，N·m；

　　　M_{f2}——由传动机构引起的摩擦力矩，N·m；

　　　η——传动效率，取0.95；

　　　f——轧辊轴承中的摩擦系数，为滚动轴承，取0.003；

　　　d——轧辊辊颈直径；

　　　P——轧制力。

则　　　　　　　　$M_{f1} = Pdf = 18018 \times 0.6 \times 0.003 = 32kN \cdot m$

$$M_{f2} = \left(\frac{1}{\eta} - 1\right)(M_{zh} + M_{f1}) = \left(\frac{1}{0.95} - 1\right) \times (1922.96 + 32.43) = 102.92kN \cdot m$$

$$M_f = \frac{M_{f1}}{i} + M_{f2} = \frac{32.43}{1} + 102.92 = 135.35kN \cdot m$$

c　空转力矩

空转力矩是指空载转动轧机主机列所需的力矩，通常由各转动零件自重产生的摩擦力计算之。按经验方法，空转力矩通常约为主电机额定力矩的3%~6%，取5%。

$$M_e = 9550\frac{P}{n} = 9550 \times \frac{7000}{40} = 1671.3kN \cdot m$$

$$M_k = 0.05M_e = 0.05 \times 1671.3 = 83.6kN \cdot m$$

式中　M_e——电机的额定力矩，kN·m；

　　　M_k——空转力矩，N·m；

　　　P——电机功率，N·m；

　　　n——电机转速，r/min。

d　电机能力校核

作用在主电机轴上的力矩为：

$$M_{max} = \frac{M_{zh}}{i} + M_f + M_k = \frac{1922.96}{1} + 135.35 + 83.6 = 2141.91\text{kN} \cdot \text{m}$$

$$M_{max} < M = 4000 \times 10 \times 0.6 = 24000\text{kN} \cdot \text{m}$$

因此电机满足要求。

6.2.5　辊型设计

板带轧机轧辊的辊型对于板带产品的板凸度和板形有着十分重要的意义。辊型设计是指设计轧辊辊身表面轮廓形状的过程。辊型设计涉及两个问题，一是轧辊的形状，二是选用凸度的值。

CVC 轧机辊型曲线呈 S 形，上下辊相互倒置 180°布置，通过两辊沿轴向相反方向的对称移动，得到连续变化的不同凸度辊缝形状（图 6-24），从而达到控制板形的目的。本节将根据 CVC 轧机的工作原理及板带的轧制要求，推导出 CVC 轧机工作辊辊型曲线。

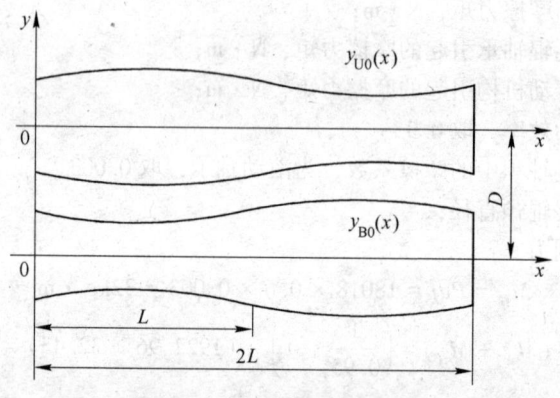

图 6-24　CVC 轧机辊型曲线

A　CVC 辊型的分析

在 CVC 轧机中，最关键的问题在于 CVC 辊型曲线的设计。五次 CVC 辊型不仅能很好地控制边浪和中浪，而且对于四分浪也能起到一定的控制作用。

假设坐标原点取在轧辊左侧中心，如图 6-24 所示，CVC 辊型的半径坐标 $y_0(x)$ 可用五次多项式表达：

上辊：
$$y_{U0} = A_0 + A_1 x + A_2 x^2 + A_3 x^3 + A_4 x^4 + A_5 x^5$$

下辊：$y_{B0} = A_0 + A_1(2L-x) + A_2(2L-x)^2 + A_3(2L-x)^3 + A_4(2L-x)^4 + A_5(2L-x)^5$

式中，A_i 为多项式系数，$i = 0 \sim 5$；$2L$ 为辊身长度。

如果上辊和下辊相对移动一段距离 s，则上、下辊的辊型变为：

上辊：$y_U = A_0 + A_1(x-s) + A_2(x-s)^2 + A_3(x-s)^3 + A_4(x-s)^4 + A_5(x-s)^5$

下辊：$y_B = A_0 + A_1(2L - x - s) + A_2(2L - x - s)^2 + A_3(2L - x - s)^3 + A_4(2L - x - s)^4 + A_5(2L - x - s)^5$

如图 6-24 所示，轧辊横移后辊缝函数 $g(x)$ 可表示为：

$$g(x) = D - y_U(x) - y_B(x)$$

由于辊缝函数通常可分解为常数部分、二次部分和高次部分，即：

$$g(x) = g_0(x) + g_2(x) + g_h(x)$$

式中，$g_0(x)$ 为常数部分，$g_0(x) = a$，a 为常数；$g_2(x)$ 为二次部分，$g_2(0) = g_2(2L) = 0$；$g_h(x)$ 为高次部分，$g_h(0) = g_h(L) = g_{2h}(2L) = 0$。

因此，五次辊型形成辊缝的二次凸度为：

$$C_w = g_2(L) - g_2(0)$$

结合推导改写为：

$$C_w = g(L) - g(0)$$

假设辊缝函数二次部分 $g_2(x)$ 为：

$$g_2(x) = b_1 + b_2 x + b_3 x^2$$

经推导可得：

$$g_2(x) = C_w\left[\frac{2x}{L} - \left(\frac{x}{L}\right)^2\right]$$

对于高次部分，可得：

$$g_h(x) = g(x) - g_2(x) - g_0(x) = g(x) - g_0(x) - C_w\left[\frac{2x}{L} - \left(\frac{x}{L}\right)^2\right]$$

高次凸度可表示为：

$$C_h = g_h(L/2) - g_h(L)$$

上式反映了辊缝中高次部分的不均匀程度。但与二次凸度不同，它不一定是高次部分的最大值与最小值之差。因为高次部分的极值不一定在辊缝宽度的 1/4 处，具体位置与函数 $g_h(x)$ 有关。为统一起见，用辊缝宽度 1/4 处作为一个计算点，使其能够反映出实际情况。因此有：

$$C_h = g(L/2) - g(L) + \frac{1}{4}C_w$$

由于采用的是五次辊型，可推测出所形成的辊缝函数的高次部分 $g_h(x)$ 必为四次函数。在 CVC 辊横移后，定会改变辊缝的二次成分和高次成分，相应地会改变二次凸度和高次凸度，因此可对板带的中边浪和四分浪作出有效控制。但三次辊型不含高次成分，CVC 辊在横移后只能改变二次凸度，因此只能单一控制板带的中浪和边浪。

辊缝的二次凸度 C_w 可通过下式计算：

$$C_w = g(L) - g(0) = D - y_U(L) - y_B(L) - D + y_U(0) + y_B(0)$$
$$= \alpha_1 A_5 + \alpha_2 A_4 + \alpha_3 A_3 + \alpha_4 A_2$$

辊缝的高次凸度 C_h 可通过下式计算：

$$C_h = g(L/2) - g(L) + C_w/4 = \beta_1 A_5 + \beta_2 A_4$$

其中：

$$\alpha_1 = \alpha_1(s, L), \quad \alpha_2 = \alpha_2(s, L), \quad \alpha_3 = \alpha_3(s, L), \quad \alpha_4 = \alpha_4(s, L)$$
$$\beta_1 = \beta_1(s, L), \quad \beta_2 = \beta_2(s, L)$$

式中，α、β 为与 CVC 辊横移量 s 及辊身长度 $2L$ 有关的参数，可推导得出。

在实际计算过程中，采用轧辊的等效凸度，因此，辊缝的二次凸度和高次凸度体现在轧辊上就为二次等效凸度 C_{Rw} 和高次等效凸度 C_{Rh}。辊缝凸度与轧辊等效凸度的关系：

$$\begin{cases} C_{Rw} = -C_w \\ C_{Rh} = -C_h \end{cases}$$

轧辊的二次等效凸度与高次等效凸度的比值 R_c 称为凸度比，一般该比值在计算过程中可视为一个常数，可根据轧制工艺条件确定。因此，可求出二次等效凸度与高次等效凸度之间的关系：

$$C_{Rh} = C_{Rw} / R_c$$

B   CVC 辊型系数的确定

a $A_2 \sim A_5$ 的确定

若已知 CVC 辊横移到最大位置 s_{max} 时，CVC 辊的二次等效凸度为 C_{Rwmax}，则有：

$$C_{Rwmax} = \alpha_1(s_{max}, L)A_5 + \alpha_2(s_{max}, L)A_4 + \alpha_3(s_{max}, L)A_3 - \alpha_4(s_{max}, L)A_2$$
$$C_{Rhmax} = \beta_1(s_{max}, L)A_5 - \beta_2(s_{max}, L)A_4$$

而当 CVC 辊横移到最小位置 s_{min} 时，CVC 辊的二次等效凸度为 C_{wmin}，则有：

$$C_{Rwmin} = \alpha_1(s_{min}, L)A_5 + \alpha_2(s_{min}, L)A_4 + \alpha_3(s_{min}, L)A_3 - \alpha_4(s_{min}, L)A_2$$
$$C_{Rhmin} = \beta_1(s_{min}, L)A_5 - \beta_2(s_{min}, L)A_4$$

联立可求出系数 A_2、A_3、A_4 及 A_5。

b A_1 的确定

确定系数 A_1 可采用使轴向力最小化的方法，即以轴向力的大小作为设计目标，求出最优的 A_1 使轧制过程中产生的轴向力最小。

作用于宽度为 $2b$ 的板带上的总轴向力 F_2 可表示为：

$$F_2 = p_0 [R_U(L + b) - R_U(L - b)]$$

式中，b 为所轧板带宽度的一半；p_0 为单元轧制力常量；R_U 为 CVC 工作辊上辊半径。

$R_U(L + b) - R_U(L - b)$ 表示 CVC 辊型对轴向力大小的影响，用 E 表示：

$$E = [R_U(L + b) - R_U(L - b)]^2$$

可以推出影响系数 E 是关于 CVC 辊型系数 A_1、CVC 辊横移量 s 及板带宽度 $2b$ 的函数，表示如下：

$$E = f(A_1, b, s)$$

这样，系数 A_1 可用下述方法确定：

(1) 确定出 n 个 A_1，计算每一个 A_1 值在 s 和 b 允许范围内所对应的最大 E 值；

(2) 比较不同 A_1 值所对应的不同最大 E 值，从中确定出最小 E 值，对应于最小 E 值的 A_1 即为所求。

c A_0 的确定

在轧辊无轴向移动的情况下，CVC辊中心辊径等于名义直径，由此：

$$R_{U0} = D_R/2$$

式中，D_R 为轧辊名义直径。

因此，根据下式可以求出 A_0：

$$A_0 = \frac{D_R}{2} - A_1 L - A_2 L^2 - A_3 L^3 - A_4 L^4 - A_5 L^5$$

C 计算结果

计算五次CVC辊型曲线所需的数据见表6-59，计算结果见表6-60。

表6-59 计算参数

参　数	参数值/mm
CVC辊身长度 $2L$	1650
CVC辊直径 D_R	$\phi710$
CVC辊二次等效凸度最大值 C_{Rwmax}	0.168
CVC辊二次等效凸度最小值 C_{Rwmin}	-0.223
最大横移量 s_{max}	100
最小横移量 s_{min}	-100
宽度范围 b	850~1300
凸度比 R_c	-1.1165

表6-60 计算所得的辊型数据

CVC辊型系数	计算结果	CVC辊型系数	计算结果
A_0	0.354744×10^3	A_3	-0.104272×10^{-7}
A_1	0.549130×10^{-3}	A_4	0.817684×10^{-11}
A_2	0.385486×10^{-5}	A_5	-0.201591×10^{-14}

6.2.6 各项技术经济指标

6.2.6.1 工作制度的确定

车间轧制线设备和精轧各机组为三班连续工作制，节假日不休息，年工作时间见表6-61。

表6-61 热轧带钢厂工作时间表

机组名称	日历时间/h	年检修时间/h			年工作时间/h	换辊及事故/h	年作业时间/h	有效作业率/%
		大修	定修	合计				
主轧线	8760	288	830	1118	7642	1142	6500	74.2

6.2.6.2 加热炉能力的计算

本设计采用三座步进式加热炉，其中两座正常工作，一座备用。加热炉额定年常量350t/h，加热原料为连铸坯，本设计采用热装方式。

参考典型产品板坯尺寸为230mm×1020mm×10000mm，以实际生产为例，每根钢坯重量30t。

加热炉小时产量：

$$Q = \frac{LNG}{bt} \tag{6-54}$$

式中　Q——加热炉小时产量，t/h；

　　　L——加热炉内有效长度，取35m；

　　　N——加热炉内装排数，取1；

　　　G——每个钢坯重量，取30t；

　　　t——加热时间，h，取2.94h；

　　　b——加热钢料断面宽度，m，取1.1m。

则

$$Q = \frac{LNG}{bt} = \frac{35 \times 1 \times 30}{1.10 \times 2.94} = 324.7t/h < 350t/h$$

因此，加热炉的年加热坯料重量$A = 324.7 \times 2 \times 6500 \times 0.90 = 379.9$万吨$> 258.4$万吨，其中0.9为加热炉效率，因此加热炉可以满足能力要求。

6.2.6.3　轧机生产能力计算

A　轧机小时产量计算

轧件单位时间内的产量称为轧机生产率。可根据下式计算：

$$A = \frac{3600}{T}QK_1b \tag{6-55}$$

式中　A——轧机小时产量，t/h；

　　　Q——原料重量，取30t；

　　　T——轧制节奏时间，影响轧机小时产量的主要因素是精轧机组，轧制节奏时间按精轧机组轧制时间加上间隙时间计算，故$T = 134.1 + 15 = 149.1$s；

　　　b——成品率，%，取97%；

　　　K_1——轧机利用系数，一般对成品轧件，$K_1 = 0.80 \sim 0.85$，本车间可取0.80。

则

$$A = \frac{3600}{149.1} \times 30 \times 0.80 \times 97\% = 562.1t/h$$

B　轧机平均小时产量

当一个车间有若干个品种时，每个品种的小时产量不同，为计算出年产量，就必须算出轧机轧制的所有产品的平均小时产量，也称为综合小时产量。

计算平均小时产量一般按劳动量换算系数计算。即选取一种或几种产品作为标准产品，计算得出劳动量换算系数。

劳动换算系数X为：

$$X = \frac{A_b}{A}$$

式中　A_b——标准产品的小时产量，t/h；

A——某种产品的小时产量，t/h。

平均小时产量按下式计算：

$$A_p = \cfrac{1}{\cfrac{a_1}{A_1} + \cfrac{a_2}{A_2} + \cfrac{a_3}{A_3} + \cfrac{a_4}{A_4} + \cfrac{a_5}{A_5}} \qquad (6\text{-}56)$$

式中 a_i——不同产品在总产量中的百分比，%；

A_i——不同产品的小时产量，t/h。

劳动换算系数 X 可根据现场生产数据来确定，主要考虑了生产产品时的难易程度。相关参考资料中能查到各种劳动换算系数（表6-62）。取 1.2mm 的带钢作为标准产品，按厚度进行换算后，各规格小时产量见表6-63。

表 6-62 板坯厚度和劳动换算系数对应表

厚度/mm	1.2~2.0	2.1~3.0	3.1~4.0	4.1~5.0	5.1~9.0	9.1~12.7	12.8~19.0
X_i	1.0	0.95	0.85	0.8	0.75	0.7	0.6
$A_i/t \cdot h^{-1}$	562.1	591.68	661.29	702.63	749.47	803	936.83

表 6-63 不同产品劳动量转换系数

序号	钢 种	代表钢号	年产量/万吨	比例/%	小时产量
1	普通碳素结构钢	Q195~Q275	90	36	591.68
2	优质碳素结构钢	08-40，08Al	60	24	562.1
3	低合金结构钢	Q345~Q690	20	8	661.29
4	汽车大梁用钢	16MnL，16MnReL	30	12	702.63
5	焊管不锈钢	316L	50	20	562.1

则

$$A_p = \cfrac{1}{\cfrac{1}{100}(36/591.68+24/562.1+8/661.29+12/702.63+20/562.1)} = 594.2t/h$$

所以精轧机的年产量为 $A = 594.2×6500×0.9 = 347.60$ 万吨 > 258.4 万吨。

因此，精轧机的生产能力符合要求。

各项技术经济指标见表6-64。

表 6-64 各项技术经济指标

序号	指标名称	单位	指标数据	备注
		一、主要产品		
1	年产量	万吨	250	
1.1	普通碳素结构钢	万吨	90	
1.2	优质碳素结构钢	万吨	60	
1.3	低合金结构钢	万吨	20	
1.4	汽车大梁用钢	万吨	30	
1.5	焊管不锈钢	万吨	50	

序号	指标名称	单位	指标数据	备注
二、主要基础资料				
2	轧机形式		半连续式	
	轧机规格	mm	2050	
3	设备重量	t	39646	
3.1	工艺操作设备重量	t	27652	
3.2	起重设备总重量	t	6784	
3.3	现场制作	t	5210	
4	电气设备总容量	kW	160000	
4.1	主传动电机总容量	kW	132000	
4.2	其他电机总容量	kW	28000	
5	厂房面积	m^2	155200	
5.1	主厂房面积	m^2	112020	
5.2	辅助房面积	m^2	43180	
三、设备负荷及年工作小时				
6	轧机工作小时	h	6500	
7	轧机负荷率	%	93.25	
四、每吨产品消耗指标				
8	金属（连铸板坯）	吨	1.031	
9	燃料（煤气）	GJ	6.34	
10	电力	kW·h	110	
11	工业用水	m^3	1.0	补充新水
12	过滤水	m^3	0.3	
13	蒸汽	N·m^3	0.008	
14	压缩空气	N·m^3	13	
15	氧气	N·m^3	0.026	
16	焦炉煤气	N·m^3	0.01	
17	轧辊	kg	0.667	
18	润滑油	L	0.04	
19	液压油	L	0.03	
20	轧制油	L	0.16	
21	干油	kg	0.03	
22	耐火材料	kg	0.4	
23	捆带及封口	kg	0.52	
24	喷涂油漆	cm^3	0.79	
25	定宽压力机模块	kg	0.0084	
26	剪刃	kg	0.02097	

6.2.7　车间平面图

根据本节设计、计算与校核，绘制出热轧带钢生产车间平面图，如图 6-25 所示。连铸板坯主要经过加热、粗轧、精轧及卷取工序，加工成为热轧产品。

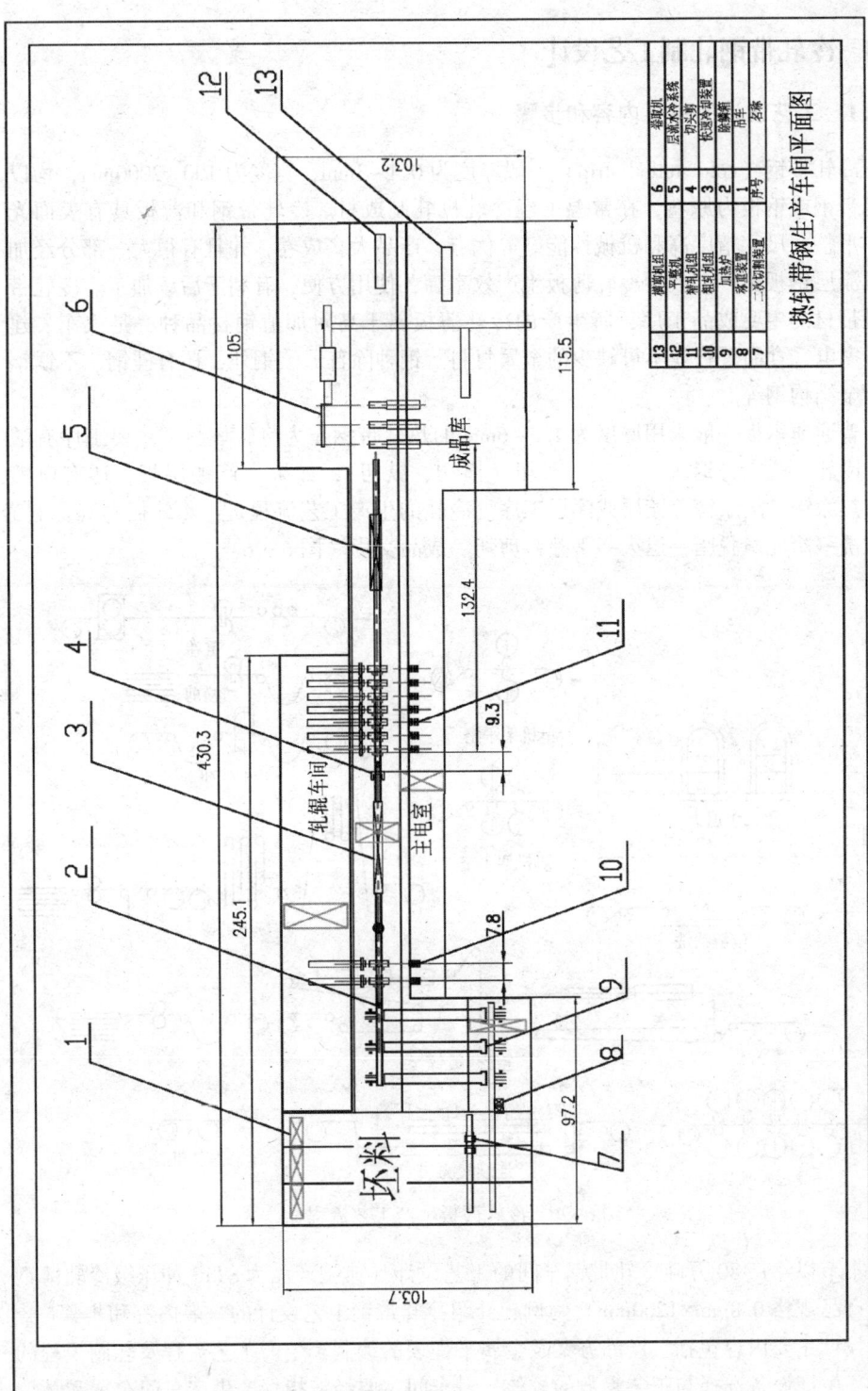

图 6-25 热轧带钢生产车间平面图 1

序号	名称	序号	名称
13	捆卷机组	6	卷取机
12	平整机	5	层流冷却系统
11	精轧机组	4	切头机
10	粗轧机组	3	板坯冷却装置
9	加热炉	2	推车
8	除鳞装置	1	台车
7	二次切割装置		

热轧带钢生产车间平面图

6.3　冷轧带钢轧制工艺设计

6.3.1　工艺设计的主要内容和步骤

冷轧带钢（cold-rolled strip）一般厚度为 0.1~3mm，宽度为 100~2000mm，均以热轧带钢或钢板为原料，在常温下经冷轧机轧制成材。冷轧带钢和薄板具有表面光洁、平整、尺寸精度高和机械性能好等优点，产品大多成卷，并且有很大一部分经加工成涂层钢板出厂。成卷冷轧薄板生产效率高，使用方便，有利于后续加工。冷轧带钢是带材的主要成品工序，所生产的冷轧薄板属于高附加值钢材品种，是汽车、建筑、家电、食品等行业不可缺少的金属材料。钢种除普通碳钢外，还有硅钢、不锈钢和合金结构钢等。

普通薄钢板一般采用厚度为 1.5~6mm 的热轧带钢作为冷轧坯料。主要工序有酸洗、冷轧、脱脂、退火、平整、剪切（横切、纵切），如果生产镀层板，还有电镀锡、热涂锡、热涂锌等镀层或涂层工序。冷轧的生产工艺流程是：热轧板卷（原料）→酸洗→冷轧→脱脂→退火→平整→剪切→成品交货（图 6-26）。

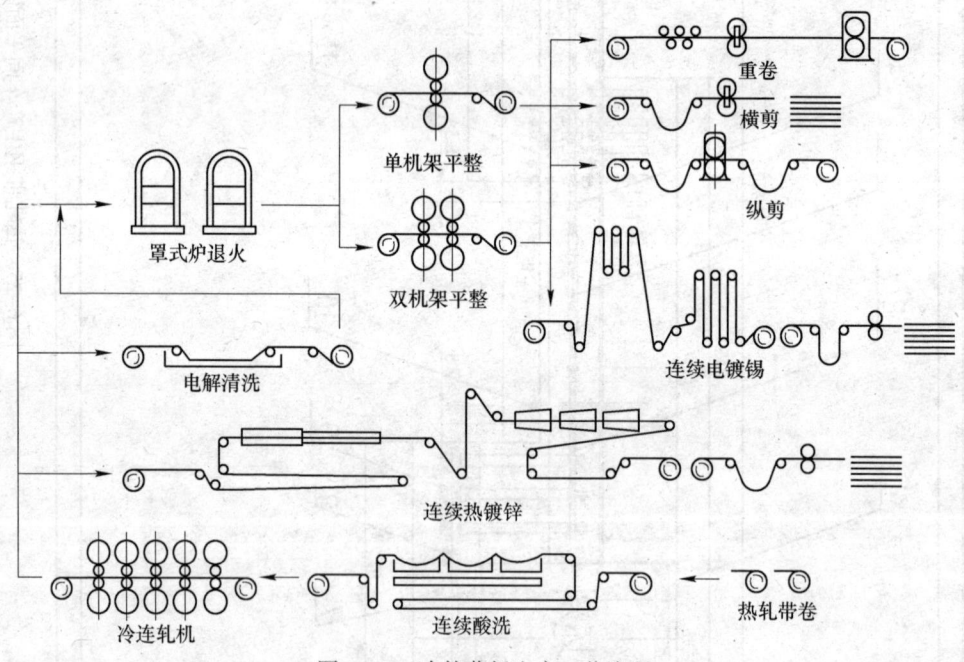

图 6-26　冷轧薄板生产工艺流程

本节以年产 80 万吨冷轧带钢车间的工艺设计（典型产品为 ST13 冲压级冷轧薄钢板，产品规格 0.8mm×1200mm）为例，介绍冷轧带钢工艺设计的一般内容和步骤。

设计主要内容包括：产品方案及金属平衡表的编制、生产工艺流程及轧制规程的制定、生产设备选择与工艺参数的校核。对车间主要经济指标、生产车间布置和环境保护，进行设计和规划。冷轧带钢工艺设计一般遵循如图 6-27 所示的流程。

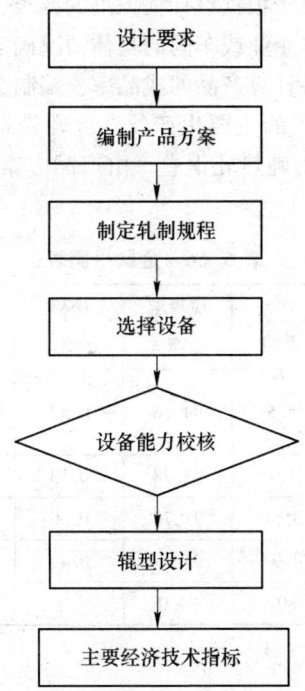

图 6-27 冷轧带钢工艺设计流程图

6.3.2 产品方案的编制

6.3.2.1 产品方案

产品方案是对车间所生产的产品的名称、品种、规格、状态及年产量所做的详细规定。产品方案的编制原则参见 6.2.2.1 节。

冷轧产品主要有冷轧窄带钢卷、冷轧钢卷、冷轧板、热镀锌卷、热镀锌板、涂层钢卷、涂层钢板、电镀锌钢卷和电镀锌钢板等。根据设计任务要求，确定车间产品大纲，见表 6-65。

表 6-65 冷轧带钢产品方案表

序号	钢　种	代表钢号	年产量/万吨	比例/%
1	冷轧板	ST13、ST14	45.5	56.8
2	连续热镀锌薄钢板	深冲级 SC、超深冲级 CS	21.1	26.4
3	彩色涂层钢板（卷）	DL、DP、XT	8.5	10.6
4	汽车车厢用冷轧薄钢板和钢带	QG40	4.9	6.2
总　计			80	100

6.3.2.2　金属平衡表的制定

编制金属平衡表的目的在于根据设计任务书的要求,参照国内外同类企业或车间所能达到的先进指标,考虑本企业或车间的具体情况确定出为完成年计划产量所需要的投料量。其任务是:确定各计算产品的成品率,编制金属平衡表。

根据产品方案和设计工厂的主要生产线,冷轧带钢成品为 80 万吨,成材率为 94.0%,热轧厂应供应 85.1 万吨热轧钢卷。由产品方案表和主要设备及产品品种制定金属平衡表 6-66。

表 6-66　金属平衡表

产品名称	年产量 /万吨	成材率 /%	溶损 /%	几何损失 /%	工艺损失 /%	年需坯料量 /万吨
冷轧板	45.5	94.16	0.47	4.51	0.86	48.3
连续热镀锌薄钢板	21.1	93.78	0.53	4.84	0.85	22.5
彩色涂层钢板（卷）	8.5	93.70	0.50	4.96	0.84	9.1
汽车车厢用冷轧薄钢板和钢带	4.9	93.69	0.49	4.99	0.83	5.2
合　计	80	94.0				85.1

6.3.2.3　原料选择

使用热轧板带为原料,坯料最大厚度取决于设备条件,坯料最小厚度取决于成品厚度、钢种、成品的组织和性能要求以及供坯条件。

根据金属平衡,本厂年产 80 万吨的冷轧产品,原料由热轧厂供应,设计确定冷轧厂所需的热轧原料的种类、断面形状、单重及规格尺寸。

(1) 原料规格:

带钢宽度:700~1550mm;

带钢厚度:1.0~6.0mm;

钢卷内径:ϕ700/762mm;

钢卷外径:ϕ1100~2000mm;

钢卷重量:最大 30t。

(2) 热轧原料卷技术要求:

1) 带钢宽度允许偏差:0~+20mm。

2) 热轧带钢最大波浪度为:

1.8~3.0mm 带长每 2mm 最大到 20mm;

3.1~4.5mm 带长每 2mm 最大到 15mm;

3) 热轧带钢原料不应有边缘裂口、裂缝或向上弯起 90° 以上的边缘,应卷紧,边缘整齐,内圈无舌头。

4) 热轧带钢表面不得有气泡、结疤、折叠、裂缝、夹杂、压入氧化铁皮,侧面不允许有分层，必须脱油、脱脂、无漆。

5) 带钢表面允许有深度（或高度）不大于厚度负（或正）偏差之半的压痕、裂纹、麻点、划伤及轧辊所造成的网纹。

6) 厚度偏差见表 6-67。

表 6-67 厚度偏差

公称厚度/mm	厚度允许偏差/mm			
	700~750	750~1000	1000~1500	1500~2000
1.80~2.00	±0.16	±0.17	±0.18	±0.20
2.00~2.20	±0.17	±0.18	±0.19	±0.20
2.20~2.50	±0.18	±0.19	±0.20	±0.21
2.50~3.00	±0.19	±0.20	±0.21	±0.22
3.00~3.50	±0.20	±0.21	±0.22	±0.24
3.50~4.00	±0.23	±0.26	±0.28	±0.28
4.00~5.50	+0.20 -0.40	+0.30 -0.40	+0.30 -0.50	+0.40 -0.50

7) 凸度：凸度是指垂直轧制方向横截面上，中点厚度与距带钢边部 40mm 处厚度的差值，最大允许凸度见表 6-68。

表 6-68 最大允许凸度

带钢宽度/mm	允许凸度/mm	凸度内控值/mm
<1200	0.10	0.08
1200~1500	0.13	0.10
1500~1800	0.16	0.12

（3）来料规格为：3mm×1300mm；典型产品为 ST13，规格为 0.8mm×1200mm。

ST13：德国 DIN 牌号，低碳钢；

ST——钢（Steel），13——冲压级冷轧薄钢板。

化学成分：C<0.08%，Mn<0.45%，P<0.030%，S<0.0255%，Al≥0.020%。

6.3.3 工艺制度的制定

6.3.3.1 生产工艺流程

A 酸洗—冷轧联合机组

酸洗—冷轧联合机组的选取是要根据所要求的生产能力、带钢宽度和带卷尺寸以及所采用的酸洗剂情况进行选择。本车间所采用的机组形式为浅槽紊流盐酸酸洗以及全连续无头轧制。

本车间酸洗机组采用水平式浅槽紊流盐酸酸洗机组，原因是浅槽紊流盐酸酸洗具有酸洗带钢质量好、易于操作、作业率高、设备质量轻、投资少、消耗低、无公害等优点。

整个机组的操作过程是：被送到机组的带钢卷，经过带有弯曲辊、给料装置和矫直机的开卷机将带钢端头拆开、矫直并被送入侧刀剪切掉带钢头尾，再将切完头尾的带钢闪光对焊，将前后两条带钢的端头焊接起来，焊接处的焊缝通过焊机自身的光整机进行光整，然后拉料辊将带钢送入头部活套中贮存，以备酸洗工艺段生产。

贮存在头部活套内的带钢由拉料辊拉出，并被连续的送入酸洗槽进行连续的酸洗。酸洗后清除掉氧化铁皮的钢板在漂洗槽中经高压水冲洗、毛刷刷洗除去带钢自酸洗槽中带出的残酸，再进入烘干装置将带钢表面烘干，然后送入圆盘剪进行剪边。

具体的工作流程为：开卷→矫直→切头→焊接和缝合→加前张力→活套装置→加后张力→酸洗→冷水喷洗→钝化→热水漂洗→带钢烘干→加张力→切边→入口活套→五机架四辊冷轧机→圆盘剪剪切→卷取。

B 清洗和退火

清洗的目的就是去除轧制过程中带钢表面的油污以及轧后产生的铁粉和灰尘等，使带钢以洁净的表面进入下一工序。通常采用组合清洗法，是指根据工艺要求把化学清洗、电解清洗和机械清洗等清洗方法进行最佳组合，清洗后的带钢表面质量较高。此法虽然可以使带钢表面质量大幅提高，洗净率达到97%以上，但也存在一些弊端，首先是投资高、生产成本高，其次清洗介质消耗量大，再次刷辊磨损大，所以组合清洗段只适合对板带质量要求较高的生产线。

本车间采用电解清洗方法，电解清洗法是通过水的电解在带钢表面产生微小气泡，物理地剥离带钢表面残留物，达到清洗带钢表面的目的。

退火是冷轧板带生产中最主要的热处理工序，冷轧中间退火的目的一般是通过再结晶消除加工硬化以提高塑性及降低变形抗力，而成品热处理（退火）的目的除通过再结晶消除硬化以外，还可根据产品的不同技术要求以获得所需要的组织（如各种织构等）和性能（如深冲、电磁性能等）。

本车间采用的机组形式是全氢罩式退火炉。在罩式退火炉中，一般将若干个紧卷的带卷叠为一堆成批加热，退火数小时后再进行冷却。紧卷的温升很慢。带卷中心达到给定温度要比带卷外圈迟很多。所以加热时间必须很长，直至中心部位也达到给定温度。经过长时间的退火，带钢组织变软，所以特别适合于深冲。但罩式退火炉的退火周期太长，有的长达几昼夜。

具体的工艺流程为：带卷与垫板堆放入炉→罩圆筒形内罩→喷吹保护气→罩加热外罩→风机鼓风→吊走加热罩，加罩冷却罩（快速冷却）→喷吹冷空气→停喷保护气→冷至室温。

C 横剪机组

薄板横剪机组的布置应根据对成品薄板的品种要求，经济地剪切大量钢材，并按交货规格堆垛打包。

具体工艺流程为：

开卷→夹持→矫直→剪切→废边卷取→测厚→横剪→17辊矫直→21辊矫直→涂油，打印→堆垛→称量。

D 纵切机组

纵切机组工艺流程为：开卷→裁条→引带→剪切→卷取。

E 检查和包装

冷轧钢板在入库出厂前，每个批号根据不同钢质的交货标准（协议）要求，进行取样和检验（拉力、冷弯、金相、冲压）。取好的试样及时送往技术质量监督部检验室检查，初检不合格应取双倍样复验，检查结果由检查员填写在生产卡片上。

包装前应检查钢板质量，符合产品标准后方可进行包装，交货的钢卷必须符合包装规程和相应标准的规定；凡入库的钢卷必须按品种、合同号分区域堆放，并保证堆放整齐，不允许大包压小包；成品应严格按合同执行，按合同发出。

6.3.3.2 轧制规程的制定

板带钢轧制规程是工艺制度最基本的核心内容，直接关系到轧机的产量和产品的质量，轧制规程的主要内容就是要确定由一定板坯轧成所要求的板带所采用的轧制方法、轧制道次及每道次压下量大小，以及与此相关的各道次轧制速度、温度及前后张力制度和原料尺寸。制定轧制规程的方法很多，主要有理论方法和经验方法两大类。理论方法比较复杂且不偏向实际，故多采用经验方法即根据经验资料进行压下分配及校核计算。

规格参数：

（1）原料尺寸：热轧带钢选取原料尺寸为3mm×1300mm。

（2）成品尺寸：典型产品规格为0.8mm×1200mm。

（3）五机架连轧机组：

六辊轧机：1、5道次，工作辊直径ϕ490mm；

四辊轧机：2~4道次，工作辊直径ϕ600mm。

A 张力制度

张力在冷轧生产中不仅可以降低轧制压力，防止带钢跑偏，补偿沿宽度方向轧件的不均匀变形，并且还起着传递能量，传递影响，使各机架之间相互连接的作用。

张力制度就是合理地选择轧制中各道次张力的数值。实际生产中若张力过大会把带钢拉断或产生拉伸变形，若张力过小则起不到应有作用。因此作用在带钢上的最大张应力应满足：

$$\sigma_{max} < \sigma_s$$

式中 σ_{max}——作用在带钢单位截面积上的最大张应力；

σ_s——带钢的屈服极限。

冷连轧的特点之一是采用大张力轧制，所以一般单位张力为$(0.3~0.5)\sigma_s$，轧机不同、轧制道次不同、钢种不同、规格不同等影响，张力变化范围较宽。后张力与前张力相比对减少单位轧制压力效果明显，足够大的后张力能使单位轧制压力降低

35%，而前张力只能降低 20% 左右，且单位张力后机架要比前机架大一些。参考经验数据，初步制定前、后张力见表 6-69。

表 6-69　轧制过程前张力、后张力

道次	1	2	3	4	5
前张力/MPa	80	103	140	178	200
后张力/MPa	62	80	103	140	178

B　压下量的分配

要保证一定的总压下率，连轧总压下率一般为 50%~60%，取 60%。

常用的压下规程设计方法：

(1) 先按经验并考虑到规程设计的一般原则和要求，对各道（架）压下进行分配；

(2) 按工艺要求并参考经验资料，选定各机架间的单位压力；

(3) 校核设备的负荷及各级限制条件。

压下量的分配：根据经验采用分配压下系数表 6-70，令轧制中的总压下量为 $\sum \Delta h$，各道次压下量 Δh_i 分配用以下公式计算：

$$\Delta h_i = b_i \sum \Delta h \tag{6-57}$$

式中，Δh_i 为各道压下量；b_i 为各道次压下分配系数（表 6-70）。

表 6-70　各种冷连轧机压下分配系数 b_i

机架数 ＼ 道次号 分配系数	1	2	3	4	5
2	0.70	0.30	—	—	—
3	0.50	0.30	0.20	—	—
4	0.40	0.30	0.20	0.10	—
5	0.30	0.25	0.25	0.15	0.05

确定各架压下分配系数分别为 0.30、0.25、0.25、0.15、0.05，即确定了各架压下量或轧后厚度。

本典型产品规格 ST13，0.8mm×1200mm，热轧厂供应的坯料厚度为 3.0mm。则可计算总的压下量：

$$\sum \Delta h = 3.0 - 0.8 = 2.2mm$$

根据表中的 b_i 计算出各道次压下量为：

$$\Delta h_1 = 0.30 \times 2.2mm = 0.66mm$$

$$\Delta h_2 = 0.25 \times 2.2\text{mm} = 0.55\text{mm}$$

$$\Delta h_3 = 0.25 \times 2.2\text{mm} = 0.55\text{mm}$$

$$\Delta h_4 = 0.15 \times 2.2\text{mm} = 0.33\text{mm}$$

$$\Delta h_5 = 0.05 \times 2.2\text{mm} = 0.11\text{mm}$$

最后一道次考虑板形及表面质量的要求，取较小的压下率。

C　轧制速度制度

冷连轧机最大特点是速度高，生产能力大，轧制板卷重。

轧制时先采用低速度穿带（1~3m/s），待通过各机架并由张力卷取机卷上之后，同步加速到轧制速度，进入稳定轧制阶段。在焊缝进入轧机之前，为避免损伤辊面和断带，一般要降速至稳定轧制速度的40%~70%。焊缝过后又自动升至稳定轧速。在一卷带钢轧制即将完成之前，应及时减速至甩尾速度，以通过尾部。

冷连轧的最高速度限制，主要是由轧制工艺润滑和冷却能否保证带钢表面质量和板形决定。表6-71给出各道次的摩擦系数 f。

表 6-71　摩擦系数 f

1 号机架	2 号机架	3 号机架	4 号机架	5 号机架
0.08	0.05	0.05	0.05	0.05

在实际生产中，冷连轧机各机架速度调节及设定皆采用轧辊速度。当压下规程制定后，则各架轧出厚度 h_i 已知。

根据轧制时的秒流量相等条件方程：

$$h_i v_i = C \tag{6-58}$$

式中　h_i——第 i 架轧机出口处轧件厚度；

　　　v_i——第 i 架轧机出口处水平速度。

由末架轧机出口处轧件水平速度可求出各架轧机出口处的轧件水平速度。再由公式：

$$v_i = \frac{v_{hi}}{1 + s_{hi}} \tag{6-59}$$

求出各机架轧辊速度。

首先是末机架出口处轧件水平速度的选取，根据经验，一般取末机架轧机出口处轧件水平速度为不大于 22.5m/s。现取末机架轧机出口处轧件水平速度为 $v_{h5} = 13\text{m/s}$，$h_5 = 0.8\text{mm}$，则可求得：

第一架轧机：

由秒流量相等　　$h_i v_i = C$，$\Delta h_1 = 0.66\text{mm}$，$h_1 = 2.34\text{mm}$

求得：

$$v_{h1} = \frac{v_{h5} h_5}{h_1} = \frac{13 \times 0.8}{2.34} = 4.44\text{m/s}$$

咬入角：　$\alpha_1 = \arccos\left(1 - \frac{\Delta h_1}{D}\right) = \arccos\left(1 - \frac{0.66}{490}\right) = 2.97° = 0.052\text{rad}$

中性角：$\quad \gamma_1 = \dfrac{\alpha_1}{2}\left(1 - \dfrac{\alpha_1}{2f}\right) = \dfrac{0.052}{2} \times \left(1 - \dfrac{0.052}{2 \times 0.08}\right) = 0.018\text{rad}$

前滑值：$\quad S_{h1} = \dfrac{\gamma_1^2}{h_1}R = \dfrac{0.018^2}{2.34} \times 245 = 0.034 = 3.4\%$

第一架轧辊速度：$\quad v_1 = \dfrac{v_{h1}}{1 + S_{h1}} = \dfrac{4.44}{1 + 0.034} = 4.29\text{m/s}$

第二架轧机：

由秒流量相等 $\quad h_i v_i = C, \qquad \Delta h_2 = 0.55\text{mm}, \qquad h_2 = 1.79\text{mm}$

求得：$\qquad v_{h2} = \dfrac{v_{h5}h_5}{h_2} = \dfrac{13 \times 0.8}{1.79} = 5.81\text{m/s}$

咬入角：$\quad \alpha_2 = \arccos\left(1 - \dfrac{\Delta h_2}{D}\right) = \arccos\left(1 - \dfrac{0.55}{600}\right) = 2.45° = 0.043\text{rad}$

中性角：$\quad \gamma_2 = \dfrac{\alpha_2}{2}\left(1 - \dfrac{\alpha_2}{2f}\right) = \dfrac{0.043}{2} \times \left(1 - \dfrac{0.043}{2 \times 0.05}\right) = 0.012\text{rad}$

前滑值：$\quad S_{h2} = \dfrac{\gamma_2^2}{h_2}R = \dfrac{0.012^2}{1.79} \times 300 = 0.024 = 2.4\%$

第二架轧辊速度：$\quad v_2 = \dfrac{v_{h2}}{1 + S_{h2}} = \dfrac{5.81}{1 + 0.024} = 5.67\text{m/s}$

第三架轧机：

由秒流量相等 $\quad h_i v_i = C, \qquad \Delta h_3 = 0.55\text{mm}, \qquad h_3 = 1.24\text{mm}$

求得：$\qquad v_{h3} = \dfrac{v_{h5}h_5}{h_3} = \dfrac{13 \times 0.8}{1.24} = 8.39\text{m/s}$

咬入角：$\quad \alpha_3 = \arccos\left(1 - \dfrac{\Delta h_3}{D}\right) = \arccos\left(1 - \dfrac{0.55}{600}\right) = 2.45° = 0.043\text{rad}$

中性角：$\quad \gamma_3 = \dfrac{\alpha_3}{2}\left(1 - \dfrac{\alpha_3}{2f}\right) = \dfrac{0.043}{2} \times \left(1 - \dfrac{0.043}{2 \times 0.05}\right) = 0.012\text{rad}$

前滑值：$\quad S_{h3} = \dfrac{\gamma_3^2}{h_3}R = \dfrac{0.012^2}{1.24} \times 300 = 0.035 = 3.5\%$

第三架轧辊速度：$\quad v_3 = \dfrac{v_{h3}}{1 + S_{h3}} = \dfrac{8.39}{1 + 0.035} = 8.11\text{m/s}$

第四架轧机：

由秒流量相等 $\quad h_i v_i = C, \qquad \Delta h_4 = 0.33\text{mm}, \qquad h_4 = 0.91\text{mm}$

求得：$\qquad v_{h4} = \dfrac{v_{h5}h_5}{h_4} = \dfrac{13 \times 0.8}{0.91} = 11.43\text{m/s}$

咬入角：$\quad \alpha_4 = \arccos\left(1 - \dfrac{\Delta h_4}{D}\right) = \arccos\left(1 - \dfrac{0.33}{600}\right) = 1.90° = 0.033\text{rad}$

中性角：$\qquad \gamma_4 = \dfrac{\alpha_4}{2}\left(1 - \dfrac{\alpha_4}{2f}\right) = \dfrac{0.033}{2} \times \left(1 - \dfrac{0.033}{2 \times 0.05}\right) = 0.011\text{rad}$

前滑值：$\qquad S_{h4} = \dfrac{\gamma_4^2}{h_4}R = \dfrac{0.011^2}{0.91} \times 300 = 0.040 = 4.0\%$

第四架轧辊速度：$\qquad v_4 = \dfrac{v_{h4}}{1 + S_{h4}} = \dfrac{11.43}{1 + 0.040} = 10.99\text{m/s}$

第五架轧机：

已知$\qquad v_{h5} = 13\text{m/s}, \qquad \Delta h_5 = 0.11\text{mm}, \qquad h_5 = 0.80\text{mm}$

咬入角：$\qquad \alpha_5 = \arccos\left(1 - \dfrac{\Delta h_5}{D}\right) = \arccos\left(1 - \dfrac{0.11}{490}\right) = 1.21° = 0.021\text{rad}$

中性角：$\qquad \gamma_5 = \dfrac{\alpha_5}{2}\left(1 - \dfrac{\alpha_5}{2f}\right) = \dfrac{0.021}{2} \times \left(1 - \dfrac{0.021}{2 \times 0.05}\right) = 0.008\text{rad}$

前滑值：$\qquad S_{h5} = \dfrac{\gamma_5^2}{h_5}R = \dfrac{0.008^2}{0.80} \times 245 = 0.020 = 2.0\%$

第五架轧辊速度：$\qquad v_5 = \dfrac{v_{h5}}{1 + S_{h5}} = \dfrac{13}{1 + 0.020} = 12.75\text{m/s}$

D　各道次轧制力的计算

各机架摩擦系数的选取：第一道次考虑咬入不喷油，故取 0.08，后续喷乳化液，取值 0.05~0.06，具体选择见表 6-71。

本设计采用 M. D. Stone 公式：

$$P = \overline{P}Bl' = (K - \overline{Q})\,\frac{e^x - 1}{x}Bl' \qquad (6\text{-}60)$$

式中　x——摩擦几何系数，$x = \dfrac{fl'}{h}$；

$\qquad l'$——考虑轧辊弹性压扁的变形区长度；

$\qquad K$——平面变形抗力，$K = 1.15\overline{\sigma}_s$；

$\qquad B$——轧件宽；

$\qquad \overline{Q}$——前后张力平均值，$\overline{Q} = \dfrac{q_1 + q_0}{2}$；

$\qquad q_1$——前张力；

$\qquad q_0$——后张力。

具体计算步骤如下。

a　确定变形抗力

由于在变形区内各断面处变形程度不等，因此，通常根据加工硬化曲线取本道次平均总压下率所对应的变形抗力值$\overline{\sigma}_s$。平均总压下率$\sum\overline{\varepsilon}$按下式计算：

$$\sum\overline{\varepsilon} = 0.4\varepsilon_0 + 0.6\varepsilon_1 \qquad (6\text{-}61)$$

式中　ε_0——本道次轧前的预变形量，$\varepsilon_0 = (H_0 - H)/H_0$；

　　　ε_1——本道次轧后的总变形量，$\varepsilon_1 = (H_0 - h)/H_0$；

　　　H_0——冷轧前轧件的厚度；

　　　H——本道次轧前轧件的厚度；

　　　h——本道次轧后轧件的厚度。

根据 ST13 钢的含碳量（≤0.08%），由加工硬化曲线（图 6-28）查出对应于 $\sum \overline{\varepsilon}$ 的 $\overline{\sigma_s}$ 值，然后计算平面变形抗力 $K = 1.15 \overline{\sigma_s}$。

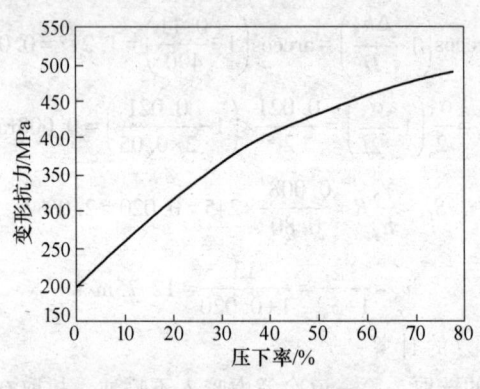

图 6-28　加工硬化曲线

　　b　求 x 的值

x 的值根据轧辊压扁时平均单位压力图解（斯通图解法，图 6-29）得到。先根据具体轧制条件计算出参数 z^2 和 y 的值：

$$z = fl/\overline{h} \tag{6-62}$$

式中　f——摩擦系数；

　　　l——接触弧长，$l = \sqrt{R\Delta h}$；

　　　R——工作辊半径。

$$y = 2CRfK'/\overline{h} \tag{6-63}$$

$$C = 8(1 - \mu^2)/\pi E$$

$$K' = K - \overline{Q} = 1.15\overline{\sigma_s} - \overline{Q}$$

式中　μ——泊松比，$\mu = 0.33$；

　　　E——弹性模量，$E = 206\text{GPa}$。

则　　　　　$C = 8 \times (1 - 0.33^2)/(3.14 \times 206 \times 10^9) = 1.1 \times 10^{-11}$

　　然后在斯通图解（图 6-29）中 z^2 尺和 y 尺上分别找出对应其值的两点，连成一条直线，此直线与 S 形曲线的交点即为 x 的值。根据 x 值计算便可得 $\dfrac{e^x - 1}{x}$ 的值。

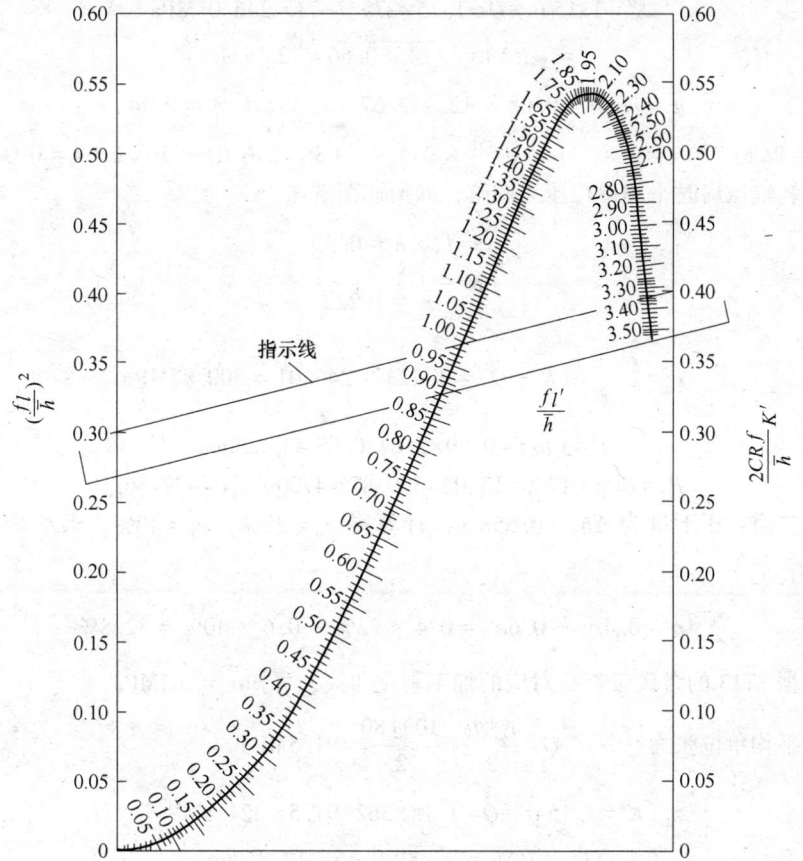

图 6-29 轧辊压扁时平均单位压力图解（斯通图解法）

c 求平均单位压力 $\bar{P}$、l' 及总压力 P

$\bar{P}$：将 $K-\bar{Q}$ 的值和 $\dfrac{e^x-1}{x}$ 的值代入 $\bar{P}=\dfrac{e^x-1}{x}(K-\bar{Q})$ 即可算出平均单位压力。

l'：由 $l'=\dfrac{x\bar{h}}{f}$ 计算得到总压力为 $P=\bar{P}Bl'$。

各个道次的轧制压力的步骤说明如下：

第一道：由原料开始轧制，压下量为 $\Delta h_1=0.66\text{mm}$，计算得 $\varepsilon_0=0$，$\varepsilon_1=22\%$。求平均压下率 $\sum\bar{\varepsilon}$ 为：

$$\sum\bar{\varepsilon}=0.4\varepsilon_0+0.6\varepsilon_1=0.4\times0+0.6\times22\%=13.2\%$$

根据 ST13 的含碳量查找对应的加工硬化曲线，可知 $\bar{\sigma}_s=275.7\text{MPa}$。

求平均单位张力：

$$\bar{Q}=\frac{q_1+q_0}{2}=\frac{80+62}{2}=71\text{MPa}$$

故 $\qquad K' = 1.15\overline{\sigma}_s - \overline{Q} = 1.15 \times 275.7 - 71 = 246.01\mathrm{MPa}$

计算 $\qquad l = \sqrt{R\Delta h} = \sqrt{245 \times 0.66} = 12.7\mathrm{mm}$

$$z = fl/\overline{h} = 0.08 \times 12.7/2.67 = 0.38, \qquad z^2 = 0.14$$

$y = 2CRfK'/\overline{h} = 2 \times 1.1 \times 10^{-11} \times 245 \times 0.08 \times 246.01 \times 10^6/2.67 = 0.040$

查轧辊压扁时平均单位压力图解，即斯通图解法，

$$x = fl'/\overline{h} = 0.39$$

$$\frac{\mathrm{e}^x - 1}{x} = 1.223$$

$$\overline{P} = \frac{\mathrm{e}^x - 1}{x}(K - \overline{Q}) = 1.223 \times 246.01 = 300.87\mathrm{MPa}$$

$$l' = x\,\overline{h}/f = 0.39 \times 2.67/0.08 = 13.02\mathrm{mm}$$

$$P_1 = Bl'\overline{p} = 1200 \times 13.02 \times 300.87 = 4700.7\mathrm{kN} = 479.66\mathrm{t}$$

第二道：压下量为 $\Delta h_2 = 0.55\mathrm{mm}$，计算得 $\varepsilon_0 = 22\%$，$\varepsilon_1 = 40\%$。求平均压下率 $\sum \overline{\varepsilon}$ 为：

$$\sum \overline{\varepsilon} = 0.4\varepsilon_0 + 0.6\varepsilon_1 = 0.4 \times 22\% + 0.6 \times 40\% = 32.8\%$$

根据 ST13 的含碳量查找对应的加工硬化曲线，可知 $\overline{\sigma}_s = 362\mathrm{MPa}$。

求平均单位张力： $\qquad \overline{Q} = \dfrac{q_1 + q_0}{2} = \dfrac{103 + 80}{2} = 91.5\mathrm{MPa}$

故 $\qquad K' = 1.15\overline{\sigma}_s - \overline{Q} = 1.15 \times 362 - 91.5 = 324.8\mathrm{MPa}$

计算 $\qquad l = \sqrt{R\Delta h} = \sqrt{300 \times 0.55} = 12.85\mathrm{mm}$

$$z = fl/\overline{h} = 0.05 \times 12.85/2.065 = 0.31, \qquad z^2 = 0.10$$

$y = 2CRfK'/\overline{h} = 2 \times 1.1 \times 10^{-11} \times 300 \times 0.05 \times 324.8 \times 10^6/2.065 = 0.052$

查轧辊压扁时平均单位压力图解，即斯通图解法，

$$x = fl'/\overline{h} = 0.34$$

$$\frac{\mathrm{e}^x - 1}{x} = 1.191$$

$$\overline{P} = \frac{\mathrm{e}^x - 1}{x}(K - \overline{Q}) = 1.191 \times 324.8 = 386.84\mathrm{MPa}$$

$$l' = x\,\overline{h}/f = 0.34 \times 2.065/0.05 = 14.04\mathrm{mm}$$

$$P_2 = Bl'\overline{p} = 1200 \times 14.04 \times 386.84 = 6518.41\mathrm{kN} = 665.14\mathrm{t}$$

第三道：压下量为 $\Delta h_3 = 0.55\mathrm{mm}$，计算得 $\varepsilon_0 = 40\%$，$\varepsilon_1 = 58.7\%$。求平均压下率 $\sum \overline{\varepsilon}$ 为：

$$\sum \overline{\varepsilon} = 0.4\varepsilon_0 + 0.6\varepsilon_1 = 0.4 \times 40\% + 0.6 \times 58.7\% = 51.22\%$$

根据 ST13 的含碳量查找对应的加工硬化曲线，可知 $\overline{\sigma_s}=423.8\mathrm{MPa}$。

求平均单位张力：　　$\overline{Q}=\dfrac{q_1+q_0}{2}=\dfrac{140+103}{2}=121.5\mathrm{MPa}$

故　　　　$K'=1.15\,\overline{\sigma_s}-\overline{Q}=1.15\times423.8-121.5=365.9\mathrm{MPa}$

计算　　　　$l=\sqrt{R\Delta h}=\sqrt{300\times0.55}=12.85\mathrm{mm}$

$$z=fl/\overline{h}=0.05\times12.85/1.515=0.42,\quad z^2=0.18$$

$y=2CRfK'/\overline{h}=2\times1.1\times10^{-11}\times300\times0.05\times365.9\times10^6/1.515=0.080$

查轧辊压扁时平均单位压力图解，即斯通图解法，

$$x=fl'/\overline{h}=0.48$$

$$\frac{\mathrm{e}^x-1}{x}=1.283$$

$$\overline{P}=\frac{\mathrm{e}^x-1}{x}(K-\overline{Q})=1.283\times365.9=469.48\mathrm{MPa}$$

$$l'=x\overline{h}/f=0.48\times1.515/0.05=14.54\mathrm{mm}$$

$$P_3=Bl'\overline{p}=1200\times14.54\times469.48=8191.49\mathrm{kN}=853.87\mathrm{t}$$

第四道：压下量为 $\Delta h_4=0.33\mathrm{mm}$，计算得 $\varepsilon_0=58.7\%$，$\varepsilon_1=69.7\%$。求平均压下率 $\sum\overline{\varepsilon}$ 为：

$$\sum\overline{\varepsilon}=0.4\varepsilon_0+0.6\varepsilon_1=0.4\times58.7\%+0.6\times69.7\%=65.3\%$$

根据 ST13 的含碳量查找对应的加工硬化曲线，可知 $\overline{\sigma_s}=470.2\mathrm{MPa}$。

求平均单位张力：　　$\overline{Q}=\dfrac{q_1+q_0}{2}=\dfrac{178+140}{2}=159\mathrm{MPa}$

故　　　　$K'=1.15\,\overline{\sigma_s}-\overline{Q}=1.15\times470.2-159=381.7\mathrm{MPa}$

计算　　　　$l=\sqrt{R\Delta h}=\sqrt{300\times0.33}=9.95\mathrm{mm}$

$$z=fl/\overline{h}=0.05\times9.95/1.075=0.46,\quad z^2=0.21$$

$y=2CRfK'/\overline{h}=2\times1.1\times10^{-11}\times300\times0.05\times381.7\times10^6/1.075=0.117$

查轧辊压扁时平均单位压力图解，即斯通图解法，

$$x=fl'/\overline{h}=0.55$$

$$\frac{\mathrm{e}^x-1}{x}=1.333$$

$$\overline{P}=\frac{\mathrm{e}^x-1}{x}(K-\overline{Q})=1.333\times381.7=508.81\mathrm{MPa}$$

$$l'=x\overline{h}/f=0.55\times1.075/0.05=11.83\mathrm{mm}$$

$$P_4=Bl'\overline{p}=1200\times11.83\times508.81=7223.07\mathrm{kN}=737.05\mathrm{t}$$

第五道：压下量为 $\Delta h_5 = 0.11mm$，计算得 $\varepsilon_0 = 69.7\%$，$\varepsilon_1 = 73.3\%$。求平均压下率 $\sum \bar{\varepsilon}$ 为：

$$\sum \bar{\varepsilon} = 0.4\varepsilon_0 + 0.6\varepsilon_1 = 0.4 \times 69.7\% + 0.6 \times 73.3\% = 71.9\%$$

根据 ST13 的含碳量查找对应的加工硬化曲线，可知 $\bar{\sigma}_s = 479.4MPa$。

求平均单位张力：
$$\bar{Q} = \frac{q_1 + q_0}{2} = \frac{200 + 178}{2} = 189MPa$$

故
$$K' = 1.15\bar{\sigma}_s - \bar{Q} = 1.15 \times 479.7 - 189 = 362.7MPa$$

计算
$$l = \sqrt{R\Delta h} = \sqrt{245 \times 0.11} = 5.19mm$$

$$z = fl/\bar{h} = 0.05 \times 5.19/0.855 = 0.30, \quad z^2 = 0.09$$

$$y = 2CRfK'/\bar{h} = 2 \times 1.1 \times 10^{-11} \times 245 \times 0.05 \times 362.7 \times 10^6/0.855 = 0.114$$

查轧辊压扁时平均单位压力图解，即斯通图解法，

$$x = fl'/\bar{h} = 0.38$$

$$\frac{e^x - 1}{x} = 1.217$$

$$\bar{P} = \frac{e^x - 1}{x}(K - \bar{Q}) = 1.217 \times 362.7 = 441.41MPa$$

$$l' = x\bar{h}/f = 0.38 \times 0.855/0.05 = 6.50mm$$

$$P_5 = Bl'\bar{p} = 1200 \times 6.50 \times 441.41 = 3443.00kN = 351.33t$$

E　制定压下规程表（表 6-72）

表 6-72　冷轧压下规程表（ST13）

道次号	H /mm	h /mm	Δh /mm	ε /%	轧速 /m·s^{-1}	前张力 /MPa	后张力 /MPa	$\bar{P}$ /MPa	总压力 /t
1	3.00	2.34	0.66	22.00	4.29	80	62	300.87	479.66
2	2.34	1.79	0.55	23.50	5.67	103	80	386.74	665.14
3	1.79	1.24	0.55	30.73	8.10	140	103	469.48	835.87
4	1.24	0.91	0.33	26.61	10.96	178	140	508.81	737.05
5	0.91	0.80	0.11	12.09	12.75	200	178	441.41	351.33

6.3.4　设备选择及能力的校核

6.3.4.1　设备选择

冷轧设备机组组成主要有酸轧联合机组、罩式退火炉、平整机组、横切机组、纵

切机组、电镀锌机组、连续热镀锌机组。

A 酸轧联合机组

机组主要工艺参数如下：

机组形式：酸洗—冷轧联合机组。

酸洗工艺：浅槽紊流酸洗+全连续无头轧制。

钢卷规格：见表6-73。

表6-73 冷轧钢卷规格

参 数	入 口	出 口
带钢厚度/mm	1.5~6.5	0.3~3.0
带钢宽度/mm	400~1630	400~1630
钢卷内径/mm	$\phi762$	$\phi610$
钢卷外径/mm	$\phi1100~2150$	$\phi1100~2000$
钢卷质量/t	最大30	最大30

最大轧制速度：1350m/min。

最大轧制力：30MN。

年轧制量：80万吨。

B 罩式退火炉

机组主要工艺参数如下：

钢卷规格：见表6-74。

表6-74 钢卷规格

参 数	规 格	参 数	规 格
带钢厚度/mm	0.3~3.5	质量/t	10~21
带钢宽度/mm	400~1500	最大堆垛高度/mm	5100
内径/mm	$\phi610$	最大装炉量/t	10
外径/mm	$\phi2000~2150$		

机组形式：全氢罩式退火炉。

炉台最高退火温度：750℃。

C 单机架平整机

机组主要工艺参数如下：

机组形式：单机架四辊平整机。

钢卷规格：见表6-75。

表 6-75　冷轧钢卷规格

参　数	入　口	出　口
带钢厚度/mm	0.3~3.0	0.3~3.0
带钢宽度/mm	400~1550	400~1550
钢卷内径/mm	ϕ610	ϕ610
钢卷外径/mm	ϕ1100~2150	ϕ1100~2000
钢卷质量/t	最大 30	最大 30

最大轧制速度：20m/s。

最大轧制力：16MN。

年轧制量：130 万吨。

D　横切机组

机组主要工艺参数见表 6-76。

表 6-76　横切机组参数

名　称	设定值	名　称	设定值
带钢厚度/mm	1.1~2.0	钢卷外径/mm	最大 ϕ2000
带钢宽度/mm	750~1250	钢卷质量/t	最大 25
钢卷内径/mm	ϕ610	带钢抗拉强度/MPa	600

产品技术参数：

钢种：Q 类钢、ST 系列、SP 系列、IF 钢系列、08Al、SC 系列、05CuPCrNi 耐候钢系列、06~10AlP 含磷系列（除 ADW3 以外）、10~45 号钢系列。

带钢厚度：1.1~2.0mm。

成品板长度：1000~6000mm。

带钢宽度：750~1250mm。

单体设备性能如下：1 号横切机组为设计最高速度 120m/min、年生产能力 24 万吨的冷轧板生产机组。有自动垛板机，温格尔系列飞剪和 23 辊矫直机，静电涂油机，半自动包装线。

E　纵切机组

机组主要工艺参数见表 6-77。

表 6-77　纵切机组参数

名　称	设定值	名　称	设定值
带钢厚度/mm	0.6~3.0	钢卷外径/mm	ϕ2000
带钢宽度/mm	750~1350	钢卷质量/t	最大 25
钢卷内径/mm	ϕ610	带钢抗拉强度/MPa	750

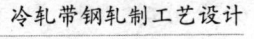

产品技术参数：

钢种：Q 类钢、St 系列、SP 系列、IF 钢系列、08Al、SC 系列、05CuPCrNi 耐候钢系列、06~10AlP 含磷系列（ADW3 除外）、10~45 号钢系列。

带钢厚度：0.6~3.0mm。

带钢宽度：750~1350mm。

机组最高速度：183m/min。

最大屈服强度：500MPa。

带钢抗拉强度：600MPa。

成品最大钢卷质量：11t。

单体设备性能如下：冷纵剪机组包括拉矫机，预搭接滚焊机，设计年产冷轧卷 23 万吨。它具有拉伸矫直、自动对中和自动焊接的作用，对中控制辊和静电涂油机。

6.3.4.2 设备能力参数校核

A 轧辊强度校核

轧辊直接承受轧制力和转动轧辊的传动力矩，属于消耗性零件。就轧辊整体而言，轧辊的安全系数最小。轧辊强度往往决定整个轧机负荷能力，因此，要对轧辊进行校核。五机架连轧机各机架有关校核的具体数据见表 6-78。

表 6-78 连轧机组轧机校核数据

机架	轧机压力/t	电机功率/kW	转速/r·min⁻¹	前后张力差/kN
1	479.66	1×1100	167.2	1.404
2	665.14	2×1500	180.5	1.330
3	835.87	2×1500	257.8	1.478
4	737.05	2×1500	348.9	1.459
5	351.33	2×1500	497.0	1.349

a 六辊轧机轧辊强度校核

由于一架和五架轧机是六辊轧机，而第一架的轧制力最大，最有可能存在危险，所以以第一架为例进行强度校核。

支承辊强度校核

支承辊受力情况如图 6-30 所示。

（1）辊身中央处承受最大弯曲力矩：

$$M_D = \frac{P}{2} \cdot \frac{L_{zh}}{2} - \int_0^{\frac{L_s}{2}} \frac{P}{L_s} x \, dx = \frac{PL_{zh}}{4} - \frac{PL_s}{8} = \frac{479.66 \times 10^3 \times 2380}{4} - \frac{479.66 \times 10^3 \times 1700}{8}$$

$$= 1.83 \times 10^8 \text{kg} \cdot \text{mm} = 1.83 \times 10^6 \text{kN} \cdot \text{m}$$

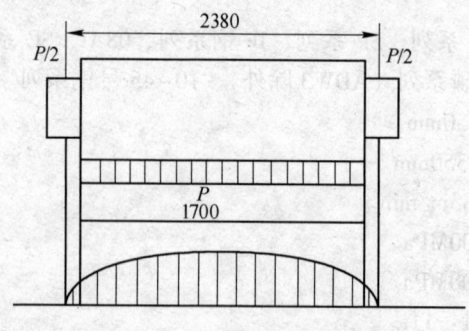

图 6-30　第一架支承辊弯矩图

辊身中央处产生的最大弯曲应力:

$$\sigma_{max} = \frac{M_D}{0.1D_{zh}^3} = \frac{1.83 \times 10^8}{0.1 \times 1410^3} = 0.654 \text{kg/mm}^2 = 6.54 \text{MPa}$$

$$\sigma_{max} < [\sigma] = 20 \text{kg/mm}^2 = 200 \text{MPa}$$

因此支承辊辊身强度满足要求。

(2) 辊颈危险截面在辊颈与辊身联接处,此处弯矩为:

$$M_d = \frac{P}{2} \frac{l_2}{2} = \frac{479.66 \times 10^3}{2} \times \frac{680}{2} = 0.815 \times 10^8 \text{kg} \cdot \text{mm} = 0.815 \times 10^6 \text{kN} \cdot \text{m}$$

该危险截面的弯曲应力为:

$$\sigma_d = \frac{M_d}{0.1d_2^3} = \frac{0.815 \times 10^8}{0.1 \times 750^3} = 1.93 \text{kg/mm}^2 = 19.3 \text{MPa}$$

该处的扭转力矩为:

$$M_n = 9.55 \times 10^5 \frac{N}{n} = 9.55 \times 10^5 \times \frac{2 \times 1100}{167.2} = 1.3 \times 10^7 \text{kg} \cdot \text{mm} = 1.3 \times 10^5 \text{kN} \cdot \text{m}$$

该危险断面的扭转应力为:

$$\tau = \frac{M_n}{0.2d_2^3} = \frac{1.3 \times 10^7}{0.2 \times 750^3} = 0.154 \text{kg/mm}^2 = 1.54 \text{MPa}$$

该处的合成应力为:

$$\sigma_P = \sqrt{\sigma_d^2 + 3\tau^2} = \sqrt{1.93^2 + 3 \times 0.154^2} = 1.95 \text{kg/mm}^2 = 19.5 \text{MPa}$$

$$\sigma_P < [\sigma] = 20 \text{kg/mm}^2 = 200 \text{MPa}$$

因此支承辊辊颈强度满足要求。

工作辊强度计算

(1) 工作辊强度计算:

$$M = 9.55 \times 10^5 \frac{N}{n} = 9.55 \times 10^5 \times \frac{1 \times 1100}{167.2} = 0.65 \times 10^7 \text{kg} \cdot \text{mm} = 0.65 \times 10^5 \text{kN} \cdot \text{m}$$

$$x = 0.5\left(b_0 - \frac{2}{3}b\right)\sin\alpha + x_1 = 0.5 \times \left(406.66 - \frac{2}{3} \times 70\right) \times \sin 8° + 75 = 100.05\text{mm}$$

式中，x 为合力 P 的力臂，mm；x_1 为铰链中心至 1—1 断面的距离，取 75mm。

工作辊辊头（带切口扁头）强度按梅耶洛维奇经验公式计算：

$$\sigma_j = \frac{1.1M}{\left(b_0 - \frac{2}{3}b\right)bS^2}\left[3x + \sqrt{9x^2 + \left(\frac{b}{6\eta}\right)^2}\right]$$

$$= \frac{1.1 \times 0.65 \times 10^7}{\left(406.66 - \frac{2}{3} \times 70\right) \times 70 \times 105^2} \times \left[3 \times 100.05 + \sqrt{9 \times 100.05^2 + \left(\frac{70}{6 \times 0.346}\right)^2}\right]$$

$$= 15.5\text{kg/mm}^2 = 155\text{MPa} \tag{6-64}$$

$$\sigma_j < [\sigma] = 20\text{kg/mm}^2 = 200\text{MPa}$$

式中，η 为计算抗扭断面系数的系数，与 $b:S$ 有关，查文献得 $\eta = 0.346$。

（2）辊头接轴叉头的最大应力按下式计算：

$$\sigma = \frac{27.5M(2.5k + 0.6)}{D^3} = \frac{27.5 \times 1.3 \times 10^7 \times (2.5 \times 1.0135 + 0.6)}{420^3}$$

$$= 15.1\text{kg/mm}^2 = 151\text{MPa}$$

其中：
$$k = 1 + 0.05\alpha^{2/3} = 1.0135$$

$$\sigma < [\sigma] = 20\text{kg/mm}^2 = 200\text{MPa}$$

所以工作辊辊头强度满足要求。

支承辊与工作辊接触应力计算

支承辊与工作辊材料相同，因此有

$$\mu = 0.3$$

$$E = 2.2 \times 10^4 \text{kg/mm}^2 = 2.2 \times 10^5 \text{MPa}$$

$$[\sigma'] = 240\text{kg/mm}^2 = 2400\text{MPa}$$

$$[\tau'] = 73\text{kg/mm}^2 = 730\text{MPa}$$

$$r_1 = 245\text{mm}$$

$$r_2 = 705\text{mm}$$

$$q = P/L_s = 479.66 \times 10^3 / 1700 = 282.15\text{kg/mm} = 2.82 \times 10^5 \text{kg/m}$$

正应力按赫兹公式计算：

$$\sigma_{max} = 0.418\sqrt{\frac{qE(r_1 + r_2)}{r_1 r_2}} \tag{6-65}$$

式中，q 为加在接触表面单位长度上的负荷，$q = \dfrac{P}{L_s}$；r_1，r_2 为相互接触的两个轧辊（即支承辊与中间辊）的半径，mm。

由式（6-65）得：

$$\sigma_{max} = 0.418 \times \sqrt{\frac{282.15 \times 2.2 \times 10^4 \times (245 + 705)}{245 \times 705}} = 77.23 \text{kg/mm}^2 = 772.3 \text{MPa}$$

切应力: $\quad \tau_{max} = 0.304 \sigma_{max} = 0.304 \times 77.23 = 23.48 \text{kg/mm}^2 = 234.8 \text{MPa}$

$$\sigma_{max} < [\sigma'] = 240 \text{kg/mm}^2 = 2400 \text{MPa}$$

$$\tau_{max} < [\tau'] = 73 \text{kg/mm}^2 = 730 \text{MPa}$$

所以轧辊满足接触强度要求。

根据以上结果, 轧辊各部分均满足强度要求。

b 四辊轧机轧辊强度校核

由于二架、三架和四架轧机是四辊轧机, 而第三架的轧制力最大, 最有可能存在危险, 所以以第三架为例进行强度校核。

支承辊强度校核

支承辊弯矩如图6-31所示。

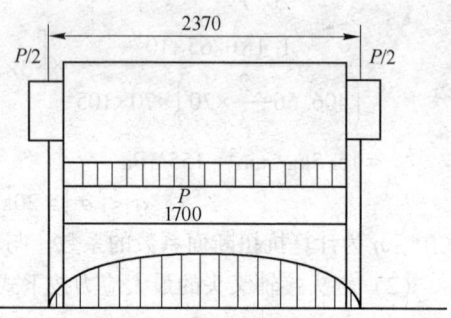

图6-31 第三架支承辊弯矩图

(1) 辊身中央处承受最大弯曲力矩:

$$M_D = \frac{P}{2} \frac{L_{zh}}{2} - \int_0^{\frac{L_s}{2}} \frac{P}{L_s} x dx = \frac{PL_{zh}}{4} - \frac{PL_s}{8} = \frac{835.87 \times 10^3 \times 2370}{4} - \frac{835.87 \times 10^3 \times 1700}{8}$$

$$= 3.18 \times 10^8 \text{kg} \cdot \text{mm} = 3.18 \times 10^6 \text{kN} \cdot \text{m}$$

辊身中央处产生的最大弯曲应力:

$$\sigma_{max} = \frac{M_D}{0.1 D_{zh}^3} = \frac{3.18 \times 10^8}{0.1 \times 1410^3} = 1.13 \text{kg/mm}^2 = 11.3 \text{MPa}$$

$$\sigma_{max} < [\sigma] = 20 \text{kg/mm}^2 = 200 \text{MPa}$$

因此支承辊辊身强度满足要求。

(2) 辊颈危险截面在辊颈与辊身联接处, 此处弯矩为:

$$M_d = \frac{P}{2} \frac{l_2}{2} = \frac{835.87 \times 10^3}{2} \times \frac{670}{2} = 1.40 \times 10^8 \text{kg} \cdot \text{mm} = 1.40 \times 10^6 \text{kN} \cdot \text{m}$$

该危险截面的弯曲应力为:

$$\sigma_d = \frac{M_d}{0.1 d_2^3} = \frac{1.40 \times 10^8}{0.1 \times 735^3} = 3.53 \text{kg/mm}^2 = 35.3 \text{MPa}$$

该处的扭转力矩为:

$$M_n = 9.55 \times 10^5 \frac{N}{n} = 9.55 \times 10^5 \times \frac{2 \times 1500}{257.8} = 1.1 \times 10^7 \text{kg} \cdot \text{mm} = 1.1 \times 10^5 \text{kN} \cdot \text{m}$$

该危险断面的扭转应力为:

$$\tau = \frac{M_n}{0.2 d_2^3} = \frac{1.1 \times 10^7}{0.2 \times 735^3} = 0.139 \text{kg/mm}^2 = 1.39 \text{MPa}$$

该处的合成应力为:

$$\sigma_{P} = \sqrt{\sigma_{d}^2 + 3\tau^2} = \sqrt{3.53^2 + 3 \times 0.139^2} = 3.54 \text{kg/mm}^2 = 35.4 \text{MPa}$$

$$\sigma_{P} < [\sigma] = 20 \text{kg/mm}^2 = 200 \text{MPa}$$

所以支承辊辊颈强度满足要求。

工作辊强度计算

(1) 工作辊强度计算:

$$M = 9.55 \times 10^5 \frac{N}{n} = 9.55 \times 10^5 \times \frac{2 \times 1500}{257.8} = 1.1 \times 10^7 \text{kg} \cdot \text{mm} = 1.1 \times 10^5 \text{kN} \cdot \text{m}$$

$$x = 0.5\left(b_0 - \frac{2}{3}b\right)\sin\alpha + x_1 = 0.5 \times \left(491.81 - \frac{2}{3} \times 90\right) \times \sin 8° + 140 = 170.05 \text{mm}$$

式中,x 为合力 P 的力臂,mm;x_1 为铰链中心至 1—1 断面的距离,取 75mm。

工作辊辊头(带切口扁头)强度按梅耶洛维奇经验公式计算:

$$\sigma_{j} = \frac{1.1M}{\left(b_0 - \frac{2}{3}b\right)bS^2}\left[3x + \sqrt{9x^2 + \left(\frac{b}{6\eta}\right)^2}\right]$$

$$= \frac{1.1 \times 1.1 \times 10^7}{\left(491.81 - \frac{2}{3} \times 90\right) \times 90 \times 135^2} \times \left[3 \times 170.05 + \sqrt{9 \times 170.05^2 + \left(\frac{90}{6 \times 0.346}\right)^2}\right]$$

$$= 17.5 \text{kg/mm}^2 = 175 \text{MPa}$$

$$\sigma_{j} < [\sigma] = 20 \text{kg/mm}^2 = 200 \text{MPa}$$

式中,η 为计算抗扭断面系数的系数,与 $b : S$ 有关,查文献得 $\eta = 0.346$。

(2) 辊头接轴叉头的最大应力按下式计算:

$$\sigma = \frac{27.5M(2.5k + 0.6)}{D^3} = \frac{27.5 \times 1.1 \times 10^7 \times (2.5 \times 1.0135 + 0.6)}{600^3}$$

$$= 4.4 \text{kg/mm}^2 = 44 \text{MPa}$$

其中:

$$k = 1 + 0.05\alpha^{2/3} = 1.0135$$

$$\sigma < [\sigma] = 20 \text{kg/mm}^2 = 200 \text{MPa}$$

所以工作辊辊头强度满足要求。

支承辊与工作辊接触应力计算

支承辊与工作辊材料相同,因此有

$$\mu = 0.3$$

$$E = 2.2 \times 10^4 \text{kg/mm}^2 = 2.2 \times 10^5 \text{MPa}$$

$$[\sigma'] = 240 \text{kg/mm}^2 = 2400 \text{MPa}$$

$$[\tau'] = 73 \text{kg/mm}^2 = 730 \text{MPa}$$

$$r_1 = 300 \text{mm}, \quad r_2 = 700 \text{mm}$$

$$q = P/L_s = 835.87 \times 10^3 / 1700 = 491.69 kg/mm = 4.92 \times 10^5 kg/m$$

正应力按赫兹公式（6-65）计算：

$$\sigma_{max} = 0.418 \times \sqrt{\frac{491.69 \times 2.2 \times 10^4 \times (300 + 700)}{300 \times 700}}$$

$$= 94.87 kg/mm^2 = 948.7 MPa$$

切应力：　　　$\tau_{max} = 0.304 \sigma_{max} = 0.304 \times 77.23 = 23.48 kg/mm^2 = 234.8 MPa$

$$\sigma_{max} < [\sigma'] = 240 kg/mm^2 = 2400 MPa$$

$$\tau_{max} < [\tau'] = 73 kg/mm^2 = 730 MPa$$

故轧辊满足接触强度要求。根据以上结果，轧辊各部分均满足强度要求。

B　咬入角校核

轧机要能够顺利进行轧制，必须保证咬入符合轧制规律，所以要对咬入条件进行校核。原料在第一架轧机咬入最困难，所以对第一架轧机进行咬入能力的校核。

第一架轧机：$\alpha \leqslant \beta$ 时能实现咬入。

式中，α 为咬入角，（°）；β 为摩擦角，（°）。

根据 $f = \tan\beta$，得到：

$$\beta = \arctan f = \arctan 0.08 = 4.57°$$

根据 $\Delta h = D(1 - \cos\alpha)$ 可得：

$$\alpha = \arccos(1 - \Delta h_{max}/D) = \arccos(1 - 0.66/490) = 2.97°$$

式中，α 为咬入角，（°）；Δh_{max} 为最大压下量，mm；D 为工作辊直径，mm。

由于 $\alpha = 2.97° < \beta = 4.57°$，所以由上关系式得出咬入角满足要求，可以顺利咬入。

6.3.5　各项技术经济指标

冷轧带钢车间技术经济指标校验与热轧带钢车间类似，参见 6.2.6 节，各项指标见表 6-79。

表 6-79　各项技术经济指标

序号	指标名称	单位	数量	备注
1	生产规模	万吨/年	80	
	规格范围	mm	0.3~3.0，800~1500	
2	各品种产量			
	冷轧板	万吨/年	45.5	
	热镀锌卷	万吨/年	9.8	
	热镀锌板	万吨/年	11.3	
	电镀锌钢卷	万吨/年	8.5	
	电镀锌钢板	万吨/年	4.9	

序号	指标名称	单位	数量	备注
3	全厂设备总重量	万吨	7.06	
	主厂房面积	km^2	22.35	
	单位面积产量	t/m^2	35.8	
4	装机容量	kW	16.38	
5	计算机台数	台	13	
6	轧机年工作小时数	h	6020	
7	**主要原材料需要量**			
	热轧带钢卷	万吨/年	85.1	
	盐酸	吨/年	3000	
	锌锭	吨/年	13000	
	轧制油	吨/年	1500	浓度 2.5%~4.5%
	润滑油、液压油、防锈油	吨/年	1000	
8	**燃料动力消耗量**			
	焦炉煤气	m^3/h	14000	
	高炉煤气	m^3/h	22532	
	转炉煤气	m^3/h	80670	
	蒸汽	t/h	87.50	
	压缩空气	m^3/min	200	
	氢气	m^3/h	230	
	氮气	m^3/h	2208	
	工业水	m^3/h	610	
	循环水	m^3/h	11000	
9	**电力负荷**			
	视在功率	MW	169	
	有用功率	MW	117.9	
	年耗功率	$kW \cdot h$	39612	
10	全厂占地面积	公顷	55.0	
	建筑系数	%	48.72	
11	劳动定员	人	2000	

6.3.6 车间平面图

根据本节设计、计算与校核，绘制出热轧带钢生产车间平面图，如图 6-32 所示。冷轧原料主要经过酸洗连轧、罩式退火及镀锌等工序，加工成所需冷轧产品。

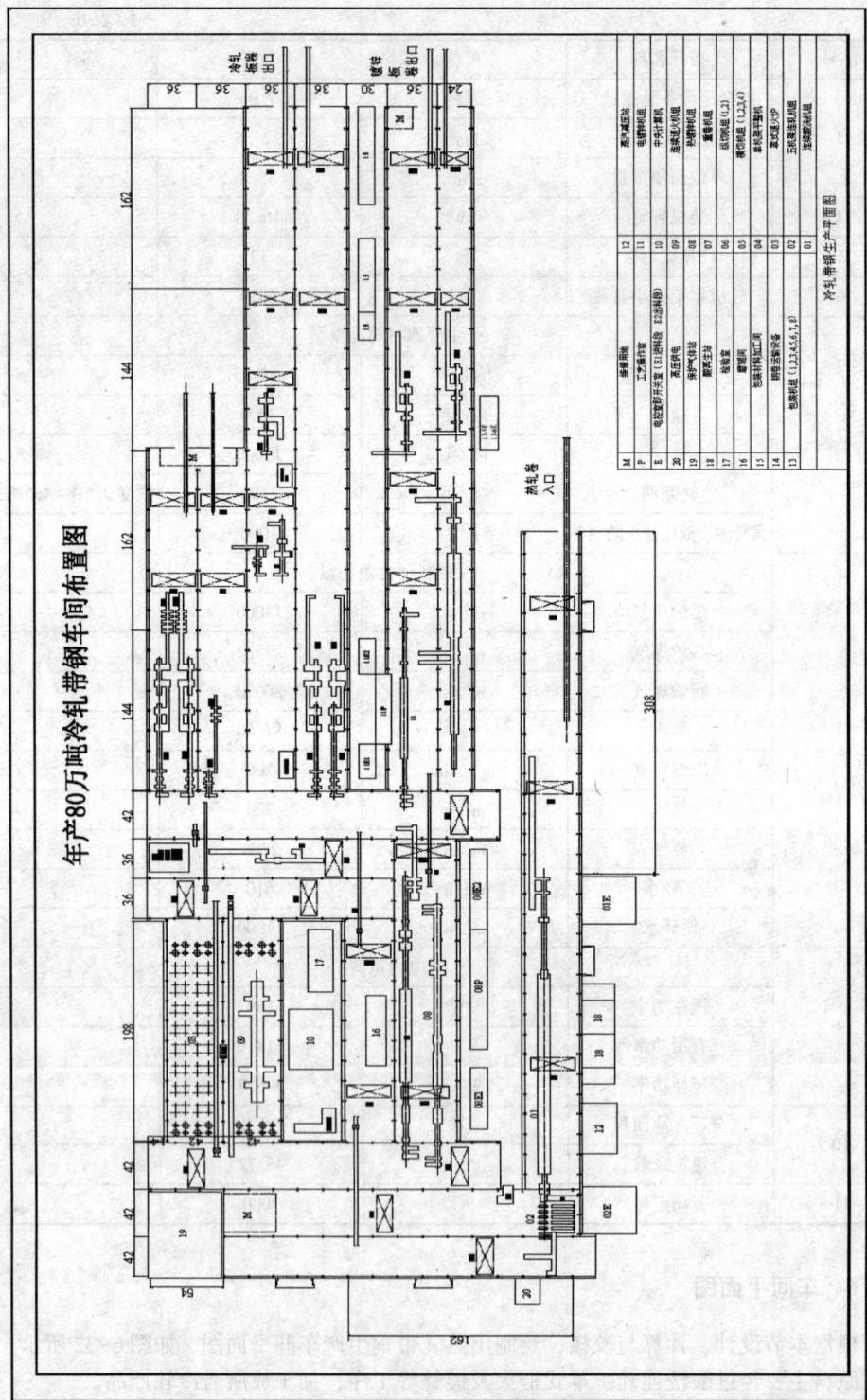

年产80万吨冷轧带钢车间布置图

M	酸洗机组	13	包装机组（1,2,3,4,5,6,7,8）
P	工艺操作室	14	钢卷运输设备
E	电控配电室（E1调频段 E2动频段）	15	包装料运钢机
20	高压配电	16	包装料加工间
19	保护气体站	17	检验室
18	酸再生站	18	检验室
17	检验室	06	横切机组（1,2）
		07	剪切机组
		08	平整机组
		09	连续退火机组
		10	中心计算机
		11	电控配电站
		12	蒸汽减压站
		01	连续酸洗机组
		02	五机架冷轧机组
		03	脱脂清洗机组
		04	单机座平整机
		05	罩式退火间

冷轧带钢生产平面图

图6-32　冷轧带钢生产车间平面图

6.4 钢管轧制工艺设计

6.4.1 工艺设计的主要内容和步骤

钢管包括焊管和无缝管，其产品主要用于石油工业、天然气输送、城市输气、电力和通讯网、工程建筑和汽车、机械等制造业。无缝钢管以轧制方法生产为主；另一类为焊接管，这种钢材生产的连续性强，效率高，成本低，单位产品的投资少，加之带材生产迅速发展，使得它在管材产量中的比重不断增长。

热轧无缝钢管生产是将实心管坯穿孔并轧制成符合产品标准的钢管。整个过程有以下三个变形工序：

（1）穿孔。将实心管坯穿孔，形成空心毛管。常见的穿孔方法有斜轧穿孔和压力穿孔。管坯经过穿孔制作成空心毛管，毛管的内外表面和壁厚均匀性，都将直接影响到成品质量的好坏，所以根据产品技术条件要求，考虑可能的供坯情况，正确选用穿孔方法是重要的一环。

（2）轧管。轧管是将穿孔后的毛管壁厚轧薄，达到符合热尺寸和均匀性要求的荒管。常见的轧管方法有自动轧管、连续轧管、皮尔格轧管、三辊斜轧、二辊斜轧等。轧管是制管的主要延伸工序，它的选型，它与穿孔工序之间变形量的合理匹配，是决定机组产品质量、产品和技术经济指标好坏的关键。

（3）定（减）径。定径是毛管的最后精轧工序，使毛管获得成品要求的外径热尺寸和精度。减径是将大管径缩减到要求的规格尺寸和精度，也是最后的精轧工序。为使在减径的同时进行减壁，可令其在前后张力的作用下进行减径，即张力减径。

本节以年产 20 万吨热轧无缝钢管厂的工艺设计（典型产品为 Q295，ϕ107mm×16mm）为例，介绍热轧无缝钢管车间工艺设计的一般内容和步骤。设计主要内容包括：产品方案及金属平衡表的编制；轧制工艺流程的确定及主要设备参数的选择；编制典型产品的轧制表；校核轧机强度、电机能力及年产量；各项技术经济指标分析。其设计流程图如图 6-33 所示。

6.4.2 产品方案的编制

6.4.2.1 产品方案

A 产品规格

钢管外径：ϕ(48~180) mm

钢管壁厚：3.5~20.0mm

钢管长度：6.0~12.5m

B 产品品种

主要适用于制造车辆用钢管、建筑桥梁结构钢管、低中压锅炉用无缝钢管、油气井用管等。

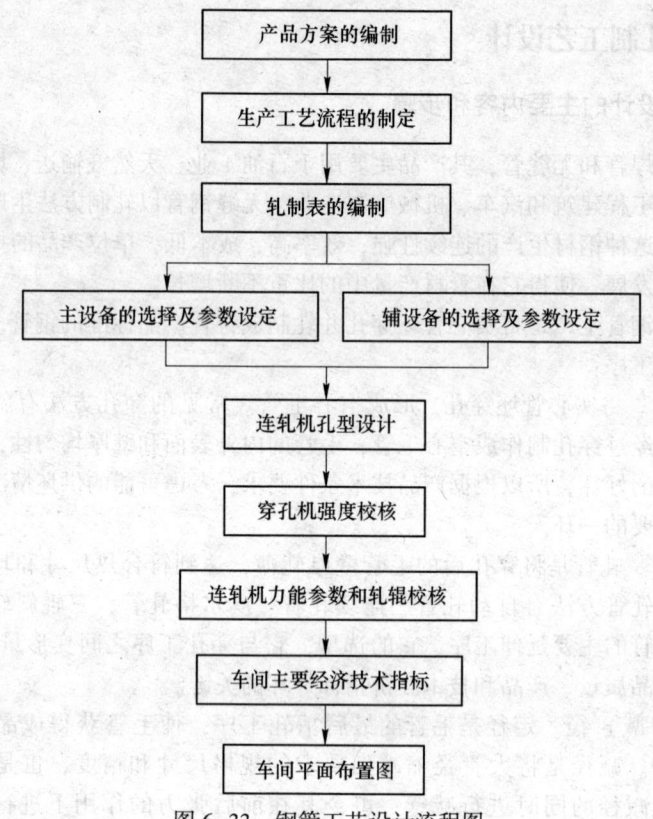

图 6-33　钢管工艺设计流程图

C　年产量

年产 20 万吨热轧无缝钢管生产线的产品大纲见表 6-80，主要产品包括汽车用钢管 2 万吨/年、油井管 5 万吨/年、建筑结构钢管 5 万吨/年、低中压锅炉管 5 万吨/年及其他用途钢管 3 万吨/年。

表 6-80　产品大纲

序号	钢管品种	代表钢种或钢级	年产量/万吨
1	车辆用钢管	Q295、C20、C45、40Cr	2
2	油井管	C90、C95、P110、Q125、Q295	5
3	建筑桥梁结构管	Q295、Q195、Q215、Q275、Q345、C20	5
4	低中压锅炉管	Q295、C10、C20	5
5	其他管		3
合　计			20

D　原料规格与年需要量

本设计所用原料为合格的 φ210mm 连铸圆管坯，当年产 20 万吨钢管时，年需管坯量为 22.2 万吨。管坯来料为倍尺长度，在本车间的管坯准备区锯切成要求的 1.2~3.5m 的定尺长度。管坯规格及年需要量见表 6-81。

表 6-81　管坯规格及年需要量

管坯规格		管坯长度		年需管坯量/万吨
直径/mm	单重/kg·m^{-1}	范围/mm	平均/mm	
φ210	266.52	6000~10000	8000	22.2

圆管坯技术条件：

管坯外径公差：≤±1.5%D

管坯椭圆度：≤3.0%D

管坯端面斜度：≤2.0°

管坯弯曲度：≤2.5mm/m

圆管坯不得有任何影响无缝钢管质量的内部和表面缺陷。

圆坯的表面缺陷最大允许深度为 0.5mm。大于此要求的缺陷应加以修磨，修磨的深度不得超过圆坯直径的 1.4%，修磨后管坯表面不能带有棱角。不允许通过焊接方式对管坯外表面进行修补。圆管坯不得有内部夹层和收缩孔缺陷存在。

各钢种的化学成分除满足相应的标准（API、ASTM、DIN、GB）要求以外，还需满足以下要求：

$$P+S<0.045\%,\quad O_2<0.004\%,\quad N_2<0.012\%,\quad H_2<0.0004\%$$

6.4.2.2　金属平衡表的制定

编制金属平衡表的目的在于根据设计任务书的要求，参照国内外同类企业或车间所能达到的先进指标，考虑本企业或车间的具体情况确定出为完成年计划产量所需要的投料量。其任务是：确定各计算产品的成品率，编制金属平衡表。

根据产品方案和设计的工厂的主要生产线，热轧无缝钢管成品为 20 万吨，金属消耗系数为 1.11，应供应 22.2 万吨坯料。由产品方案表和主要设备及产品品种制定金属平衡表（表 6-82）。

表 6-82　金属平衡表

序号	钢管品种	原料年需要量/万吨	烧损				切头及轧废		合计		收得率/%	金属消耗系数	年热轧管量/万吨
			环形炉		再加热炉								
			万吨	%	万吨	%	万吨	%	万吨	%			
1	车辆用钢管												
2	油井管												
3	建筑桥梁结构管	22.2	0.488	2.2	0.22	0.99	1.49	6.71	2.198	9.9	90.1	1.11	20
4	低中压锅炉管												
5	其他管												

6.4.3　轧制工艺流程的确定

由市场购入或者热轧厂提供合格的 $\phi210mm$ 连铸圆管坯，长度 6.0~10.0m，经汽车送至热轧车间露天钢坯跨，用 17.5t+17.5t 电磁挂梁半龙门式起重机成排吊起存入仓库料架中。生产时按计划，成排吊到管坯上料台架上，逐根拨入上料过渡台架上，由机械手分配到管坯锯前，由管坯锯锯切成 1.2~3.5m 定尺管坯。然后再由机械手将定尺管坯置于定尺管坯输送辊道上，输送至环形加热炉处，由横向运输链输送至环形加热炉前。需要下线的经收集台架收集后由吊车吊至坯料堆场。

运送至环形加热炉前上料台架上的合格定尺管坯由拨料装置拨到入炉辊道上，用装料机装入环形加热炉中加热至 (1250~1280)℃±10℃ 后，由出料机将其运出炉外，满足轧制要求的热管坯经快速运输链、拨钢机构等运到穿孔机前台，不能满足轧制要求的管坯则被拨入废品收集装置进行收集。

合格管坯进入穿孔机穿轧成毛管，毛管出穿孔机后台一段后，向毛管内孔喷氮气和硼砂，以便清除毛管内部的氧化铁皮并防止内表面二次氧化，喷吹后的毛管由快速移送小车运往连轧管机。

毛管到连轧管机前台后进行穿棒，芯棒穿入毛管有两种方式，即在线穿棒和离线穿棒。穿棒后的毛管通过芯棒限动系统将芯棒前端送至连轧机间的一预设定位置时，夹送辊启动，毛管和芯棒一起进入六机架连轧管机轧制。毛管在进入连轧管机前用高压水对毛管表面进行除鳞。从连轧机轧出的荒管直接进入三机架脱管机中脱管，芯棒在轧制后返回前台经二段冷却并喷涂润滑剂后再循环使用，当成组更换新芯棒时，首先将芯棒在芯棒预热炉中加热到100℃左右，再经喷涂润滑剂投入使用。

脱管后的荒管，根据其壁厚的不同和品种交货状态要求，采用了三种不同的工艺路线：

(1) 对于以轧制状态交货的壁厚较厚的钢管，由于轧后荒管的温度较高，不需要进行再加热。脱管后经过输送辊道、横移装置横移后直接通过步进式再加热炉出炉辊道，送往高压水除鳞装置、张减机。

(2) 对于以轧制状态交货的薄壁钢管（由于轧后温度较低），以及尺寸精度要求较高的钢管，需要在再加热炉内进行再加热。脱管后通过辊道和拨料装置移送至带反向回转链的常化冷床上，快速运送以减少温降，经横移后通过步进式再加热炉入炉辊道送往步进式再加热炉加热到 900~1050℃ 出炉。

(3) 对于在线常化的钢管（如高压锅炉管中的20G等），需要在再加热炉内进行再加热。再加热前荒管在常化冷床上冷却到 500~600℃，测温合格后进入再加热炉加热到 900~1050℃ 出炉。

出再加热炉的荒管经高压水除鳞后送往张减机轧制到成品钢管要求的尺寸，张减后钢管为倍尺钢管，倍尺数为 1~8 倍尺。热态钢管出张减机后在通往冷床的辊道上进行温度、外径、壁厚和长度的测量，测量结果反馈给质量保证系统。

出张减机后的钢管进入冷床上进行冷却，冷却终了温度不高于100℃。冷床采用单齿布料，还可以充分利用冷床宽度实现一排、二排或三排布料，以延长冷却时间，提高冷床利用率。钢管经冷却后，成排送往冷管排锯进行切头、切尾、切定尺操作。

锯切成定尺的钢管由锯后管排输出辊道送入在线布置的三条预精整线进行加工，在线预精整加工的钢管，首先通过链式横移装置、辊道分别送往四条预精整线的矫直机进行矫直，矫直后的钢管运至吸灰装置清除管内氧化铁皮，之后进入人工检查台架处进行人工检查，对有表面缺陷的产品进行人工标记。在人工检查台架末端设有人工修磨台架，标有缺陷的产品由台架末端的双向拨钢装置拨到修磨台架上，台架上设有旋转轮，可以使钢管在修磨过程中处于低速旋转状态，修磨后的钢管再由拨钢机拨到输出辊道上。经人工检查无表面缺陷的钢管和经过人工修磨后的钢管由输出辊道送往漏磁探伤装置进行管体无损探伤。对于探伤有缺陷的判废钢管打上标记，拨到探伤后废料收集筐；有缺陷的钢管收集送往修磨线进行人工修磨、人工探伤、切管；探伤合格的钢管通过辊道运送至缓冲台架，经台架横移送至通径装置进行通径。通径后钢管被送至测长称重装置进行测长称重，之后喷标装置对其喷标，继续横移至成品收集台架，然后由卸料装置卸到成品收集料框内。其热轧生产线工艺流程图如图6-34所示。

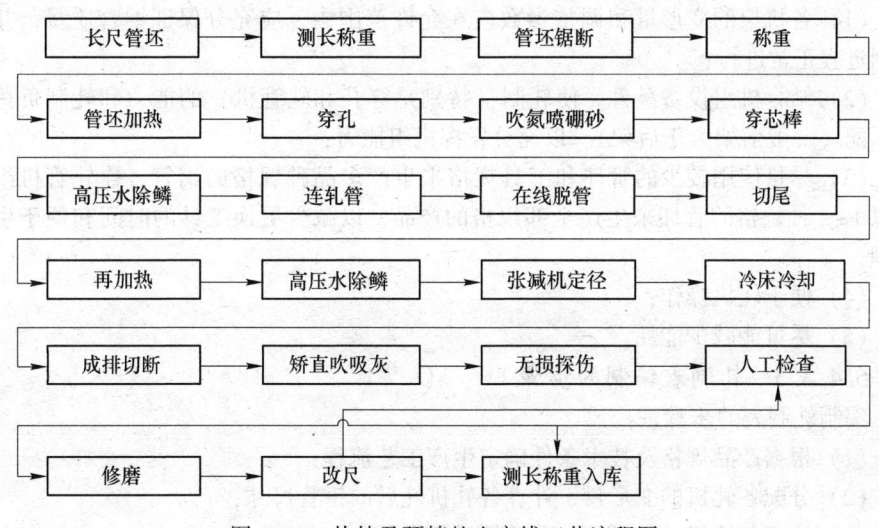

图6-34　热轧及预精整生产线工艺流程图

6.4.4　轧制表的编制

轧制表是指计算轧管工艺过程变形工序主要参数的表格，它用来分配各道的延伸，确定各道的横剖面形状，是轧制工具设计的依据，是轧管工艺过程的基础。轧制表编制得正确与否，将影响整个机组的生产能力、钢管质量、工具寿命、能源及其他经济指标。

　　轧制表的内容主要包括：成品尺寸及技术标准、管坯尺寸、各轧机的变形分配、轧后钢管或毛管尺寸、工具尺寸和轧机调整参数等。在编制轧制表时，应考虑车间生产和设备情况，例如轧机的结构、强度、工具设计和尺寸、冷床长度、管坯规格等，并经过反复修正和完善。

6.4.4.1　轧制表的编制原则

　　编制轧制表的总原则是：优质高产、多品种、低消耗。在具体的计算过程中必须遵从以下几个基本原则：

　　(1) 根据生产方案和各轧机的技术特性，合理分配各工序的变形量，使各工序生产均衡，节奏适当，消除薄弱环节，确保整个机组轧制过程正常进行；

　　(2) 为确保产品质量和尺寸精度，要合理选择和确定各轧机的变形参数；

　　(3) 尽量使用较少的管坯和工具规格来生产多规格的钢管，连轧管机组则应以12种规格的管坯来生产全部规格的产品，以减少更换工具的时间和便于生产管理；

　　(4) 轧制表的编制要有一定的灵活性，即相邻尺寸的钢管尽量采用共同孔型和工具及相同直径的管坯，便于调整时间，提高机组生产率，减少工具储备。

6.4.4.2　编制轧制表的要求

　　编制轧制表的要求是：

　　(1) 各机架的变形量和调整参数应在允许范围内，应充分保证钢管质量，并使轧制过程正常进行；

　　(2) 结合机组设备条件，使轧制（特别是穿孔和轧管机）的能力和轧制负荷大体匹配（一般前架大于后架），以充分发挥机组能力；

　　(3) 尽量使用较少的管坯和工具规格来生产多品种规格的钢管，连轧管机组则应以1~2种规格的管坯来生产全部规格的产品，以减少更换工具的时间和便于生产管理；

　　(4) 便于轧机操作；

　　(5) 尽可能减少能耗。

6.4.4.3　轧制表编制的步骤

　　编制轧制表的步骤是：

　　(1) 根据产品规格及技术条件确定生产工艺流程；

　　(2) 分配各轧机的变形量、计算各轧机轧后的钢管尺寸；

　　(3) 选定各轧机的工具尺寸及计算调整参数；

　　(4) 必要时校核轧辊强度和主电机能力。

6.4.4.4　轧制表编制方法

轧制表编制方法有三种：

　　(1) 逆轧制顺序计算；

　　(2) 顺轧制顺序计算；

　　(3) 从轧管工序开始向前、后计算。

最后一种方法现场应用最广,但三者并无原则区别。为便于掌握,在此介绍逆轧制顺序计算的方法。

逆顺法轧制表编制的大体程序是:

(1) 根据已知成品管外径 D_c、壁厚 δ_c、内径 d_c 和长度 l_c 确定成品管的热尺寸;

(2) 计算定径或减径的变形量和轧后钢管尺寸;

(3) 计算均整后钢管尺寸、工具尺寸和调整参数(有的机组无均整机);

(4) 计算轧管机的变形量、钢管尺寸和工具尺寸;

(5) 计算穿孔机的变形量、毛管尺寸、工具尺寸及调整参数;

(6) 选定管坯尺寸。

6.4.4.5 轧制表的编制

典型产品 Q295 的性质见表 6-83,轧制表中各参数计算公式见表 6-84。

表 6-83 典型产品 Q295 性质

牌号		标准							
Q295		GB/T 1591—1994							
特性及使用范围	钢中含有极少量的合金元素,强度不高,但有良好的塑性、冷弯性、焊接性及耐腐蚀性。主要用于建筑结构、低压锅炉、低中压化工容器、油罐、管道、起重机、拖拉机、车辆以及对强度要求不是很高的一般工程结构								
化学成分/%	C	Si	Mn	S	P	V	Nb	Ti	Mo
	≤0.16	≤0.55	0.80~1.50	≤0.040	≤0.040	0.02~0.15	0.015~0.060	0.02~0.03	0.15~0.25
力学性能	抗拉强度 σ_b/MPa	390~570							
	屈服强度 σ_s/MPa	≥295							
	伸长率 δ/%	5							
	冲击功 A_{kv}/J	≥34							
	试样尺寸/mm	试样毛坯尺寸为 15							

表 6-84 轧制表计算公式

	参数	符号	计算公式	说明
1	2	3	4	5
热成品管尺寸	外径	D'_c	$D'_c = 0.5(1+\alpha_t)(D_{cmax}+D_{cmin})$	D_{cmax}, D_{cmin}——成品允许最大及最小外径,mm; δ_{cmax}, δ_{cmin}——成品允许最大及最小壁厚,mm; D'_c, δ'_c, d'_c——成品管相应冷尺寸。 $t=800~900℃$时,$1+\alpha_t=1.01~1.013$; $t=900~1000℃$时,$1+\alpha_t=1.013~1.015$
	壁厚	δ'_c	$\delta'_c = 0.5(1+\alpha_t)(\delta_{cmax}+\delta_{cmin})$	
	内径	d'_c	$d'_c = D'_c - 2\delta'_c$	

	参数	符号	计算公式	说明
1	2	3	4	5
张力减径	轧后外径	D_d	$D_d = D'_c$	a_1、a_2、a_3 分别为成品机组、工作机组、提升机组平均相对减径量
	轧后壁厚	δ_d	$\delta_d = \delta'_c$	
	轧后内径	d_d	$d_d = D_d - 2\delta_d = d'_c$	
	入口处直径	D'_d	$D'_d = D_d/(1-a_1)^5/(1-a_2)^{16}/(1-a_3)^3$	
	延伸系数	μ_d	$\mu_d = \dfrac{(D_j - \delta_j)\delta_j}{(D_d - \delta_d)\delta_d}$	
脱管机组	出口管直径	D_j	$D_j = D'_d$	d 为脱管机总减径率
	出口管壁厚	δ_j	$\delta_j = \delta'_d$	
	入口管直径	D'_j	$D'_j = D_j/(1-d)$	
轧管机	轧后外径	D_z	$D_z = D'_j$	Δ 为芯棒管内径之间隙，取 $1\sim3$mm
	轧后壁厚	δ_z	$\delta_z = \delta_j$	
	轧后内径	d_z	$d_z = D_z - 2\delta_z$	
	芯棒直径	Φ_z	$\Phi_z = \dfrac{D_z - 2\delta_z - \Delta}{1+\alpha_t}$	
	连轧管机延伸系数	μ_z	$\mu_z = \dfrac{D_m^2 - d_m^2}{D_z^2 - d_z^2}$	
穿孔机	穿后毛管内径	d_m	$d_m = \phi_z + \Delta_m$	Δ_m 取 $5\sim12$mm；k_m 为轧制量，取 6%
	毛管断面积	F_m	$F_m = \mu_z F_z$	
	毛管壁厚	h_m	$h_m = \sqrt{\dfrac{d_m^2}{4} + \dfrac{F_z \mu_z}{\pi}} - \dfrac{d_m}{2}$	
	毛管外径	D_m	$D_m = d_m + 2h_m$	
	穿孔机顶头直径	δ_m	$\delta_m = d_m - k_m d_p$	
	穿孔机延伸系数	μ_m	$\mu_m = \dfrac{d_p^2}{D_m^2 - d_m^2}$	
管坯	直径	D_p	$D_p = D_m/(1.03\sim1.05)$	

A 成品热尺寸

终轧温度 $t = 800\sim960℃$，$1+\alpha_t$ 取 1.01，成品公差 $D_{c-1.0}^{+1.25}\%\ \delta_{c-15.0}^{+12.5}\%$，则

$$D_{cmax} = 107 \times (1 + 0.0125) = 108.3375\text{mm}$$

$$D_{cmin} = 107 \times (1 - 0.01) = 105.93mm$$

$$\delta_{cmax} = 16 \times (1 + 0.125) = 18mm$$

$$\delta_{cmin} = 16 \times (1 - 0.15) = 13.5mm$$

故管外径：

$$D'_c = 0.5 \times 1.01 \times (108.3375 + 105.93) \approx 108mm \tag{6-66}$$

管壁厚：

$$\delta'_c = 0.5 \times 1.01 \times (18 + 13.5) \approx 16mm \tag{6-67}$$

管内径：

$$d_c = D_c - 2\delta_c = 108 - 32 = 76mm \tag{6-68}$$

B 张力减径

轧后直径：$D'_c = D_d = 108mm$

轧后壁厚：$\delta'_c = \delta_d = 16mm$

24 机架张力减径机分为三个部分，其中前 3 机架为张力提升机组，之后 16 个机架为工作机组，最后 5 个机架为成品机组。在本设计中采用相对减径量为常数的方法：其中提升机组平均相对减径量为 0.012，工作机组平均相对减径量为 0.026，成品机组平均相对减径量为 0.005。来料壁厚设计为 18mm。

所以，张力减径机入口处的直径：

$$D'_d = D_d \div (1 - 0.005)^5 \div (1 - 0.026)^{16} \div (1 - 0.012)^3 = 175mm \tag{6-69}$$

减径量：

$$\Delta D_d = D'_d - D_d = 175 - 108 = 67mm \tag{6-70}$$

减径率：

$$\varepsilon_j = \Delta D_d / D_d \times 100\% = (67 \div 175) \times 100\% = 38.28\% \tag{6-71}$$

减壁率：

$$\beta = \Delta\delta_d / \delta_d = 12.5\% \tag{6-72}$$

减径机延伸系数：

$$\mu_j = \frac{\pi(D'_d - \delta'_d)\delta'_d}{\pi(D_d - \delta_d)\delta_d} = \frac{3.14 \times (175 - 18) \times 18}{3.14 \times (108 - 16) \times 16} = 1.92 \tag{6-73}$$

C 脱管机

脱管机出口钢管直径：

$$D_j = D'_d = 175mm$$

脱管机出口钢管壁厚：

$$\delta_j = \delta'_d = 18mm$$

由工具选择可知，脱管机单机最大减径率为 2.2%，本设计中总减径率为 5.4%。所以，脱管机入口钢管直径 D'_j 为：

$$D'_j = D_j / (1 - d) = 175 \div (1 - 0.054) = 185mm$$

D 轧管

轧后钢管直径：

$$D_z = D'_j = 185mm$$

轧后钢管壁厚：

$$\delta_z = \delta_j = 18mm$$

轧后内径：

$$d_z = D_z - 2\delta_z = 185 - 2 \times 18 = 149mm \tag{6-74}$$

连轧管芯棒直径：

$$\Phi_z = \frac{D_z - 2\delta_z - \Delta}{1 + \alpha_t} = \frac{185 - 2 \times 18 - 1}{1.01} \approx 147mm \tag{6-75}$$

式中，Δ 为芯棒管内径之间隙，取 $1 \sim 3mm$。

连轧管机延伸系数：

$$\mu_z = \frac{D_m^2 - d_m^2}{D_z^2 - d_z^2} = \frac{215^2 - 161^2}{185^2 - 149^2} = 1.7 \tag{6-76}$$

E　穿孔机

穿后毛管内径：

$$d_m \approx \phi_z + \Delta_m \approx 149 + 12 \approx 161mm \tag{6-77}$$

式中，ϕ_z 为连轧管芯棒直径，Δ_m 取 $5 \sim 12mm$。

毛管断面积 F_m：

$$F_m = F_z$$

$$F_z = 1.7 \times (185^2 - 149^2) \times \frac{1}{4}\pi \approx 16054mm^2 \tag{6-78}$$

毛管壁厚：

$$h_m = \sqrt{\frac{d_m^2}{4} + \frac{F_z \mu_z}{\pi}} \times \frac{d_m}{2} = 107.5 - 80.5 = 27mm \tag{6-79}$$

毛管外径：

$$D_m = d_m + 2\delta_m = 161 + 2 \times 27 = 215mm \tag{6-80}$$

穿孔机顶头直径：

$$\delta_m = d_m - k_m d_p = 161 - 0.06 \times 210 = 148.4mm \tag{6-81}$$

式中，k_m 为轧制量，取 6%。

穿孔机延伸系数：

$$\mu_m = \frac{d_p^2}{D_m^2 - d_m^2} = \frac{210^2}{215^2 - 161^2} = 2.17 \tag{6-82}$$

F　管坯

管坯直径：

$$D_p = D_m / (1.03 \sim 1.05) = 215 \div 1.03 = 208.7mm \tag{6-83}$$

所以管坯直径选择 $\phi 210mm$。

其对应轧制表见表 6-85。

表 6-85 轧制表

项 目	单 位	数 值
冷坯		
直径	mm	210
最大长度	mm	3500
最大重量	kg	943
穿孔机 CTP 后的空心毛管		
直径	mm	215
壁厚	mm	27
延伸率		2.17
内径	mm	161
最大长度	mm	10000
MPM 后荒管		
直径	mm	185
内径	mm	149
壁厚		18
芯棒直径	mm	147
延伸率		1.7
最大 (D/S)		46.25
脱管机后荒管		
直径	mm	175
壁厚	mm	18
减径率	%	5.4
最大长度	m	30
张减机后钢管		
直径	mm	108
壁厚	mm	16
减径率	%	38.28
减壁率	%	12.5
延伸系数		1.92
最大长度	m	90
成品热尺寸		
直径	mm	108
壁厚	mm	16
内径	mm	76

6.4.5　工具设计与设备能力的校核

6.4.5.1　主要设备技术性能

A　锥形辊穿孔机

机架结构：机架含2个立式布置的工作辊，2个水平布置用于毛管导向的导板。

锥形辊穿孔机主要技术参数见表6-86。

表6-86　锥形辊穿孔机主要技术参数

序号	项目名称	单位	数据
1	工作辊个数		2
2	导板个数		
3	轧辊孔型	mm	850~1000
4	轧辊辊身长度	mm	750
5	轧辊旋转速度	r/min	100~130
6	喂入角	(°)	6~15
7	辗轧角	(°)	15
8	空心毛管出口速度	m/s	0.54~1.1
9	两辊最大开口度	mm	300
10	导板更换方式		旋转90°更换
11	主传动结构		主传动布置在出口端，为直流电机通过万向接轴的单独驱动轧辊
12	传动比		4.81
13	电机台数		4
14	轧制功率	kW	2×2×1350
15	过载系数		2.0倍
16	电机速度	r/min	550~1000

B　5+1机架MPM连轧机

形式：二辊式、五机架限动芯棒连轧管机。

MPM连轧机及各机架主要技术参数见表6-87和表6-88。

表6-87　MPM连轧机主要技术参数

序号	项目名称	单位	数据
1	入口毛管外径	mm	215
2	入口毛管壁厚	mm	13.7~28.3
3	出口荒管延伸率		1.69~3.94

序号	项目名称	单位	数据
4	出口荒管最大长度	m	29
5	入口最大速度	m/s	1.50
6	出口最大速度	m/s	4.50
7	最大生产率	支/h	105/120
8	从 VRS 到第 5 号机架总长	mm	约 4760
9	脱管机到第 5 号机架之间的距离	mm	10000
10	ϕ194~185 荒管实际生产率	支/h	最快 120
11	过载系数		初步约 2.5（所有电机此值都一样）
12	电机配置		与水平面成 45° 布置

表 6-88　MPM 连轧机各机架主要技术参数

机架编号	轧辊特性			轧机传动		
	名义直径/mm	轧辊长度/mm	轧辊材质	功率/kW	转速/r·min⁻¹	传动比
1				1×2200		约 11.4
2	900~750	570	钢或铸铁	1×2800		约 8.1
3				1×2800	600/1200	约 6.2
4	800~650	500	铸铁	1×1900		约 4.1
5				1×900		约 4.1
合计				10900		

C 三机架脱管机组

三机架脱管机组主要技术参数见表 6-89。

表 6-89　三机架脱管机组主要技术参数

序号	项目名称	单位	数据
1	轧辊名义直径	mm	750
2	机架间距	mm	700
3	最大壁厚	mm	40
4	荒管温度	℃	950~1050
5	送进速度	m/s	约 1.90~4.50
6	传动功率	kW	900
7	电机转数	r/min	300/600~1200

续表 6-89

序号	项目名称	单位	数据
8	传动比		4.04/4.0/4.0
9	轧辊机架更换		采用液压式机架拉出机构（10 分钟）
10	脱管后外径公差		±1.0%
11	脱管机轧辊机架型号		750I
12	轧辊机架类型		3 辊机架，含机内伞齿轮
13	每机架轧辊数		3
14	最大轧制力	t	35
15	最大轴向脱管力	t	44/53
16	最大轧制力矩（每架）	kg·m	4200/5800
17	最大轧制力矩（每辊）	kg·m	1500/2050
18	最大轧制力矩时轧辊转数	r/min	140
19	每辊的最大轧制功率	kW	215/295
20	轧辊速度	r/min	75~200
21	稳定轧制的过载系数		190%
22	尖峰负荷的过载系数		240%
23	允许的电机过载		190%×7+240%×2.5 每 40s
24	最大允许入口荒管直径	mm	420

D 张力减径机

机架类型：3 辊式外传动；机架数量：24 架。

张力减径机主要技术参数见表 6-90。

表 6-90 张力减径机主要技术参数

序号	项目名称		单位	数据
1	机架间距		mm	290
2	单机减径率			6.5%（最大）
3	总减径率			72%（最大）
4	入口速度		m/s	0.5~1.4
5	出口速度		m/s	1.5~4.5
	传动方式：集中差速传动，传动设备由直流电机驱动			
6	主电机 I（1~8 机架）	功率	kW	935
		转速	r/min	820~1200

序号	项 目 名 称		单位	数据
7	叠加电机 I （1~8 机架）	功率	kW	250
		转速	r/min	750~1600
8	主电机 II （9~14 机架）	功率	kW	935
		转速	r/min	820~1200
9	叠加电机 II （9~14 机架）	功率	kW	250
		转速	r/min	750~1600
10	主电机 III （15~24 机架）	功率	kW	935
		转速	r/min	820~1200
11	叠加电机 III （15~24 机架）	功率	kW	740
		转速	r/min	810~1400
传动形式：液压马达、链轮链条牵引小车移动				
12	电机过载系数			2
13	更换机架小车数			2
14	每车的机架位数			24
15	每个更换小车的机架停放位数量			24
16	小车更换时间		min	5
17	电机功率		kW	3
18	伸缩缸行程		mm	3300
出口设备：后升降辊道				
19	辊道规格（喉径/大径-辊身长度）		mm	$\phi200/300~250$
20	辊道形式			130°V 型辊
21	输送线速度		m/s	5
22	升降速度		m/min	0.8
23	升降行程		mm	28~172
24	升降的有效行程		mm	144
25	电机功率		kW	7.5

E 六辊钢管矫直机

矫直机形式：六辊八立柱上三辊快开。

六辊钢管矫直机主要技术参数见表6-91。

表6-91 六辊钢管矫直机主要技术参数

序号	项目名称	单位	数据
1	矫直辊数		6（全部主传动）
2	矫直辊规格	mm	$\phi 420 \sim 500$
3	辊矩	mm	900
4	矫直辊倾角	(°)	33.5±3
5	额定矫直速度	m/s	1
6	最高矫直速度	m/s	2.0
7	主电机	kW	$N=140 \times 2$（直流电机）

6.4.5.2 辅助设备技术性能

A 环形加热炉

环形加热炉主要技术参数见表6-92。

表6-92 加热炉主要技术参数

序号	项目名称		单位	数据
1	加热钢种			合金钢、低合金钢、碳钢
2	加热管坯	长度	m	1.465～3.5
		直径	mm	$\phi 210$
3	管坯加热温度		℃	1220～1270
4	炉子产量（最大）		t/h	150
5	炉子基本尺寸	平均直径	mm	36000
		炉膛内宽	mm	5288
6	装料机与出料机夹角		(°)	12
7	布料角		(°)	1.2
8	燃料			高炉煤气、天然气
9	燃气发热值（标态）		kJ/m³	高炉煤气：800×4.18，天然气8300×4.18
10	煤气消耗量（标态）	最大	m³/h	高炉煤气：45121，天然气：2261
		平均	m³/h	高炉煤气：31585，天然气：1613
11	空气消耗量（标态）	最大	m³/h	54273
		平均	m³/h	37991
12	烧嘴形式及其配置			低NO_x调焰烧嘴，双蓄热式烧嘴，平焰烧嘴
13	烧嘴能力（标态）		m³/h	25（预热段）、1260（一、二加热段外环）、1540（一、二加热段内环及三加热段外环）、50（均热段）

续表 6-92

序号	项 目 名 称	单位	数 据
14	预热器形式		带插入件的管状预热器，2组
15	工业净环水用量	t/h	130
16	浊环水用量	t/h	60
17	最大烟气量（α=1.1）（标态）	m³/h	24376（高温烟气），70840（低温烟气）

B 芯棒

芯棒主要技术参数见表 6-93。

表 6-93 芯棒主要技术参数

序号	项 目 名 称	单位	数 据
1	芯棒直径	mm	ϕ130~185
2	芯棒总长度	mm	16500
3	芯棒工作段长度	mm	12500（只需要润滑芯棒工作段）
4	芯棒工作段温度	℃	110±10
5	芯棒润滑时前进速度	m/s	约1.5
6	节奏	支/h	130
7	喷涂厚度	g/m²	80~100（干后黏附量）
8	工作制度		三班连续生产

C 步进式再加热炉

炉子用途：钢管再加热和在线常化加热。

炉型：单面加热步进梁式炉。

步进式再加热炉主要技术参数见表 6-94。

表 6-94 步进式再加热炉主要技术参数

序号	项 目 名 称		单位	数 据
1	钢管规格	外径	mm	ϕ182
		壁厚	mm	5~20
		长度	mm	6000~29000
2	钢管入炉温度		℃	500~800
3	炉子出料最大频率		s/根	28
4	炉底机械型式			双层框架斜坡滚轮式
5	炉膛内宽		mm	30000

D　步进式冷床

类型：步进式。

步进式冷床主要技术参数见表6-95。

表6-95　步进式冷床主要技术参数

序号	项目名称	单位	数　据
1	管径	mm	(48.3)60~180.0
2	管长最大	mm	90000
3	管长最小	mm	10000
4	冷床宽	mm	90000
5	冷床长	mm	26740

6.4.5.3　MPM5机架连轧机孔型设计

A　选定孔型系统

目前，在孔型选择上，椭圆、椭圆~圆和圆孔型均有应用。本设计5架采用椭圆—圆混合孔型系统，其中第1架选择咬入条件比较好的椭圆孔型，之后4架采用带有圆弧侧壁的圆孔型，其中第4、5架为精轧机架，采用相同的孔型。

连轧管总延伸系数 μ_z 为：

$$\mu_z = \frac{D_m^2 - d_m^2}{D_z^2 - d_z^2} = \frac{215^2 - 161^2}{185^2 - 149^2} = 1.7 \qquad (6-85)$$

总减壁量 $\Delta\delta_z$ 为：

$$\Delta\delta_z = \frac{\delta_m - \delta_z}{\delta_m} = \frac{27 - 18}{27} = 33.3\% \qquad (6-86)$$

式中　D_m, δ_m——分别为毛管的外径和壁厚；

　　　D_z, δ_z——分别为轧后荒管的外径和壁厚。

B　选择延伸系数

将延伸系数分配在5机架上，各机架延伸系数的分配涉及金属流动过程中孔型各部分的应力状态、应变平衡及体积不变等诸多因素，目前尚不具备精确求解的条件，只能按经验数据来确定。第一架的延伸系数较大，可以补偿由于穿孔机设定不当引起的毛管尺寸偏差；第二架可包容第一架的延伸；第四架的延伸系数一般取1.13左右。一般延伸系数分配图如图6-35所示。

根据连续轧管机组的特点满足：

$$\mu_z = \mu_1\mu_2\mu_3\mu_4\mu_5$$

又因为本次设计的主产品壁厚较大，

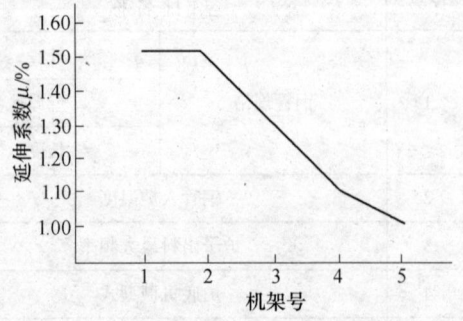

图6-35　五机架连轧机延伸系数的分配

总延伸系数较小, 选择

$$\mu_1 = 1.18, \quad \mu_2 = 1.16, \quad \mu_3 = 1.12, \quad \mu_4 = 1.10, \quad \mu_5 = 1.01$$

C 按孔型顶部减壁量分配

假设后架侧壁处的管子壁厚近似等于前架顶部的管子壁厚, 且要求单数机架的减壁量之和等于双数机架的减壁量之和, 即:

$$\Delta h_1 + \Delta h_3 + \Delta h_5 = \Delta h_2 + \Delta h_4$$

减壁率分配的一般原则是第二架尽可能的大, 但不要超过 60%, 一、三架比第二架小一些, 最后一、二架接近于 0%。由此得到下面减壁量的分配表 6-96。

表 6-96 由 ϕ215mm×27mm~ϕ185mm×18mm 壁厚变形量分配

机架号	1	2	3	4	5
孔型顶部壁厚/mm	24.20	20.22	18.52	18.00	18.00
孔型侧壁壁厚/mm	27.00	24.20	20.22	18.52	18.00
减壁量 Δh/mm	2.80	3.98	1.7	0.52	0
减壁率 $\Delta h/h$/%	10.37	16.44	8.41	2.81	0

则有 $h_1 = 24.2$mm, $h_2 = 20.22$mm, $h_3 = 18.52$mm, $h_4 = 18.00$mm, $h_5 = 18.00$mm。

D 确定各架孔型高度

求得各道槽底壁厚即可计算孔型高 α_i, 芯棒直径已选定:

$$\alpha_i = \phi_z + 2h_i$$

$$\alpha_1 = \phi_z + 2h_1 = 147 + 2 \times 24.2 = 195.4 \text{mm}$$

$$\alpha_2 = \phi_z + 2h_2 = 147 + 2 \times 20.22 = 187.44 \text{mm}$$

$$\alpha_3 = \phi_z + 2h_3 = 147 + 2 \times 18.52 = 184.04 \text{mm}$$

$$\alpha_4 = \phi_z + 2h_4 = 147 + 2 \times 18 = 183 \text{mm}$$

$$\alpha_5 = \phi_z + 2h_5 + \Delta = 147 + 2 \times 18 + 2 = 185 \text{mm}$$

式中 ϕ_z——芯棒直径;

α_i——该架孔型高度;

h_i——该架孔型的顶部壁厚;

Δ——芯棒与管内径之间隙, 取 1~3mm。

E 确定各架孔型半径

第一架孔型的偏心系数一般取 1.03, 第二至第五架孔型的偏心系数取 1, 故计算得第一架孔型半径 $R_1 = 1.03\alpha_1/2$, 第二至第五架孔型半径 $R_i = 1.03\alpha_i/2 (i = 2, 3, 4)$, 所以:

$$R_1 = 1.03 \times 195.4 \div 2 = 100.68 \text{mm}$$

$$R_2 = 187.44 \div 2 = 93.72 \text{mm}$$

$$R_3 = 184.04 \div 2 = 92.02 \text{mm}$$

$$R_4 = 183 \div 2 = 91.50\text{mm}$$

$$R_5 = 185 \div 2 = 92.50\text{mm}$$

F 验算孔型的金属断面积

$$F'_z = (185^2 - 2 \times 18)^2 \times \frac{1}{4}\pi = 9443.6\text{mm}^2 = F_z$$

所以以上计算的孔型半径以及相对参数没有问题，可以作为最终的孔型参数。

G 辊缝值确定

各架的最小辊缝值约等于前一机架最小壁厚的 2 倍，一般第一、第二架的最小辊缝值相等。各机架的固定辊缝值应根据产品规格要求的辊缝调整量予以确定。

所以，按照本次设计的典型产品，各机架辊缝值设计如下：

辊缝 S_i 第一、二架取 45mm，其他各架取 35mm。由以上计算得到连轧机各孔型参数见表 6-97。

表 6-97 连轧机各孔型参数

参 数	1 号	2 号	3 号	4 号	5 号
孔型高/mm	195.4	187.44	184.04	183	185
槽底半径/mm	302.3	306.28	307.98	308.5	307.5
孔型半径/mm	100.68	93.72	92.02	91.50	92.50
偏心系数/mm	1.03	0	0	0	0
宽展/mm	219.67	197.16	192.13	186.31	188.14
辊缝/mm	45	45	35	35	35
孔型开口角/(°)	35	35	38	40	40
连接圆半径/mm	50	50	20	20	20

H 绘制孔型图（图 6-36）

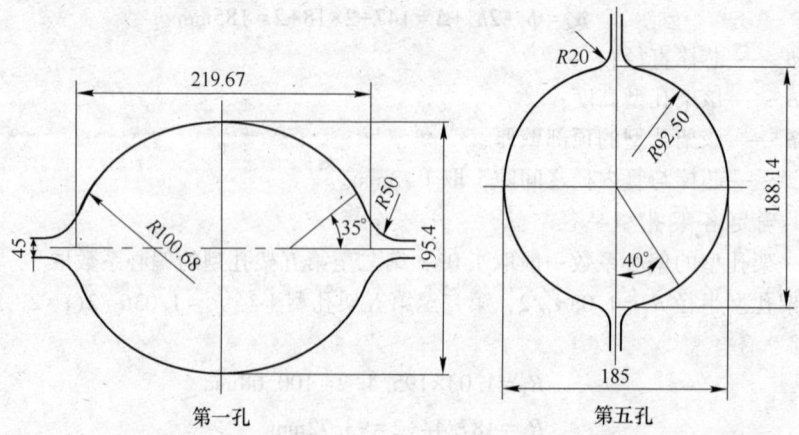

图 6-36 第一、第五孔型图（单位为 mm）

6.4.5.4 穿孔机强度校核

A 轧制力能参数计算

以典型产品 Q295，$\phi107\text{mm}\times16\text{mm}$ 为例计算轧制力及力矩、斜轧穿孔的力能参数，包括金属对轧辊的压力—轧制力 P、金属对导盘的作用力 P_b、顶头轴向力 Q、轧制力矩 M_{zh} 等。菌式穿孔机变形图如图6-37所示。

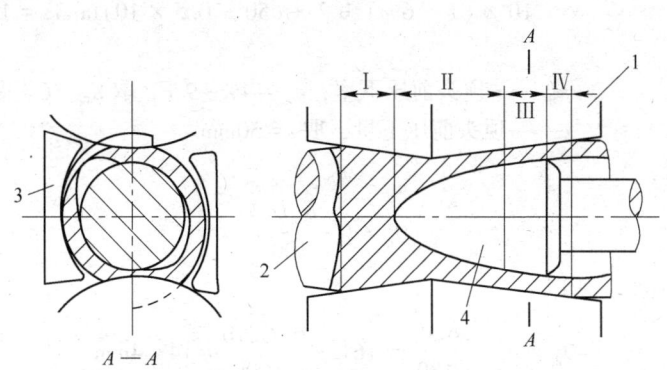

图6-37 菌式穿孔机变形图

1—菌式穿孔轧辊；2—管坯；3—导板；4—顶头；

Ⅰ—穿孔准备区；Ⅱ—穿孔区；Ⅲ—展轧区；Ⅳ—转圆区

a 轧制力 P

轧制力 P 计算公式如下：

$$P = \overline{P}F = \overline{P_1}F_1 + \overline{P_2}F_2 \tag{6-87}$$

$$F = F_1 + F_2 \quad (F_1 = \overline{b_1}l_1 \quad F_2 = \overline{b_2}l_2)$$

式中 F——金属与轧辊的接触面积，mm^2；

F_1——入口锥变形区金属与轧辊的接触面积，mm^2；

$\overline{b_1}$, l_1——分别为入口锥平均接触宽度和变形区长度，mm；

F_2——出口锥变形区金属与轧辊的接触面积，mm^2；

$\overline{b_2}$, l_2——分别为出口锥变形区平均接触宽度和变形区长度，mm；

$\overline{P}$——轧辊对金属的平均单位压力，kN/mm^2；

$\overline{P_1}$, $\overline{P_2}$——入口锥和出口锥变形区平均单位压力，kN/mm^2。

若考虑送进角的 α 的影响，根据公式：

$$l_1 = \frac{d_p - B_{ck}}{2\tan\beta_1}\cos\alpha = 161.6\text{mm} \tag{6-88}$$

$$l_2 = \frac{D_m - B_{ck}}{2\tan\beta_2}\cos\alpha = 208.3\text{mm} \tag{6-89}$$

式中　α, β_1, β_2——分别为送进角、入口锥角、出口锥角，$\alpha = 12°$，$\beta_1 = 3°$，$\beta_2 = 3°$；

$\quad\quad d_p$——管坯直径，取 210mm；

$\quad\quad D_m$——毛管直径，取 215mm；

$\quad\quad B_{ck}$——轧辊距离，计算公式为：

$$B_{ck} = d_p(1 - \varepsilon_{dq}) - 2(c - 0.5l_3)\tan\beta_1$$

$$= 210 \times (1 - 6\%) - 2 \times (50 - 0.5 \times 10)\tan 3° = 192.68mm$$

$$(6-90)$$

$\quad\quad \varepsilon_{dp}$——顶头前压下率，$\varepsilon_{dq} = 4\% \sim 9\%$，取 $\varepsilon_{dp} = 6\%$；

$\quad\quad c$——顶头前压下量，取 $c = 50mm$。

顶头直径：

$$D_{dt} = d_m - \frac{K_m D_p}{100} \tag{6-91}$$

取 $K_m = 6.0\%$，所以

$$D_{dt} = d_m - \frac{K_m d_p}{100} = 161 - \frac{6 \times 210}{100} = 148.4mm \tag{6-92}$$

为了简化计算，相关学者根据实验结果得出：

$$\overline{b_1} = 0.67b, \quad \overline{b_2} = 0.8b$$

其中：

$$b = \sqrt{\frac{Dr_e\Delta r}{R + r} + \frac{Rr}{R + r}(\xi - 1)}$$

$$\Delta r = s\tan(\alpha + \gamma) = 3.6mm \tag{6-93}$$

式中　b——轧辊轧制带处金属与辊面的接触宽度，mm；

$\quad\quad s$——螺距，$s = 35mm$；

$\quad\quad \gamma$——顶头锥体母线的倾角，$\gamma = 3°$；

$\quad\quad D$——轧辊在轧制带处的辊径，取 850mm；

$\quad\quad \xi$——孔型椭圆度，$\xi = 1.01$；

$\quad\quad r_e$——$r_e = B_{ck}/2 + \Delta r = 192.68/2 + 3.6 = 99.94mm$； $\quad\quad (6-94)$

$\quad\quad r$——轧件在轧制带的外径的一半：

$$r = B_{ck}/2 = 192.68/2 = 96.34mm$$

$$b = \sqrt{\frac{Dr_e\Delta r}{R + r} + \frac{Rr}{R + r}(\xi - 1)} = \sqrt{\frac{850 \times 3.6 \times 99.94}{425 + 96.34} + \frac{425 \times 96.34}{425 + 96.34} \times 0.01} = 25mm$$

$$(6-95)$$

即求得：

$$\overline{b_1} = 0.67 \times 25 = 16.75mm$$

$$\overline{b_2} = 0.8 \times 25 = 20mm$$

由此可得：

$$F_1 = 161.6 \times 16.75 = 2706.8mm^2, \quad F_2 = 208.3 \times 20 = 4166mm^2$$

如果考虑毛管压扁的影响，在 F_1、F_2 同时乘以 1.5~1.80 得：

$$F_1 = 1.5 \times 2706.8 = 4060.2 \text{mm}^2$$

$$F_2 = 1.5 \times 4166 = 6249 \text{mm}^2$$

b 平均单位压力 $\overline{P_1}$，$\overline{P_2}$ 值

$$\overline{P} = \gamma n'_\sigma n''_\sigma \sigma_S \qquad (6\text{-}96)$$

$$\gamma = 1.155$$

式中 n'_σ——应力状态影响系数；

n''_σ——外端影响系数；

σ_S——被轧材料的变形抗力。

（1）对于出口锥，有：

$$n''_\sigma = 1$$

$$\varepsilon = \frac{2\Delta r}{D_m - d_m + 2\Delta r} \times 100\% = \frac{2 \times 3.6}{215 - 161 + 2 \times 3.6} \times 100\% = 11.8\% \qquad (6\text{-}97)$$

$$\delta = \frac{\mu b_2}{\Delta r} = \frac{0.67 \times 20}{3.6} = 3.72 \qquad (6\text{-}98)$$

式中 D_m，d_m——分别为毛管的外径和内径；

b_2——接触面宽度；

μ——摩擦系数。

根据图 6-38，取 $n'_\sigma = 1.09$。

$$\overline{P_2} = \gamma n'_\sigma n''_\sigma \sigma_S = 1.155 \times 1.09 \times 1\sigma_S = 1.26\sigma_S \qquad (6\text{-}99)$$

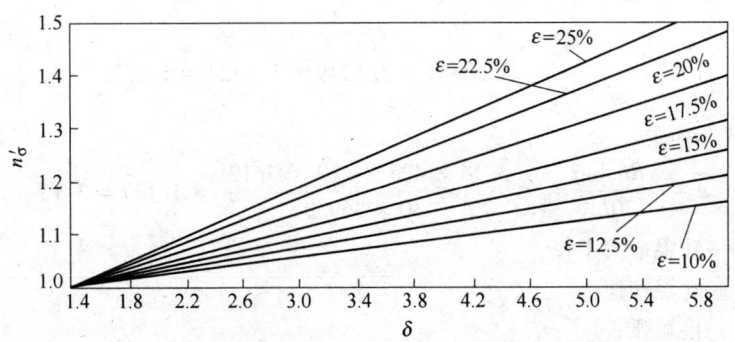

图 6-38 按采利柯夫公式计算平均单位压力的线性图

（2）对于入口锥，$n'_\sigma = 1$。

根据切克马辽夫公式：

$$n''_\sigma = \left(1.8 - \frac{b_H}{d_H}\right)(1 - 2.7\varepsilon_H^2) = \left(1.8 - \frac{16.75}{192.68}\right) \times (1 - 3.6 \times 0.082^2) = 1.67$$

$$(6\text{-}100)$$

式中　b_H——孔喉处断面的接触宽度；

d_H——孔喉处坯料的直径；

ε_H——孔喉处的相对压下量，计算公式如下：

$$\varepsilon_H = \frac{d_p - d_H}{d_p} = \frac{210 - 192.68}{210} = 0.082$$

d_p——坯料直径。

$$\overline{P_1} = \gamma n'_\sigma n''_\sigma \sigma_S = 1.155 \times 1 \times 1.67\sigma_S = 1.93\sigma_S \tag{6-101}$$

屈服极限 σ_S 与变形区程度和变形速度有关。

均匀应变时的径向应变：

$$\varepsilon_Y = \ln\left(\frac{d_p}{2\delta_m}\right) = \ln\left(\frac{210}{2 \times 27}\right) = 1.36 \tag{6-102}$$

均匀应变时的纵向应变：

$$\varepsilon_X = \ln\left[\frac{1}{4} \cdot \frac{\pi d_p^2}{\pi \delta_m(D_m - \delta_m)}\right] = \ln\left[\frac{1}{4} \times \frac{3.14 \times 210^2}{3.14 \times 27 \times (215 - 27)}\right] = 0.77 \tag{6-103}$$

均匀应变时的周向应变：

$$\varepsilon_Z = -\ln\left[\frac{2(d_p - \delta_m)}{d_p}\right] = -\ln\left[\frac{2 \times (210 - 27)}{210}\right] = -0.55 \tag{6-104}$$

均匀应变时的等效应变强度：

$$\varepsilon_H = \frac{\sqrt{2}}{3}\sqrt{(\varepsilon_X - \varepsilon_Y)^2 + (\varepsilon_Y - \varepsilon_Z)^2 + (\varepsilon_Z - \varepsilon_X)^2}$$

$$= \frac{\sqrt{2}}{3} \times \sqrt{0.3481 + 3.7249 + 1.7424} = 1.137 \tag{6-105}$$

平均应变速率：

$$\overline{\varepsilon} = \frac{\pi Rn\sin\alpha}{30L}\varepsilon_H = \frac{3.14 \times 425 \times 110 \times \sin 12°}{30 \times 369.9} \times 1.137 = 3.13 \tag{6-106}$$

式中　R——轧辊最大半径；

n——轧辊转速；

L——接触弧长。

根据 $\overline{\varepsilon}$，查图 6-39 得 $\sigma_S = 60$MPa。

$$\overline{P_1} = 1.93\sigma_S = 115.8\text{MPa}$$

$$\overline{P_2} = 1.26\sigma_S = 75.6\text{MPa}$$

$$P = \overline{P}F = \overline{P_1}F_1 + \overline{P_2}F_2 = 115.8 \times 4060.2 + 6249 \times 75.6 = 942.59\text{kN} \tag{6-107}$$

c　顶头轴向力 Q

顶头轴向力 Q 计算如下：

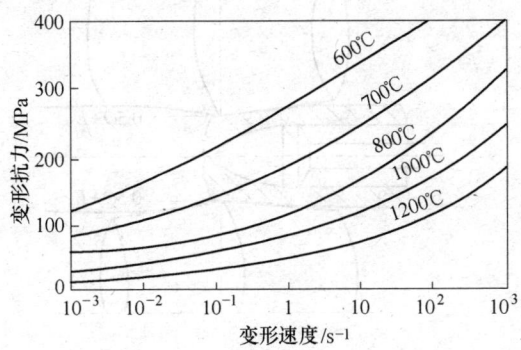

图 6-39 变形抗力与变形速度的关系

$$Q = (0.32 \sim 0.4)P = 0.35 \times 942.59 = 329.9 \text{kN}$$

d 对导盘的作用力 P_b

按生产经验公式进行计算：

$$P_b = (0.13 \sim 0.27)P = 0.2P = 0.2 \times 942.59 = 188.52 \text{kN}$$

导盘以 P_b 的反作用力给轧件。同时运动着的轧件产生摩擦阻力，其轴向摩擦阻力 E_x（实际是轧制线方向）和旋转阻力矩 M_b 为：

$$E_x = P_b f_b \sin\alpha = 188.52 \times 0.67 \times \sin 12° = 26.26 \text{kN} \tag{6-108}$$

$$L_{ck} = (1.06 \sim 1.08)B_{ck} = 1.07 \times 192.68 = 206.17 \text{mm}$$

$$M_b = P_b f_b \cos\alpha \frac{L_{ck}}{2} = 188.52 \times 0.67 \times \cos 12° \times \frac{206.17}{2} = 12.736 \text{kN} \cdot \text{m}$$

$$\tag{6-109}$$

式中　α——送进角，取 12°；

　　　f_b——金属与导板间的摩擦系数，取 0.67；

　　　L_{ck}——导盘距离，mm。

e 轧制力矩

确定轧制力矩的图示如图 6-40 所示。

由轧制力 P 产生的旋转力矩为：

$$M_1 = P(R\sin\omega\cos\alpha + \frac{b}{2}\cos\omega\cos\beta)$$

$$= 942.59 \times \left(425 \times \sin 5.45° \times \cos 12° + \frac{18.375}{2} \times \cos 5.45° \times \cos 15°\right)$$

$$= 45.54 \text{kN} \cdot \text{m} \tag{6-110}$$

$$\tan\omega = b \div d_x \Rightarrow \omega = \arctan\ (18.375 \div 192.68) = 5.45° \tag{6-111}$$

式中　b——轧辊与轧件平均接触宽度；

　　　d_x——轧制力作用面内的轧件直径；

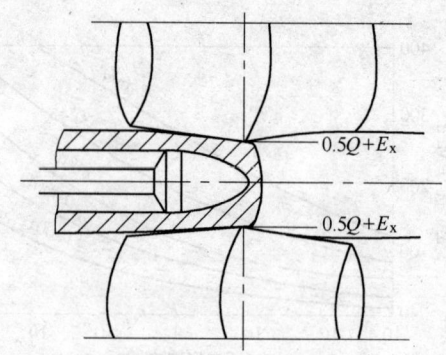

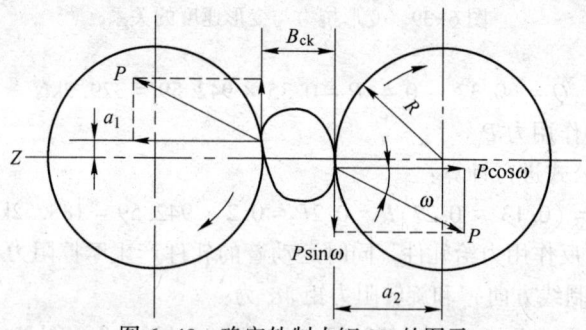

图 6-40　确定轧制力矩 M_{zh} 的图示

R——合力作用面上轧辊半径。

由顶头产生的旋转阻力矩：

$$M_2 = \frac{Q}{2}R\sin\alpha = \frac{329.9}{2} \times 425 \times \sin12° = 14.6\text{kN} \cdot \text{m} \tag{6-112}$$

由导盘产生的旋转阻力矩：

$$M_3 = RE_x\sin\alpha = 325 \times 26.26 \times \sin12° = 2.3\text{kN} \cdot \text{m} \tag{6-113}$$

由导盘产生的摩擦力旋转力：

$$M_b = 12.736\text{kN} \cdot \text{m}$$

则总旋转力矩：

$$M_z = M_1 + M_2 + M_3 + M_b = 45.54 + 14.6 + 2.3 + 12.736 = 75.2\text{kN} \cdot \text{m}$$

由导盘作用力和顶头作用力对轧辊产生的弯矩为：

$$M_{\text{弯}} = (0.5Q + E_x)R\cos12° = (164.95 + 26.26) \times 425 \times \cos12° = 79.5\text{kN} \cdot \text{m}$$

$$\tag{6-114}$$

B　穿孔机轧辊校核

生产 $\phi107\text{mm}\times16\text{mm}$ 典型产品的轧辊尺寸（采用滚动轴承）：

辊颈直径：$d = (0.5 \sim 0.55)D = 0.5 \times 850 = 425\text{mm}$

辊颈长度：$L = (0.83 \sim 1.0)d = 0.9 \times 425 = 382.5\text{mm}$

辊头尺寸：$d_1 = R - 10 = 425 - 10 = 415\text{mm}$

穿孔机所受的力及力矩分别是：

$$p = 942.59\text{kN}, \quad M_{zh} = 75.2\text{kN} \cdot \text{m}$$

a 求支反力 R_1、R_2

假设轧制压力在轧制带处，根据静力学平衡方程，求得辊颈上的作用力 R_1、R_2 为：

$$R_1 = 338.66\text{kN}, \quad R_2 = 603.2\text{kN}$$

b 轧辊各截面的弯矩值

轧制带处：

$$M_D = Pl_1$$

$$M_d = 942.59 \times (185 + 382.5 \div 2) \div 1000 - 79.5 = 275.15\text{kN} \cdot \text{mm}$$

传动端辊颈与辊身交界处：

$$M_{d2} = R_2 l_2 = 603.2 \times 0.15 = 90.48\text{kN} \cdot \text{mm}$$

另一端辊颈与辊身交界处：

$$M_{d1} = R_1 l_2 = 338.66 \times 0.15 = 50.8\text{kN} \cdot \text{mm}$$

c 传动端及另一端在不忽略摩擦力矩情况下的轧制力矩

传动端：

$$M_{f2} = \frac{R_2 Lf}{2} = \frac{603.2 \times 0.003 \times 0.3825}{2} = 0.346\text{kN} \cdot \text{m}$$

$$M = M_{f2} + M'_{zh} = 0.346 + 75.2 = 75.546\text{kN} \cdot \text{mm}$$

另一端只有摩擦力矩：

$$M_{f1} = \frac{R_1 Lf}{2} = \frac{338.66 \times 0.003 \times 0.3825}{2} = 0.19\text{kN} \cdot \text{m}$$

式中 f——摩擦力，对于滚动轴承，$f = 0.003$。

d 辊身强度校核

辊身强度校核如下：

$$\sigma_D = \frac{M_d}{0.1D^3} = \frac{275.15}{0.1 \times 0.85^3} = 4.48\text{MPa}$$

e 辊颈强度校核

由支反力大小及传动端无法判断辊颈的危险的断面，将传动端和非传动端分别校验：

（1）传动端—弯曲应力：

$$\sigma_{d2} = \frac{M_{d2}}{0.1d^3} = \frac{90.48}{0.1 \times 0.3825^3} = 16.13\text{MPa}$$

扭转应力：

$$\tau_{d2} = \frac{M_{zh}}{0.2d^3} = \frac{75.2}{0.2 \times 0.3825^3} = 6.72\text{MPa}$$

轧辊为铸钢，所以合应力为：

$$\sigma_p = \sqrt{\sigma_{d2} + 3\tau_{d2}^2} = \sqrt{16.13 + 3 \times 6.72^2} = 12.3\text{MPa}$$

（2）另一端（非传动端）

弯曲应力：

$$\sigma_{d1} = \frac{M_{d1}}{0.1d^3} = \frac{50.8}{0.1 \times 0.3825^3} = 9.08\text{MPa}$$

扭转应力：

$$\tau_{d2} = \frac{M_{zh}}{0.2d^3} = \frac{75.2}{0.2 \times 0.3825^3} = 6.72\text{kN}$$

轧辊为铸钢，所以合力应为

$$\sigma_p = \sqrt{\sigma_{d1} + 3\tau_{d2}^2} = \sqrt{9.08 + 3 \times 6.72^2} = 12\text{MPa}$$

即由（1）、（2）比较可知危险面在传动端。

f　辊头强度校核

对于梅花头：

$$\tau = \frac{M_{zh}}{0.07d^3} = \frac{75.2}{0.07 \times 0.3825^3} = 19.2\text{MPa}$$

g　许用应力

轧辊材质为铸钢，其许用应力为：

$$[\sigma] = (50 \sim 60) \times 10 \div 5 = 100 \sim 120\text{MPa}$$

$$[\tau] = 0.6(100 \sim 120) = 0.6 \times (100 \sim 120) = 60 \sim 70\text{MPa}$$

由以上应力计算可知穿孔机轧辊安全。

6.4.5.5　连轧管机轧制力能参数和轧辊校核

A　轧制力计算

（1）对长芯棒连续轧管机 A. Π. 阿涅西伏建议减径段接触表面的水平投影面积按下式计算：

$$F_1 = \frac{1}{2} d_m \left[\sqrt{\frac{D_{min}}{2}(b_{x-1} - a_x)} - \sqrt{D_{min}\Delta h} \sin(\psi - \beta) \right] \tag{6-116}$$

式中　d_m——连轧机芯棒直径；

D_{min}——孔型槽底最小直径；

b_{x-1}——送入毛管的高度，可取前一机架的孔型宽度；

a_x——讨论机架的孔型高度；

Δh——孔型槽底的减壁量；

ψ——孔型开口角；

β——孔型开口角范围内，管壁与芯棒接触区占据的部分中心角。

$$\beta = \arccos\left(1 - 2\frac{\Delta h}{d_m}\right)$$

$$= \arccos\left(1 - 2 \times \frac{2.8}{147}\right) = 15.9° \tag{6-117}$$

从而

$$F_1 = \frac{1}{2} \times 147 \times \left[\sqrt{\frac{604.6}{2}(215 - 195.4)} - \sqrt{604.6 \times 2.8} \times \sin(35° - 15.9°)\right] = 4668\text{mm}^2$$

（2）减壁区接触面积的水平投影面积为：

$$F_2 = C(d_\text{m} + 2h_\text{k})\sqrt{D_\text{min}\Delta h}\cos(\psi - \beta) \tag{6-118}$$

式中　h_k——轧制毛管在孔型开口处的壁厚，可取为上一机架孔型槽底的壁厚；

C——系数，取 1.1。

则　$F_2 = 1.1 \times (147 + 2 \times 27) \times \sqrt{604.6 \times 2.8} \times \cos(35° - 15.9°) = 8596\text{mm}^2$

（3）减径区的平均单位压力建议按下式计算：

$$P_1 = \eta k_\text{f}\frac{h_0}{d_\text{pi}} \tag{6-119}$$

式中　d_pi——减径区孔型高度的平均值；

h_0——来料管壁厚度；

k_f——轧制温度下不同变形速度的变形抗力；

η——考虑非接触区影响的系数。

第一次咬入角：

$$\alpha_1 = \arctan\frac{\sqrt{(d_\text{ch} - a)(2D_\text{m} - d_\text{ch} - a)}}{D_\text{m} - d_\text{ch}}$$

$$= \arctan\frac{\sqrt{(215 - 195.4) \times (2 \times 800 - 215 - 195.4)}}{800 - 215} = 14.6° \tag{6-120}$$

参照图 6-41，变形区总长度：

$$l_0 = \frac{d_\text{ch} - d_\text{z}}{2}\sqrt{\frac{4R_\text{xi}}{d_\text{ch} - d_\text{z}} - 1}$$

$$= \frac{215 - 195.4}{2} \times \sqrt{\frac{4 \times 302.3}{215 - 195.4} - 1}$$

$$= 76.3\text{mm} \tag{6-121}$$

减壁区长度为：

$$l_2 = \sqrt{(h_\text{ch} - h_\text{z})(2R_\text{xi} + h_\text{ch} + h_\text{z})}$$

$$= \sqrt{(27 - 24.2) \times (2 \times 302.3 + 27 + 24.2)}$$

$$= 42.85\text{mm} \tag{6-122}$$

减径区长度为：

$$l_1 = l_0 - l_2 = 76.3 - 42.85 = 33.45\text{mm}$$

减径区孔型的平均高度，带芯棒轧制时为：

$$d_{pi} = \frac{1}{2} \left[d_0 + D_m - \sqrt{(D_m - a)^2 - 4l_2^2} \right]$$

$$= \frac{1}{2} \left[215 + 800 - \sqrt{(800 - 195.4)^2 - 4 \times 42.85^2} \right]$$

$$= 205.3 \text{mm} \tag{6-123}$$

减径区变形速度按下式计算：

$$u_1 = \frac{2v_{min}}{d_{pi}} \sin \frac{\alpha_1}{2}$$

$$= \frac{2 \times 2214.8}{205.3} \times \sin \frac{14.6}{2} \times \frac{1}{60}$$

$$= 0.046 \text{s}^{-1} \tag{6-124}$$

其中

$$v_{min} = \frac{\pi D_{min} n}{60} = \frac{3.14 \times 604.6 \times 70}{60} = 2214.8 \text{mm/min}$$

查图 6-39，得 $k_f = 50 \text{MPa}$。

影响系数：

$$\eta = 1 + 0.9 \frac{d_{pi}}{l_1} \sqrt{\frac{h_0}{d_{pi}}} = 1 + 0.9 \times \frac{205.3}{33.45} \times \sqrt{\frac{27}{205.3}} = 3 \tag{6-125}$$

减径区平均单位压力为：

$$P_1 = \eta k_f \frac{h_0}{d_{pi}} = 3 \times 50 \times \frac{27}{205.3} = 19.7 \text{MPa} \tag{6-126}$$

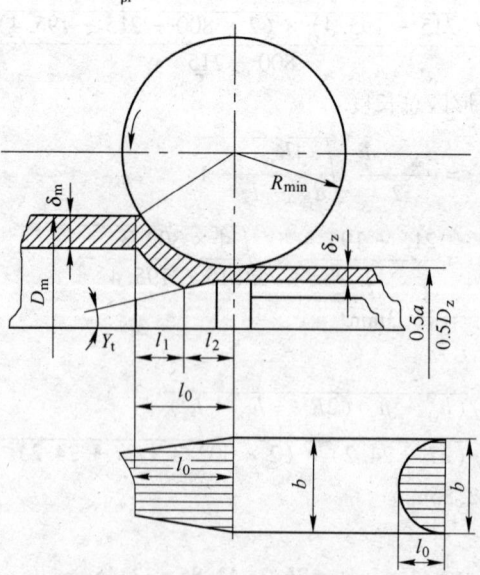

图 6-41　连轧管机轧制力参数图示

（4）减壁区平均单位压力的计算方法如下：

第二次咬入角：

$$\alpha_2 = \arcsin \frac{2l_2}{D_m - a + 2h_0} = \arcsin \frac{2 \times 42.85}{800 - 195.4 + 2 \times 27} = 7.48° \quad (6-127)$$

变形速度：

$$u_2 = \frac{2v_{min}}{h_0 + h}\sin\alpha_2 = \frac{2 \times 2214.8}{27 + 24.2} \times \sin 7.48° = 11.26 \text{mm/s} \quad (6-128)$$

查图 6-39 知 $k_f = 50$MPa。

金属与辊面的摩擦系数：

$$f = 1.05 - 0.0005t - 0.056v = 1.05 - 0.0005 \times 1100 - 0.056 \times 2.2 = 0.3768$$

$$\delta = \frac{2fl_2}{\Delta h} = \frac{2 \times 0.3768 \times 42.85}{27 - 24.2} = 11.53 \quad (6-129)$$

变形程度：

$$\frac{\Delta h}{h_0} = \frac{h_0 - h}{h_0} = \frac{27 - 24.2}{27} = 10.4\%$$

查图 6-42 知：

$$\frac{P_{cp}}{k} = 1.4$$

其中，$k = 1.15 \times 50 = 57.5$MPa。

所以单位变形抗力为：

$$P_2 = P_{cp} = 1.4 \times 57.5 = 80.5 \text{MPa}$$

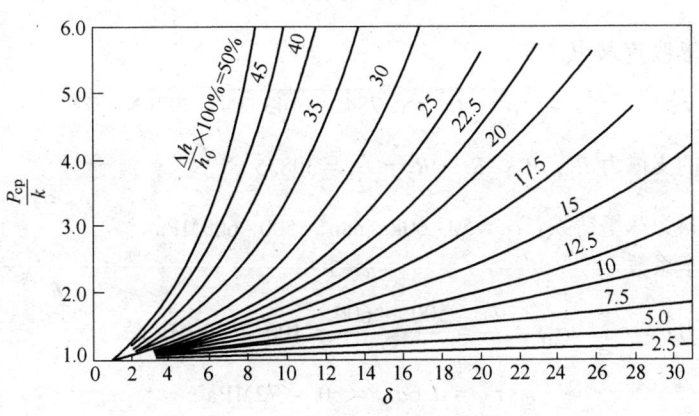

图 6-42 А.П. 采利科夫曲线

（5）连轧机芯棒的轴向力：

$$Q = P_2 \pi d_m l_2 f'$$

式中　d_m——芯棒直径；

　　　f'——金属对芯棒的摩擦系数，对长芯棒连轧机取 $f' = 0.08 \sim 0.1$；

l_2——减壁区长度。

$$Q = 80.5 \times 3.14 \times 147 \times 42.85 \times 0.09 = 143.3 \text{kN}$$

（6）带芯棒轧制，轧辊上的总压力可简示如下：

$$P = P_1 F_1 + P_2 F_2 \tag{6-130}$$

式中 F_1，F_2——减径区和减壁区接触面积的水平投影；

P_1，P_2——减径区和减壁区的垂直平均单位压力。

则 $P = 19.7 \times 4668 + 80.5 \times 8596 = 784 \text{kN}$

B 轧辊传动力矩

参照图 6-43，每轧辊传动力矩估算为：

$$\begin{aligned} M &= P_1 F_1 (l_2 + 0.65 l_1) + P_2 F_2 0.65 l_2 \\ &= 19.6 \times 4668 \times (42.85 + 0.65 \times 33.45) + 80.5 \times 8596 \times 0.65 \times 42.85 \\ &= 25.2 \text{kN} \cdot \text{m} \end{aligned} \tag{6-131}$$

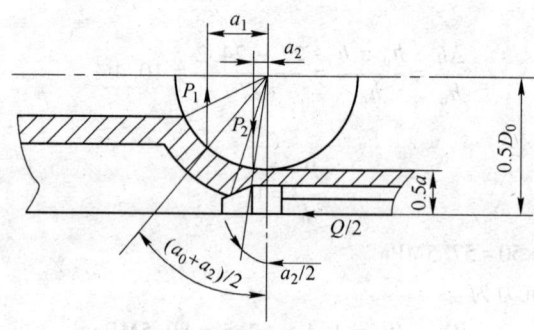

图 6-43 计算轧制力矩图

C 轧辊强度校核

合成力 T： $T = \sqrt{p^2 + Q^2} = \sqrt{784^2 + 143.3^2} = 797 \text{kN}$

辊颈处的支撑力 R_1，R_2： $R_1 = R_2 = \dfrac{T}{2} = 398.5 \text{ kN}$

轧辊材料为球墨铸铁：$\sigma_s = 50 \sim 60 \text{kg/mm}^2 = 500 \sim 600 \text{MPa}$

轧辊安全系数： $n = 5$

许用应力： $\sigma_{许} = \dfrac{\sigma_s}{n} = \dfrac{500 \sim 600}{5} = 100 \sim 200 \text{MPa}$

$$\tau_{许} = 0.6\sigma_{许} = 60 \sim 72 \text{MPa}$$

a 辊身强度校核

辊身强度校核： $\sigma = \dfrac{R_1 L_1}{0.1 d^3} = \dfrac{398.5 \times 0.57}{0.1 \times 0.6046^3} = 10.3 \text{MPa}$

$$\sigma < \sigma_{许} = 100 \sim 120 \text{MPa} \text{符合要求}$$

其中，辊身直径 $d = 604.6 \text{mm}$，辊身长度 $L_1 = 240 \text{mm}$。

b 辊颈强度的校核

辊颈上与辊身相接处的弯矩最大，其应力值为：

$$\sigma = \frac{R_1 \dfrac{l}{2}}{0.1d^3} = \frac{398.5 \times \dfrac{0.72552}{2}}{0.1 \times 0.6046^3} = 65.4\text{MPa}$$

辊颈上的扭转应力：

$$\tau_d = \frac{M_n}{W_n} = \frac{300}{0.2d^3} = \frac{300}{0.2 \times 0.6046^3} = 7.1\text{MPa}$$

$$M_n = 9549\frac{P}{n} = 9549 \times \frac{2200}{70} = 300111\text{N} \cdot \text{m}$$

式中，轧制功率 $P = 2200\text{kW}$，相对转速 $n = 70\text{r/min}$，辊颈长度 $l = 1.2d = 1.2 \times 604.6 = 725.52\text{mm}$，辊颈直径 $d = 604.6\text{mm}$。

辊颈强度按弯扭合成应力考虑，采用铸铁轧辊时，按莫尔理论合成应力为：

$$\begin{aligned}
\sigma_p &= 0.375\sigma_d + 0.625\sqrt{\sigma_d^2 + 4\tau_d^2} \\
&= 0.375 \times 65.4 + 0.625\sqrt{65.4^2 + 4 \times 7.1^2} \\
&= 66.35\text{MPa}
\end{aligned} \tag{6-132}$$

$$\sigma_p < \sigma_{许} = 100 \sim 120\text{MPa} \quad 符合要求$$

c 辊头强度校核

辊头通常是梅花形结构，它只受扭矩作用：

$$\tau_{d1} = \frac{M_{d1}}{0.07d_1^3} = \frac{300111}{0.07 \times 0.5946^3} = 20.4\text{MPa}$$

$$\tau_{d1} < \tau_{许} = 60 \sim 72\text{MPa} \quad 符合要求$$

其中，梅花头的外径 $d_1 = d - 10 = 604.6 - 10 = 594.6\text{mm}$。

d 主电机选择及校核

预选电机功率：2200kW，额定转速：600~1200r/min。

电机的额定力矩：

$$M_H = 9550\frac{P_H}{n} = 3000142\text{N} \cdot \text{m}$$

传动力矩：

$$M_\varepsilon = \frac{M}{i} + M_m + M_k + M_d$$

式中 M——轧制力矩，$M = 25.2\text{kN} \cdot \text{m}$；

M_m——克服轧制时发生在轧辊轴承、传动机构等的附加摩擦力矩；

M_k——空转力矩；

M_d——动转力矩（$M_d = 0$）。

$M_k = (0.03 \sim 0.06)M_H = (0.03 \sim 0.06) \times 3000142 = (9 \sim 18) \times 10^4\text{N} \cdot \text{m}$

轧辊轴承的附加摩擦力矩 M_{m1}：

$$M_{m1} = Pdf \qquad (6-133)$$

式中　P——作用在四个轴承的总负荷，即等于轧制力，$P = 784kN$；

$\quad\quad d$——轧辊辊颈直径，$d = 604.6mm$；

$\quad\quad f$——轧辊轴承摩擦系数，滚动轴承，$f = 0.003$。

$\quad M_{m1} = Pd_1 f = 784000 \times 0.6046 \times 0.003 = 1.4 \times 10^3 N \cdot m$

传动机构附加摩擦力矩 M_{m2}：

$$M_{m2} = \left(\frac{1}{\eta} - 1\right)\frac{M + M_{m1}}{i} \qquad (6-134)$$

式中　η——传动机构效率（一级齿轮传动效率 $0.96 \sim 0.98$，取 0.97）；

$\quad\quad i$——传动比，$i = 11.4$。

$$M_{m2} = \left(\frac{1}{0.97} - 1\right) \times \frac{25.2 \times 10^3 + 1.4 \times 10^3}{11.4} = 72.2N \cdot m$$

传动力矩：

$$M_e = \frac{M}{i} + M_m + M_k + M_d$$

$$M_\varepsilon = \frac{25.2 \times 10^3}{11.4} + 9 \times 10^4 + 1.4 \times 10^3 + 0.0722 \times 10^3 = 93683N \cdot m$$

电机校核：

$$M'_H = \frac{M_\varepsilon}{\lambda}$$

式中　λ——电机允许的过载系数，$\lambda = 2.0 \sim 2.5$，取 $\lambda = 2.5$。

$$M'_H = \frac{M_\varepsilon}{\lambda} = \frac{93683}{2.5} = 37473.2N \cdot m$$

$$M'_H < M_H，符合要求$$

6.4.6　主要经济技术指标

本设计钢管厂主要经济技术指标部分数据借鉴国内某同级别生产厂的设计财务分析。

6.4.6.1　工程项目建设投资构成

A　按项目划分（表6-98）

表6-98　按项目划分投资

工程项目	概算价值/万元	占建设投资/%
工程直接费用	40127.41	84.30
工程建设其他费用	3422.7	7.19
基本预备费用	4051.2	8.51
建设投资费用	47601.31	100.00

B 按费用划分（表6-99）

表6-99 按费用划分投资

费用名称	概算价值/万元	占建设投资/%
建筑工程费用	8714.15	18.3
设备费用	28958.46	60.85
安装工程费用	2454.80	5.15
其他费用	7473.9	15.7
建设投资费用	47601.31	100.00

6.4.6.2 产品成本和费用计算

A 工厂定员

本项目需劳动定员350人，详见表6-100。

表6-100 劳动定员表

序号	项目名称	定员
1	主车间	152
2	空压站	8
3	保护气体站	3
4	水系统	31
5	电信	4
6	电气设施	16
7	总图运输	16
8	机修设施	45
9	检化验	17
10	自动化检维修	8
11	厂部	50
合 计		350

B 年工资支出

本项目职工总数为350人，人均年工资及福利费按54000元计，年工资总额为1890万元。

C 产品总成本费用

管坯：4400元/吨；

电：0.73元/(kW·h)；

天然气：2.75元/立方米。

D 产品销售收入计算

每吨无缝管平均综合售价为5800元。

正常年企业的年销售收入为116000万元。

6.4.7 车间平面图

根据本节设计、计算与校核，绘制出钢管生产车间平面图，如图6-44所示。管坯原料主要经过加热、穿孔、连轧、再加热、矫直、冷却、精加工等工序，加工成所需产品。

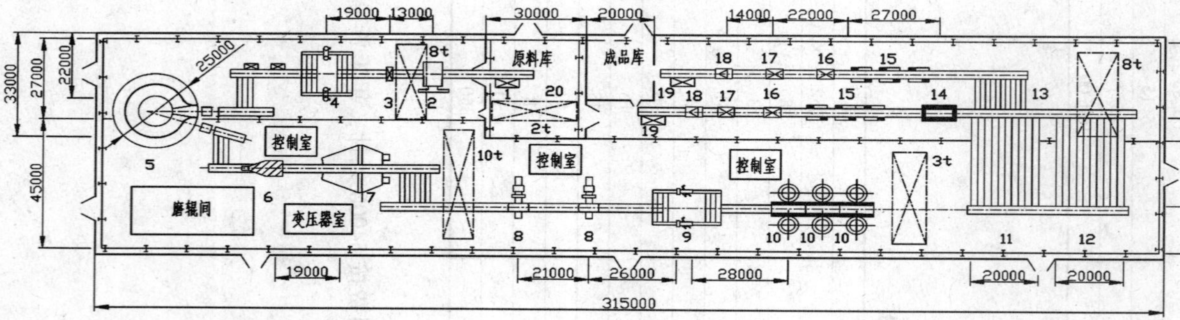

序号	设备名称	数量	单位	备注
20	吊车	5	架	
19	推料架	2	座	
18	标记装置	2	组	
17	检测装置	2	组	
16	飞剪	2	台	
15	矫直机	2	台	
14	热处理装置	1	台	
13	运输轨道	1	条	
12	2# 冷床	1	架	
11	1# 冷床	1	架	
10	定、减径机	20	架	
9	均整机	2	台	

序号	设备名称	数量	单位	备注
8	自动轧管机	2	架	
7	穿孔机	1	架	
6	定心机	1	架	
5	环形加热炉	1	座	
4	剪断机	2	台	
3	测长装置	1	套	
2	称重装置	1	套	
1	上料台/推料机	1	台	

无缝钢管生产车间平面布置图		比例	1:1000
		共1张	第1张
制图			
审核			

图 6-44 钢管生产车间平面图

参 考 文 献

[1] 宋仁伯. 轧制工艺学 [M]. 北京：冶金工业出版社, 2014.

[2] 康永林. 轧制工程学 [M]. 北京：冶金工业出版社, 2004.

[3] 周永强. 高等学校毕业设计（论文）指导<材料类> [M]. 北京：中国建材工业出版社, 2002.

[4] 王国栋. 中国钢铁轧制技术的进步与发展趋势 [J]. 钢铁, 2014, 49 (7)：23~29.

[5] 白光润, 栾瑰馥. 型钢孔型设计（2）——型钢孔型设计的方法 [J]. 轧钢, 1991 (3)：60~64.

[6] 王廷溥. 轧钢工艺学 [M]. 北京：冶金工业出版社, 1978.

[7] 胡彬. 型钢孔型设计 [M]. 北京：冶金工业出版社, 2010.

[8] 刘鸿文. 材料力学 [M]. 北京：高等教育出版社, 2010.

[9] 赵松筠, 唐文林. 型钢孔型设计 [M].2 版. 北京：冶金工业出版社, 1993.

[10] 熊及滋. 压力加工设备 [M]. 北京：冶金工业出版社, 1995.

[11] 刘宝衍. 轧钢机械设备 [M]. 北京：冶金工业出版社, 2007.

[12] 曹建国, 张杰, 陈先霖, 等. 宽带钢热连轧机选型配置与板形控制 [J]. 钢铁, 2005, 40 (6)：40~43.

[13] 王利, 朱晓东, 张丕军. 汽车轻量化与先进的高强度钢板 [J]. 宝钢技术, 2003 (5)：53~60.

[14] 杨富强, 宋仁伯, 孙挺, 等.Fe-Mn-Al 轻质高强钢组织和力学性能研究 [J]. 金属学报, 2014, 50 (8)：897~904.

[15] 李佳, 丁勇生, 王文浩. 宝钢自主集成热连续镀锌机组的设计特点 [J]. 轧钢, 2011, 28 (3)：34~37.

[16] 宋维锡. 金属学 [M]. 北京：冶金工业出版社, 2011.

[17] 邹家祥. 轧钢机械 [M]. 北京：冶金工业出版社, 1989.

[18] 尹常治. 机械设计制图 [M]. 北京：高等教育出版社, 2004.

[19] 赵志业. 金属塑性变形与轧制理论 [M].2 版. 北京：冶金工业出版社, 2006.

[20] 康永林, 朱国明. 热轧板带无头轧制技术 [J]. 钢铁, 2012, 47 (2)：1~6.

[21] 解代军. 热轧带钢卷取机的卷取控制方法及其发展 [J]. 河北冶金, 2012, (195)：61~63.

[22] 何伟, 邸洪双, 夏晓明, 等. 五次 CVC 辊型曲线的设计 [J]. 轧钢, 2006, 23 (2)：12~15.

[23] 罗开林. 热轧带钢轧机精轧辊型设计及应用 [J]. 四川冶金, 2004 (4)：21~24.

[24] 唐荻, 江海涛, 米振莉, 等. 国内冷轧汽车用钢的研发历史、现状及发展趋势 [J]. 鞍钢技术, 2010 (361)：1~6.

[25] 毛燕. 新一代高效节能热轧带钢生产线——无头带钢生产线 [J]. 冶金设备, 2014 (214)：45~49.

[26] 杨杰, 宋晓云, 孔德恩, 等.AGC 控制系统在 1500mm 单机架冷轧机带钢生产中的应用 [J]. 电工技术, 2010 (1)：42~43.

[27] 宋仁伯，贺子龙，代启峰．汽车用1000MPa级超高强冷轧双相钢的强化机理研究[C]．2011中国材料研讨会论文摘要集，2011.

[28] 张增良，宋仁伯，程之松．800MPa级冷轧双相钢的工艺与组织性能研究[J]．上海金属，2007，29（5）：160~163.

[29] 王廷溥．金属塑性加工学[M]．北京：冶金工业出版社，2007.

[30] 胡伟，彭燕．几种典型板带轧机板型控制技术简介[J]．机械研究与应用，2008，21（3）：127~130.

[31] 王越，高毅，林彬．冷轧板厚度的自动控制[J]．鞍钢技术，2006（337）：36~38.

[32] 黄鑫．乳化液新技术在冷轧生产线上的应用[J]．自动化应用，2015（2）：49~50.

[33] 程晓杰，刘雅政，武磊．冷轧压下率对DQ级深冲带钢组织和性能的影响[J]．特殊钢，2010，31（1）：46~48.

[34] 傅作宝．冷轧薄钢板生产[M]．2版．北京：冶金工业出版社，2005.

[35] 徐鹤贤．浅淡冷轧带钢辊型设计及其控制[J]．特钢技术，2002（2）：1~8.

[36] 黄长清，赵旻．冷轧板带板形识别及控制的研究进展[J]．钢铁研究学报，2013，25（12）：1~7.

[37] 陈杰，周鸿章，钟掘．CVC四辊铝冷轧机工作辊辊型设计[J]．轻合金加工技术，2000，28（3）：12~13.

[38] 李国祯．现代钢管轧制与工具设计原理[M]．北京：冶金工业出版社，2006.

[39] 倪鑫，王增海，张立志．MPM连轧机φ165mm系列孔型开发[J]．包钢科技，2012，38（2）：18~20.

[40] 王欣，姜涛，王增海．φ180mmMPM连轧机φ173A系列孔型设计[J]．包钢科技，2010，36（2）：32~35.

[41] 张桉．无缝钢管生产技术[M]．重庆：重庆大学出版社，1997.

[42] 殷国茂．中国钢管50年[M]．成都：四川科学技术出版社，2004.

[43] 崔学芳．斜轧穿孔机力能参数的分析及试验研究[D]．重庆：重庆大学，2004.

[44] 陈惠波，张学铺．菌式穿孔机的原理和工艺[J]．山东冶金，1996，18（2）：24~32.

[45] 席正海．菌式穿孔金属变形的试验研究[C]．中国钢铁年会论文集，2003：18~20.

7 焊接工艺设计

【本章概要】

本章首先介绍了焊接工艺的基本概念，其中包括材料焊接的原理、焊接方法分类、材料焊接性、焊接工艺评定和焊接接头性能测试与评价等；以两个实例介绍了焊接工艺设计的一般步骤，包括分析材料的焊接性、确定拟采用的焊接方法、焊接工艺试验、焊接、焊接接头组织与性能分析等。

【关 键 词】

焊接，材料焊接性，焊接方法，焊接工艺评定，焊接接头，组织，性能，罐车，异种金属，电弧热焊

【章节重点】

本章应重点掌握异种材料焊接工艺设计的思路和流程，明确材料焊接性的概念，在此基础上熟悉焊接工艺参数制定的依据和原则；了解国内外焊接技术进展。

7.1 焊接工艺设计基本原理

焊接已经广泛应用于国民经济的各部门，如机械工程、桥梁工程、建筑工程、压力容器、船舶工程、电子工程以及尖端的航天、航海和动力工程等领域。

7.1.1 焊接的物理本质与焊接方法分类

7.1.1.1 焊接的物理本质与实现焊接的条件

焊接的物理本质是被连接界面达到原子尺度的紧密接触，实现金属键结合强度，又称冶金结合。理论上同种金属的焊接强度接近金属本身、异种金属的焊接强度介于两种金属强度之间。要实现这种理论上的冶金结合，关键是保证待连接金属表面紧密贴合，所有原子相互之间都达到紧密接触程度，即原子间距接近金属键长（约 $0.3 \sim 0.5 \text{nm}$）。

然而实际上，经过精密加工的金属表面在微观上也是凸凹不平的。肉眼看起来光滑平整的两个物体表面相互配合时，它们的接触界面仅仅是若干个点接触，不可能实现理想的面接触。另外，金属表面还常常具有氧化膜及其他物质的吸附层，阻碍待焊金属表面实现原子间距级别的紧密接触。

因此，为了克服待连接金属表面紧密接触的各种不利因素，促使分离材料的原子接近、形成原子键结合，同时去除一切阻碍原子键结合的一切表面膜和吸附层，以形成一个优质的冶金结合接头，需要通过一定的工艺措施对待连接部位施以能量：压力和热量。压力可以增加待焊金属接触面积，同时在局部接触点处发生塑性变形，表面的氧化膜被撕裂，新鲜的金属相互紧密接触。加热可以减小金属塑性变形的抗力，在较小的压力下可以达到金属相互紧密接触的效果。如果加热温度使得待焊金属表面局部熔化，则原固体表面消失、液体金属迅速混合，此时不需压力也可以使金属原子达到相互紧密接触的状态，待随后冷却过程中液体金属凝固成为固态焊缝，从而实现冶金结合。每种金属实现焊接必须满足一定的焊接压力与焊接加热（温度）条件，如图 7-1 所示，金属加热的温度越高，实现焊接所需的压力就越小，处于图中曲线上方的工艺参数可以实现金属焊接。当焊接温度达到或超过待焊金属的熔点，实现焊接所需的焊接压力为零，即熔化焊接时不需要压力。

因此，金属冶金连接又可以表述成：通过加热或加压，或二者并用，使分离的两种或两种以上的材料（同种或异种）接触处的原子形成共同晶粒的过程。

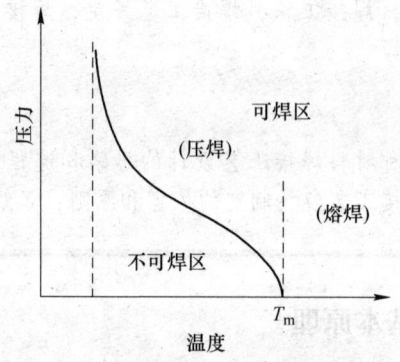

图 7-1　金属焊接的压力与温度条件示意图

7.1.1.2　实现冶金结合的途径

金属焊接的本质是达到金属原子间距级别的紧密接触，微观上形成金属键结合。按照金属焊接接头的形成过程特点，可以分为三种基本形成机制。

A　熔化—凝固

采用焊接热源对待连接部位进行加热，使其温度超过材料的熔点，材料因此熔化而形成具有一定几何形状的液体金属区域（称为焊接熔池）。根据焊接过程中有无填加焊接材料，焊接熔池可以完全由熔化的母材组成，或者由熔化的母材与熔化的焊接材料共同组成。焊接熔池中液体金属通过对流实现混合。当焊接热源终止加热或离开，该处的液体金属开始冷却，温度降低到熔点附近时开始发生凝固结晶，由液体金属转变成固体金属。

熔池金属的凝固与一般金属的凝固一样，也分为液体金属中固体晶核形成以及固体晶核长大的过程。由于在液体金属中直接形成固体晶核比较困难，而焊接熔池边缘存在的半熔化金属晶粒可以作为现成晶核，液体中的金属原子通过在半熔化的金属晶粒表面依次排列，实现液体金属转变成固体金属，这样就实现了待焊部位金属原子达到原子间距的结合。通过熔化—凝固实现金属冶金结合的焊接方法统称为熔焊方法。

B 塑性变形—再结晶

将待焊表面严格清洁后装配在一起，然后放入真空或保护性气氛的炉内加热至材料再结晶温度以上（通常 $T_m/2$），同时施加一定压力，在高温和压力的共同作用下，待焊表面相互靠近，局部发生塑性变形，经过一定时间后，界面处发生塑性变形和动态再结晶过程，并形成一定的原子间扩散，最终形成冶金结合。通过塑性变形—扩散—再结晶实现金属冶金结合的焊接方法统称为压焊方法。

C 钎料熔化—凝固

利用具有较低熔点的金属（钎料）在某温度下熔化成液态填充到待连接界面的间隙，并与母材发生相互作用（溶解和/或扩散），随后经过冷却凝固形成固相接头。液体钎料与母材在界面处发生原子互扩散，有利于去除母材表面的氧化膜和形成冶金结合。钎料金属与母材金属是否能够形成金属键合取决于两种金属晶格匹配，多数情况下钎焊界面能够形成金属键合；在不形成金属键的情况下，色散力、极性力以及界面两侧的双电子层所提供界面静电引力结合，可以提供钎焊界面足够的强度。通过钎料熔化—凝固实现金属连接的方法统称为钎焊方法。

因此，焊接是一种运用（多数情况下为局部）加热或加压手段、添加或不添加填充材料将构件不可拆卸地连接在一起的材料加工工艺。

7.1.1.3 焊接技术分类

自百年前电弧焊发明以来，现代焊接技术已迅速发展成为制造工业中的重要技术。焊接方法种类繁多，而且新的方法仍在不断涌现，因此，如何对焊接技术进行科学的分类是一个十分重要的问题。图 7-2 为常见的焊接分类树形图。熔焊、压焊和钎焊三类方法的技术特点对比见表 7-1。

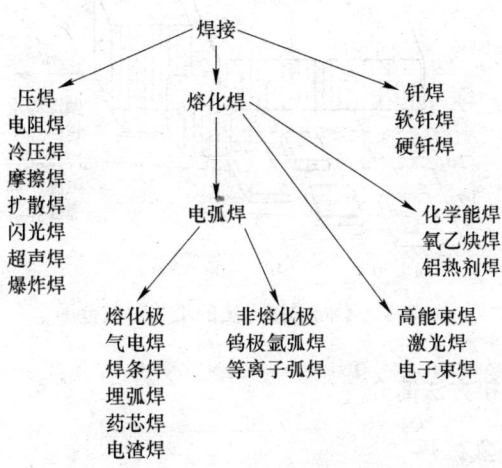

图 7-2 焊接分类树形图

表 7-1   三类冶金连接方法的比较

技术特点	熔焊	压焊	钎焊
加热	局部	局部/整体	局部/整体
温度	被焊材料母材熔点以上	母材熔点的 0.5~0.8	被焊材料熔点以下
表面准备	有时严格	严格	严格
装配	有时严格	精确	较严格
被焊材料	金属	金属及非金属	金属及非金属
异种材料	受限	不受限	不受限
裂纹倾向	大	无	小
气孔	有	无	有
变形	大	无	较小
接头强度	与被焊材料相当	与被焊材料相当	取决于钎料
接头抗腐蚀	较好	好	较差
焊接效率	高	低	较高

从焊接工艺参数的角度，焊接方法工艺参数特点如图 7-3 所示。每种焊接方法都可以在压力—温度—时间三维坐标系中找到各自的位置。

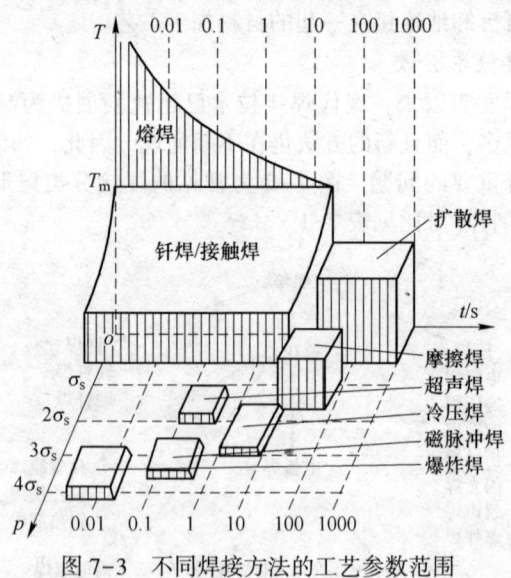

图 7-3   不同焊接方法的工艺参数范围

7.1.2   几种常见焊接方法简介

7.1.2.1   钨极氩弧焊

钨极氩弧焊是一种不熔化极气体保护电弧焊，是利用钨极和工件之间的电弧使金属熔化而形成焊缝的。焊接过程中钨极不熔化，只起电极的作用。同时由焊炬的喷嘴送进氩气或氦气作保护（图 7-4）。可根据需要另外添加金属。在国际上通称为 TIG 焊或 GTAW 焊。

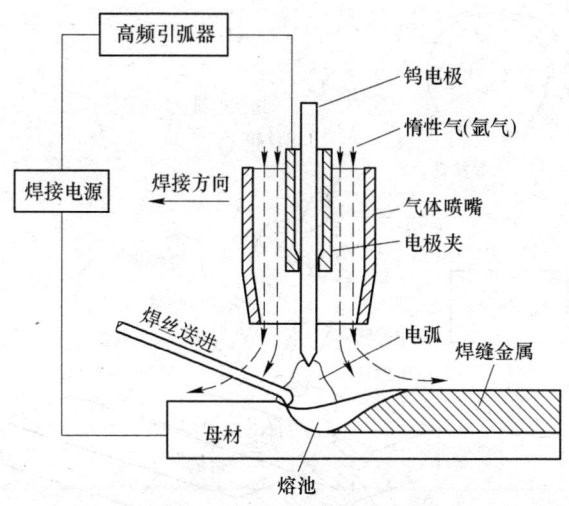

图 7-4　钨极氩弧焊原理图

钨极气体保护电弧焊由于能很好地控制热输入，是连接薄板金属和打底焊的一种极好方法。适合各种位置，如仰焊、横焊、立焊、角焊缝、全位置焊缝、空间曲面等的焊接。

TIG 焊接时保护气体从焊枪的喷嘴中连续喷出，在电弧周围形成保护层隔绝空气，保护电极和焊接熔池以及临近热影响区，以形成优质的焊接接头。几乎可用于所有钢材、有色金属及其合金的焊接，特别适合于化学性质活泼的金属及其合金。常用于不锈钢、高温合金、铝、镁、钛及其合金以及难熔的活泼金属（如锆、钽、钼、铌等）和异种金属的焊接。在各种工业行业中目前应用最广泛。

TIG 焊的不足是焊接速度较慢，效率低，劳动强度大；成本相对较高；对焊前除油、除锈、除水等要求较高；抗风能力差等。

TIG 焊的主要焊接工艺参数包括焊接电源类型与极性、焊接电流和电弧电压等。

7.1.2.2　二氧化碳气体保护电弧焊

二氧化碳气体保护焊是以二氧化碳气为保护气体，以与母材成分相近的焊丝作为电极进行焊接的方法（图 7-5）。CO_2 焊电弧气氛具有较强的氧化性，易使合金元素烧损，会引起气孔以及焊接过程中产生金属飞溅，须采用含有脱氧剂的焊丝及专用的焊接电源。目前 CO_2 电弧焊主要用于焊接低碳钢及低合金钢等黑色金属，对于不锈钢、高合金钢和有色金属则不适宜。

CO_2 气体保护焊按操作方法，可分为自动焊及半自动焊两种。对于较长的直线焊缝和规则的曲线焊缝，可采用自动焊；对于不规则的或较短的焊缝，则采用半自动焊,目前生产上应用最多的是半自动焊。CO_2气体保护焊按照焊丝直径可分为细丝焊和粗丝焊两种。细丝焊采用直径小于 1.6mm,工艺上比较成熟,适宜于薄板焊接;粗丝焊采用的直径大于或等于 1.6mm,适用于中厚板的焊接。

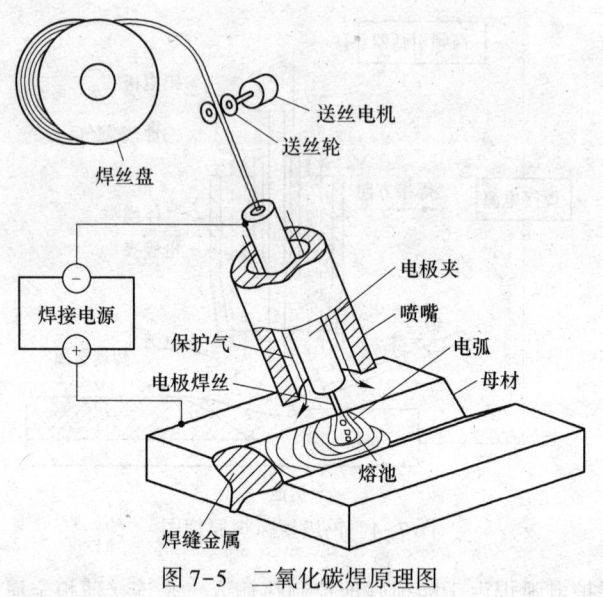

图 7-5   二氧化碳焊原理图

7.1.2.3   激光焊

激光焊接是利用高能量密度的激光束作为热源的一种高效精密焊接方法。激光焊接可以采用连续或脉冲激光束加以实现,激光焊接的原理可分为热传导型焊接和激光深熔焊接。功率密度小于 $10^4 \sim 10^5 \mathrm{W/cm^2}$ 为热传导焊,此时熔深浅、焊接速度慢;功率密度大于 $10^5 \sim 10^7 \mathrm{W/cm^2}$ 时,金属表面受热作用下凹成"孔穴",形成深熔焊,具有焊接速度快、深宽比大的特点。激光焊接技术广泛应用于航天航空、汽车、电子器件等高精制造领域。

7.1.2.4   摩擦焊

摩擦焊是在压力作用下,通过待焊界面的摩擦使界面及其附近温度升高,材料的变形抗力降低、塑性提高、界面的氧化膜破碎,伴随着材料产生塑性变形与流动,透过界面上的扩散及冶金反应而实现连接的固态焊接方法。

摩擦焊可以根据焊件的相对运动形式分为旋转摩擦焊、线性摩擦焊和搅拌摩擦焊等。旋转摩擦焊是焊件做相对旋转运动并相互接触而发生摩擦,机械能转变成热能而将界面加热到粘塑性状态,在顶锻力作用下完成固相连接。按照驱动与制动方式的不同,旋转摩擦焊又分为连续驱动摩擦焊和惯性摩擦焊。线性摩擦焊是焊件做相对往复直线运动,随摩擦摩擦界面金属达到黏塑性施加顶锻力而形成固相连接。超声波焊可以视作一种特殊运动的线性摩擦焊。搅拌摩擦焊是两焊件保持零间隙并固定不动,用旋转的搅拌头摩擦待焊界面,形成的高温将其周围附近焊件材料加热到非常软化的状态，并带动这个软化的金属发生机械混合。随着搅拌头沿焊接方向移动，后方金属冷却形成焊接接头，三种摩擦焊原理如图 7-6 所示。

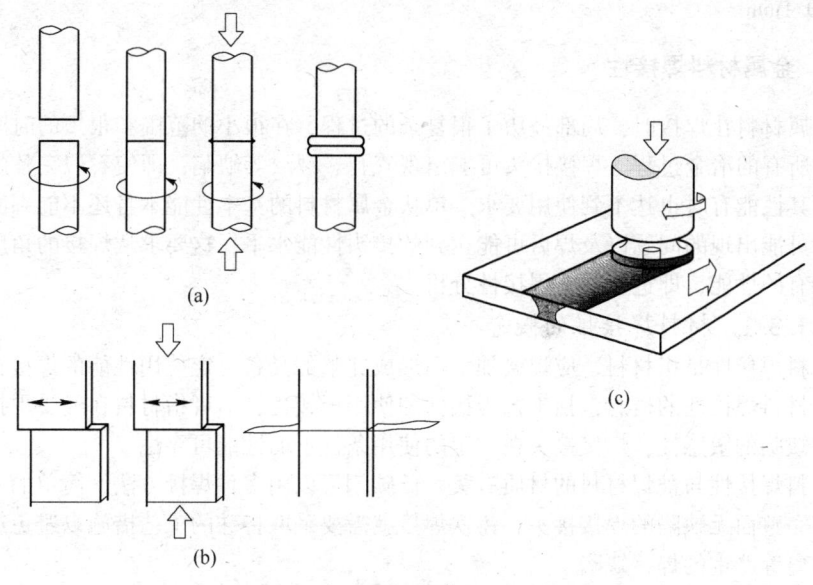

图 7-6　三种摩擦焊的原理示意图

(a) 旋转摩擦焊；(b) 线性摩擦焊；(c) 搅拌摩擦焊

7.1.2.5　钎焊

钎焊是指用比母材熔点低的金属材料作为钎料，用液态钎料润湿母材和填充工件接口间隙并使其与母材相互扩散的焊接方法（图 7-7）。根据钎料熔点的不同，将钎焊分为软钎焊和硬钎焊；根据钎焊加热方式分为火焰钎焊、炉中钎焊（包括真空炉）、感应钎焊、电阻钎焊、浸沾钎焊等。钎焊方法的特点是钎焊加热温度较低，钎焊变形小，接头光滑平整，可焊异种金属，也可用于金属与非金属材料的连接，且对工件厚度差无严格限制，特别适用于焊接精密、复杂和由不同材料组成的构件，如蜂

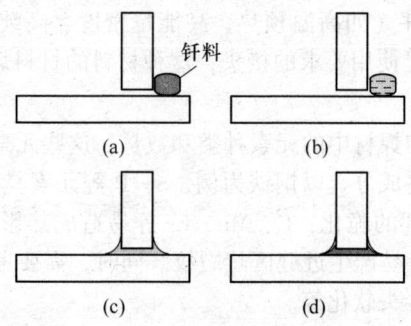

图 7-7　钎焊过程示意图

(a) 装配；(b) 钎料熔化；(c) 填缝；(d) 形成接头

窝结构板、透平叶片、硬质合金刀具和印刷电路板等。钎焊前对工件必须进行细致加工和严格清洗，除去油污和过厚的氧化膜，保证接口装配间隙。装配间隙一般要求在0.01~0.1mm。

7.1.3　金属材料焊接性

金属材料在焊接时，局部经历了很复杂的过程，在很小的范围和很短的时间经历了几乎所有的冶金过程。焊接接头可能出现气孔、裂纹等缺陷；即使看似完整的焊接接头，其性能有时也达不到使用要求。单从金属材料的基本性能本身还不能判断它在焊接时可能出现的问题以及焊后可能达到的接头性能水平，这要求从焊接的角度研究金属特有的性能，即进行材料焊接性分析。

7.1.3.1　材料焊接性的概念

材料焊接性是指材料适应焊接加工而形成完整的具备一定使用性能的焊接接头的能力。材料焊接性的概念包括工艺焊接性和使用焊接性，前者指材料在经受焊接加工时产生缺陷的敏感性，焊接接头在一定的使用条件下的性能可靠性。

材料焊接性与被焊材料的材质有关。低碳钢可以用多种焊接方法，简单的工艺即可得到完整而无缺陷的焊接接头；铸铁焊接就需要采取特殊的工艺措施以避免产生裂纹、剥离等严重的焊接缺陷。

材料焊接性不是材料本身的固有属性。随着新的焊接方法、焊接材料及焊接工艺措施不断出现和完善，某些原来不能焊，或者不易焊的材料变得能够焊接和易于焊接了。

理论上，任何两种金属材料，只要它们在高温熔化后能相互形成熔液即可以采用熔化焊方法进行焊接（原则焊接性或物理焊接性）。从这个意义上讲，所有同种金属材料毫无疑问可以进行焊接，或具有原则可焊性；异种金属材料之间必要时可以通过加过渡层的办法实现焊接。异种材料焊接的难度通常大于同种材料。

7.1.3.2　材料焊接性的影响因素

材料焊接性是一个相对的概念，如果一种金属材料（如低碳钢）在很简单的工艺条件下就可得到满足使用要求的接头，则这种材料的材料焊接性良好，反之如果必须保证很复杂的工艺条件（如高温预热、高能量密度、高纯保护气体、复杂的焊后热处理等）才能获得满足使用要求的接头，这种材料的材料焊接性不好。

A　材料因素

材料因素包括母材和焊材中的元素种类和数量，这些元素在焊接时将参与焊接冶金反应，影响焊缝的最终成分。以钢铁为例，S、P 等元素易引起焊接热裂纹；H、C 等易引起焊缝及热影响区的脆化；C、Mn、Cr 等易造成热影响区的淬硬倾向和冷裂纹敏感性；Ti、Mo、V 等易产生近缝区热裂纹。同时，需要考虑母材的焊前状态，可能引起焊接应力状态、接头软化等。

B　焊接工艺因素

对于同一种材料，采用不同的焊接方法和工艺措施，得到的焊接接头性能会差异很大。有些材料只能采用特定的焊接方法，而每一种焊接方法在材料适应性方面也都存在不同的局限性。比如，铝合金等活性金属通常采用钨极氩弧焊进行焊接，二氧化碳焊和激光焊都不太适用，前者因为气氛具有氧化性，后者则因为铝合金表面对激光反射率大，并且激光不能有效去除铝合金表面的氧化膜。工艺参数的影响还表现为造成焊缝金属组织的粗大、热影响区的软化和脆化，以及接头变形和残余应力方面。

C 结构因素

焊接结构因素包括母材的板厚、接头形式、焊缝分布以及焊接顺序等。结构因素对焊接性最大的影响是焊接过程中的热应力，以及最终体现在焊接裂纹、焊接变形和残余应力的大小。焊接残余应力不仅直接降低了焊接结构的静载承载能力，而且更为严重地降低疲劳寿命和增加应力腐蚀倾向。因此严重降低构件的使用性能。

综上，为了解决材料焊接性问题必须根据结构使用条件的要求，正确选择母材、焊接方法和焊接材料，采取适当的焊接工艺，并且要避免不合理的结构形式。

7.1.3.3 异种材料焊接性问题

异种材料的焊接是指将不同化学成分、不同组织性能的两种或两种以上材料，在一定的工艺条件下焊接成规定设计要求的构件，并使形成的接头满足预定的服役要求。异种材料的焊接性取决于两种材料的组织结构、物理化学性能等，两种材料的这些性能差异越大，则焊接性越差。

A 异种材料焊接接头的热应力与残余应力

热应力是温度改变时，物体由于外在约束以及内部各部分之间的相互约束，使其不能完全自由胀缩而产生的应力，又称变温应力。

如果不均匀温度场所造成的内应力达到材料的屈服极限，使局部区域产生塑性变形。当温度恢复原始的均匀状态后，就会产生新的内应力，这种内应力是温度均匀后残存在物体中的，称为残余应力。

异种材料连接时，由于热膨胀系数存在很大差异，当接头从连接温度冷却到室温或在不同温度区间使用时，都会在接头中产生残余应力。

焊缝及其附近的高温区域的材料在加热过程中膨胀量大，但受到周围外温度较低、膨胀量较小的材料的限制而不能自由地膨胀。于是焊件中高温区的材料产生局部压缩塑性应变；低温区产生拉伸应变。此时焊件整体将呈现伸长变形。在冷却过程中，材料产生收缩，其中已经产生压缩塑性应变的原高温区由于塑性变形的不可回复性而变得比原长更短，它在进一步的收缩过程中受到周围没有产生压缩塑性变形的材料的限制，于是焊件中出现一个残余应力场，在这个场中原高温区受拉伸应力、原低温区受压缩应力。

热应力与残余应力的影响因素包括材料因素、接头形状因素、工艺因素等。材料因素主要包括线膨胀系数、弹性系数、泊松比、界面特性、被连接材料的孔隙度、材料的屈服强度以及加工硬化系数等。其中，异种材料间热形变差、弹性系数比、泊松比的比值是影响热应力的主要因素。接头形状因素主要包括板厚、板宽、长度、焊缝的层数、层排列顺序、接合面形状和接合面的粗糙度等。其中，两种材料的厚度比、接合体的长度与厚度之比是影响热应力的主要因素。不同的加热方式、加热温度、加热速度及冷却速度等工艺参数，也会影响热应力的分布。焊接残余应力的控制焊接过程中调节焊接残余应力的措施。在保证结构有足够强度的前提下，应尽量减少焊缝的数量和尺寸，合理地选择焊接接头形式，将焊缝布置在最大工作应力区域外等。根据焊接残余应力的产生原因和影响因素，可以在焊接过程中采取一些工艺措施，来降低残余应力的数值，改善残余应力场的分布，从而降低残余应力的影响。

焊接结构中残余应力的大小与分布情况一般采用实验法测定，常用的残余应力测试方法可分为非破坏性测试方法（如 X 射线衍射法、超声波法）和破坏或局部破坏性方法（如载条法、钻孔法等）。

总之，异种材料的热膨胀系数不同，异种材料焊接接头中的应力较为复杂，导致在焊接界面处产生很大的热应力。

B　碳迁移

当化学成分有显著差异的钢材组成异种钢焊接接头时，若两者碳的化学位或者活度差别较大，则在一定温度作用下会发生明显的碳原子扩散现象，称为碳迁移。在熔合线处碳原子沿着化学位或者活度的降低方向，由熔合线的一侧向另一侧扩散迁移。这种碳迁移现象是在多组元的非理想固溶体中产生的，常常具有上坡扩散的特征，即在熔合线的一侧发生碳的贫化形成脱碳层，另一侧形成增碳层。脱碳层由粗大的铁素体晶粒所组成，而增碳层中一般是有大量的碳化物析出，或者是由增碳引起的马氏体组织。在多组元固态铁碳合金中碳的活度系数，除了受本身碳的影响之外，还受到溶剂的晶体结构、固溶的其他溶质成分以及温度等因素的影响。

碳迁移层的形成使焊接接头蠕变性能和热疲劳性能下降；碳迁移造成的含碳量和组织结构在界面处的突变，也可能成为应力腐蚀的诱导因素，并导致形成局部应力集中。

为了减小和消除碳迁移层，应当减少熔合线两侧的碳的活度差，通过添加合金元素调整熔合线两侧碳的活度系数；在低合金侧添加铌、钛、钒等强烈形成碳化物元素，形成更稳定难溶的碳化物。在焊接工艺上可以采取在低合金侧的预堆焊一层在添加合金元素的覆盖层，如镍或镍合金，使碳迁移过程难以进行。

C　界面金属间化合物

当两种金属元素的二元相图中存在金属间化合物相区时，它们在焊接时就会在界面处形成金属间化合物层。常见的金属材料中能形成界面金属间化合物层的情况很多，如 Al/Fe、Al/Cu、Al/Ti、Fe/Ti、Cu/Sn 等。以铝/钢异种金属材料连接为例，两者之间的固溶度很低，物理化学性能差异明显，极易反应生成一定厚度的 Al-Fe 金属间化合物，生成的这些 Al-Fe 金属间化合物主要以脆性相 Fe_2Al_5 和 $FeAl_3$ 存在，化合物层的厚度过大会降低接头的塑性和韧性，从而影响焊接接头的强度。

无论是钎焊还是熔钎焊，铝/钢异种金属的连接依赖于液态铝（母材或钎料）对固态钢的润湿铺展，而界面处形成的 Fe-Al 金属间化合物是制约接头力学性能的关键因素。Ni、Cu、Ag、Zn 等合金元素可抑制 Fe-Al 间的冶金反应，抑制 Fe-Al 化合物的过度生长，或形成塑性较好的金属间化合物取代脆性的 Fe-Al 化合物，从而改善铝/钢异种金属钎焊接头的力学性能。研究表明，在相同的钎焊工艺条件下，电刷镀镍试件的钎焊接头具有最大的剪切强度，相对未电刷镀试件钎焊接头的剪切强度提高近70%。

7.1.4 焊接性评价

7.1.4.1 焊接性（可焊性）试验方法

新的材料、新的结构和新的焊接工艺在正式使用前，总要经过焊接性分析和试验，以评估在焊接中可能出现的问题，进而拟定出好的焊接工艺，获得优质焊接接头。

材料焊接性的影响因素复杂，评定材料焊接性的方法很多。每一种评定方法可能只是从仅考虑其中某一种因素对某一项焊接性指标的影响，要全面说明材料的焊接性往往需要进行一系列的试验。为了快、好、省地获得材料焊接性，需要根据具体的材料、结构和使用要求，选择合适的材料焊接性试验方法。

材料焊接性试验评价内容主要有焊缝金属抵抗产生热裂纹的能力、焊缝及热影响区金属抵抗产生冷裂纹的能力、焊接接头金属抗脆性能力、焊接接头的使用性能、特殊要求等。

焊接性试验方法分为三类：模拟类、实焊类和理论计算类。

A 模拟类

模拟类的焊接性试验一般不需要实焊接头，而只是利用模拟焊接热循环，人为制造缺口或电解充氢等手段，评估材料在焊接时可能发生的变化和问题，为制定合理的焊接工艺提供依据。其优点是节省材料和工时，试验周期较短；而且可以将接头内某一区域局部放大，便于深入了解组织与性能的规律性。不足主要是与实焊条件有差别。

B 实焊类

实焊类是在一定条件下焊接，通过焊件检验评价焊接性。有时使用一定形状和尺寸的试样在规定的条件下焊接；有时是在生产条件下进行焊接，然后进行焊接检验和性能测试。其优点是试验条件与实际相符，评定的结果可以直接用于生产；不足主要是耗材多、成本高、周期长。

C 理论计算类

理论计算类是在大量生产和科研经验的基础上归纳总结出来的计算方法。它们主要是根据母材或焊缝金属的化学成分，加上某些其他条件（如接头拘束度、焊缝扩散氢含量），然后通过一定的经验公式计算，间接估计焊接缺陷的敏感性。其优点是节约；不足在于应用条件有限制，结果误差大。

材料焊接性试验方法的选择原则为针对性（试验结果应能说明实际问题）、可靠性（试验结果的重现性好）和经济性（耗材少、易加工、周期短）。

7.1.4.2　焊接接头的无损检验

焊接接头的无损检验主要包括焊接接头的表面缺陷和内部缺陷，采用的方法有目测法（含放大镜检测）、X射线检验、超声检验、荧光检验和气密性试验等。

A　目测检查

焊接接头的人工目视检查，就是利用人眼或借助于简单的光学放大系统对焊接接头和焊接构件整体状况进行检查、评估。目视检查的项目包括焊接接头的表面质量，有无错边、咬边、表面孔洞、表面裂纹，表面氧化状态，焊缝尺寸以及构件变形等。对每一质量控制点都按照相应的检验标准，减小人为因素，确保产品质量的均一、稳定。

B　X射线检验

X射线可以穿透一定厚度的金属材料（表7-2），可以获得较高的图像分辨率，快速、准确地检测出焊接接头的夹渣、孔洞、未熔合（虚焊）等缺陷，在重要焊缝（如压力容器要求焊缝经100%X射线检测）的质量检测方面得到了广泛应用。

表7-2　X射线在金属材料中的穿透深度

材料	金	银	铝	黄铜	不锈钢	锡铅
穿透深度/mm	1.0	3.5	12.5	11	6.0	1.5
X射线工作电压为160kV						

C　超声波检验

超声波扫描时可以以每秒数千次发射并接受脉冲超声信号。超声波对同一材料内部是没有反射的，但在不同材料的界面上会发生反射。从不同深度的界面反射的回声到达传感器的时间略有不同，就可使特定深度显像，这样超声显微镜可只截取相应的时间窗的反射波成像，而忽略其他界面的反射信号，如图7-8所示。

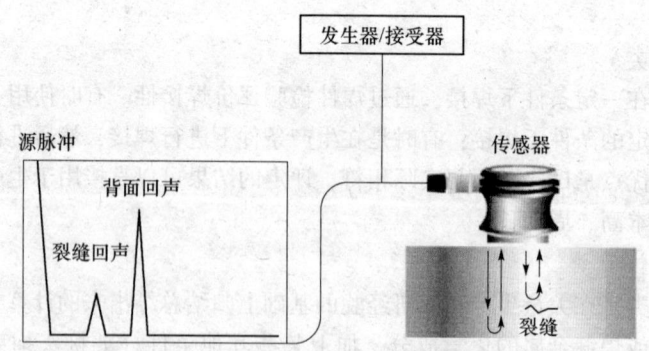

图7-8　超声波检测原理示意图

D　致密性试验

气密性检验是容器类、管道类焊接构件的常用检验方法。焊接容器常用致密性检验方法是气密性检验和密封性检验。

将压缩空气（或氨、氟利昂、氦、卤素气体等）压入焊接容器，利用容器内、外气体的压力差检查有无泄漏的试验法称为气密性检验。气密性检验又可以分为充气检查（在受压容器内部充以一定压力的气体，外部根据部位涂上肥皂水，检查有无气泡出现）、沉水检查（将受压元件沉入水中，内部充以压缩空气，检查水中有无气泡出现）和氨气检查（在受压元件内充入混有1%氨气的压缩空气，将在5%硝酸汞水溶液中浸过的纸条或硼带贴在焊缝外部，检查纸条有无颜色变化）等。

密封性检验用来检查焊接构件有无漏水、漏气和渗油、漏油等现象。常用的密封性检验方法为煤油试验。试验时在焊缝的一侧涂石灰水，干燥后再于焊缝另一侧涂煤油，由于煤油表面张力小、具有穿透极小孔隙的能力，当焊缝有穿透性缺陷时煤油即渗透过去，在石灰粉上出现油斑或带条。

7.1.4.3 破坏性检验

破坏性检验主要用来评价焊接接头的组织和力学性能。

A 金相组织

金相组织检验一般是分析焊接接头的显微组织结构，对焊缝金属中的夹杂物，晶粒的分布情况及评级，进而判断焊接质量。截取试样时尽量避免样品的组织发生变化，打磨和抛光后浸蚀前，先检查试样有无裂纹、孔洞、非金属夹杂物分析等；试样浸蚀后进行晶粒组织观察分析。

B 力学性能试验

焊接接头的力学性能试验常见的有拉伸试验（包括全焊缝拉伸试验）、弯曲试验、冲击试验、硬度试验等。

拉伸试验可以测定焊接接头（焊缝）的强度（抗拉强度 σ_b、屈服点 σ_s）和塑性（伸长度 δ、断面收缩率 φ），并且可以发现断口上的某些缺陷（如白点）。试验可按《焊接接头拉伸试验方法》（GB 2651—89）进行。

弯曲试验可以检验焊接接头的塑性，并同时可反映出各区域的塑性差别、暴露焊接缺陷和考核熔合线的质量。弯曲试验分面弯、背弯和侧弯三种，试验可按《焊接接头弯曲及压扁试验方法》（GB 2653—89）进行。

冲击试验可以测定焊接接头的冲击韧度和缺口敏感性，作为评定材料断裂韧性和冷作时效敏感性的一个指标。试验可按《焊接接头冲击试验方法》（GB 2650—89）进行。

硬度试验可以测量焊缝热影响区金属材料的硬度，并可间接判断材料的焊接性。试验可按《焊接接头及堆焊金属硬度试验方法》（GB 2654—89）进行。

另外，焊接接头（管子对接）采用压扁试验测定管子焊接对接接头的塑性，试验可按《焊接接头弯曲及压扁试验方法》（GB 2653—89）进行；焊接接头（焊缝金属）的疲劳试验可以测量焊接接头（焊缝金属）的疲劳极限。试验可按《焊缝金属和焊接接头的疲劳试验法》（GB 2656—81）进行等。

7.2 铝质罐车固定焊接工艺设计

某罐车的铝质罐体需要牢固地固定在汽车车架上。目前的固定方法是用钢带包扎，但是由于罐体为圆形体，在汽车运行加、减速，以及转向过程中罐体内液体的定向流动会产生较大的冲击力，致使罐体晃动，对钢带产生附加应力作用。随时间推移，钢带发生应力松弛，罐体晃动将加剧，给罐车安全运行带来了严重隐患。因此决定改进固定方案，采取在铝质罐体上焊接固定座，用螺栓将固定座与车架连接一起，如图7-9所示。鉴于固定座承载较大，固定座需要采用强度较高的钢材制造，因此存在钢质固定座（Q235）与铝质罐体（5052）的焊接问题，需要确定焊接方法、焊接材料和焊接工艺。

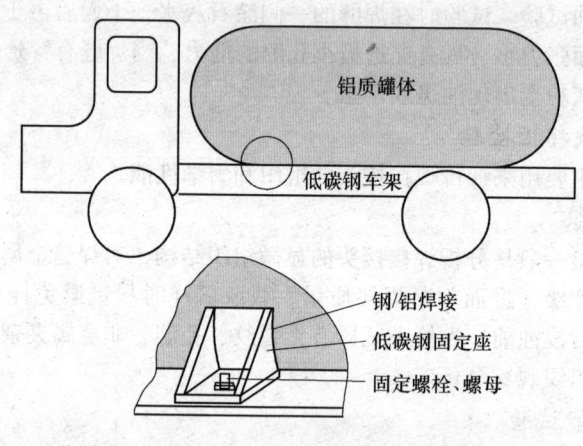

铝质罐体

低碳钢车架

钢/铝焊接
低碳钢固定座
固定螺栓、螺母

图7-9　罐车结构示意图

7.2.1　焊接方法与焊接材料的确定

7.2.1.1　钢/铝焊接性分析

异种金属之间的焊接性取决于它们的物理和化学性能，当异种金属之间性能相近，具有较高的互溶性，或者能够形成连续固溶体时，易于实现异种金属连接；而当性能差异较大，互溶性低，且易反应生成脆性金属间化合物时，则难以获得高质量的焊接接头。

5052铝合金的基体元素是Al，Q235钢的基体元素是Fe，常温下Al和Fe原子的一些基本化学性能列于表7-3中，Al和Fe原子在晶格类型、晶格参数、原子半径、原子外层电子结构等方面差异较大，属于"冶金不相容"。

表7-3　常温下Al和Fe原子的基本化学性质

元素符号	原子序数	相对原子质量	晶体类型	晶格类型/nm	原子半径/nm	原子外层电子结构	原子电负性
Al	13	26.98	fcc	$a=b=c=0.4050$	0.143	$3s^23p^1$	1.5
Fe	26	55.85	bcc	$a=b=0.2427,\ c=0.7666$	0.127	$3d^64s^2$	1.8

从 Fe-Al 二元合金相图 7-10 可知，Fe、Al 两种元素在液态下完全互溶，而在固态下，Fe 与 Al 既能形成固溶体、金属间化合物，也能形成共晶和共析组织。Fe 原子在固态 Al 中的溶解度极小，在共晶温度 652℃时，铁在铝中的溶解度为 0.53%（质量分数，下同），在 225~600℃之间，Fe 在 Al 中的固溶度为 0.01%~0.022%，室温下，Fe 则完全不溶于 Al 中。1310℃时，Al 原子在 Fe 中的固溶度达到极限，为 28%，随着温度的降低，固溶度逐渐降低。室温时，Al 在 Fe 中的固溶度超过 20%。铝合金熔液含 Fe 量为 1.8%时，在 655℃形成 Al-FeAl$_3$ 的共晶体。随着铝合金中含铁量的增加，相继出现 FeAl$_3$（Al 62.93%）、Fe$_2$Al$_5$（Al 54.71%）、FeAl$_2$（Al 49.13%）、FeAl（Al 32.57%）金属间化合物。这些金属间化合物多为脆性相，其中又以 FeAl$_3$ 和 Fe$_2$Al$_5$ 脆性最大。如果这两种金属间化合物大量存在，则会严重影响接头的力学性能。

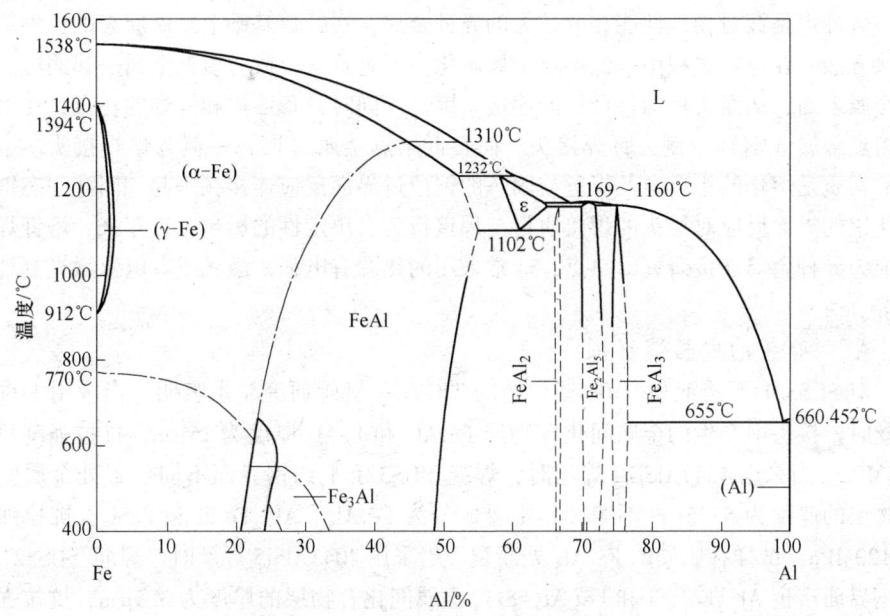

图 7-10　Fe-Al 二元相图

钢与铝的焊接主要存在以下几个问题：

（1）纯铝的熔点为 660℃，钢的熔点约 1500℃，相差近 900℃。焊接过程中铝先熔化，由于两者密度相差很大，钢的密度 7.8g/cm^3，而铝仅 2.7g/cm^3，液态铝浮在钢液上，很难形成焊缝，或冷却后焊缝成分不均匀，使接头的力学性能降低。

（2）焊接过程中，母材表面形成难熔的 Al$_2$O$_3$ 氧化膜，并且熔池温度越高，表面氧化膜越厚。这种氧化膜既能形成焊缝夹渣，又影响焊缝金属的熔合。

（3）Al 的热导率、线膨胀系数接近 Fe 的两倍，相差较大（表 7-4）。焊接过程中接头处变形严重，并且存在较大的焊接应力，易产生裂纹。

表 7-4　钢与铝的热物理性能

材料	熔点/℃	比热容/J·(kg·℃)$^{-1}$	密度/g·cm^{-1}	热导率/W·(m·K)$^{-1}$	线膨胀系数/K^{-1}	弹性模量/GPa
铁	1538	460	7870	73	12×10^{-6}	210
低碳钢	1500	502	7860	77.5	11.76×10^{-6}	206
不锈钢	1450	500	7980	16.3	16.6×10^{-6}	206
铝	660	900	2700	220	23.6×10^{-6}	71

　　由以上分析可看出，铝与钢直接熔焊困难很大，而且焊接质量难以保证。目前钢/铝异种金属的较好接头性能的连接方法主要是熔钎焊、钎焊等。

7.2.1.2　钢/铝的熔钎焊

　　熔钎焊是针对物理性能相差较大的异种金属，在钎焊基础上发展起来的一种新型焊接方法。在焊接过程中，低熔点金属熔化，通过自身，或与填充金属一起润湿高熔点金属表面，从而实现两种金属的连接。熔钎焊同时具备熔焊和钎焊的特点，在靠近高熔点金属（钢）一侧为钎焊接头，而在低熔点金属（铝）一侧为熔焊接头。熔钎焊的实质是熔化的铝合金及焊丝与固态的钢通过界面反应连接在一起。因此固态钢和熔化铝的界面反应对接头的焊接质量与焊接行为有决定性的影响。近年来，熔钎焊接已成为异种金属连接研究的热点，通常采用的热源有电弧，激光或者电弧激光复合热源等。

　　A　钢/铝的电弧熔钎焊

　　对 SUS321 不锈钢和 5A06 铝合金的 TIG 熔—钎焊研究结果表明，当采用 1100Al 焊丝时，接头中产生的金属间化合物层 Fe_2Al_5 和 $FeAl_3$ 厚度为 15μm，抗拉强度只有 105MPa。当采用 4047AlSi12 焊丝时，焊缝/SUS321 不锈钢界面不同位置处金属间化合物层的厚度为 5.35μm 不等，其主要成分为 Fe_2Al_5、$Al_{7.2}Fe_2Si$ 和 $FeSi_2$，抗拉强度达 120MPa，试样在脆硬的 Fe_2Al_5 处断裂。当采用 4043AlSi5 焊丝时，焊缝/SUS321 不锈钢界面产生 $Al_{7.2}Fe_{1.8}Si$ 和 $Fe(Al，Si)_3$ 金属间化合物层的厚度为 3.5μm，抗拉强度为 125MPa，试样在金属间化合物层断裂。当采用 $AlCu_6$ 焊丝时，焊缝/SUS321 不锈钢界面产生厚度同样为 3.5μm 的金属间化合物层 $(Fe、Cu)_4Al_{13}$，接头抗拉强度达 172MPa，拉伸试样在金属间化合物层和焊缝处断裂。

　　采用 $AlSi_5$ 焊丝的 MIG 焊接方法，通过控制焊接热输入，获得铝合金 $AlMg_{0.4}Si_{1.2}$ 和镀锌钢板的异种金属接头的拉伸强度为 150MPa，大部分接头都断裂在铝母材的热影响区处。采用特殊设计的 MIG，即冷金属过渡（CMT）焊，对铝和钢的熔钎焊的试验结果显示，母材为 5000 系列铝合金与镀锌钢板焊接接头的强度在 130~175MPa 之间。脆性金属间化合物的厚度对接头强度有很大影响。金属间化合物层的厚度控制在 10μm 下时，能够获得良好的焊接接头；如果厚度控制在 2μm 以下，接头脆性断裂的可能性会大大降低。

B 钢/铝激光熔—钎焊

钢/铝激光熔—钎焊通常采用钢上铝下的搭接形式（图7-11），激光照射上层钢板，熔化的碳钢熔液沉入下层的铝合金中，从而实现钢板与铝板的连接。研究发现，随着离焦量负值的增加，熔穿深度增加；离焦量一定时，速度增加，接头硬度增加，扩散层宽度减小；激光功率增加，焊缝深宽比增大，扩散区的宽度增加，功率过大时，焊缝合金烧损严重。

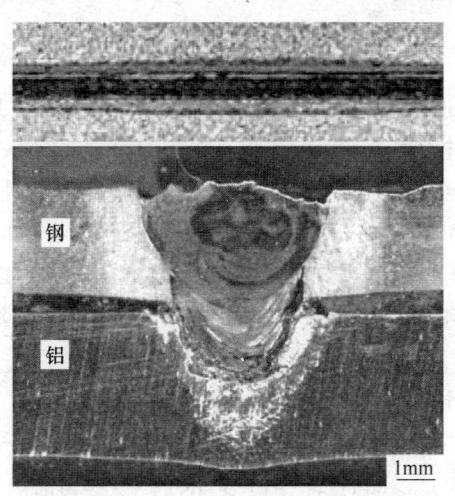

图7-11 钢/铝的激光熔钎焊接头

C 钢/铝的钎焊

钎焊是依靠熔化的钎料或依靠母材连接面与钎料的扩散（接触反应钎焊）而形成的液相，在毛细作用下填充母材之间的间隙，并且母材与钎料发生相互作用，然后冷却凝固，形成冶金结合。钎焊有以下优点：钎焊温度一般远低于母材熔点，对母材的物化性能影响较小；生产效率高，可以一次完成多缝、多零件、大面积的连接；钎焊温度低，可以对焊件整体均匀加热，因此引起的应力和变形小，易于保证焊件的尺寸精度；钎焊技术可用于结构复杂、精密、开敞性和接头可达性差的焊件。

用钎焊炉对 A1100 纯铝和 SUS304 及 SUS430 不锈钢，钎料 Al7.5%Si、钎剂 LiCl-KCl-NaF-ZnCl$_2$，在620℃温度下进行钎焊连接，钎焊接头的 Fe-Al 金属间化合物层的厚度均大于10μm，强度约40MPa，接头断裂位置均发生在铝与钢的界面处。

用火焰钎焊的方式对奥氏体不锈钢 1Cr18Ni9Ti 表面热浸镀锌 30μm 的 ZL102 铝合金的钎焊研究结果表明，剪切强度在 37.2~45.4MPa 之间，接头的断裂位置发生在镀锌层处。

采用超声波钎焊方法连接碳钢和铝，Zn-Al 钎料，温度为 663K，发现界面有不同的反应层 FeAl$_3$、Fe$_2$Al$_{15}$、Fe$_3$Al 和 FeAl，以及 Fe-Zn 和 Zn-Al 固溶体。当超声作用时间短时反应层主要为富铝的金属间化合物；随着超声作用时间增加，富铁金属间化合物生成。这种富铁金属化合物提高了钎焊接头的连接强度。试验中最大剪切强度可以达到127MPa。

综上所述，虽然钎焊接头的强度没有电弧熔钎焊接头的强度高，但是钎焊可以实现大面积连接，而熔钎焊只能是构件边缘连接。因此，钢质固定座（Q235）与铝质罐体（5052）的焊接选取钎焊方法。

7.2.2　焊接工艺参数选择

鉴于罐体的尺寸、结构及现场施焊的要求，钎焊加热方式为火焰加热。通过调整火焰加热能量输入（加热时间），以及通过表面镀层控制界面Fe-Al反应过程，抑制界面金属间化合物的过渡生长，以保证焊接接头的力学性能。

在不锈钢表面先镀Ni，后镀Cu，利用Al-Si焊丝作为钎料，结果显示，Ni/Cu镀层能有效地阻挡Fe、Al原子的相互扩散，接头内几乎没有生成脆性的Fe-Al系金属间化合物，接头的强度和塑韧性得到提高。为此，拟通过对Q235表面镀镍处理，由于镀Ni层的存在，能够有效地缓解Fe、Al元素反应的作用，阻隔Fe-Al系金属间化合物的生成。

7.2.2.1　钎焊性试验

A　试样制备

用剪板机将厚度为2mm的Q235钢板与5052铝合金板剪成40mm×40mm和40mm×10mm两种规格，前者用来做液体钎料铺展试验，后者用来做钎焊接头。

铝合金板先用丙酮清洗，再浸在10%的NaOH溶液（温度为60~70℃）中5min，浸后会产生大量气泡，并形成一层黑色薄膜状物质，然后用清水将铝板表面的碱液冲洗干净（也可以先用脱脂棉把表面黑色薄膜擦掉后再用清水冲洗）。将碱洗后的铝板再浸入15%的硝酸溶液中，光泽处理3min，待表面变为白色且光亮，用水将表面残留的硝酸冲洗干净，室温晾干。

钢板的表面处理方式分清洗、活化和镀镍三步。首先，用金相砂纸打磨，用乙醇擦洗表面，干燥后放入10%的盐酸溶液中处理，10min后取出用乙醇擦洗后吹干；然后，经过电解活化，用酒精擦洗后吹干；最后，表面电刷镀了一层镍，用酒精擦洗后吹干。

电解除油所需的去油液配方为：NaOH（30g/L），Na_2CO_3（15g/L），$Na_2PO_3 \cdot 12H_2O$（80g/L），Na_2SiO_3（10g/L）。配制方法：按各种化学试剂的数量用天平分别精确称出，倒入1000mL烧杯中，先加入500mL水搅拌溶解，然后倒入1000mL量筒内，加水稀释至1000mL。该去油液具有较强的脱油脂能力，并且有轻微的除锈作用。活化液配方为：盐酸（30mL/L），NaCl（80g/L），$CoCl_2$（2g/L），具有较强的消除金属表面氧化物和疲劳层的能力，对钢板腐蚀比较快。刷镀特殊镍溶液配方为：$NiSO_4 \cdot 7H_2O$（396g/L），$NiCl_2 \cdot 6H_2O$（150g/L），盐酸（36%~38%，25mL/L），冰醋酸（69g/L）。

B　钎料铺展试验

在电阻炉里做铺展试验。钎料为 Al-5Si-20Cu-2Ni，约 0.1g；钎剂为 AlF$_{3.5}$KCl-CsF，钎剂的用量以能够覆盖住钎料为标准，一般是钎料质量的 20%，如图 7-12 所示。加热温度 580℃，保温 5~10min。

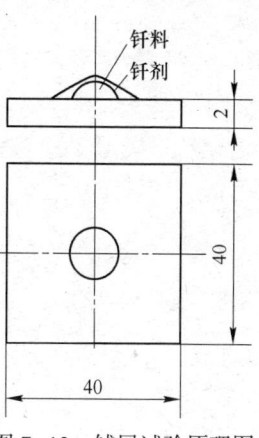

用图像分析法确定钎料的铺展面积。将试板用数码相机照相，用 AutoCAD 软件计算面积。具体方法是在菜单栏选择插入光栅图像，在工具栏选择计算面积，接着将光标依次点击所要计算的面积边缘，完成后按回车键，面积结果则显示在信息栏里。将试板实际面积与测得面积相比，再将此比例换算成所测得目标的测量面积，就可以求出目标的真实铺展面积，公式如下：

图 7-12　铺展试验原理图

$$钎料实际铺展面积 = 试板实际面积 × 钎料测得面积/试板测得面积$$

C　钎焊

焊接过程中采用钢上铝下的装配形式，如图 7-13 所示。5052 铝合金试板的尺寸为 80mm×25mm×6mm、Q235 钢试板的尺寸为 20mm×20mm×10mm。钎料成分为 Al-5Si-20Cu-2Ni、厚度为 0.2mm，剪成 25mm×25mm 大小。将处理好的铝合金板水平放置，将钎料平放在铝合金板的中部，再将钢试板镀镍面向下对中放置在钎料箔上，最后在钢板四周均匀铺上一层 AlF$_{3.5}$KCl-CsF 钎剂，钎剂的厚度约 3mm。为了放置钎焊过程中钢试件的移动而导致错位，用专用夹具在上面施加一定压力。

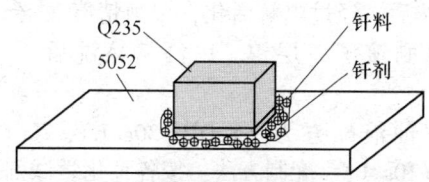

图 7-13　钢/铝钎焊试验装配示意图

采用氧—乙炔火焰加热钎焊。先用外焰扫描钢试件，均匀预热，待钎剂熔融后用焰心对准焊缝，视钎料熔化填缝立即停止加热。

7.2.2.2　接头性能评价

A　外观检验

目测检查钎缝金属表面光亮、钎角饱满。

B　接头的力学性能

钎焊接头的力学性能主要剪切试验测定。设计专门的剪切夹具，如图 7-14 所示，钎焊试件装卡在剪切夹具上，然后在材料试验机上，用压缩模式加载，加载速率为 0.5mm/min，直至钎焊接头开裂。每个实验数据点至少测三个样品，取其平均值，记录剪切断裂时的最大载荷。

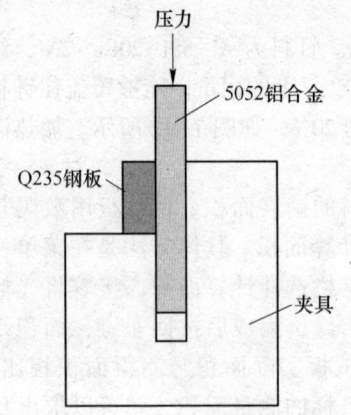

图 7-14　力学性能试样取样示意图

7.2.3　罐体固定座与罐体的钎焊

7.2.3.1　焊前准备

A　Q235 固定座镀镍

Q235 固定座背面（与罐体焊合面）电刷镀镍，如图 7-15 所示。镀镍工艺同上节。固定座背面处理方式分清洗、活化和镀镍三步。首先，用金相砂纸打磨，用乙醇擦洗表面，干燥后放入 10% 的盐酸溶液中处理，10min 后取出用乙醇擦洗后吹干；然后，经过电解活化，用酒精擦洗后吹干；最后，表面电刷镀了一层镍，用酒精擦洗后吹干。

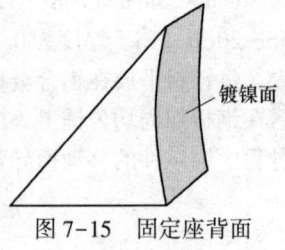

图 7-15　固定座背面镀镍示意图

电解除油所需的去油液配方为：NaOH（30g/L），Na_2CO_3（15g/L），$Na_3PO_3 \cdot 12H_2O$（80g/L），Na_3SiO_3（10g/L）。配制方法：按各种化学试剂的数量用天平分别精确称出，倒入 1000mL 烧杯中，先加入 500mL 水搅拌溶解，然后倒入 1000mL 量筒内，加水稀释至 1000mL。该去油液具有较强的脱油脂能力，并且有轻微的除锈作用。活化液配方为：盐酸（30mL/L），NaCl（80g/L），$CoCl_2$（2g/L），具有较强的消除金属表面氧化物和疲劳层的能力，对钢板腐蚀比较快。刷镀特殊镍溶液配方为：$NiSO_4 \cdot 7H_2O$（396g/L），$NiCl_2 \cdot 6H_2O$（150g/L），盐酸（36% ~ 38%，25mL/L）。冰醋酸（69g/L）。

B　5052 罐体待焊表面清洗

罐体待焊表面先用丙酮清洗，再用沾有 10% NaOH 溶液（温度为 60 ~ 70℃）的热毛巾覆盖 5min，然后用清水将碱液冲洗干净；再用 15% 的硝酸溶液中和处理 3min，待表面变为白色且光亮，用水将表面残留的硝酸冲洗干净，热风吹干。

C　钎料准备

按照固定座背面（待焊面）的形状剪切钎料箔，钎料箔的厚度为 0.2mm、成分为 Al-5Si-20Cu-2Ni，剪切钎料箔的周边尺寸超出固定座背面尺寸约 3mm。用丙酮擦拭钎料箔上下表面。

7.2.3.2 施焊

A 焊件装配

将罐体旋转，使待焊部位位于罐体最高点，这样可以使焊接面成为近似水平面，如图 7-16 所示。在待焊部位贴附钎料箔，然后在钎料箔上面放置固定座，最后在固定座四周均匀铺放一层 $AlF_{3.5}KCl-CsF$ 钎剂，钎剂层的厚度约 3mm。为了放置钎焊过程中固定座的移动而导致错位，用专用夹具在上面施加一定压力。

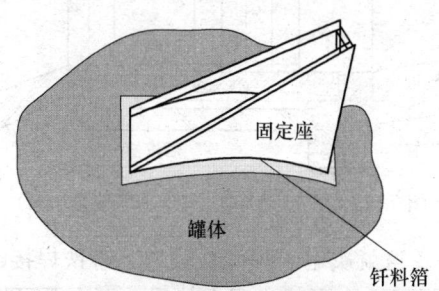

图 7-16 固定座背面镀镍示意图

注意钎料箔和固定座安放要位置和方位精确，并采用专用工装固定。

B 火焰钎焊

采用氧—乙炔火焰加热钎焊。先用外焰扫描固定座，均匀预热，待钎剂熔融后用焰心对准焊缝，视钎料熔化填缝立即停止加热。

C 焊后检验

（1）外观检验。目测检查钎缝金属表面光亮、钎角饱满。

（2）超声射线检测。超声检测钎缝内部没有裂纹。钎缝空洞率小于 5%，单个空洞的最大尺寸小于 3mm。

（3）形成技术资料，存档。

7.3 汽轮发电机组汽缸密封焊接工艺设计

某 50MW 汽轮发电机组的中汽缸与后汽缸接合面处发生大量蒸汽渗漏，使机组真空度下降，给机组的安全运行带来了严重隐患，需要对该区城用焊接方法进行密封。

中汽缸和后汽缸的装配结构如图 7-17 所示，材质均为合金铸铁。缸体焊接密封后在工作温度 650℃下不允许有变形、裂缝、渗漏等缺陷。确定焊接材料、焊接方法和焊接工艺。

7.3.1 焊接方法与焊接材料的确定

合金铸铁是含有合金元素 Cr、Mo 等的铸铁，与低碳钢相比，其成分特点是碳当

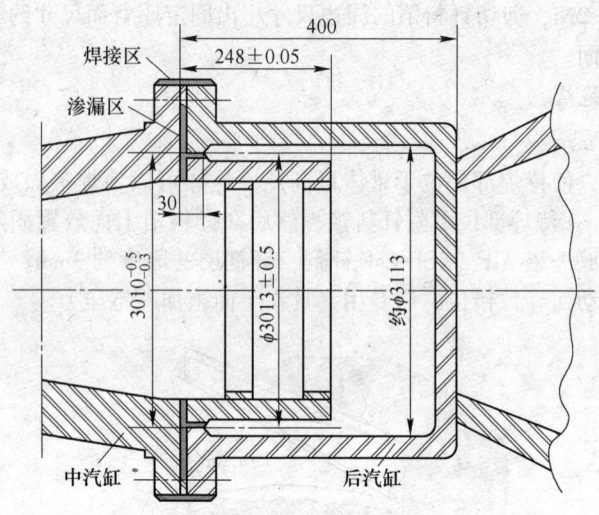

图 7-17　汽缸结构示意图（单位为 mm）

量高，S、P 杂质含量高，这就决定了焊接性较差，铸铁焊接时，裂纹是常出现的一种缺陷，既可能出现在焊缝上也可能出现在热影响区，既可以是热裂纹也可以是冷裂纹。

　　用于铸铁的焊接方法有多种，按照所获得的焊缝组织，可以分为三种类型：铸铁组织、钢组织和有色金属组织，如图 7-18 所示，相应的焊接方法分述如下。

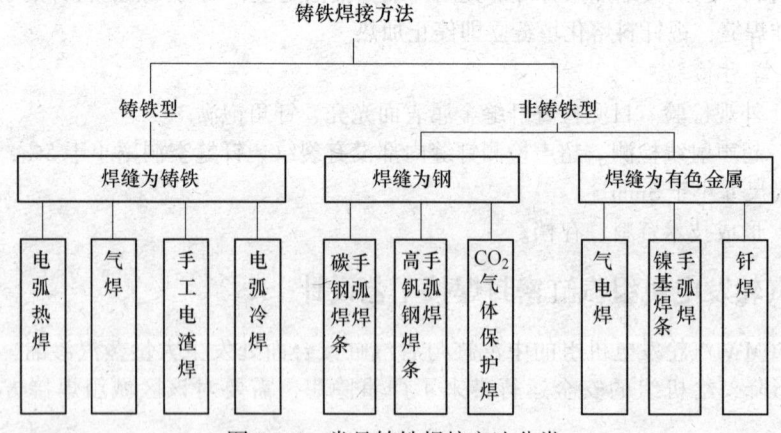

图 7-18　常见铸铁焊接方法分类

7.3.1.1　电弧热焊

　　电弧热焊是将工件整体或有缺陷的局部位置预热到 600~700℃（暗红色）然后进行焊接，焊后缓冷的焊接工艺。铸铁之所以采用电弧热焊，其目的是促进焊缝组织中的碳以石墨形式析出。尽管采取了预热和缓冷的措施，焊缝的冷却速度一般还是快于铸铁铁水在砂型中的冷速，因此，为了保证焊缝石墨化，不产生白口组织，且硬度合适，焊缝的（C+Si）总量应稍大于母材。

电弧热焊焊条有两种：铸铁焊芯+石墨型药皮（铸248）、低碳钢芯+石墨型药皮（铸208）。

电弧热焊主要适用于厚度不小于10mm工件缺陷的焊接（补），对于10mm以下厚度的工件易发生烧穿等问题。

7.3.1.2 气焊

氧—乙炔火焰温度比电弧温度低很多，而且热量不集中，很适合薄壁铸件的焊补。火焰焊补还可以便于加热减应力，避免裂纹。

铸铁气焊时，铸铁中的硅易氧化而生成酸性氧化物 SiO_2，其熔点（1713℃）较铸铁熔点为高，黏度较大，流动性不好，妨碍焊接过程的正常进行，而且易使焊缝造成夹渣等缺陷，应设法去除。引入以碱性氧化物（Na_2CO_3、$NaHCO_3$、$NaNO_3$、K_2CO_3）为主所组成的溶剂，使其形成低熔点的熔渣，浮到熔池的表面以便于清除。焊接时宜用中性焰或弱碳化焰。

7.3.1.3 电弧冷焊

不预热或低温预热下进行的铸铁工件的电弧焊补。为了防止焊接接头出现白口，需要提高焊缝石墨化元素的含量；同时提高焊接热输入。

7.3.1.4 细丝 CO_2 保护焊

焊丝材料为 H08Mn2Si，丝径为 $\phi 0.6 \sim 1.0mm$。

采用小电流、低电压焊接，熔滴过渡为短路过渡形式，在母材上形成的浅熔池。CO_2 保护焊有一定的氧化性，对焊缝中的碳起氧化烧损作用，降低焊缝含碳量。

7.3.1.5 镍基焊条手弧焊

镍是扩大奥氏体区的元素，当 Fe-Ni 合金中含镍量超过30%时，合金凝固后一直到室温都保持硬度较低的奥氏体组织，因此采用镍基焊条焊接铸铁时即使焊缝含碳量较高也不会出现淬硬组织。

镍是非碳化物形成元素，不会与碳形成高硬度的碳化物，熔池中多余的碳以细小的石墨析出。同时还越过熔合线扩散到母材的热影响区，利于消除热影响区的白口组织。

镍基焊条焊接铸铁性能好（表7-5）、适应性强，但成本较高。

表7-5 镍焊条焊接铸铁的焊缝金属性能

焊条牌号	焊缝强度/MPa	接头强度/MPa	焊缝硬度 HV	HAZ 硬度 HV
Z308	≥245	147~196	130~170	≤250
Z408	≥392	294~490	160~210	≤300
Z508	≥196	78~67	150~190	≤300

7.3.1.6 铜基焊条手弧焊

铜与碳不生成碳化物，也不溶解碳，碳以石墨形态析出。铜有很好的塑性。铜是弱石墨化元素，利于消除热影响区的白口组织。与镍相比，价格低廉。

纯铜焊缝对热裂纹很敏感，在焊缝中加入一定量的铁，可以提高抗热裂性。含铁量超过30%后焊缝的脆性增大，容易出现冷裂纹。铜铁比例以80：20为宜。普通铜基铸铁焊条（铸607）的焊缝组织为铜基体上分布大块的马氏体或渗碳体等钢相组织；铜基体很软（HB 110~130），钢相组织很硬（HB 500~800），整个焊接接头的加工性不好，限制了铜焊条的应用，目前铜焊条主要用于非加工面上刚度较小的裂纹的焊补。

7.3.1.7　高钒铸铁焊条手弧焊

高钒铸铁焊条是沿另一条思路研制成功的铸铁焊条。

钒是急剧缩小奥氏体相区，扩大铁素体相区的元素。当钒含量达到一定量时，在Fe-V合金中可以获得单一的α相区。钒又是强碳化物形成元素，V/C比例适当时可以使钢的组织为纯铁素体基体上弥散状分布细小的碳化钒颗粒。这时钢具有很好的塑性与强度。只有当第一层焊缝中的含钒量大于7%时才能使焊缝硬度下降到HB 230以下，此时焊缝为铁素体加弥散分布的碳化钒组织。当钒量不足时，不能把全部的碳结合，在急冷的条件下，焊缝中会出现马氏体等硬脆组织。

高钒铸铁焊条操作性能好，焊缝强度高，抗裂性较好，颜色与母材接近，在很多情况下可代替贵重的镍基焊条冷焊修复铸铁件。然而，由于钒是强碳化物形成元素，母材中的碳常常越过熔合线在焊缝一侧形成碳化钒聚集带，熔合区硬度高，接头的机加工性不如镍基焊条。当焊补区较大时有可能沿熔合区发生剥离性开裂，这就限制了高钒焊条的应用。

考虑到汽缸体积大，工件形状复杂，厚薄不均，对加热补焊法或热焊法均有一定的困难，如对中汽缸的整体加热和局部加热（焊前预热至600~700℃，焊接过程中保持在400℃以上）不但技术上有一定困难的，而且极易产生加热不均匀，有导致整个汽缸开裂的可能，将使汽缸报废，造成更大的损失，故决定运用电弧冷焊法。

汽轮发电机组汽缸是重要设备，因此，拟选择焊接性能最好的镍基焊条进行汽轮发电机组汽缸的焊接密封，选择焊条的牌号为z308，即纯镍焊条。z308是纯镍焊芯、强还原性石墨型药皮的铸铁焊条，施焊时，焊件可不预热，具有良好的抗裂性能和加工性能。用于铸铁薄件及加工面的补焊，如发动机座、机床导轨、齿轮座等重要灰口铸铁件。

7.3.2　焊接工艺参数选择

根据待焊部位的结构（图7-19），两法兰盘的间隙约为5mm，因此选择焊条的规格为φ5mm。由此确定焊接电流的大小范围为160~190A。在正式焊接汽缸法兰前，进行工艺性试验，以确定汽缸焊接的工艺参数，确保焊接质量。

7.3.2.1　试件焊接

选取与汽缸缸体相同材质的铸铁材料，机加工成尺寸100mm×100mm×10mm的板材试样，将两件试板以对接形式装配成焊接试件，用边长为5mm的正方体同材质铸铁块塞填在装配边的两端，保持装配间隙为5mm，如图7-20所示。

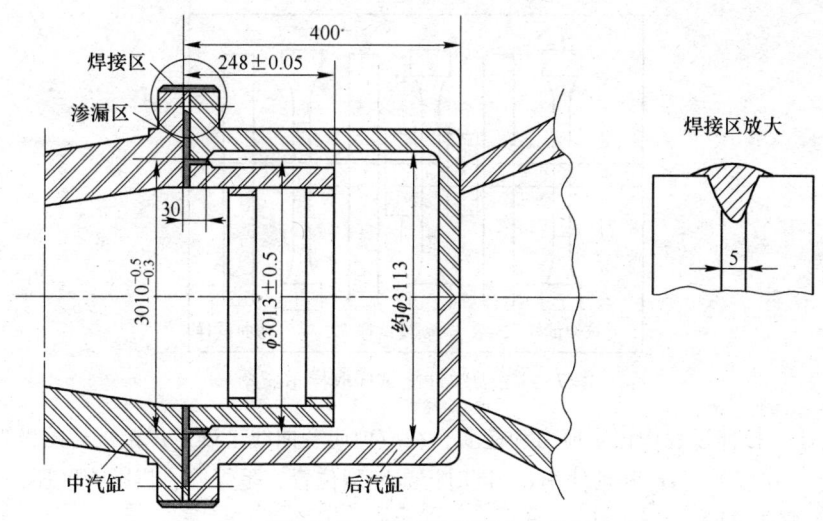

图 7-19 气缸焊接位置的局部放大（单位为 mm）

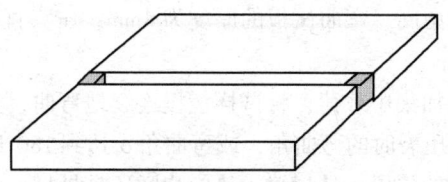

图 7-20 焊接试件装配示意图

焊前焊条经 150℃烘焙 1h。

采用直流焊接电源，直流正接法。调整焊接电流，分别采用焊接电流 160A、170A、180A 和 190A 焊接试板。焊接施焊位置为水平向下。

7.3.2.2 焊接检验

A 焊缝无损检验

焊缝依次经过目测检查和 X 射线探伤。目测检查不应有咬边、未焊透、表面裂纹和表面气孔等缺陷。焊缝全长度（100%）X 射线探伤，检验标准为《钢熔化焊对接接头射线照相和质量分级》（GB/T 3323—1987）的附录 E《钢熔化焊对接接头射线探伤》Ⅱ级合格。

B 焊接接头的力学性能

焊接接头的力学性能主要采用硬度、拉伸试验和弯曲试验。各种性能试验的试样取样位置如图 7-21 所示。

a 拉伸试验

拉伸试样采取圆杆状，平行部分的直径为 $\phi 4mm$，夹持部分的直径为 $\phi 5mm$。

试样夹持在拉伸试验机上，在室温条件下，以 0.005/s 的应变率拉伸试样，直到

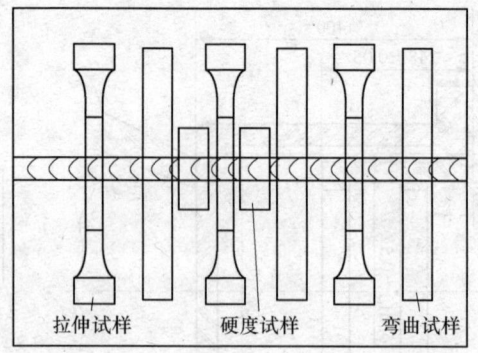

图 7-21　力学性能试样取样示意图

拉断为止。拉伸过程中记录应力和应变，在应力应变曲线上确定焊接试样的极限抗拉强度 σ_b、屈服强度 σ_s 和延伸率 δ。同时记录断裂位置，是焊缝、热影响区还是母材。

　　b　弯曲试验

　　弯曲试验采用圆形压头的三点弯曲方法，如图 7-21 所示，将试样放在两个平行的辊子支撑上，在跨距中间。弯曲试板的厚度为 4mm，压头直径 D 取为 12mm，支撑辊之间的距离 l 取 20mm。

　　垂直于试样表面施加集中载荷，将试样缓慢连续地弯曲，直至试样压裂或弯曲角 α 达到 180°。记录试样压裂时的弯曲角，或弯曲角 α 达到 180° 时表面裂纹的大小和数量，同时记录裂纹出现的位置，是焊缝、热影响区还是母材。

　　c　硬度试验

　　对截取的硬度试样用砂轮浇水打磨平整，然后依次用从粗到细的金相砂纸研磨，直至成为镜面状。用沾有 5% 硝酸酒精的棉球擦拭试样磨光表面，对光目测可以分辨出焊缝区域时即用清水清洗，然后热风吹干。

　　在焊缝截面的上下部位，沿垂直于焊缝的水平线（图 7-22 中 A、B），每隔 0.5mm 取一个点测量显微硬度，记录每点的硬度值，并绘出硬度随位置的分布曲线。

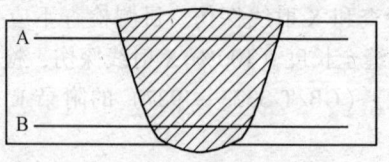

图 7-22　硬度测试取点示意图

　　C　焊接工艺参数优化

　　以拉伸性能为主要考核指标，综合考虑其他检验与试验结果，找到指标最好的试件所对应的焊接工艺参数，确定为最优焊接工艺参数。利用此工艺参数进行缸体的焊接。

7.3.3　缸体的密封焊接

7.3.3.1　焊前准备

（1）将两缸体待焊部位用碱水洗涤，仔细去除外表面和侧面的油污和杂质，在用清水清洗，并用热风快速吹干。

（2）将两缸体装配并用螺栓紧固。在装配和紧固过程中注意不要再次污染待焊部位；一旦污染需要用丙酮擦拭污染部位。

（3）将 z308 焊条放置在 150℃的烘箱内烘焙 1h，待用。

7.3.3.2　施焊

（1）采用直流焊接电源，直流正接。焊接电流设置在 7.3.2 节优化的工艺参数上。

（2）用焊条在引弧板上引燃，迅速转移到待焊部位，采取短电弧直线运条。

（3）每根焊条尾部药皮段长度小于 10mm 即熄弧，待焊缝温度降至 100℃左右时用圆头锤锤击焊缝，清除焊渣并以缓解焊接应力。

（4）采用分段跳焊步骤开始下一根焊条焊接，如图 7-23 所示，相邻焊道间要重叠。

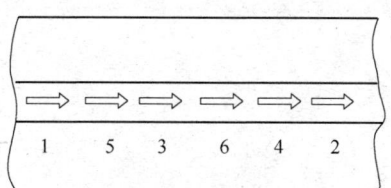

图 7-23　分段跳焊施焊顺序示意图

7.3.3.3　焊后检验

（1）沿周边焊缝全部完成后，采用 X 射线对焊缝 100%无损检测，检验标准为《钢熔化焊对接接头射线照相和质量分级》（GB/T 3323—1987）的附录 E《钢熔化焊对接接头射线探伤》Ⅱ级合格。

如果焊缝中存在超标的缺陷，标记焊接位置，用砂轮开坡口，用相同焊接规范补焊修复。

（2）按照汽轮发电机组的汽缸技术要求，做相应的整体气密性检验。

（3）形成技术资料，存档。

参 考 文 献

［1］中国机械工程学会焊接学会．焊接手册（第 1 卷）焊接方法及设备［M］．北京：机械工业出版社，1992.

［2］黄石生．焊接科学基础：焊接方法与过程控制基础［M］．北京：机械工业出版社，2014.

［3］周振丰，张文钺．焊接冶金与金属焊接性［M］．北京：机械工业出版社，1993.

［4］陈伯蠡.金属焊接性基础［M］.北京：机械工业出版社，1990.

［5］方洪渊.焊接结构学［M］.北京：机械工业出版社，2008.

［6］赵熹华，冯吉才.压焊方法及设备［M］.北京：机械工业出版社，2005.

［7］邹僖，魏月贞.焊接方法及设备Ⅳ 钎焊和胶接［M］.北京：机械工业出版社，1981.

［8］陈裕川.焊条电弧焊［M］.北京：机械工业出版社，2013.

［9］焊接编辑部.焊接修复实例［M］.北京：机械工业出版社，1994.

8 材料成型工艺的计算机模拟与设计

【本章概要】
　　本章针对材料成型过程中的常见工艺，采用数值模拟软件完成相对简单的数值模拟过程，并按照 STEP-BY-STEP 的方式进行了较为详细的演示。其中内容包括了：采用 ANSYS 软件针对砂模铸造过程温度场的二维简化数值模拟；采用 DEFORM 软件针对盘件模锻过程的热力耦合数值模拟；采用 DYNAFORM 软件针对 U 形梁冲压成型过程的数值模拟；采用 MARC 软件针对线材拉拔过程的数值模拟；采用 ABAQUS 软件针对简单轧制过程的数值模拟。

【关 键 词】
　　铸造，模锻，冲压，拉拔，轧制，ANSYS，DEFORM，DYNAFORM，MARC，ABAQUS

【章节重点】
　　本章应重点了解掌握材料成型中常用软件的架构及其应用，掌握材料成型数值模拟过程中的前处理、求解、后处理过程，并能够在提供的相关算例基础上完成类似工艺算例的应用和延伸。

8.1　铸造工艺过程的数值模拟（ANSYS）

8.1.1　数值模拟前的准备工作

8.1.1.1　模型的基本尺寸及简化方案
　　本案例针对钢的砂模铸造过程进行温度场分析，砂模模腔为 L 形，其形状如图 8-1 所示。
　　根据模型的基本特点，对模型进行简化，首先由三维模型简化为二维，同时根据其对称性进行平面对称简化。根据图 8-1 的基本形状与尺寸，在笛卡尔坐标系下，结合简化后的几何关键点坐标如图 8-2 所示。

8.1.1.2　材料特性
　　本模拟中用到的材料的相关参数及边界条件见表 8-1。

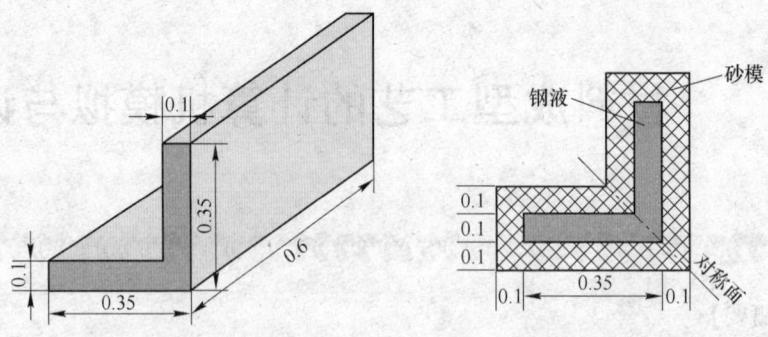

图 8-1   模型的基本尺寸形状（单位为 m）

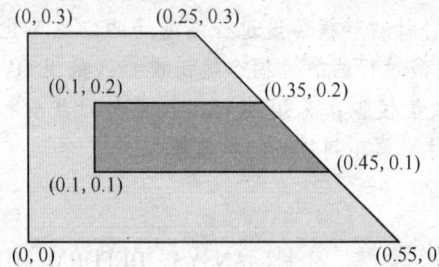

图 8-2   模型几何形状尺寸及关键点的坐标

表 8-1   模拟中主要材料参数

砂模	导热系数（KXX）/J·(m·℃·s)⁻¹	0.519			
	密度（DENS）/kg·m⁻³	1495			
	比热容 c/J·(kg·℃)⁻¹	1172			
	初始温度/℃	25			
钢液	参考温度/℃	0	1450	1510	1580
	导热系数/J·(m·℃·s)⁻¹	29.9	32.0	25.3	25.3
	热焓/J·m⁻³	0.0	$8.2×10^9$	$10.5×10^9$	$11.2×10^9$
	初始温度/℃	1580			
对流换热系数/J·(m²·℃·s)⁻¹		11.44			
环境温度/℃		25			

8.1.1.3   模拟试验所用软件

本模拟试验所用软件为 ANSYS/Mechanical 软件模块，ANSYS10.0 以上版本。

8.1.2   模拟方法和步骤

（1）单元的选择（图 8-3）：

/PREP7

ET，1，PLANE55（选择平面 55 单元）

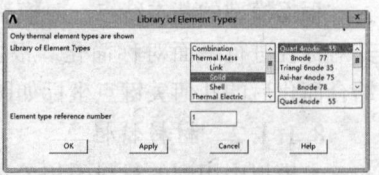

图 8-3   单元选择

（2）材料模型的选择及材料参数的输入（图8-4）：

MPTEMP, 1, 0 　　　　　　（砂模材料）

MPDATA, KXX, 1,, 0.519

MPDATA, DENS, 1,, 1.495e3

MPDATA, C, 1,, 1.172e3

MPTEMP, 1, 0 　　　　　　（钢水材料）

MPTEMP, 2, 1450

MPTEMP, 3, 1510

MPTEMP, 4, 1580

MPDATA, KXX, 2,, 29.9

MPDATA, KXX, 2,, 32.0

MPDATA, KXX, 2,, 25.3

MPDATA, KXX, 2,, 25.3

MPDATA, ENTH, 2,, 0

MPDATA, ENTH, 2,, 8.2E+009

MPDATA, ENTH, 2,, 1.05E+010

MPDATA, ENTH, 2,, 1.12E+010

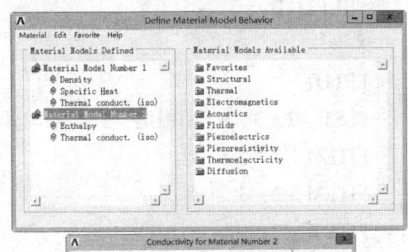

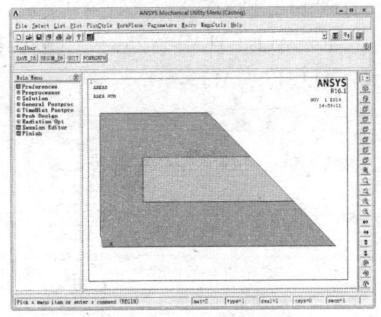

图8-4　材料参数输入

（3）几何模型的建立（图8-5）：

K, 1, 0, 0, 0, 　　　　　　（建立4个点）

K, 2, 0.55, 0, 0,

K, 3, 0.25, 0.3, 0,

K, 4, 0, 0.3, 0,

A, 1, 2, 3, 4 　　　　　（通过4个点建立面）

RECTNG, 0.1, 0.55, 0.1, 0.2, （建立一个矩形）

AOVLAP, ALL 　　　　（重叠布尔操作）

ADELE, 　　　　3, , , 1 　　（删除不需要的面）

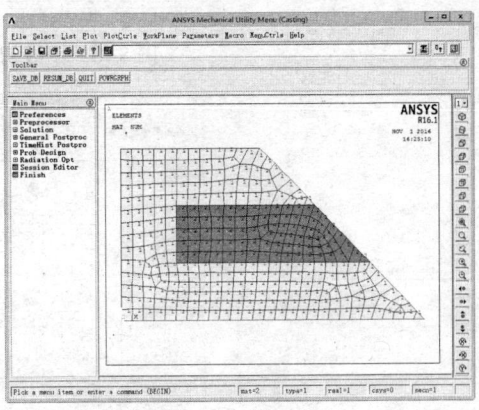

图8-5　几何模型的建立

（4）几何模型的切分及网格划分（图8-6）：

SMRT, 4

MSHAPE, 0, 2D

TYPE, 　　　1

MAT, 　　　　1

AMESH, 5 　　　　（砂模网格划分）

TYPE, 　　　1

MAT, 　　　　2

AMESH, 4 　　　　（钢液网格划分）

/PNUM, MAT, 1

/REPLOT

（5）对流边界条件的施加（图8-7）：

/NUMBER, 1

图8-6　网格划分

```
/PNUM, MAT, 1
/REPLOT
! *
LPLOT
FLST, 2, 3, 4, ORDE, 3
FITEM, 2, 1
FITEM, 2, 3
FITEM, 2, -4
/GO
! *
SFL, P51X, CONV, 11.44,, 25, （施加对流边界）
```

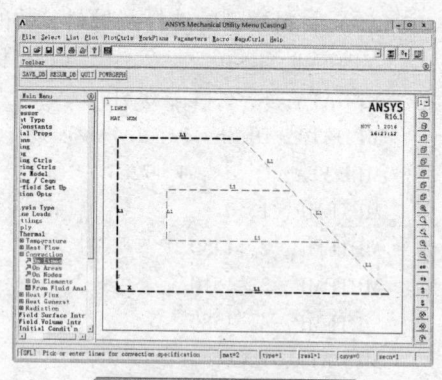

（6）初始温度的施加（图 8-8 和图 8-9）：

```
APLOT
ASEL, S, , ,          4
NSLA, S, 1
NPLOT
IC, ALL, TEMP, 1580,      （钢液初始温度）
NSEL, INVE
IC, ALL, TEMP, 25,       （砂模初始温度）
ALLSEL, ALL
```

图 8-7　边界条件设置

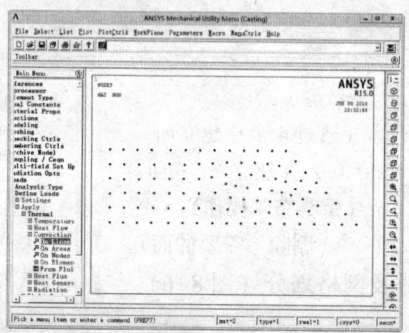

图 8-8　钢液初始温度 1580℃

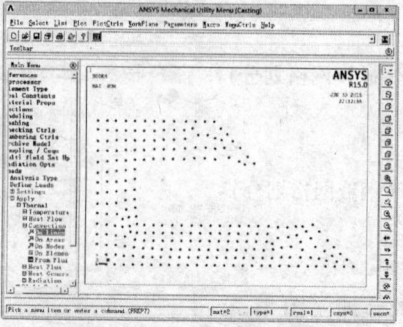

图 8-9　砂模初始温度 25℃

（7）求解（图8-10）：

/SOL

ANTYPE, 4　　　（瞬态求解）

SOLCONTROL, ON, 0, NOPL

TIME, 14400

AUTOTS, −1

DELTIM, 50, 10, 500, 1

KBC, 1

TSRES, ERASE

OUTRES, ALL, ALL,

SAVE　　　　　（存盘）

SOLVE　　　　　（求解）

FINISH

（8）时间历程后处理（图8-11）：

/POST26

NSOL, 2, 295, TEMP,, TEMP_ 2,

PLVAR, 2,（画温度时间曲线）

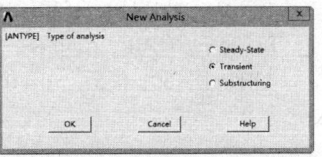
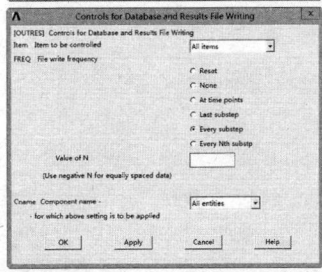
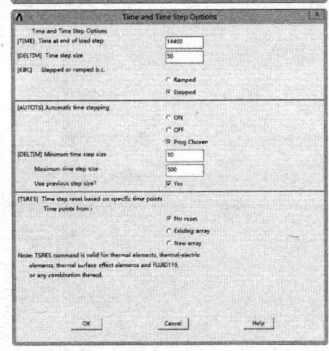

图8-10　求解设置

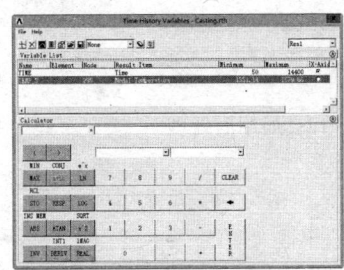

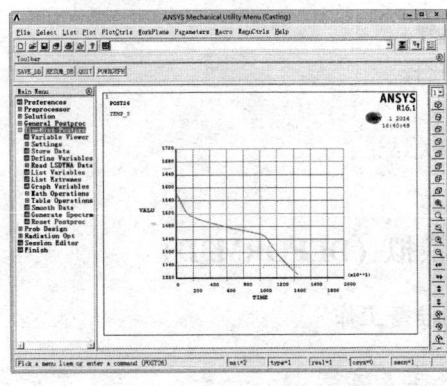

图8-11　时间历程后处理

（9）通用后处理（图8-12）：

/POST1

SET, FIRST

/CVAL, 1, 1450, 1510, 1600, 0, 0, 0, 0, 0
PLNSOL, TEMP,, 0 （第一步结果）
ANTIME, 30, 0.5, , 0, 0, 0, 0 （结果动画）

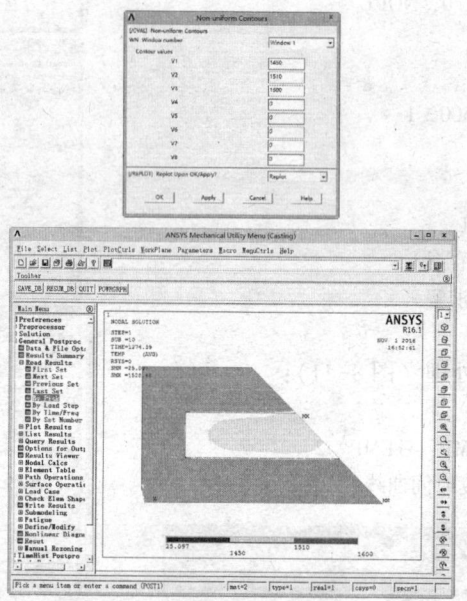

图 8-12   通用后处理

8.1.3   模拟报告要求

（1）数值模拟案例的名称；

（2）数值模拟的前期准备工作；

（3）数值模拟所用软件、材料；

（4）数值模拟结果分析讨论；

（5）数值模拟的可行性及相关结论；

（6）参考文献。

8.2   锻造成型过程的数值模拟（DEFORM3D）

8.2.1   盘形件模锻数值模拟的准备工作

8.2.1.1   模型基本参数及工艺方案

锻造工艺在金属成型过程中的应用极为广泛，其属于体积成型的一种。本节主要结合盘形件模锻进行成型过程的数值模拟，从而认识锻造过程中的常见处理方法。模型的几何形状与大体尺寸如图 8-13 所示，在数值模拟之前根据模具几何尺寸，首先通过三维 CAD 软件进行模型的建立，建模过程中考虑其对称性，采用了 1/4 模型简化。在本算例中，采用三维 CAD 软件分别输出上模、下模、坯料三部分的 stl 格式文件。其中坯料尺寸为 φ30mm×10mm。选择软件材料库中的 STEEL-DIN-C15 材料作为坯料材料。

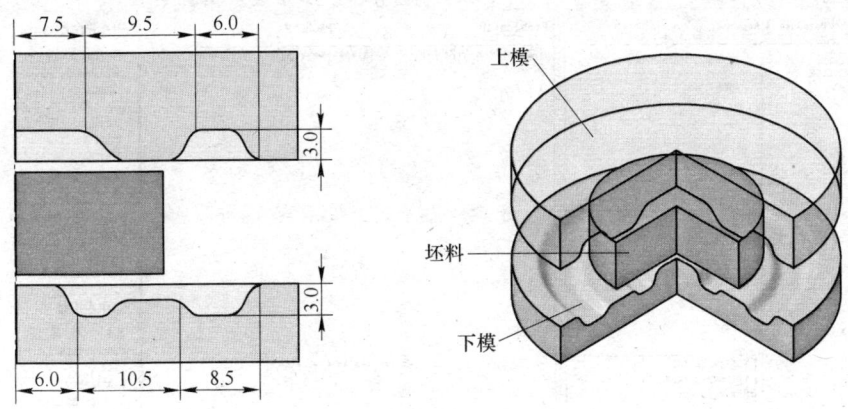

图 8-13　模具几何形状及大体尺寸（单位为 mm）

在模锻成型过程中，上模通过运动速度 1mm/s 和求解时间 10s 给定行程（位移），求解过程中，坯料的初始温度为 1200℃，模具初始温度为 80℃，其中坯料与模具间的热传导、坯料与周围环境之间的热交换（对流和辐射）通过软件默认设定。

8.2.1.2　模拟所用软件

本数值模拟所用软件为 DEFORM3D V6.1 软件。

8.2.2　模拟方法和步骤

8.2.2.1　打开软件系统

首先点击，打开软件系统 GUI，如图 8-14 所示。

设定软件环境 Option>Environment，激活软件环境窗口，选择 Unit 系统为 SI；通过 File>Change Browse Location，设定工作路径，相应的软件系统的 GUI 头部路径做出改变，本算例工作路径为 F：\ Forging \ ，。

8.2.2.2　打开 DEFORM-3D 前处理

进入软件系统 GUI 界面后，点击 Pre Processor 下面的 DEFORM-3D Pre，打开 DEFORM-3D 前处理界面，如图 8-15 所示。

8.2.2.3　求解全局控制设置

点击，进行求解设置，在 Main 中勾选 Deformation 和 Heat Transfer，完成热力耦合的求解设定（图 8-16（a）），在 Step 中指定时间增量步长 Time Increment 为 0.1s（图 8-16（b））。

点击 Stop，设定求解时间为 10s（图 8-16（c））。

在此需要指出，求解设置可以出现在前处理过程的最后阶段，因为本算例在前期准备中已经知道各方面情况，在此放在最初完成。

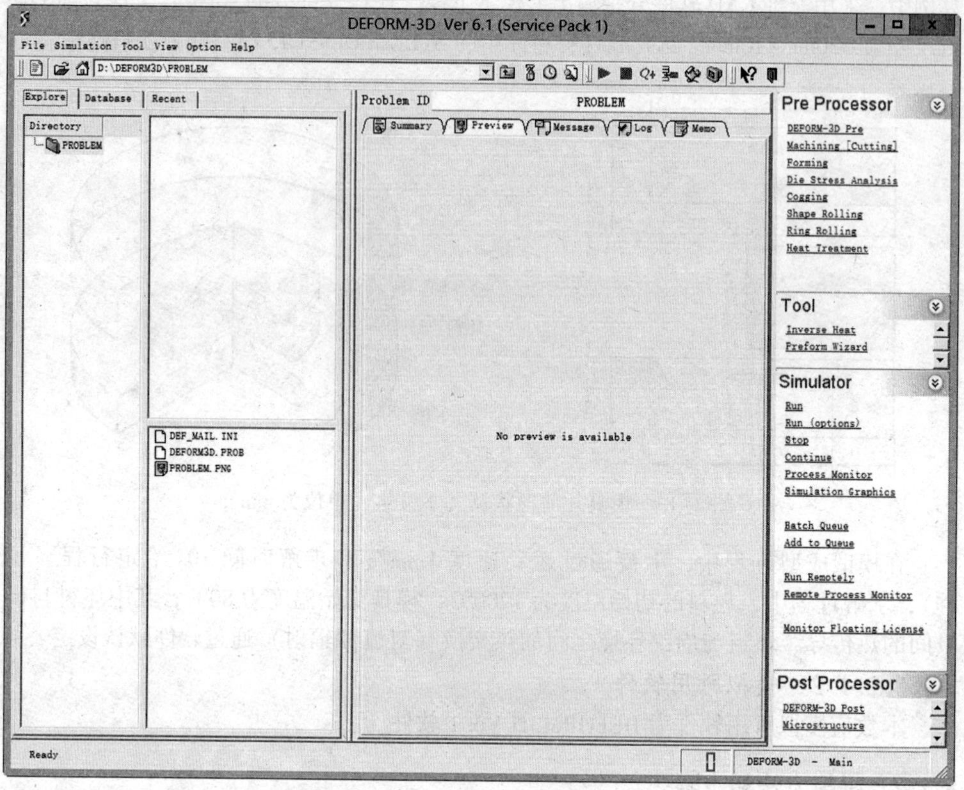

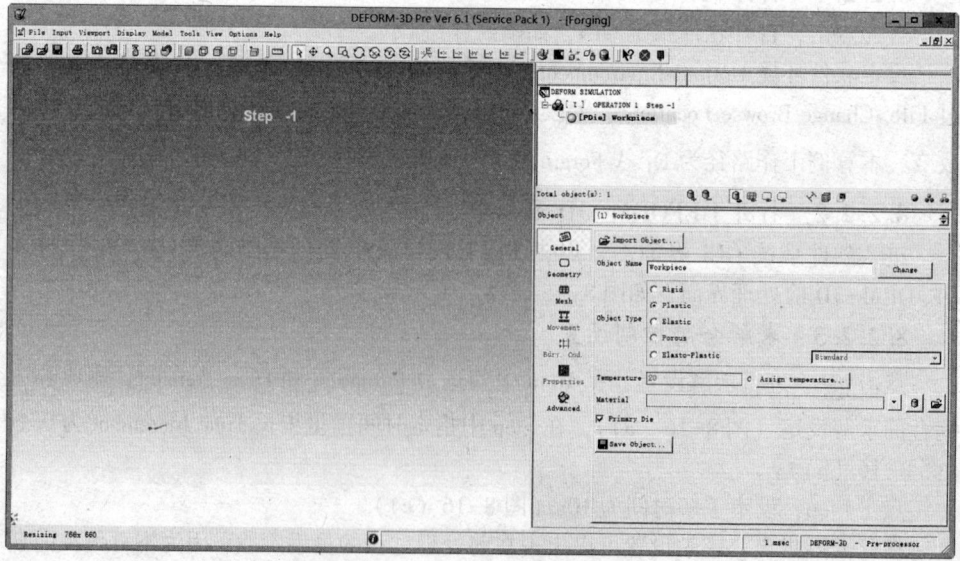

图 8-14　DEFORM-3D 软件系统 GUI

图 8-15　DEFORM3D 前处理 GUI

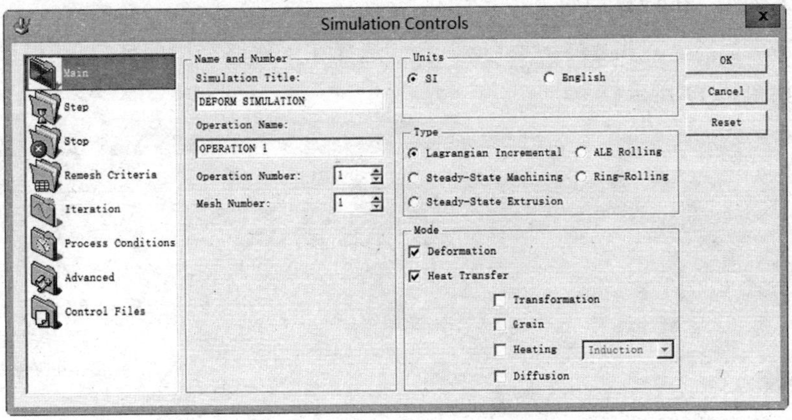

(a)

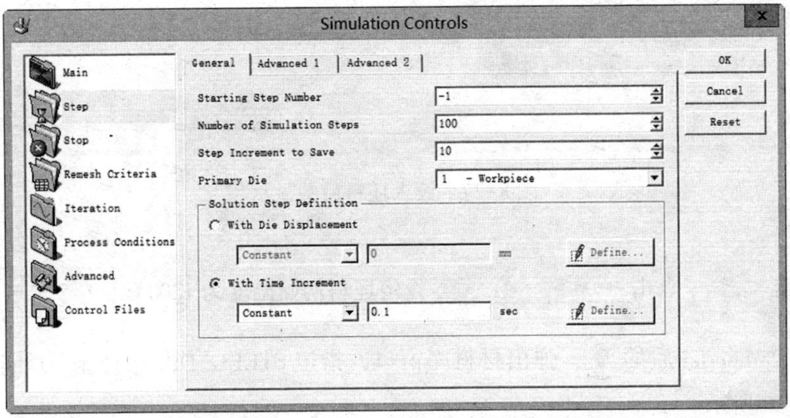

(b)

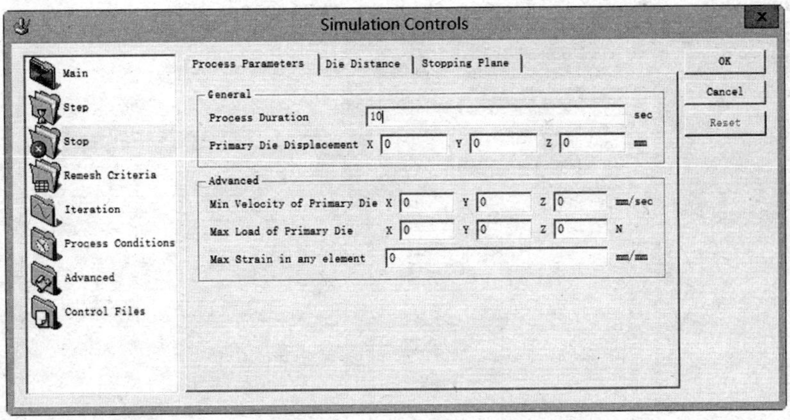

(c)

图 8-16 求解全局控制设置

8.2.2.4 坯料模型设定

点击 Geometry ，点击 Import Geo... ，选择在工作路径中的坯料 stl 模型，读入后显示如图 8-17 所示。

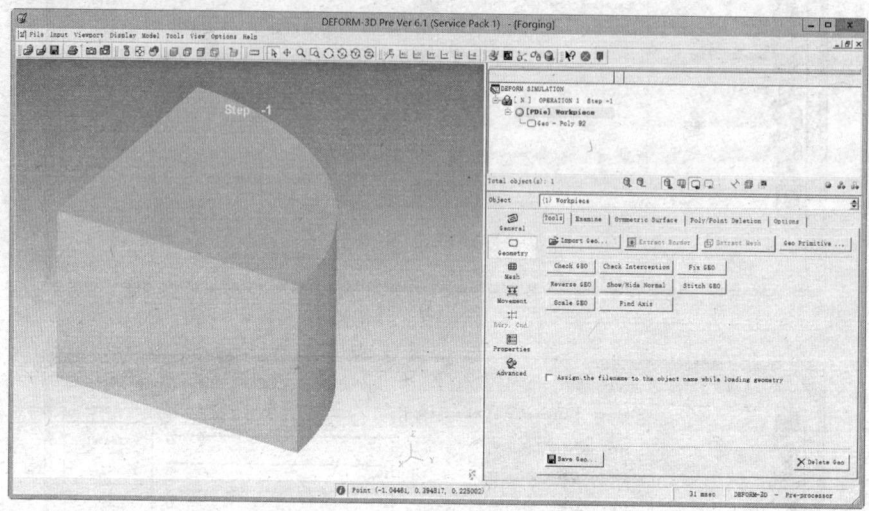

图 8-17 读入坯料后的显示

点击 General ，点击 Assign temperature... ，设定坯料初始温度为 1200℃ 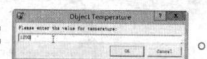。

点击 Material 后的 🔘 ，弹出材料库窗口，指定 STEEL-DIN-C15 作为坯料材料，如图 8-18 所示。

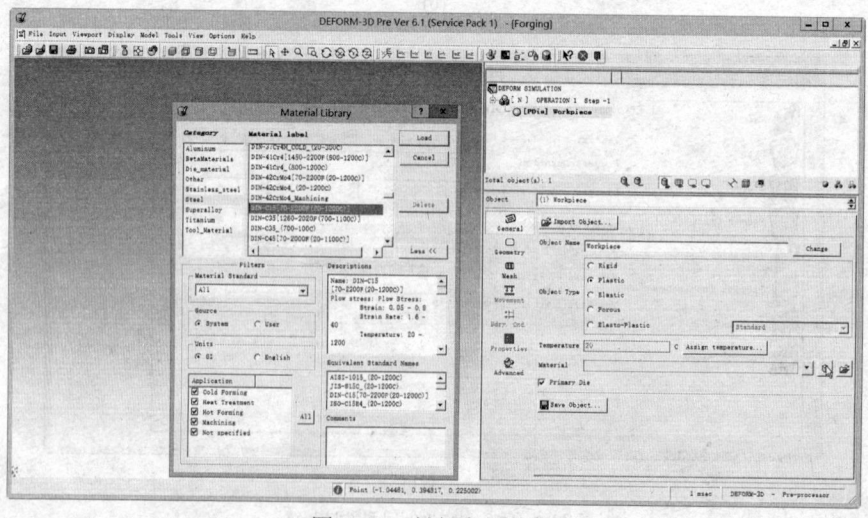

图 8-18 材料库的选择

点击 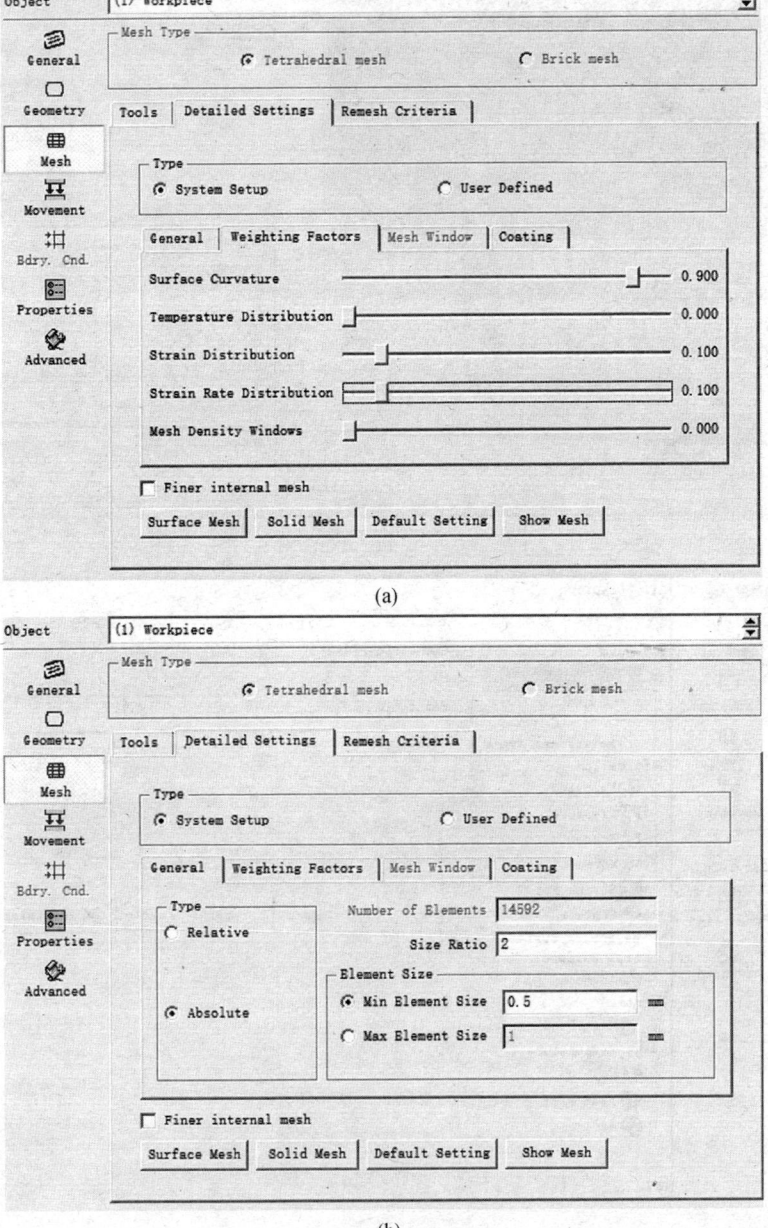，进行网格划分，首先选择 Weighting Factors（图8-19（a））。之后选择 General>Absolute，最大单元尺寸设定为 1mm，Size Ratio 设定为 2（图8-19（b））。设定完成后，依次点击 Surface Mesh 和 Solid Mesh，完成坯料网格划分。

(a)

(b)

图8-19 网格划分

点击 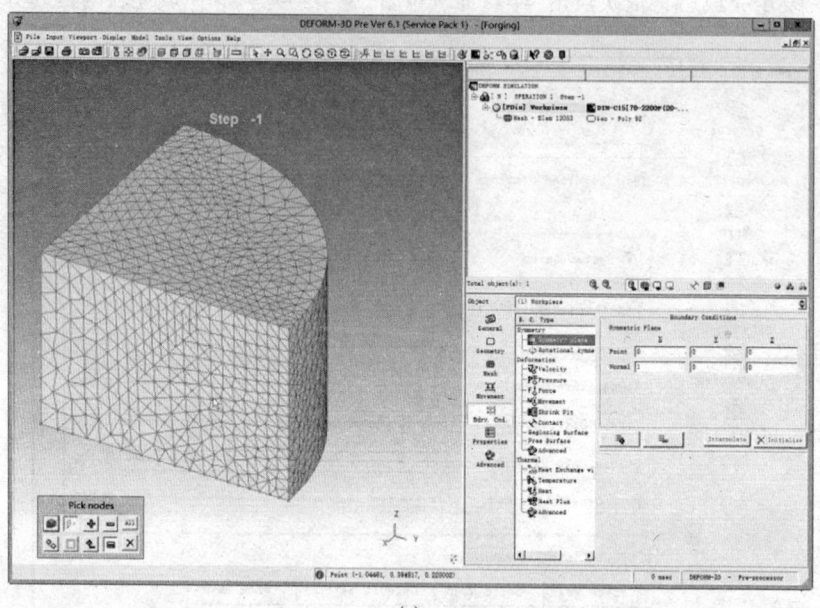，选择 Symmetry plane，分别点选两个对称面上的节点，完成对称面的设定。每选择一个面，点击 ，完成添加，如图 8-20 所示。

(a)

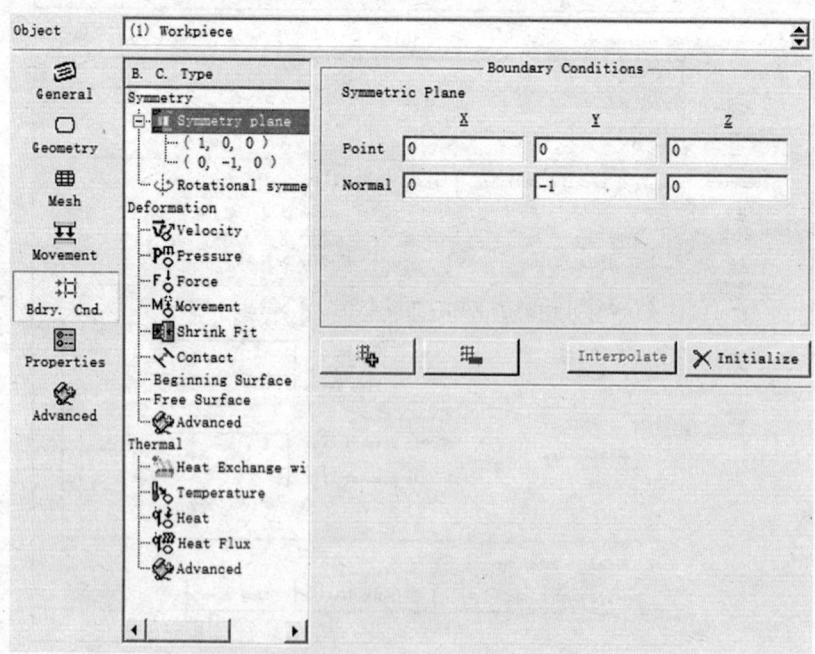

(b)

图 8-20 对称边界条件设置

点击 Thermal 下的 Heat Exchange with Environment，点击 Environment ，选择除对称面之外的坯料其他面作为与环境热交换的面，选择后如图 8-21 所示。弹出环境热交换窗口，选择默认确定。

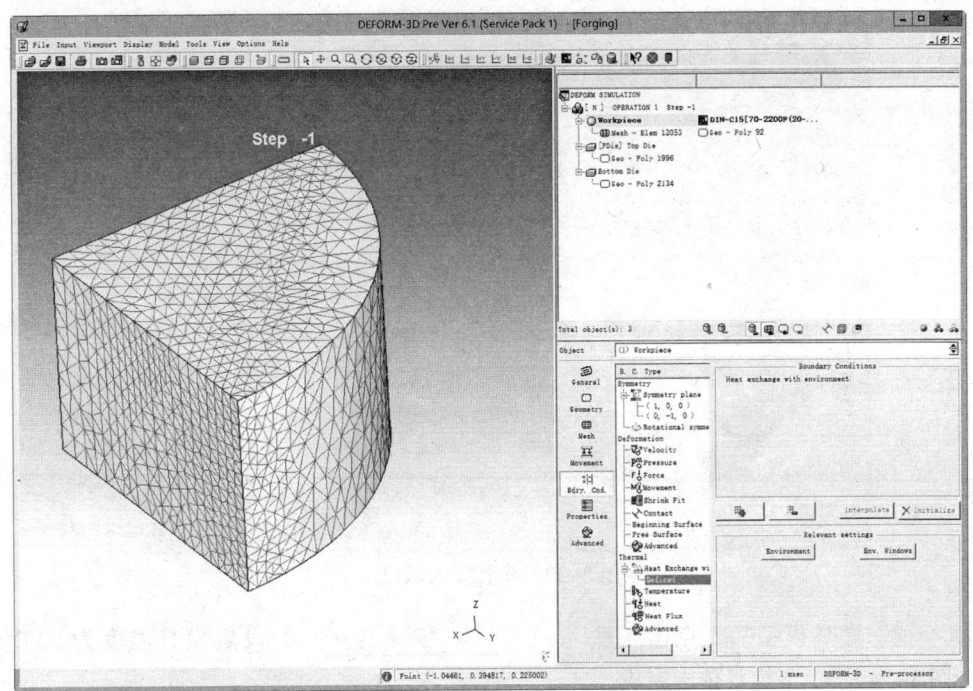

图 8-21　与环境热交换表面选择

点击 Properties ，选择 Active in FEM + meshing ，点击 ，弹出坯料目标体积目标值（图 8-22），选择 Yes。

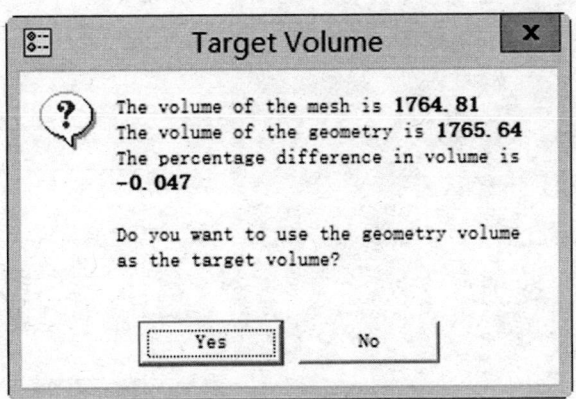

图 8-22　坯料目标体积目标值

8.2.2.5 模具读入及设定

点击 ![], 增加上下模具, 分别选择上下模后读入 stl 格式的上下模具, 如图 8-23 所示。

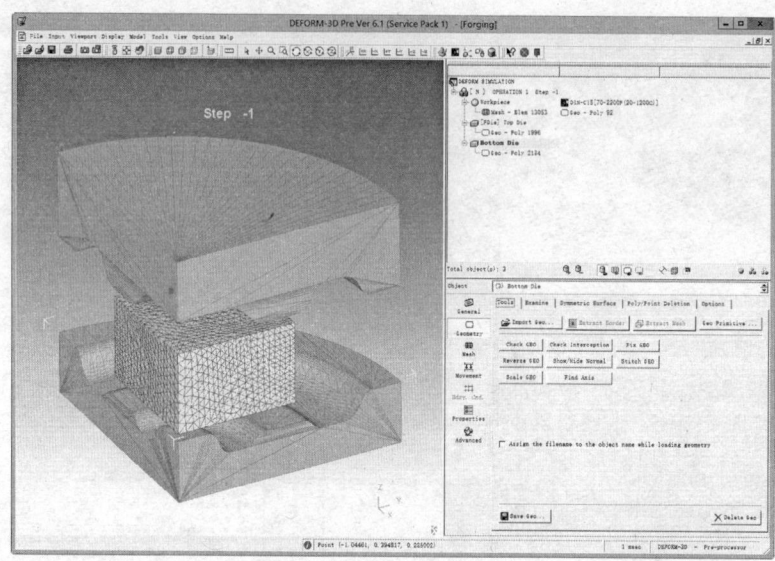

图 8-23　模具读入后显示

读入模具模型后, 点击 ![General], 点 ![Assign temperature...], 设定模具温度为 80℃ (图 8-24), 上下模具依次完成。

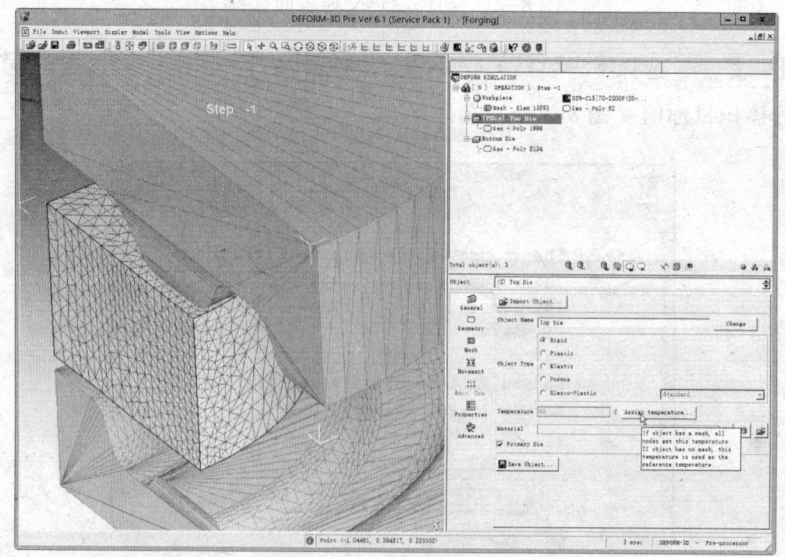

图 8-24　设定模具温度

选择上模，点击 Movement，弹出模具运动设定窗口，上模运动速度为 $1\text{mm} \cdot \text{s}^{-1}$，如图 8-25 所示。

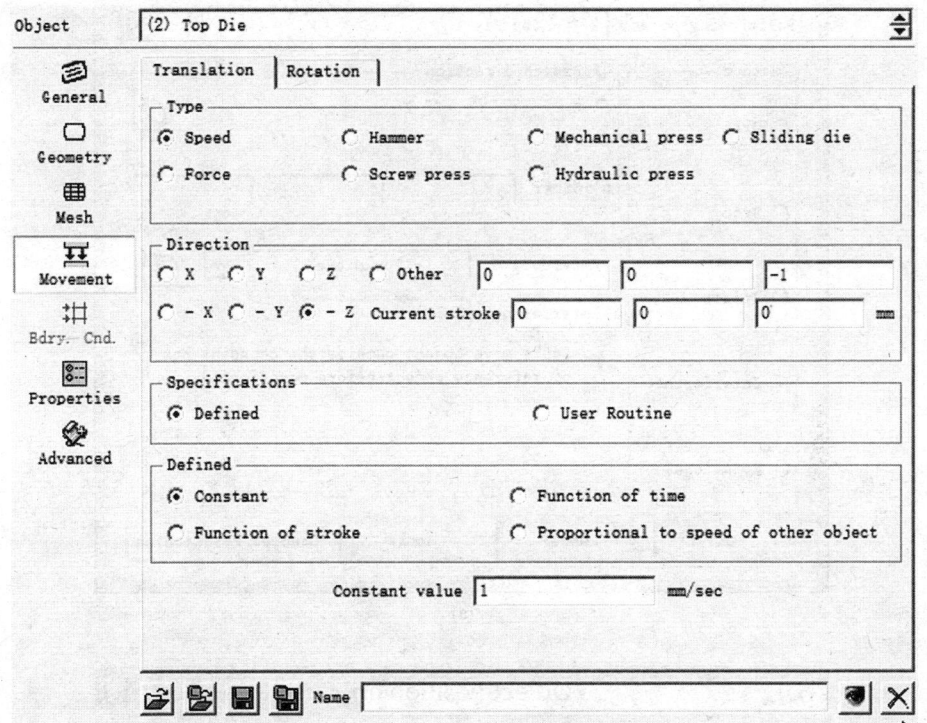

图 8-25 上模运动加载

8.2.2.6 间隙调整

点击 ![icon]，弹出定位窗口，选择 Interference，首先选择移动上模，以坯料作为参照，沿着-Z 方向调整，其他默认，点击 Apply，完成上模调整；类似方式，选择下模，改变方向，进行调整，如图 8-26 所示。

8.2.2.7 接触生成

点击 ![icon]，由软件自动建立接触，弹出询问窗口，点击 Yes，软件自动建立坯料与上下模具之间的接触，如图 8-27 所示。

点击 ![Edit...]，在 Deformation 卡片下选择 Hot Forging （lubricated） 0.3，设定剪切摩擦系数（图 8-28）。选择 Thermal 卡片，设定 Forming，默认值为 5（图 8-29）。

Close 后，点击 ![Apply to other relations]，将设定的上模接触相关参数赋给下模。完成后如图 8-30 所示。

点击 ![Generate all]生成接触，点击 ![OK]完成接触设定。

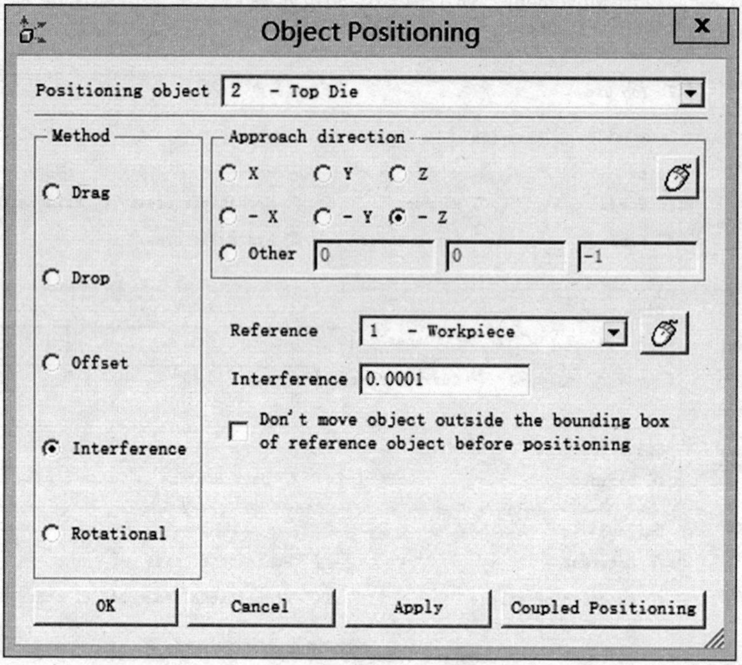

(a)

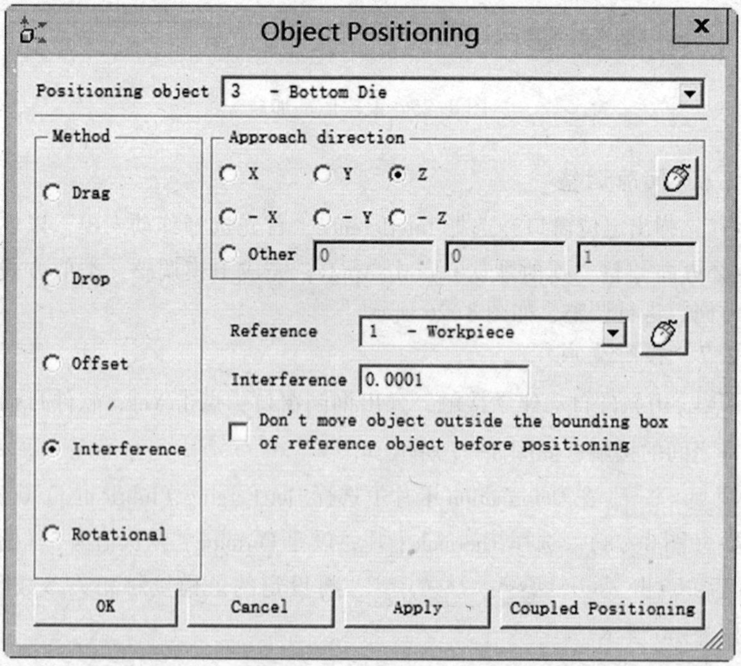

(b)

图 8-26　模具间隙调整

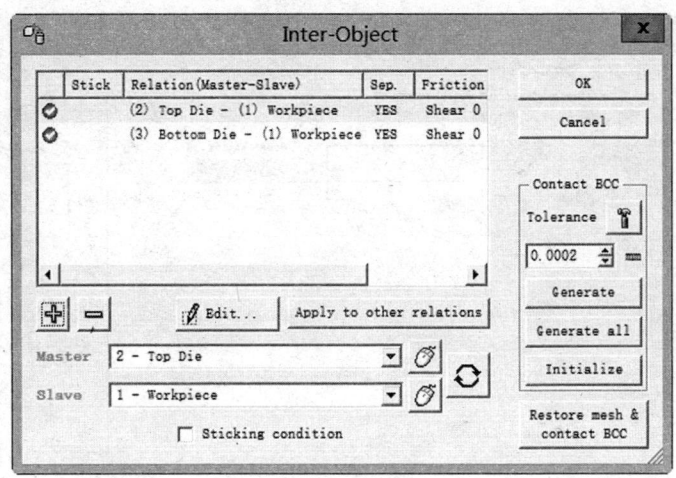

图 8-27　接触对

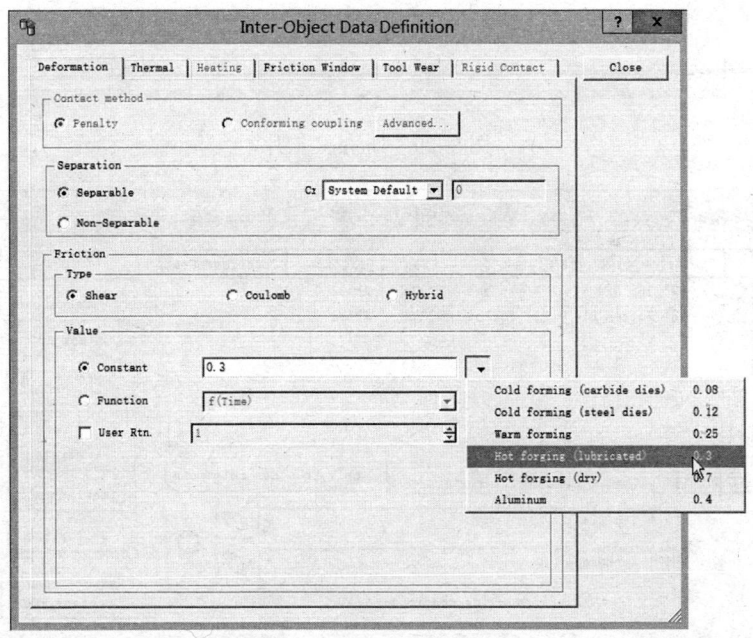

图 8-28　Deformation 卡片

8.2.2.8　求解数据生成

点击 <image>，弹出数据库生成窗口，依次点击 `Check`、`Generate`，完成数据库的生成，如图 8-31 所示。

点击 `Close` 关闭数据库生成窗口，点击 <image>，保存前处理文件，点击 <image>，退出 DEFORM-3D Pre。

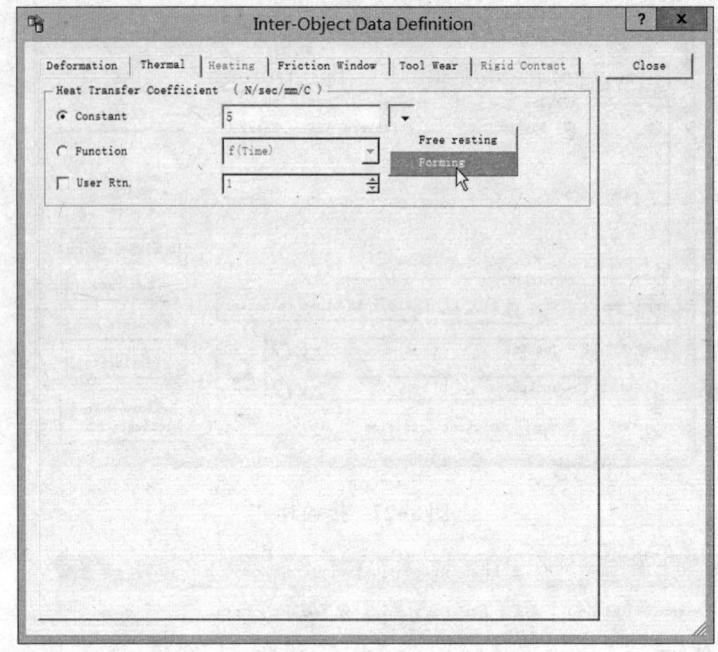

图 8-29   Thermal 卡片

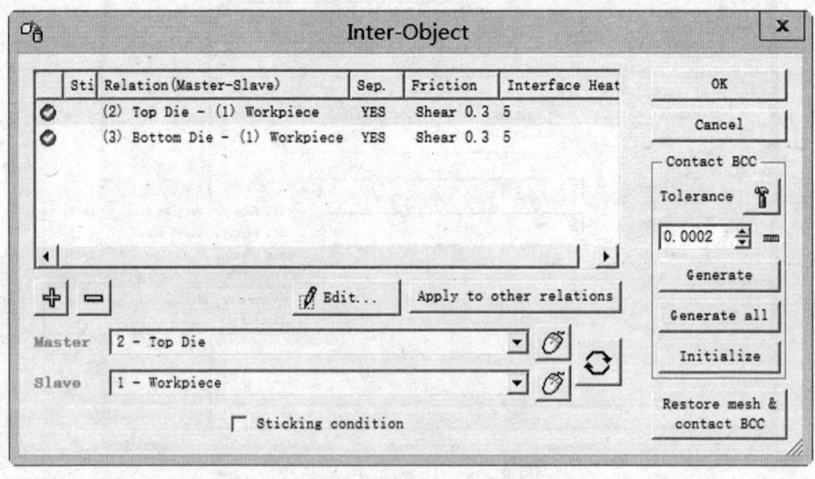

图 8-30   接触对编辑后显式

8.2.2.9   提交求解

退出前处理后，进入软件系统 GUI，如图 8-32 所示，这时候已经出现了相关的前处理数据库。点击 Simulator 中的 Run，进行求解，求解过程中系统 GUI 界面的显示如图 8-33 所示。

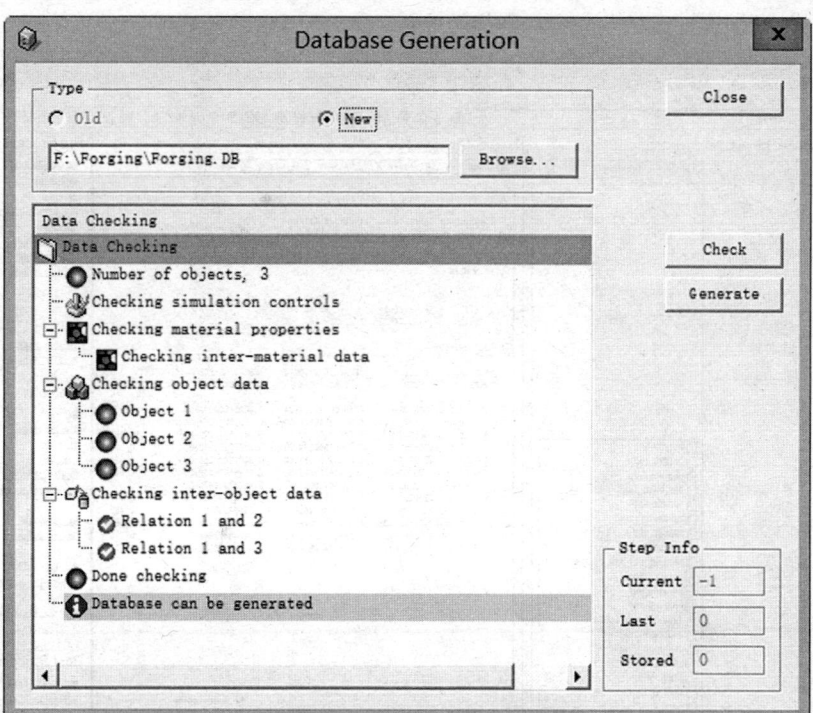

图 8-31　前处理数据生成

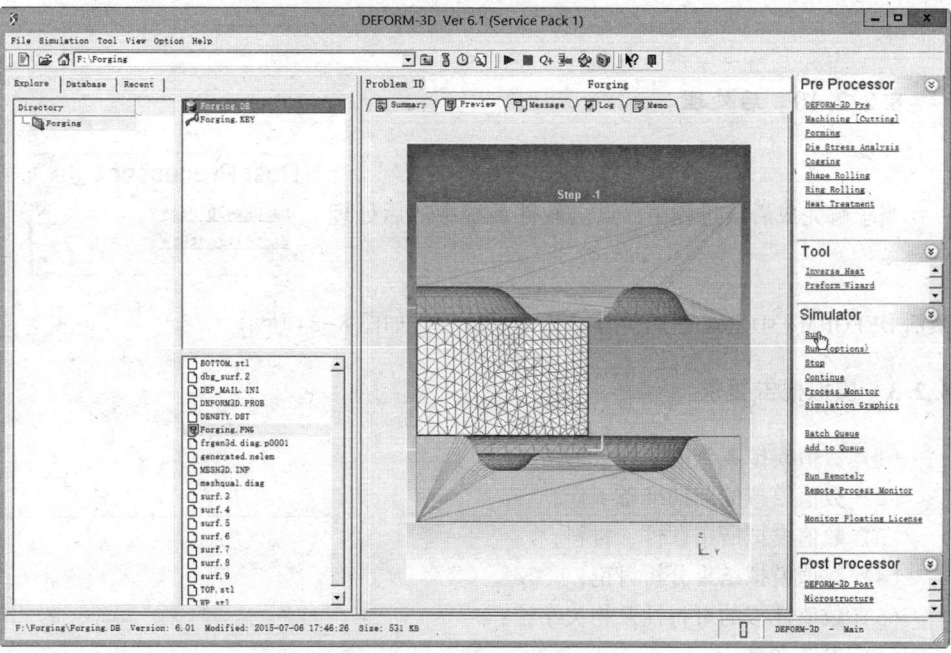

图 8-32　软件系统 GUI

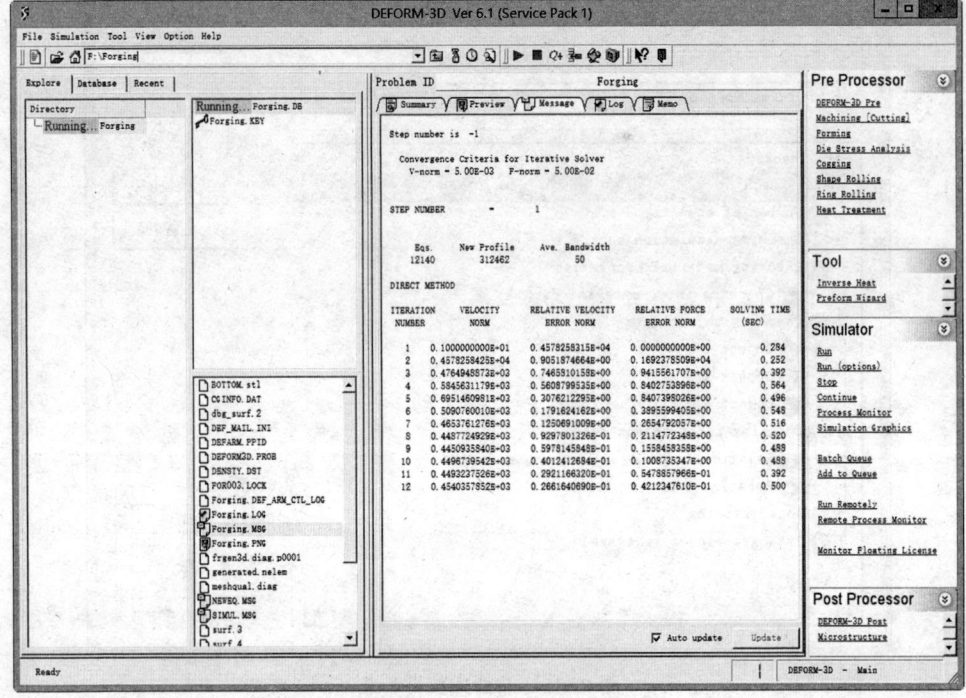

图 8-33　求解过程显示

8.2.2.10　后处理

当求解完成后或过程中，点击软件系统中的后处理

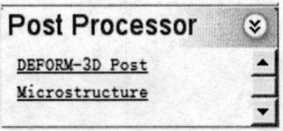

激活 DEFORM-3D Post 进行计算结果的后处理，如图 8-34 所示。

8.2.3　模拟报告要求

（1）数值模拟案例的名称；

（2）数值模拟的前期准备工作；

（3）数值模拟所用软件、材料；

（4）数值模拟结果分析讨论；

（5）数值模拟的可行性及相关结论；

（6）参考文献。

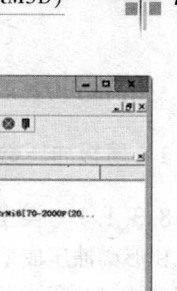

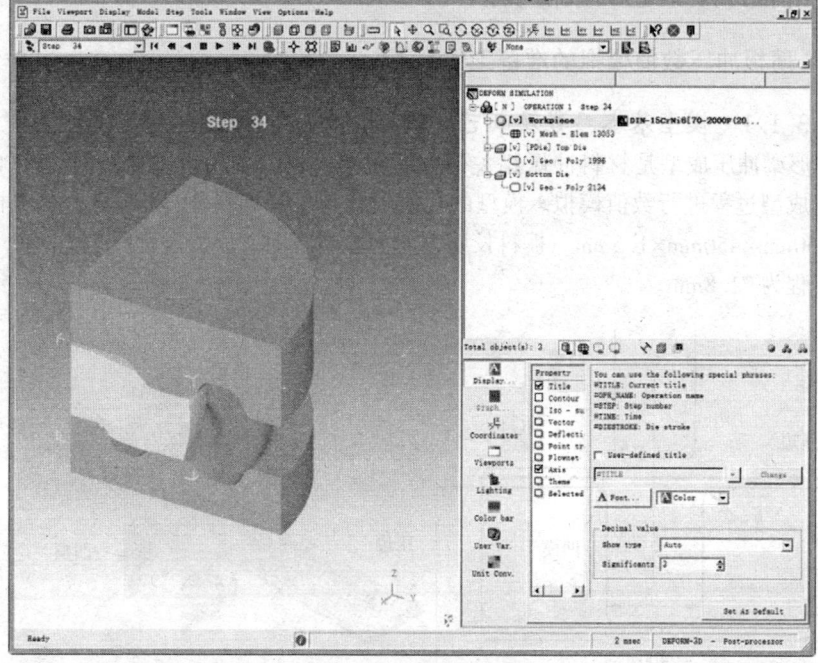

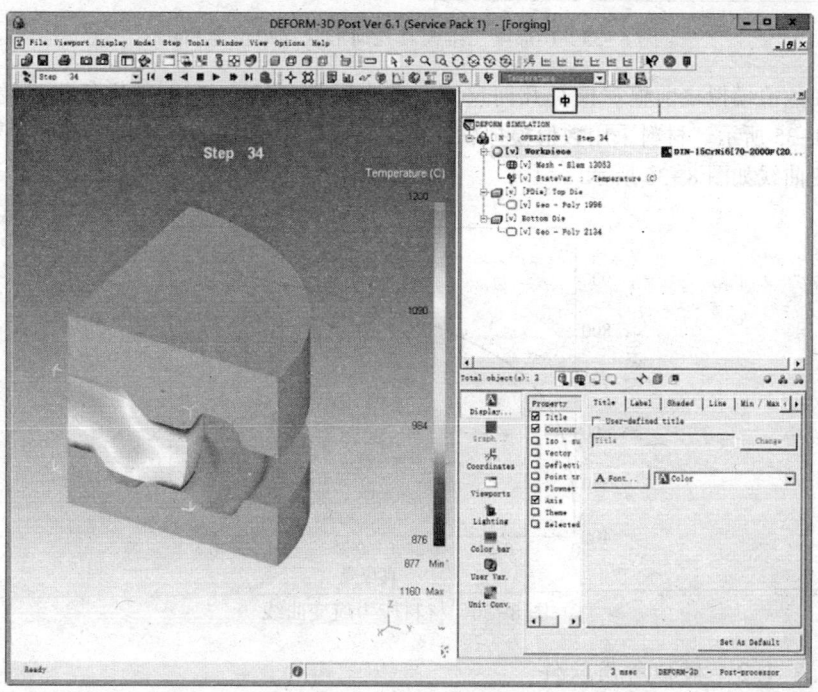

图 8-34　计算结果显示

8.3   薄板冲压工艺的数值模拟（DYNAFORM）

8.3.1   薄板冲压数值模拟的准备工作

8.3.1.1   模型基本参数及工艺方案

U 形梁冲压成型是材料冲压相关研究的重要算例，本模拟主要针对 DP600 级别钢板的成型过程进行数值模拟。模型的几何形状与尺寸如图 8-35 所示，其中板料尺寸为 350mm×450mm×1.5mm。板料长度方向为轧制方向。成型过程压边力为 2.94kN，拉深行程为 71.8mm。

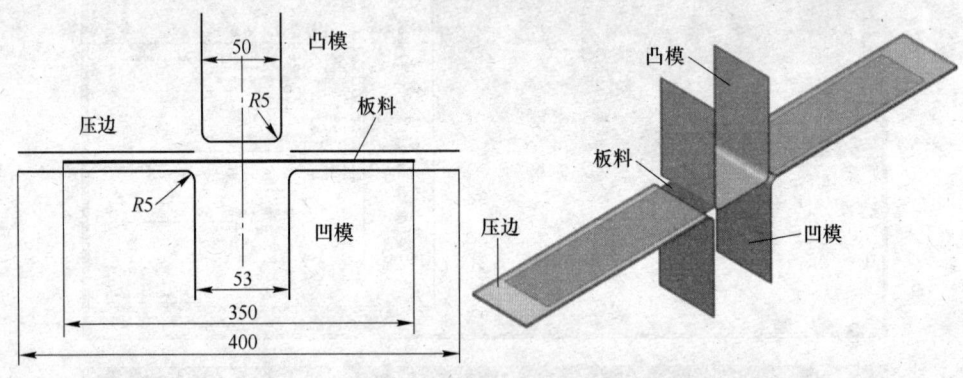

图 8-35   U 形梁二维模具几何形状（单位为 mm）

在数值模拟之前根据模具几何尺寸，首先通过三维 CAD 软件进行模型的建立，如图 8-35 所示。材料采用数值模拟软件自带材料库中的 DP600 材料，其中材料的应力应变曲线如图 8-36 所示。

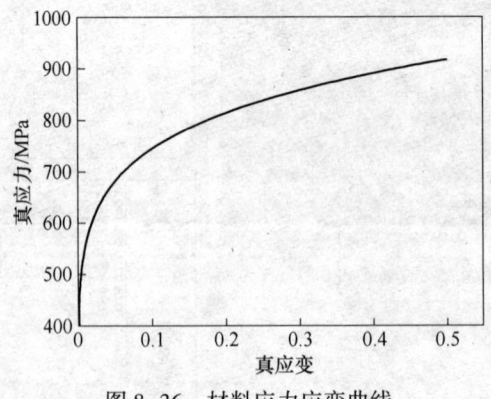

图 8-36   材料应力应变曲线

8.3.1.2   模拟所用软件

本数值模拟所用软件为 eta/DYNAFORM V5.9 软件，后处理使用 eta/POST。

8.3.2 模拟方法和步骤

8.3.2.1 打开软件（图 8-37）

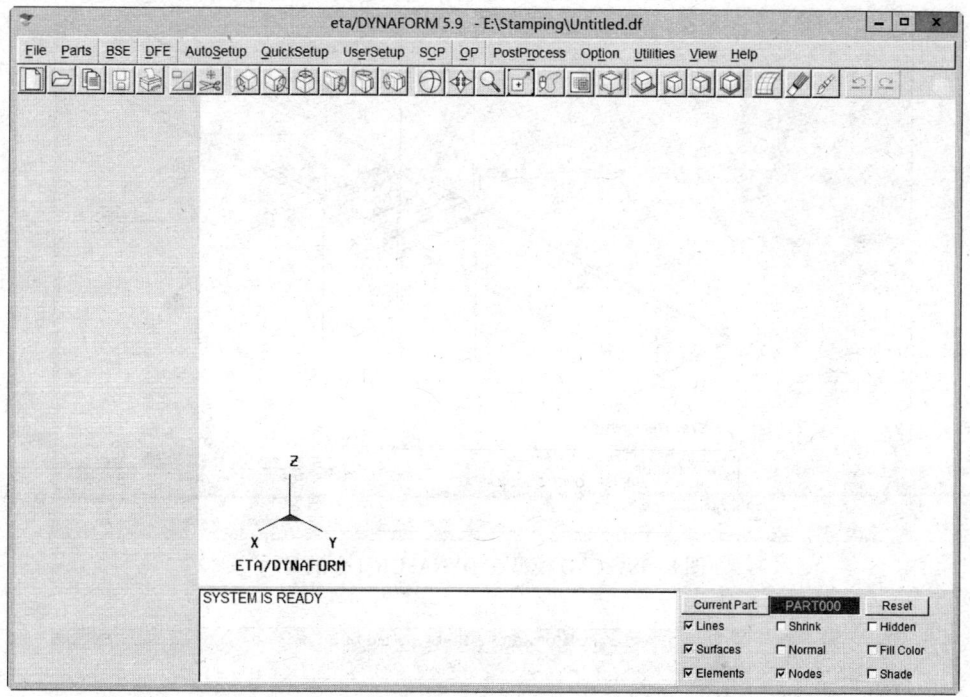

图 8-37 DYNAFORM 软件 GUI

8.3.2.2 读取模型 CAD 文件

点击 File>Improt，弹出窗口，选择计算路径下面的三维 CAD 文件 Stamping. igs（此文件为通过三维 CAD 软件，依照几何尺寸形状图建立的模面及板料文件）。读入后的显示如图 8-38 所示。

8.3.2.3 根据对称性进行 1/2 简化处理

点击 UserSetup>Preprocess，弹出前处理窗口，选择 Surf。点击删除按钮，弹出选择窗口，选择模型单侧的 1/2，点击 OK 按钮确认，对称简化后的模型如图 8-39 所示。

注意：本模拟中，在 CAD 软件中建立几何模型的过程中，为了显示直观，首先完成 1/2 模型的建立再进行对称得到，在读者学习的过程中可以直接建立 1/2 模型。

8.3.2.4 建立空 Part

点击 Parts>Create，弹出 Creat Part 窗口。在 Name 中输入 Blank，点击 Apply，然后分别输入 Die、Punch、Binder，依次建立 4 个 Part。

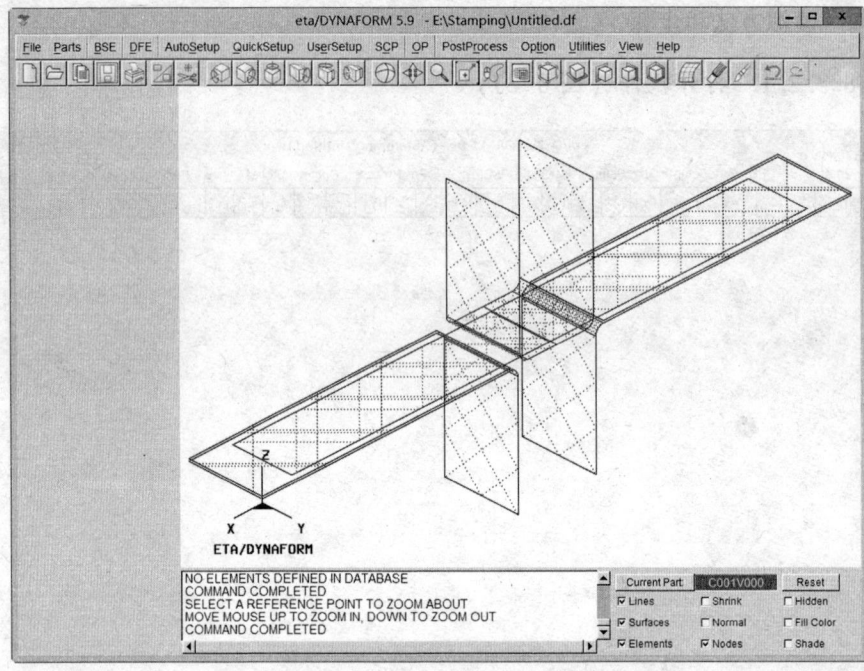

图 8-38   CAD 模型在 DYNAFORM 下的显示

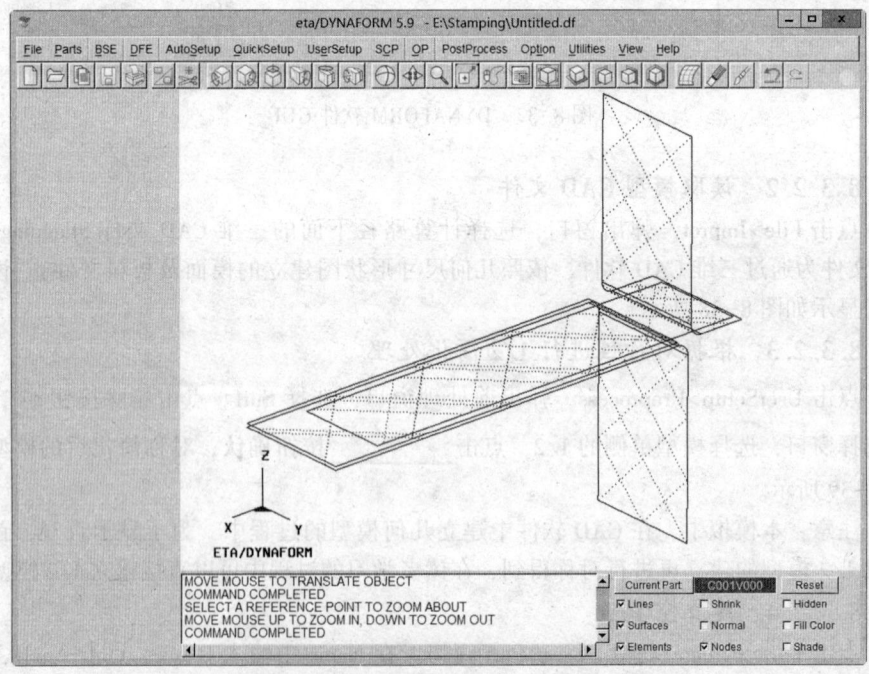

图 8-39   1/2 对称简化后的模型显示

8.3.2.5 模型网格划分

A 板料网格划分

点击屏幕右下角的 Current Part ，弹出 Current Part 窗口并点击 Blank。点击 UserSetup>Preprocess，选择 Elem。点击 Surface Mesh 按钮，弹出 Surface Mesh 窗口，选择 Part Mesh，点击 In Original Part 取消，设置 Size 为 2。点击 Select Surfaces ，弹出选择窗口，点击，在显示窗口中的鼠标点击板料（图 8-40），确认选择板料（黑色显示）后，点击 Ok ，回到 Surface Mesh 窗口，点击 Apply ，自动划分网格，并弹出网格质量检查窗口，点击 OK，在 Accept Mesh 下选择 Yes，点击 Exit，退出 Surface Mesh 窗口。划分后的网格如图 8-41 所示。

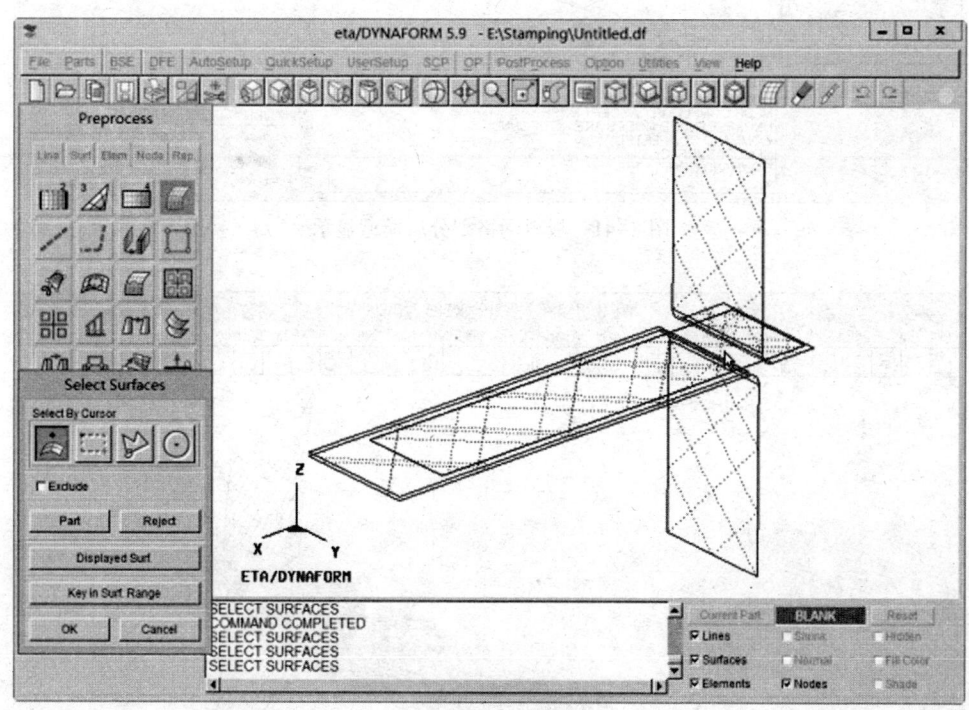

图 8-40 选择板料

B 模具网格划分

用同样的方法完成模具（Die、Punch、Binder）的网格划分，在划分网格的过程中需要注意的是：在 Surface Mesh 窗口下的 Mesher 选择 Tool Mesh，单元最大尺寸设置为 5。

网格划分完成后的模型如图 8-42 所示。

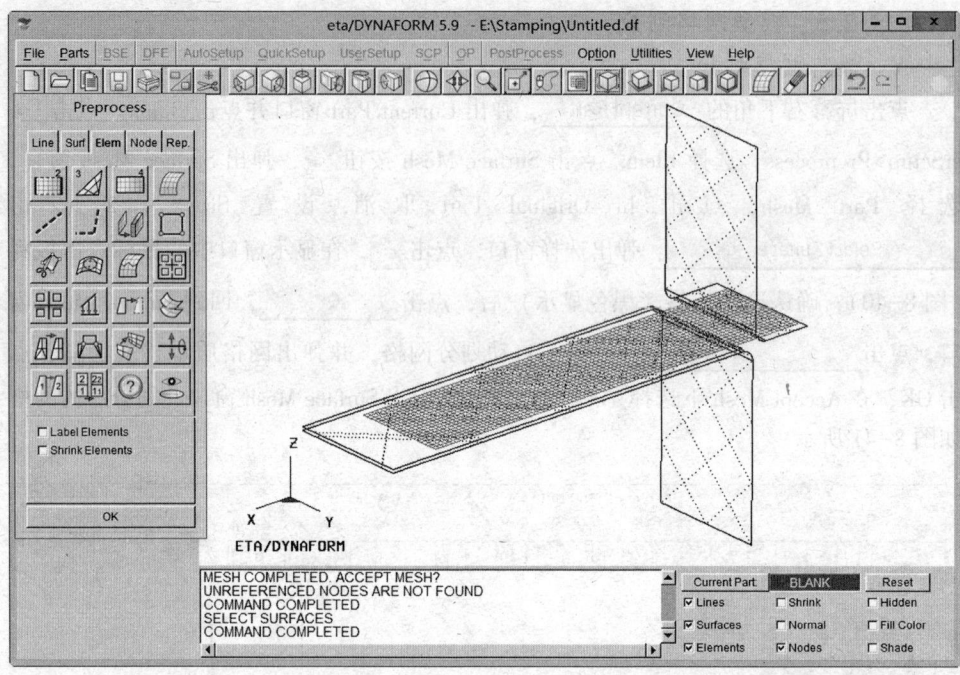

图 8-41　板料网格划分后模型显示

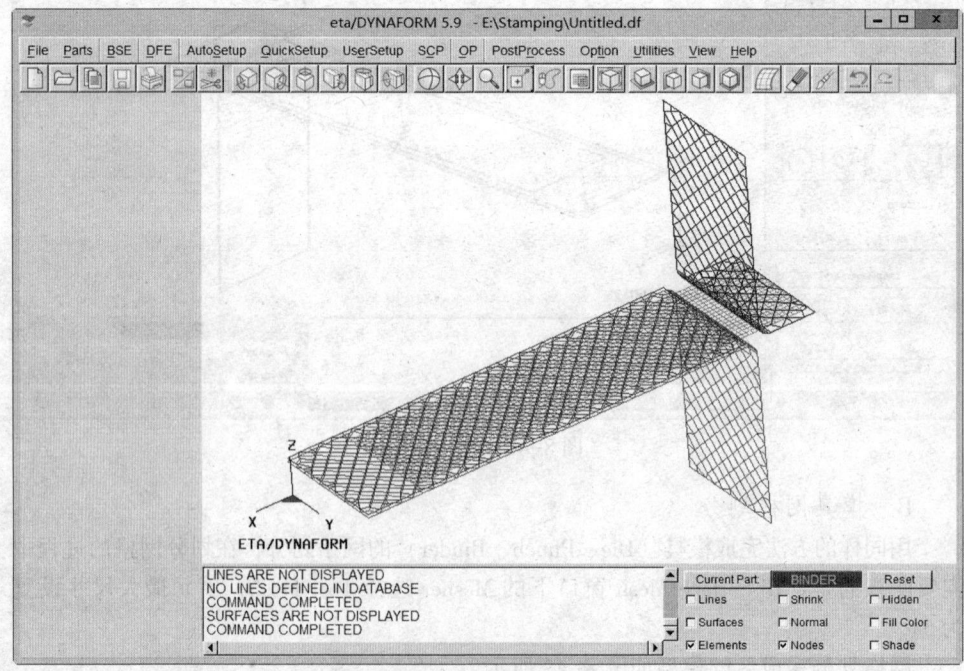

图 8-42　模型网格

8.3.2.6 施加对称约束

点击 Top View，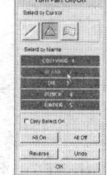，模具显示为俯视图（图 8-43），点击 Parts>Turn On，仅仅

保留 BLANK，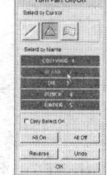。点击 UserSetup>Preprocess>Boundary Condition，弹出 Boundary

Conditions 窗口，选择 Constraints，在弹出的 Constraints 窗口中勾选 Advance Options，

Type 中选择 YZ SYMMETRY，点击 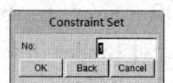，弹出 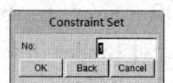，点击 OK，框选对

称部位节点，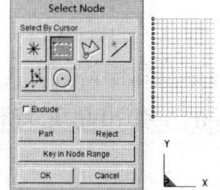，点击 OK，生成对称约束边界条件，之后将模型的

4 个 PART 激活。

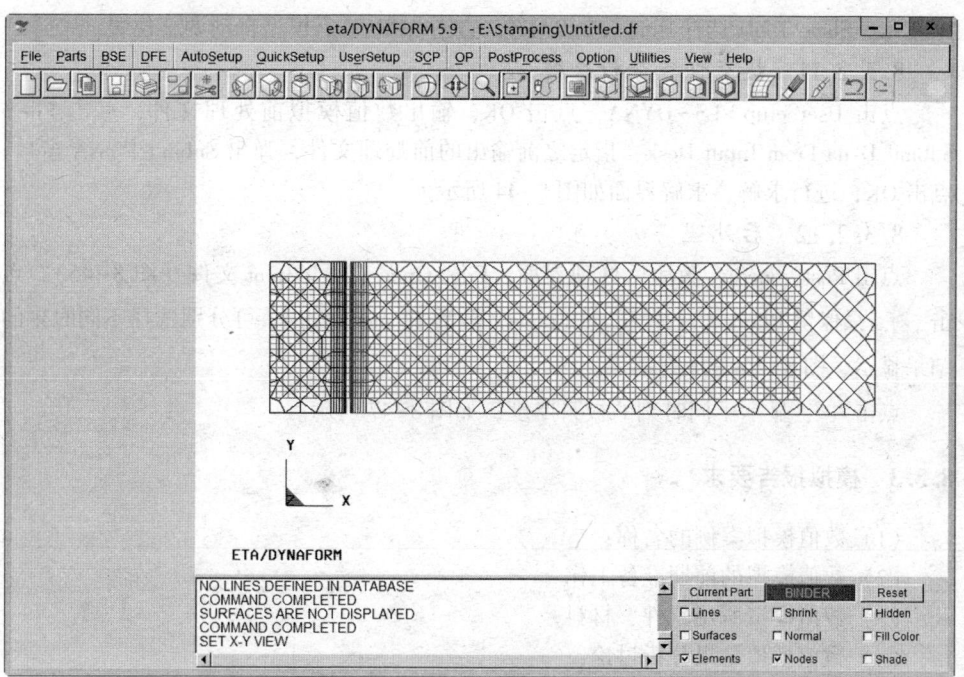

图 8-43 俯视图

8.3.2.7　模拟工艺类型选择

点击 UserSetup>Analysis Setup，弹出 Analysis Configuration 窗口，Draw Type 选择 Double action，点击 OK 关闭窗口。

8.3.2.8　指定模具

点击 UserSetup>Define Tools，弹出 Define Tools 窗口，点击 Add ，选择 DIE，点击 OK。点击 Define Contact ，弹出 Tools Contact 窗口，点击 OK。

用同样的方式定义 Punch 和 Binder。同时针对 Punch 进行位移加载，点击 Define Load Curve ，弹出曲线定义窗口，选择 Z，点击 Auto ，弹出，Velocity 输入为 4000（mm/s），Stroke Dist 输入为 70（mm），点击 Yes，将生成凸模运行速度曲线。针对 Binder 进行压边力加载，Curve Type 中选择 Force，方向为 Z，压边力输入为 1500（N），点击 OK，将生成压边力曲线。

8.3.2.9　定义板料

点击 UserSetup>Define Blank，弹出 Define Blank 窗口，点击 Add，选择板料，点击 Material，弹出材料窗口，点击 Material Library，弹出材料库窗口，选择 DP600-36，确认后弹出基本材料窗口，确认后，再点击 Property，弹出单元特性窗口，输入 THICKNESS 为 1.5（mm），确认。

8.3.2.10　调整 Parts 间距离

点击 UserSetup>Position Tools>Auto Position，在弹出的窗口中 Master Tools 选择 BLANK，Slave Tools 选择其他三个 PART，点击 APPLY 后模型自动调整位置。

8.3.2.11　提交任务分析求解

点击 UserSetup>LS-DYNA，点击 OK，输出数值模拟前处理文件，点击 File>Submit Dyna From Input Desk，指定之前输出的前处理文件，弹出 Submit DYNA 窗口，点击 OK，进行求解，求解界面如图 8-44 所示。

8.3.2.12　后处理

点击 PostProcess，激活后处理界面，File>Open 打开 d3plot 文件（图 8-45），点击 ，只保留 Blank。选择 Single Frame，激活 Element Edge，可分别选择不同时刻的结果显示，图 8-46 是最终结果。

点击 ，显示不同时刻的板料厚度，如图 8-47 所示。

8.3.3　模拟报告要求

（1）数值模拟案例的名称；
（2）数值模拟的前期准备工作；
（3）数值模拟所用软件、材料；
（4）数值模拟结果分析讨论；
（5）数值模拟的可行性及相关结论；

```
C:\PROGRA~1\DYNAFO~1.5\lsdyna.exe                              _ □ ×

time........................   0.00000E+00
time step...................   1.08000E-06
kinetic energy..............   0.00000E+00
internal energy.............   1.00000E-20
spring and damper energy....   1.00000E-20
hourglass energy ...........   0.00000E+00
system damping energy.......   0.00000E+00
sliding interface energy....   0.00000E+00
external work...............   0.00000E+00
eroded kinetic energy.......   0.00000E+00
eroded internal energy......   0.00000E+00
total energy................   1.00000E-20
total energy / initial energy..  1.00000E+00
energy ratio w/o eroded energy.  1.00000E+00
global x velocity...........   0.00000E+00
global y velocity...........   0.00000E+00
global z velocity...........   0.00000E+00


number of shell elements that
reached the minimum time step..   0
cpu time per zone cycle............    322788 nanoseconds
average cpu time per zone cycle....    322788 nanoseconds
average clock time per zone cycle..    115881 nanoseconds

estimated total cpu time          =      19446 sec (    5 hrs 24 mins)
estimated cpu time to complete    =      19444 sec (    5 hrs 24 mins)
estimated total clock time        =       6981 sec (    1 hrs 56 mins)
estimated clock time to complete  =       6980 sec (    1 hrs 56 mins)

added mass        =   1.5335E-03
percentage increase =   8.3136E+02
```

图 8-44　冲压成型求解过程输出界面

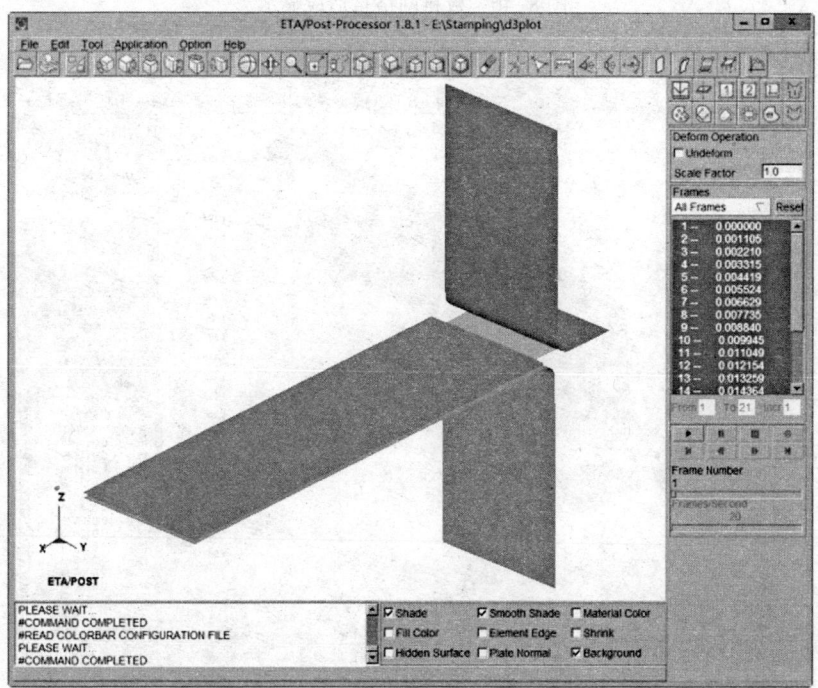

图 8-45　打开文件

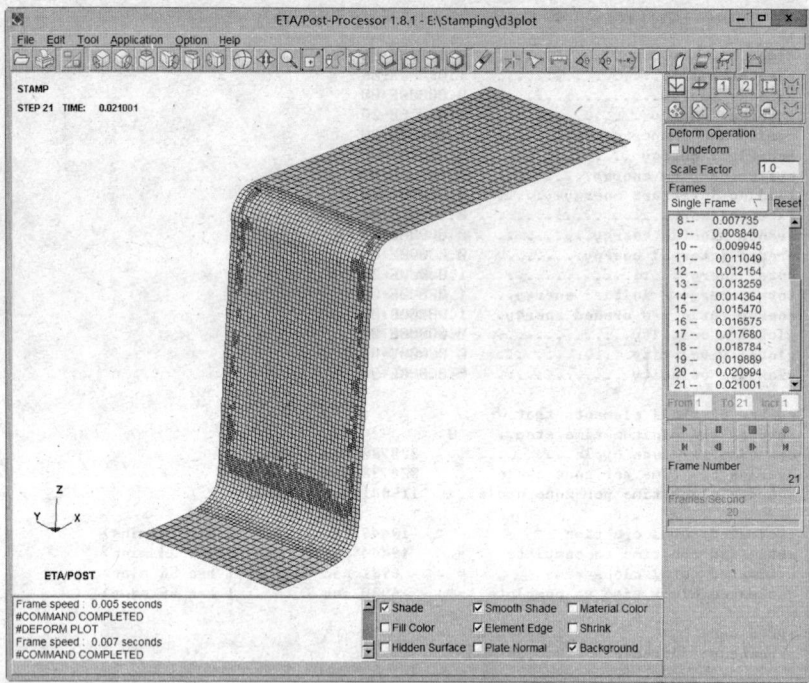

图 8-46 板料网格自适应显示

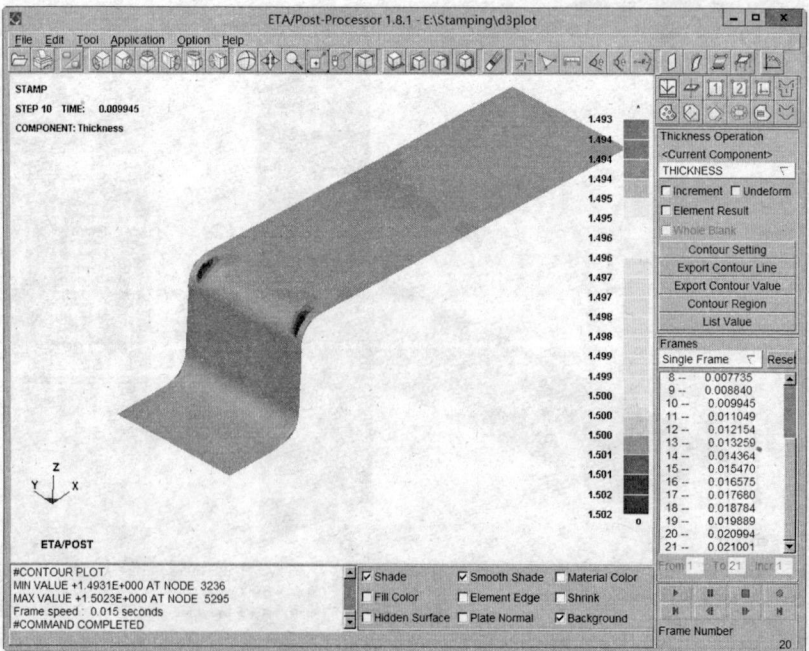

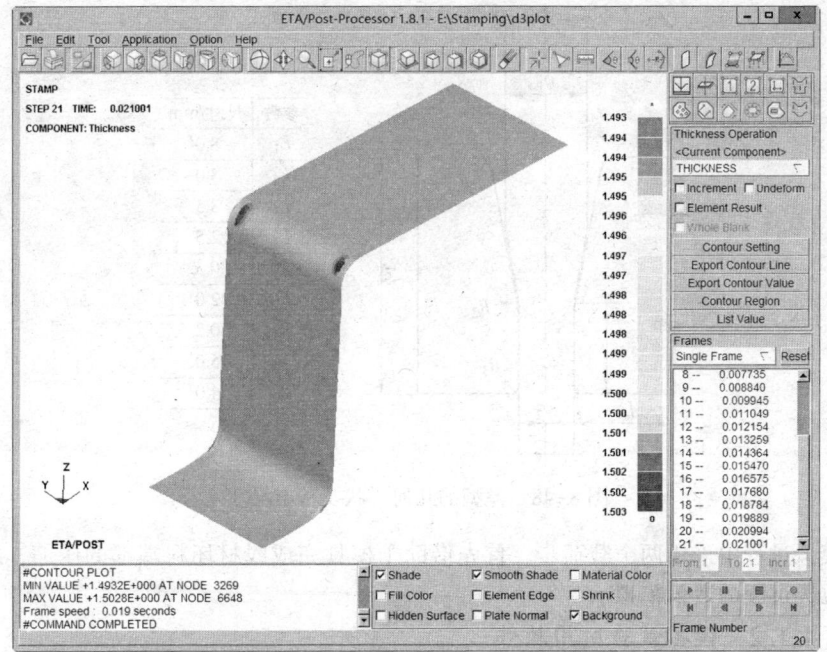

图 8-47　板料厚度云图显示

（6）参考文献。

8.4　拉拔工艺的数值模拟（MSC/Marc）

8.4.1　线材拉拔数值模拟的准备工作

8.4.1.1　模型基本参数及简化方案

本模拟实验针对线材拉拔过程，其中线材采用理想弹塑性材料，模具定义为刚体，根据模型的对称特点，进行轴对称简化。基本的几何形状及尺寸如图 8-48 所示。工艺、材料参数、摩擦边界条件等见表 8-2。

表 8-2　线材拉拔数值模拟基本参数

参　数		数　值	参　数	数　值
轧件	密度/kg·m⁻³	7.83	变形量/mm	1
	弹性模量/MPa	1.8×10^5	模具	刚体
	泊松比	0.30	拉拔速度/mm·s⁻¹	15
	屈服强度/MPa	350	摩擦系数	0.15
	线材坯料直径/mm	5		

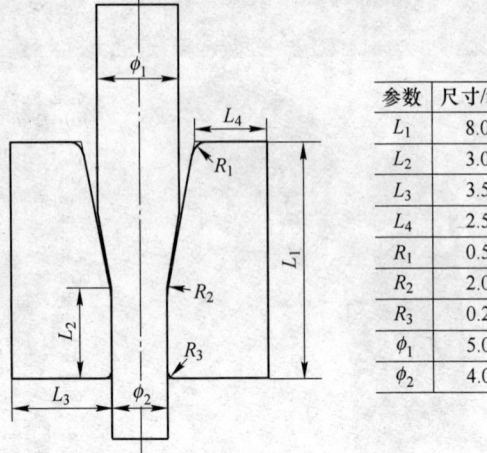

参数	尺寸/mm
L_1	8.0
L_2	3.0
L_3	3.5
L_4	2.5
R_1	0.5
R_2	2.0
R_3	0.2
ϕ_1	5.0
ϕ_2	4.0

图 8-48　模型的几何形状及基本尺寸

　　模拟过程中采用两个载荷步，首先借助于模具完成线材坯料端部的压缩，之后，完成拉拔过程的数值模拟。

8.4.1.2　模拟试验所用软件

　　本模拟试验所用软件为 MSC/Marc 软件模块，前后处理为 Marc Mentat2011 以上版本。

8.4.2　模拟方法和步骤

　　（1）新建文件及工作平面调整（图 8-49）：

FILES

　NEW

　　OK

SET：COORDINATE SYSTEM

　GRID ON

　U DOMAIN

　　–5　5

　U SPACING

　　1

　V DOMAIN

　　–5　5

　V SPACING

　　1

FILL

　RETURN

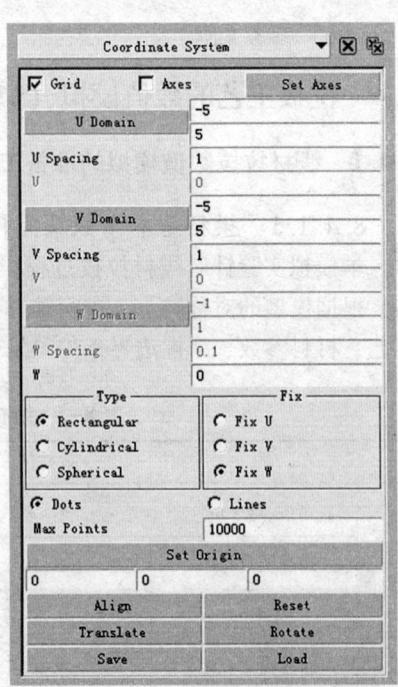

图 8-49　工作平面调整

（2）几何模型的建立与网格划分（图 8-50）：

```
GEOMETRY&MESH
  POINTS ADD
   0 6 0
   0 3.5 0
   5 2.5 0
   8 2.5 0
   8 6 0
  CURVE TYPE
  LINE
  CRVS ADD
   1 2
   2 3
   3 4
   4 5
  CURVE TYPE
  FILLET
  CRVS ADD
   1 2 0.5
   8 3 2
   12 4 0.2
  SRFS ADD
   point （-13, 0, 0）
   point （7, 0, 0）
   point （7, 2.5, 0）
   point （-13, 2.5, 0）
  # END LIST
  CONVERT
   DIVISIONS
   70  8
   SURFACES TO ELEMENTS
   1
RETURN
GRID OFF
```

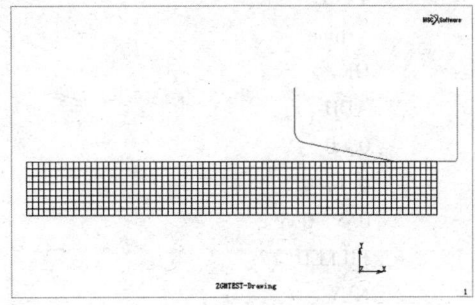

图 8-50　拉拔模型

（3）关键曲线的定义（图 8-51 和图 8-52）：

```
TABLES & COORD. SYST.
  TABLES
    NEW
```

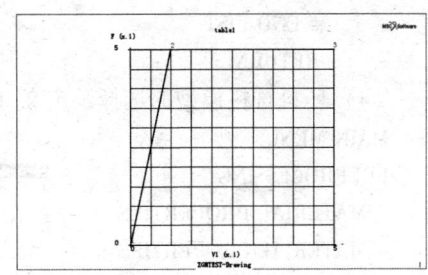

图 8-51　模具运动曲线

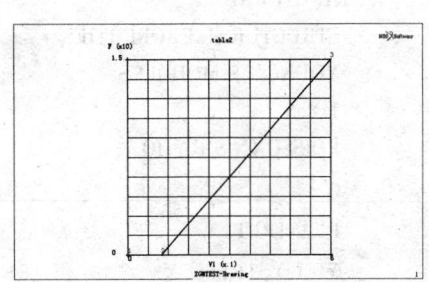

图 8-52　端部位移曲线

```
    1 INDEPENDENT VARIABLE
TYPE
    time
OK
ADD
0, 0
0.1, 0.5
0.5, 0.5
FILLED
NEW
    1 INDEPENDENT VARIABLE
TYPE
    time
OK
ADD
0, 0
0.1, 0
0.6, 15
FILLED
# END LIST
RETURN
```

（4）坯料材料模型的选择及定义（图 8-53）：

```
MAIN MENU
PREPROCESSING
    MATERIAL PROPERTIES
    MATERIAL PROPERTIES
    NEW
    NEW MATERIAL
    STANDARD
    STRUCTURAL
        STRUCTURAL PROPERTIES
        YOUNG' S MODULUS
        1. 8e5
        POISSON' S RATIO
        0. 3
        PLASTICITY
        YIELD STRESS
            340
OK（twice）
```

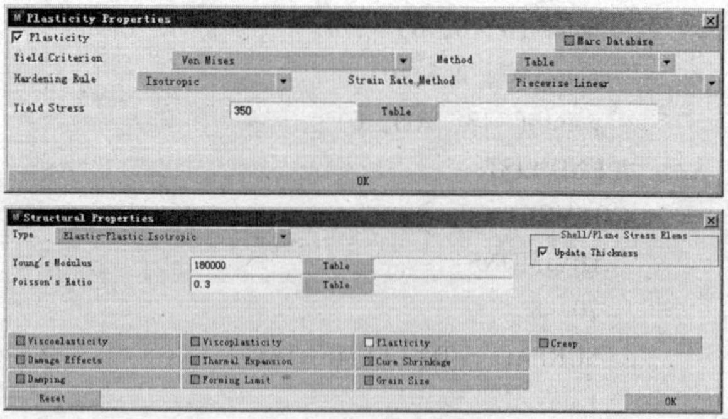

图 8-53 材料参数定义

ELEMENTS ADD
ALL: EXIST.
（5）接触定义（图 8-54 和
图 8-55）:
CONTACT
　　CONTACT BODIES
　　　DEFORMABLE
　　　ELEMENTS ADD
　　　ALL: EXISTING
　　NEW
　　NAME
　　　cbody2
　　TYPE:
　　　RIGID
　　　　POSITION PARAMETERS
　　　　　POSITION
　　　　　　Y
　　　　　　-1
　　　　　TABLE
　　　　　table1
　　　　　OK

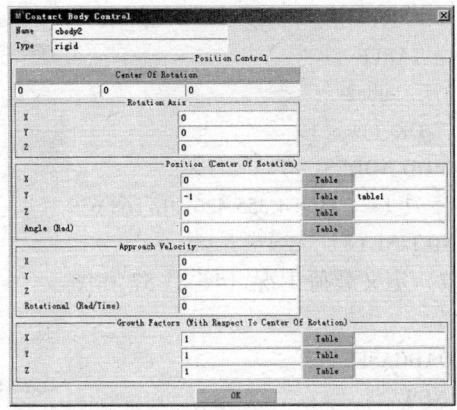

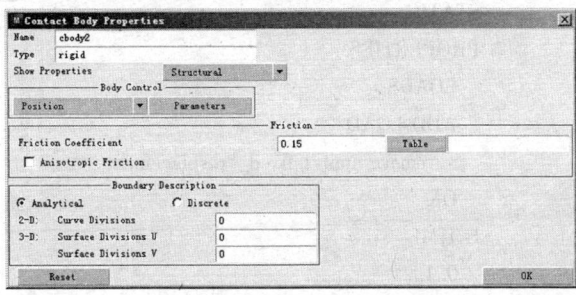

图 8-54　接触相关参数定义

　　　FRICTION COEFFICIENT
　　　0.15
　　　OK
Curves: ADD
　　　6 5 10 9 14 13 16　　*(pick model curves)*
　　END LIST (#)
　　CONTACT TABLES

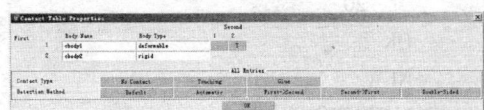

图 8-55　接触列表定义

NEW
PROPERTIES
1 2
CONTACT TYPE: TOUCHING
OK
（6）边界条件的定义（图 8-56）:
BOUNDARY CONDITIONS
　NEW
　　FIXED DISPLACEMENT
　PROPERTIES
　　DISPLACEMENT X

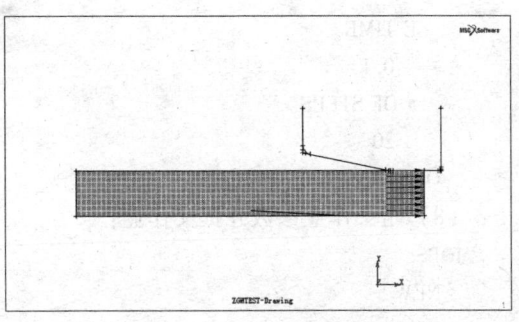

图 8-56　端部位移施加

1
TABLE
table2
OK（twice）
ADD NODES：
71 142 213 284 355 426 497 568 639
END LIST（#）
（7）定义载荷工况（图8-57和图8-58）：
LOADCASES
NEW
STATIC
PROPERTIES
LOADS
ADD LOAD
remove apply1 fixed_ displacement
OK
E TIME
0.1
OF STEPS
20
OK
NEW
STATIC
PROPERTIES
LOADS
ADD LOAD
add apply1 fixed_ displacement
OK
E TIME
0.1
OF STEPS
20
OK
（8）定义作业参数并提交作业：
JOBS
NEW
MECHANICAL
PROPERTIES

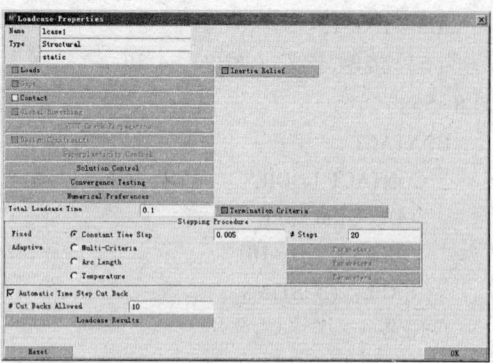

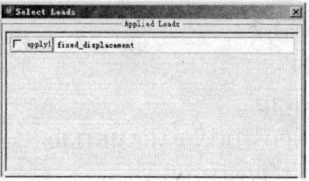

图8-57 端部压缩工况的定义

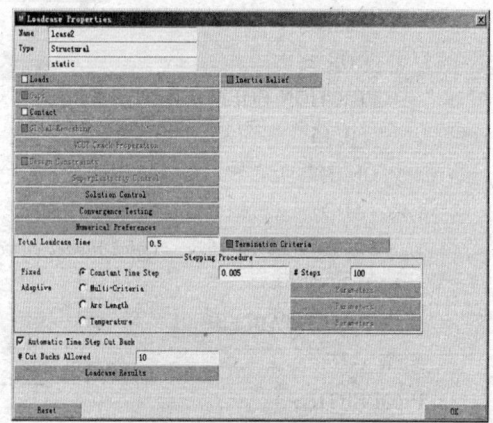

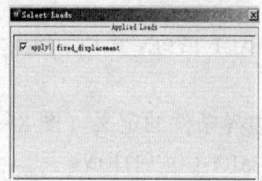

图8-58 拉拔工况的定义

        lcase1

        lcase2

    ANALYSIS OPTION

      select LARGE DISPLACEMENT

      select UPDATED LAGRANGE PROCEDURE

    OK

    JOB RESULTS

      EQUIVALENT VON MISES STRESS

      TOTAL EQUIVALENT PLASTIC STRAIN

    OK

    ANASYSIS DIMENSIOM

      AXISYMMETRIC

    OK

SAVE

RUN

  SUBMIT

（9）后处理（图 8-59 和图 8-60）：

RESULTS

  OPEN DEFAULT

SKIP TO INC

  last

DEFORMED ONLY

CONTOUR BAND

SCALAR

    Equivalent of Stress

    Equivalent of Plastic Strain

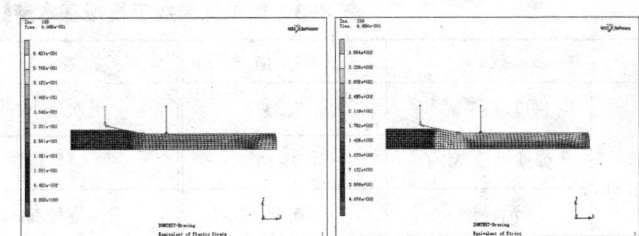

图 8-59　后处理结果云图

GEOMETRY&MESH

    EXPAND

      ADVANCED EXPAND

        AXIXYMMETRIC MODEL TO 3D EXPAND

          ANGLE

            10

          REPETITIONS

            27

          EXPAND MODEL

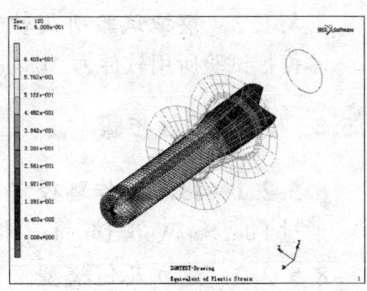

（10）退出程序：

FILE

  EXIT

图 8-60　轴对称扩展
显示结果云图

8.4.3 模拟报告要求

(1) 数值模拟案例的名称；
(2) 数值模拟的前期准备工作；
(3) 数值模拟所用软件、材料；
(4) 数值模拟结果分析讨论；
(5) 数值模拟的可行性及相关结论；
(6) 参考文献。

8.5 轧制成型过程的数值模拟（ABAQUS）

8.5.1 轧制过程数值模拟准备工作

8.5.1.1 模型基本参数及简化方案

本模拟实验针对简单轧制过程，其中坯料采用弹塑性材料，轧辊采用刚性辊，根据模型的对称特点，进行 1/4 简化。基本的几何、工艺、材料参数、摩擦边界条件等见表 8-3。

表 8-3 简单轧制数值模拟基本参数

	参 数	数 值	参 数	数 值
轧件	密度/kg·m^{-3}	7.83	道次压下/mm	10
	弹性模量/MPa	1.2×10^5	轧辊	刚性辊
	泊松比	0.35	辊径/mm	340
	屈服强度/MPa	70	轧辊转速/r·s^{-1}	6.28
	坯料尺寸/mm	80×40×90	摩擦方式及系数	库仑摩擦，系数 0.35

8.5.1.2 模拟试验所用软件

本模拟试验所用软件为 Abaqus 6.9 以上版本，采用 Explicit 求解。

8.5.2 模拟方法及步骤

8.5.2.1 指定工作路径（图 8-61）

通过 File>Set Work Directory 指定工作路径到 F：/SimpleRolling 下。

8.5.2.2 建立几何模型

轧辊模型（图 8-62）：在 Part 模块中，点击 按钮，弹出 Create 窗口，选择 Analytical rigid 类型，点击 Continue 进入草图绘制工作平面。选择圆形+端点生成圆弧， ，建立圆心为（0，185），半径为 170 的四段 90°圆弧构成的圆，拉伸 50 完成

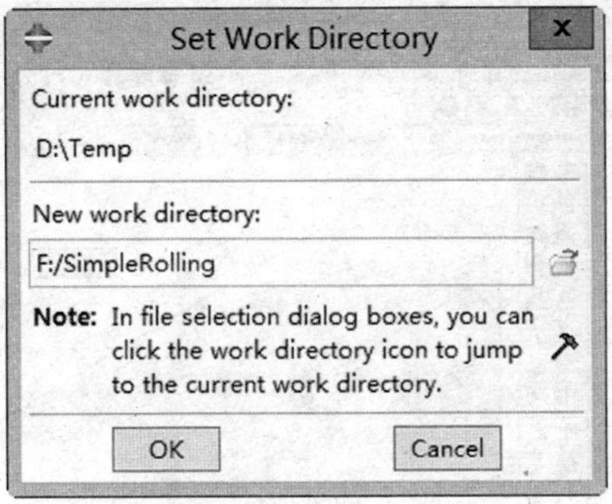

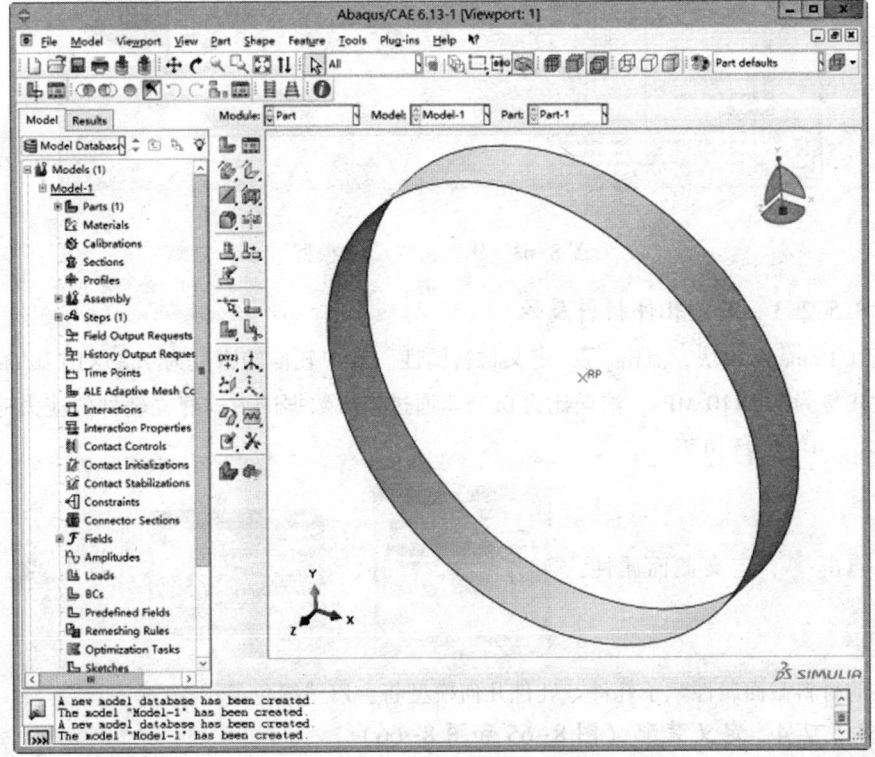

图 8-61　指定工作路径

轧辊表面模型的建立。通过 Tools>Reference Point，选择圆心建立刚性轧辊的参考点。

图 8-62　建立轧辊 CAD 模型

轧件模型（图 8-63）：在 Part 模块中，点击 按钮，弹出 Create 窗口，选择 Deformable 类型，点击 Continue 进入草图绘制工作平面。选择生成矩形， ，通过指定 (50，0)，(140，20) 两角点建立高 20、长 90 的矩形后，拉伸 20，生成轧件。

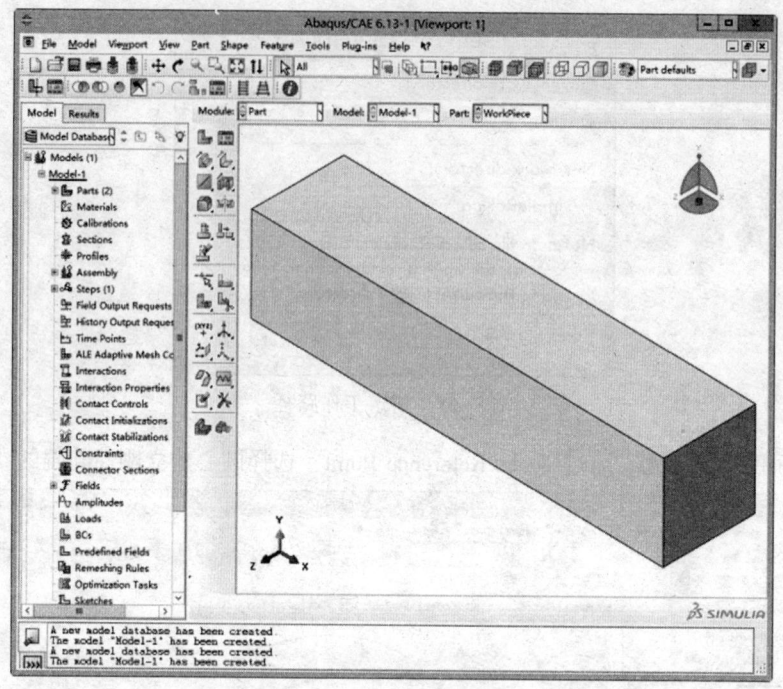

图 8-63　建立轧件 CAD 模型

8.5.2.3　定义轧件材料属性

在 Property 模块，点击 ，定义材料属性。其中轧件的密度为 $7.83×10^{-9}\,t/mm^3$，弹性模量为 $1.2×10^5\,MPa$，泊松比为 0.35。通过输入数据的方式建立轧件的应力应变曲线，如图 8-64 所示。

点击 ，定义截面属性，  ， 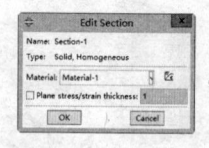 。点击 ，将

定义的材料截面属性赋予轧件，轧件几何模型将会以浅绿色显示。

8.5.2.4　定义装配（图 8-65 和图 8-66）

在 Assembly 模块中，点击 ，将轧件与轧辊装配到一起。

8.5.2.5　定义计算步（图 8-67）

在 Step 模块，点击 ，弹出 Create Step 窗口，选择 Dynamic，Explicit，新建一个计算步，设定物理时间为 0.2s。

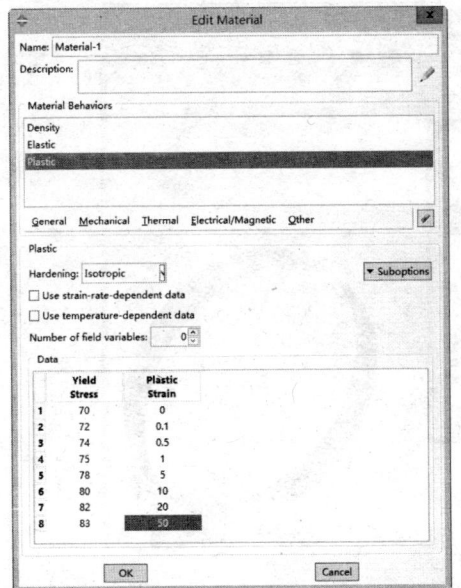

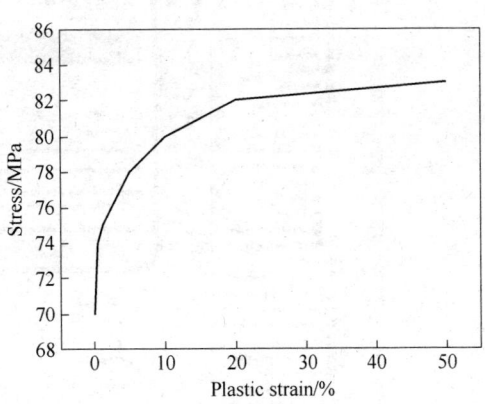

图 8-64　轧件材料模型参数

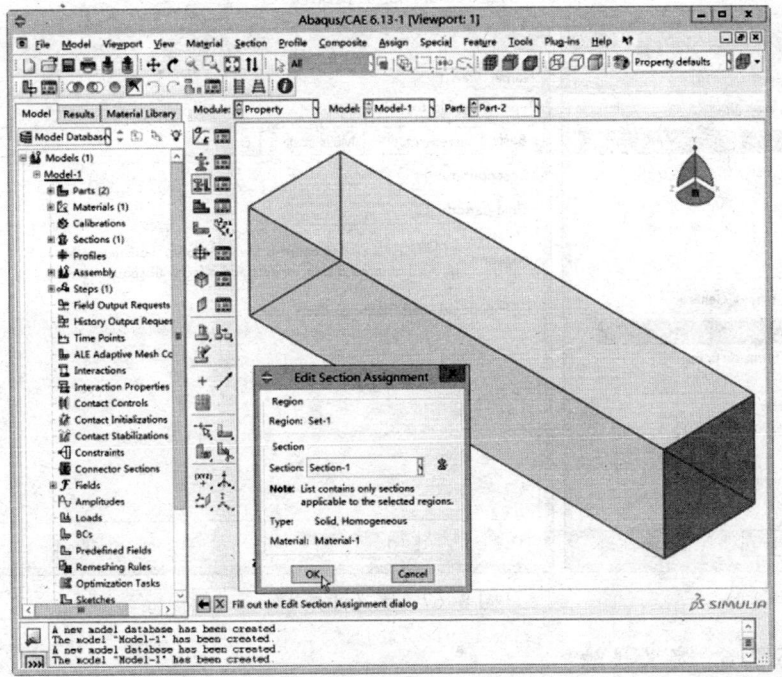

图 8-65　指定轧件材料及单元

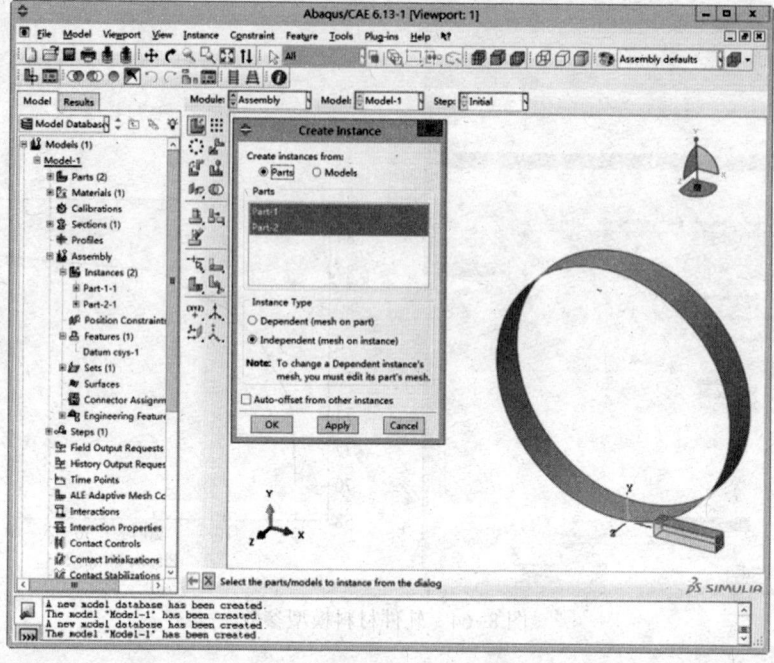

图 8-66　建立装配模型

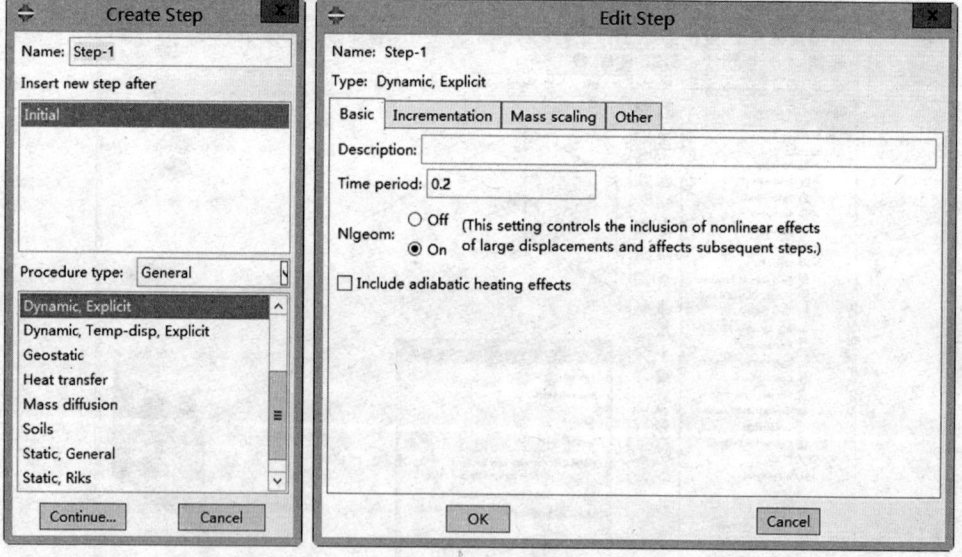

图 8-67　定义计算步

8.5.2.6　定义接触

在 Interaction 模块，点击 ![按钮] 按钮，定义接触特性，选择 Penalty 摩擦算法，定义摩擦系数为 0.35，其他按照默认设置（图 8-68）。

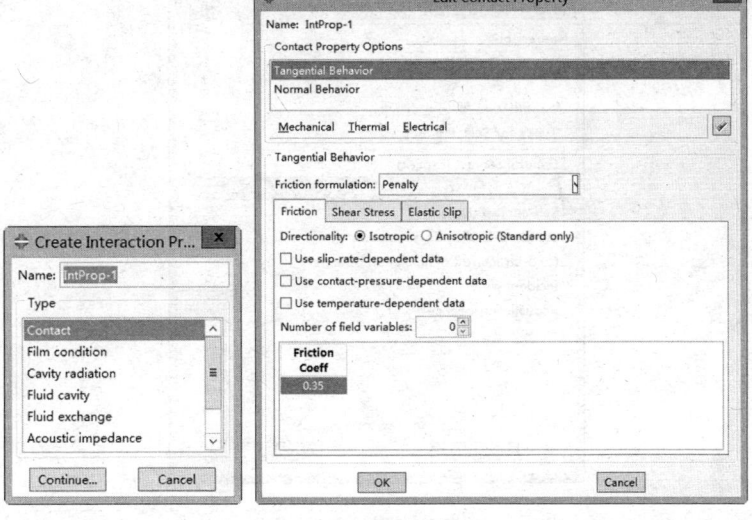

图 8-68　定义接触特性

点击▢按钮，选择显式面—面接触算法，选择轧辊作为 master，选择轧件的表面（非对称面）作为 slave，建立轧辊与轧件间的接触，如图 8-69 所示。

点击◀，弹出 Create Constraint 窗口，选择 Rigid body，点击 Continue，弹出 Edit Constraint 窗口，选择轧辊表面，指定之前生成的参考点，定义轧辊的刚体约束，如图 8-70 所示。

8.5.2.7　定义边界条件

在 Load 模块定义轧件的对称面，如图 8-71 所示。

选择轧辊的参考点，定义轧辊 6.28rad/s 的转速，如图 8-72 所示。

点击┗，在 Initial Step 中选择 Mechanical>Velocity，选择轧件几何体，定义轧件沿着 X 轴负方向 1500mm/s 的初始速度（图 8-73）。

8.5.2.8　划分网格

在 Mesh 模块，点击▦，选择轧件，设定全局单元尺寸为 5，对线进行预分，点击▦，选择轧件，完成对轧件的网格划分（图 8-74）。

点击▦，选择轧件，弹出 Element Type 窗口，选择 Explicit，采用缩减积分算法，选择刚性沙漏控制，如图 8-75 所示。

8.5.2.9　提交计算

在 Job 模块，点击▦，弹出 Job Manager 窗口，Create… 生成 Job，点击 Submit 提交计算，点击 Monitor… 激活求解监测窗口（图 8-76）。

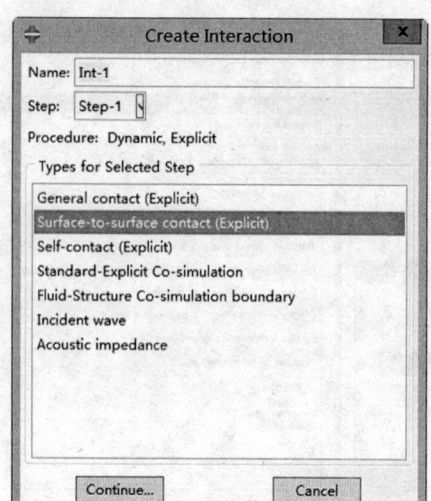

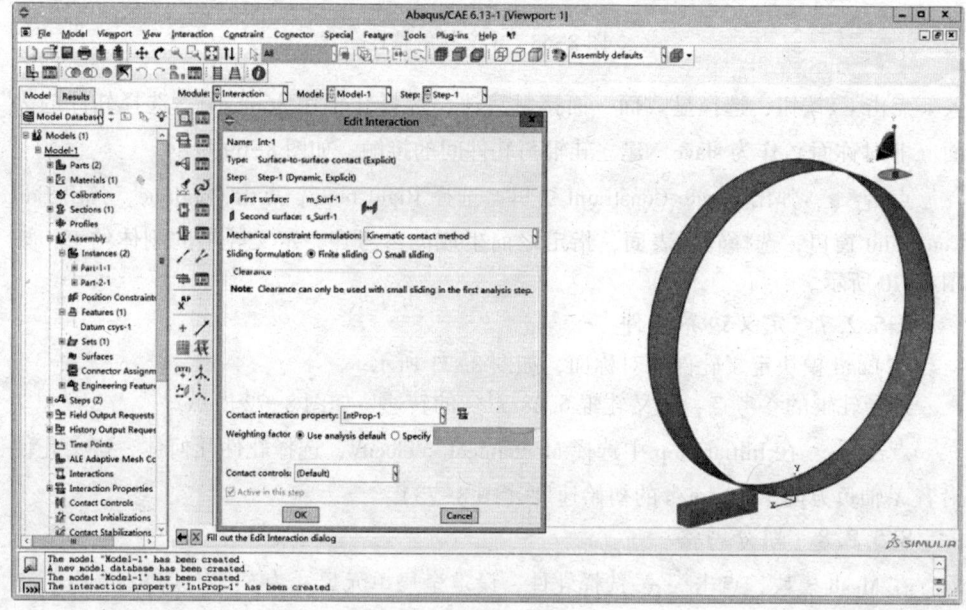

图 8-69 建立接触对

8.5.2.10 后处理

在计算过程中及完成后，可以点击 Results 进入后处理，提取相关计算结果（图 8-77）。

8.5.3 模拟报告要求

（1）数值模拟案例的名称；

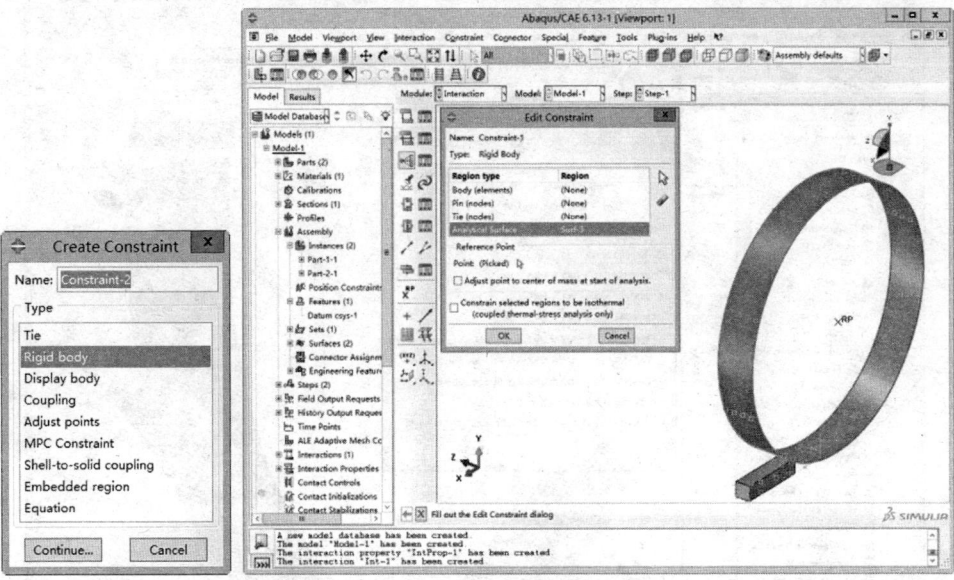

图 8-70　建立轧辊刚性体约束

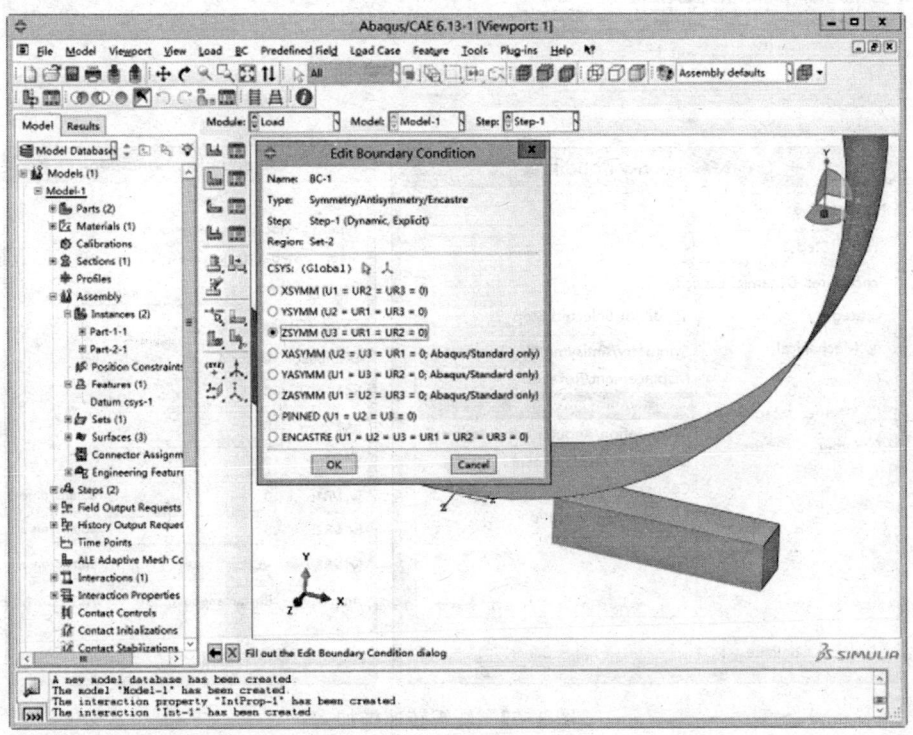

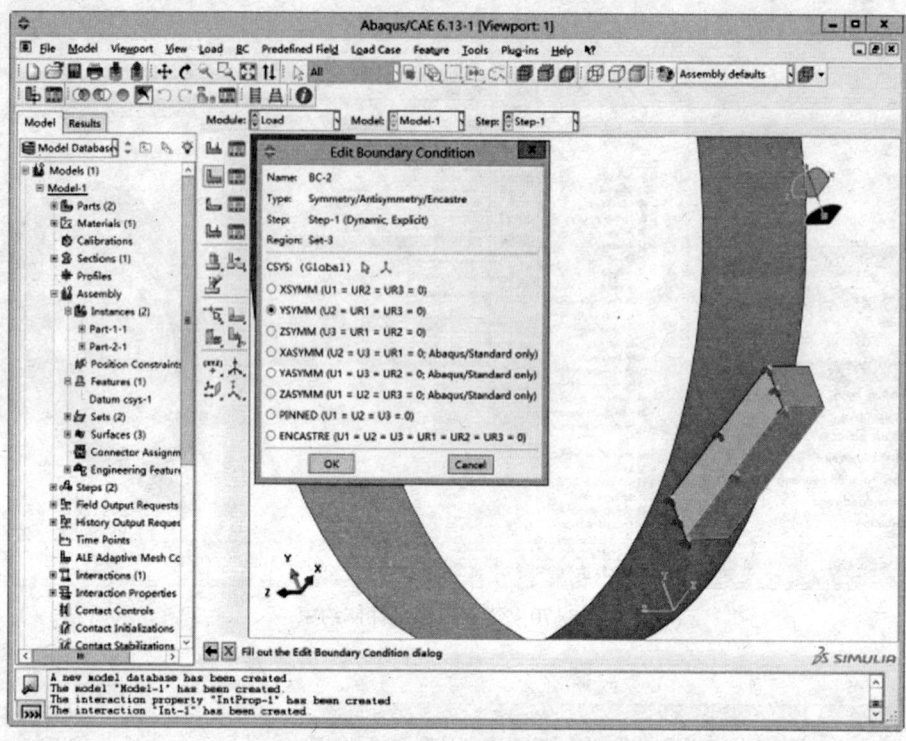

图 8-71　对称约束施加

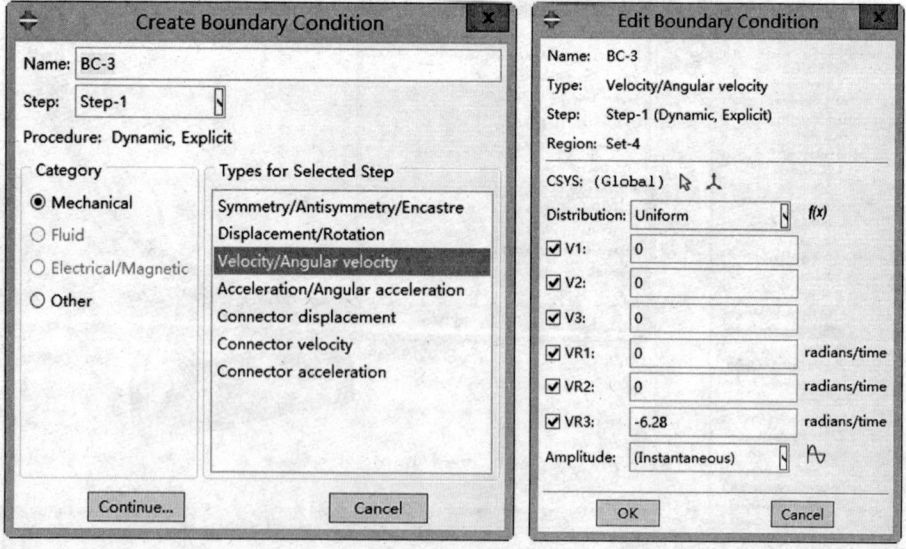

图 8-72　轧辊转速施加

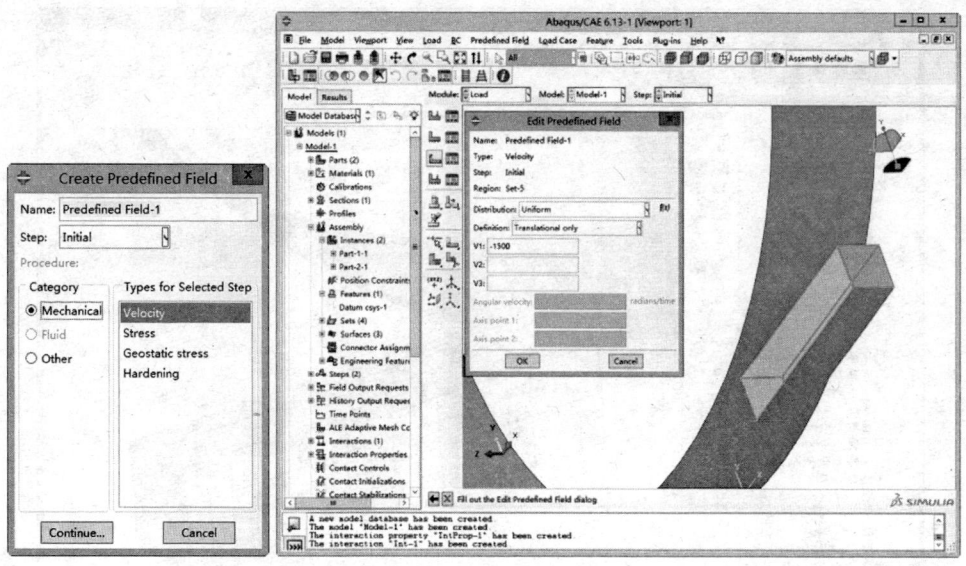

图 8-73　轧件初始速度施加

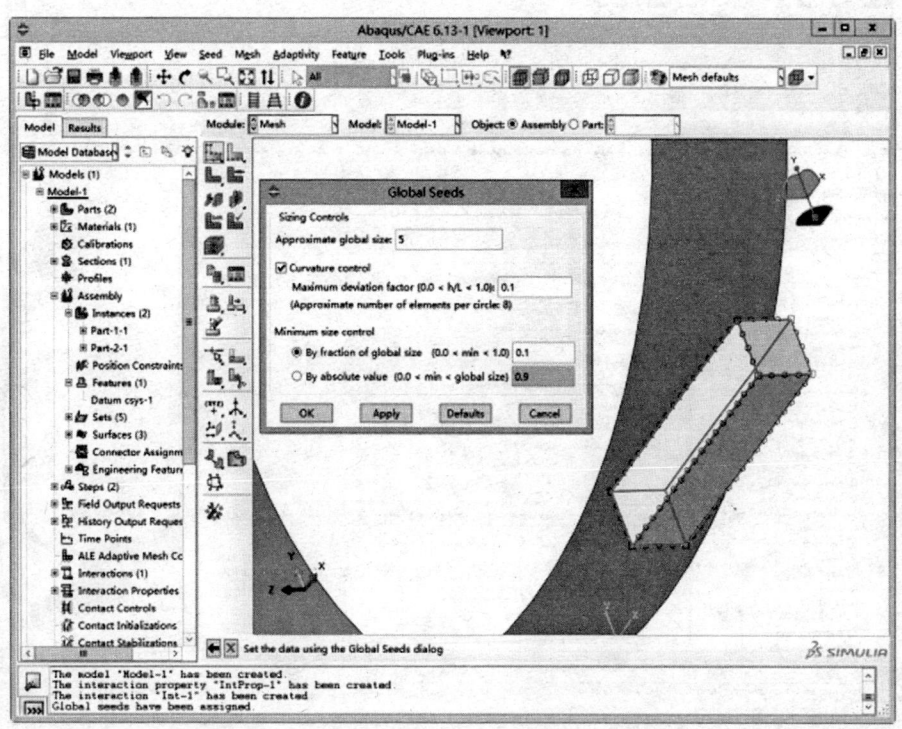

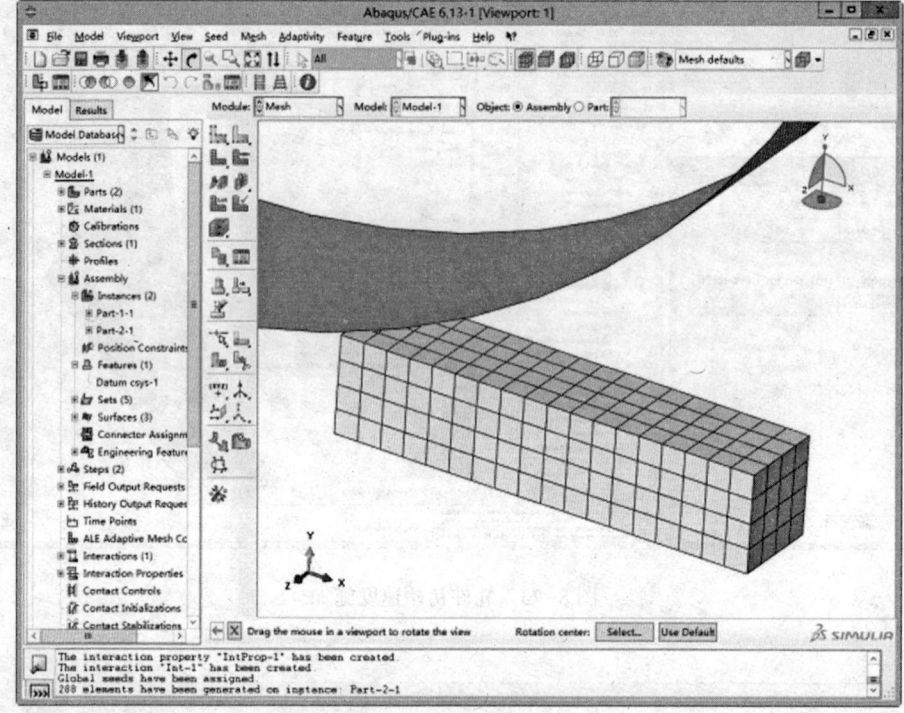

图 8-74   轧件网格划分

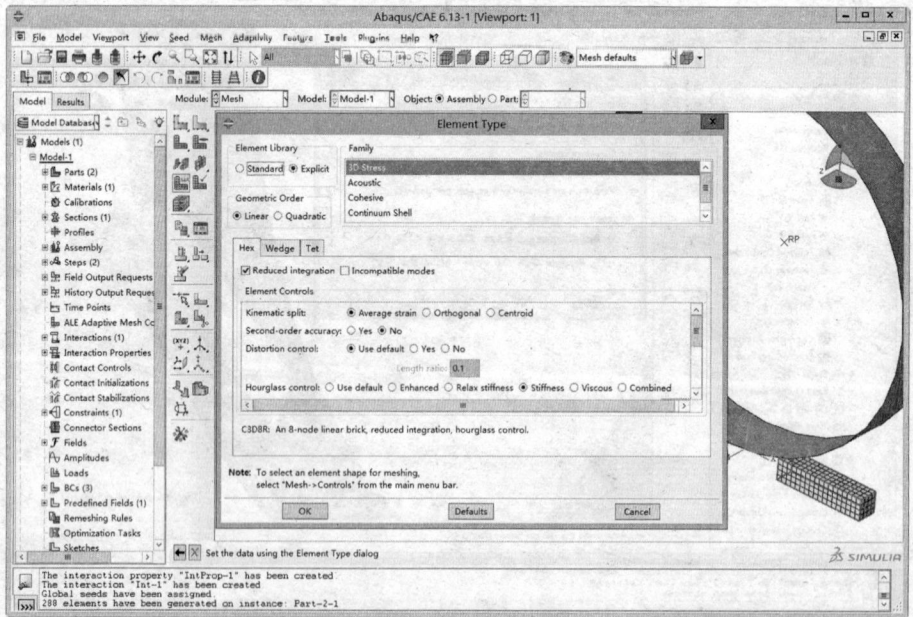

图 8-75   单元算法选择

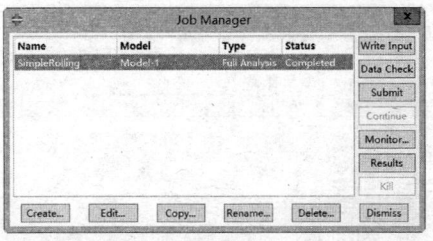

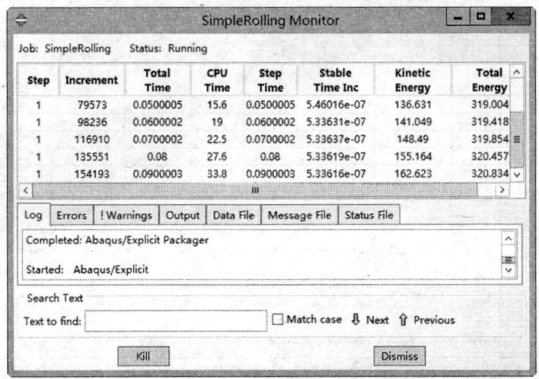

图 8-76 建立工作及求解

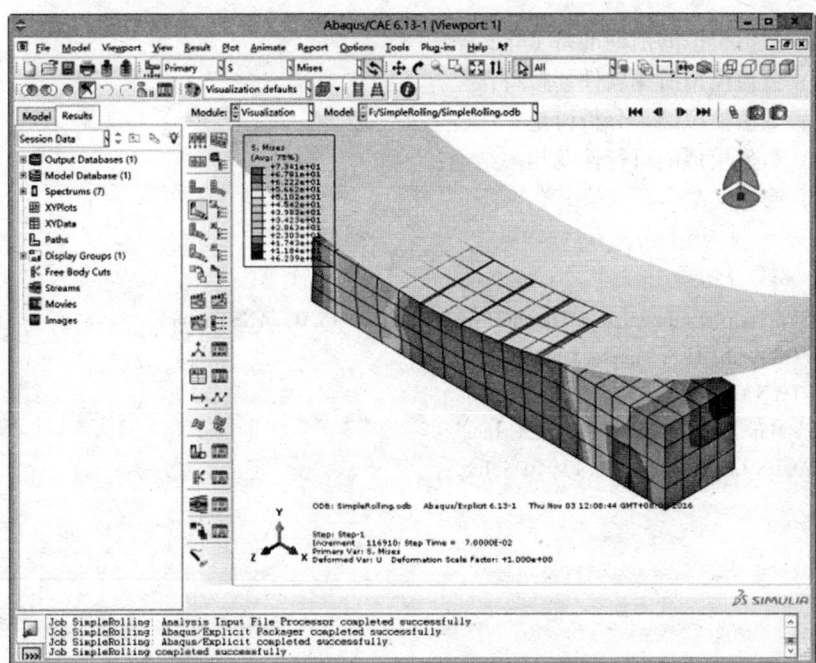

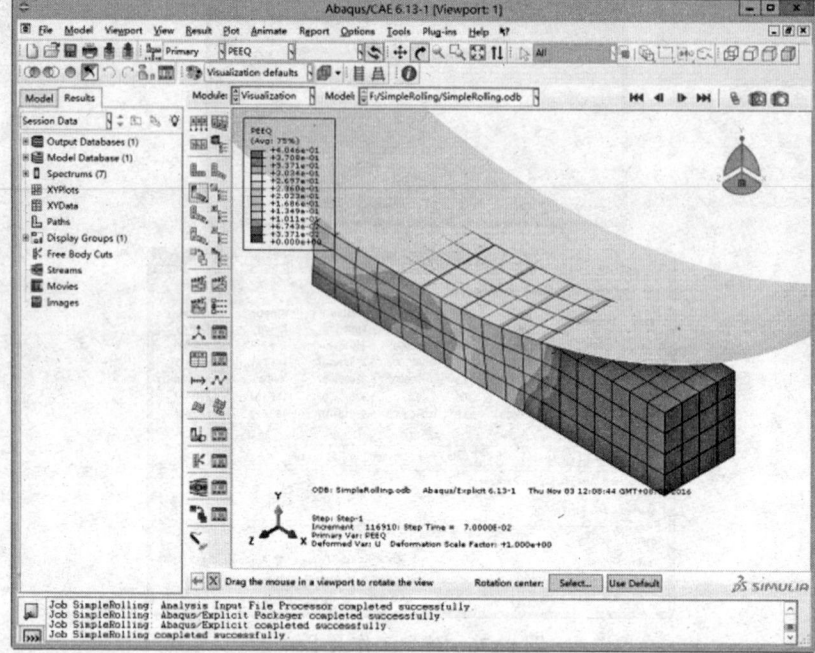

图 8-77　简单轧制计算结果

（2）数值模拟的前期准备工作；

（3）数值模拟所用软件、材料；

（4）数值模拟结果分析讨论；

（5）数值模拟的可行性及相关结论；

（6）参考文献。

参 考 文 献

［1］ ANSYS Help Documentation Thermal Analysis Guide 15.0, ANSYS Inc.

［2］ DEFORM-3D User Manual, SFTC Inc.

［3］ Eta/DYNAFORM User Manual, ETA Inc.

［4］ MSC/Marc User Guide 2011, MSC Inc.

［5］ ABAQUS Documentation 6.13, 3DS. Inc.